谨以此书纪念抗日战争胜利65周年！

献给中国第五个文化遗产日！

中国近现代建筑经典丛书

抗战纪念建筑

建筑文化考察组 编著
《建筑创作》杂志社 承编

指导单位：国家文物局
协编单位：山西省文物局 湖南省文物局 湖北省文物局
黑龙江省文物局 河南省文物局 吉林省文物局
河北省文物局 北京市建筑设计研究院
重庆市设计院 天津大学 南京大学
同济大学 陕西省文物局 北京市文物局
天津市文物局 江苏省文物局 云南省文物局
四川省文物局 等

天津大学出版社
TIANJIN UNIVERSITY PRESS

图书在版编目(CIP)数据

抗战纪念建筑/建筑文化考察组编著.—天津：
天津大学出版社，2010.11
（中国近现代建筑经典丛书）
ISBN 978-7-5618-3767-2

Ⅰ.①抗… Ⅱ.①建… Ⅲ.①抗日战争—纪念建筑—
建筑设计 Ⅳ.①TU251

中国版本图书馆CIP数据核字(2010)第222620号

出版发行　天津大学出版社
出 版 人　杨欢
地　　址　天津市卫津路92号天津大学内(邮编:300072)
电　　话　发行部:022-27403647 邮购部:022-27402742
网　　址　www.tjup.com
印　　刷　北京华联印刷有限公司
经　　销　全国各地新华书店
开　　本　260 mm×350 mm
印　　张　53
字　　数　480千
版　　次　2010年11月第1版
印　　次　2010年11月第1次
定　　价　368.00元

中国近现代建筑经典丛书编辑委员会

特 别 鸣 谢：山西省文物局：董养忠　白雪冰　闫　丁　马伟峰　刘建勇　苏守义　王树华　李卫东　杨世平　王　军　王　君
郗满祥　韩利忠　王维平　秦建新　郭俊卿　马廷飞　姜　杉　魏国英　纪建军
湖南省文物局：段晓明　何　颖　肖　欣　张　炯　赵斐然　曾习华　曹　凛　罗炯炯　成　健　裴劲峰　肖时高
黄慧湘　汤宏杰　蒋　莉　王红剑　吴建宏　陶　金　陈贵生
黑龙江省文物局：罗宝森　于文生　胡秀杰　张凤礼　颜祥林　李昌鸿　冯程　王淳　李广庆　刘天明
河南省文物局：郭振勇　王凤娟　齐新卷　张　珂　娄全中　王松收　余新宏　谢　辰　闫群东　张春生
鲁金亮　熊雅茹　王前勇　唐艳玉　罗森林　孔建国　白玉峰　李运宽　库留锁　邢其禄
许建刚　康继云　宋贵生
陕西省文物局：姬乃军
河北省文物局：郭瑞海　李秋占　闫大森　刘增文　陈　雷　李宏杰　朱新文　辛　浩
湖北省文物局：余　萍　裴　华　汤强松　龚　坦　张伟斌　李玉阶　梁华平　王新科　黄春华　王卫华　郑自来
吉林省文物局：金旭东　吴　辉　安文荣　周　航　王　强　王东飞　孙永靖　谷　朋　赵　越
湖南省潇湘晨报：操　婷　何　捷　张湘辉
江苏省南京中山陵园管理局：王前华　廖锦汉　查　珣
江苏省南京城市建设档案馆：王晓抒
江苏省南京城垣博物馆：杨国庆
广东省广州中山纪念堂：钱晓清　蔡振远　徐　楠
台湾学者：秦　风　胡天荣
湖南省武冈市政府
湖南省衡阳市南岳区文物管理局
云南省富源县文物管理所
云南省腾冲国殇墓园管理所
浙江省杭州高新公共设施管理有限公司
爱欧易地标识系统（北京）有限公司

序

在纪念中国人民抗日战争暨世界反法西斯战争胜利65周年之际，建筑文化考察组和《建筑创作》杂志社的同人们怀着对民族精神和民族文化的敬仰，历时三年，经过大量调查、测绘、整理，组织编著了《抗战纪念建筑》一书，以此缅怀和纪念在伟大的抗日战争中浴血奋战的四万万同胞的英勇事迹。

抗日战争是近代以来中国人民反抗外敌入侵第一次取得完全胜利的民族解放战争，抗日战争的胜利对于中华民族发展和世界文明进步都具有重大而深远的意义。中国人民14年的抗战历程，不仅焕发出强大的民族精神，而且创造出中华民族历史上独特的文化遗产——抗日战争时期文化遗产。建筑文化考察组和《建筑创作》杂志社独辟蹊径，以14年抗日战争为时空，以建筑遗存为红线，在全国各地相关部门的大力配合下，以“抗战见证物性质的史迹建筑”、“抗战期间的建筑活动与作品”和“战后纪念建筑”为基本分类，从文化类型和建筑学体系入手，对现存建筑进行了详细的调查、测绘和系统分析，对其历史价值、艺术价值、建筑价值深入研究、科学评价，历经辛劳终于凝结成册。

《抗战纪念建筑》洋洋数十万言，建筑测图照片资料上百余幅，其跨地域之广泛、研究路径之独到，诚可谓开抗战时期建筑历史研究之先河。在内容上，《抗战纪念建筑》一书的作者们以建筑文化遗产保护和建筑历史研究为论述范围，及时吸收国内外历史学等相关领域研究成果，将建筑活动与建筑作品还原到大时代背景中去，深刻阐释抗战建筑的社会价值、文化价值、时代价值，以大量卓有成效的研究成果，令人信服地指出：中国建筑事业的发展，一如民族复兴的大趋势一样，必须在充分吸收外来文化的基础上，寻求符合民族文化心理的再生之路。在编撰风格上，《抗战纪念建筑》一书，分别从文化史、建筑学史和社会学诸角度入手，在文献资料、建筑测绘资料、口述资料的采集甄别以及已有研究成果的比较研究等方面，深入挖掘，独成一体。以强烈的时代感，向世人客观真实地展示了抗日战争时期，中华儿女冒着敌人的枪林弹雨建造伟大建筑的动人历史场景。尤其难得的是，他们在理性的学术研究过程中，字里行间洋溢着对民族精神和民族文化的崇尚，对民族文化遗产的敬重。

抗日战争时期建筑文化遗产是中华民族文化遗产的重要组成部分，是人类文化遗产不可或缺的灿烂一页。大量丰富的抗日战争建筑是中华民族抗击日本帝国主义入侵，夺取世界反法西斯战争胜利铁的历史见证，我们有充分的理由加强对中国抗日战争时期建筑遗存的保护，展示中国人民创造美好生活、实现民族复兴的艰辛历程，弘扬中国人民崇尚正义、热爱和平的浩然正气，传承中国人民不畏强暴、不屈服于任何外来压力的民族精神。《抗纪念建筑》一书的付梓，正是实现这一理念的有益尝试，希冀得到广大读者的欢迎。

国家文物局局长　单霁翔

2010年7月

目　录

抗日战争建筑概说

殷力欣、金磊

引言

建筑与战争似乎是水火不容的。建筑的目的无非是使人得以安居乐业，而战争呢？即使是以战争为手段去争取和平的、正义的一方，也不可避免地会在战火中摧毁人类赖以安居乐业的建筑。楚霸王焚毁阿房宫、古罗马大军荡平迦太基城、明末清初之“扬州十日”、俄国抵抗拿破仑铁骑之莫斯科焦土御敌、传说中的特洛伊十年围城、确凿史实记录下的英法百年战争……反抗暴政也好，疯狂掠夺也罢，战争总是以建筑物为牺牲品。

然而，一如一个不甘愿任人宰割的人会在这种生命的抗争中使自己升华为伟大的人，建筑也会历经战火而重塑辉煌。祈盼胜利，古希腊巴台农神庙供奉着战争女神雅典娜；记录胜利，凯撒、拿破仑纷纷斥巨资兴建凯旋门；杜绝战争、休养生息，汉初有“非壮丽无以重威”的未央宫……建筑所象征的和平之光往往经战火洗礼而愈发彰显其魅力，与那些记录战争、反对战争、剖析战争、思考战争的史书（如《史记》、《伯罗奔尼撒战争史》等）、文学作品（如《荷马史诗》、《三国演义》、《九三年》、《战争与和平》等）、雕塑作品（如霍去病墓石刻《马踏匈奴》、米开朗基罗《大卫》、罗丹《加莱义民》等）、绘画作品（如汉画像石《荆轲刺秦王》、德拉克罗瓦《自由女神引导人们》等）、音乐作品（如古曲《十面埋伏》、贝多芬《第三交响曲》等）以及电影（如《战舰波将金》、《马赛曲》等）一道，构成一份发世人深省的文化遗产。

围绕第二次世界大战这一人类文明史上的空前灾难，各参战国也都在战争期间和战后涌现了艺术性和思想深度均列上乘的文艺作品，造就了萨特、海德格尔、海明威、肖洛霍夫、肖斯塔科维奇、雷马克、潘德列斯基等一批哲人和文艺巨匠。而英国伦敦“二战英国空军纪念碑”，法国诺曼底“卡昂和平纪念馆”，美国华盛顿“二战纪念广场”、“罗斯福纪念公园”，波兰华沙“华沙起义纪念碑”、“奥茨威辛集中营博物馆”，德国柏林“犹太人大屠杀纪念馆”、“犹太人纪念碑”等，特别是俄罗斯由莫斯科红场卫国战争无名烈士墓、西郊俯首山胜利广场、凯旋门、胜利纪念碑、莫斯科守护神圣乔治雕塑和教堂、卫国战争纪念馆等构成的纪念性建筑群，都以建筑为载体，记录着人们对反法西斯烈士的纪念和对人类命运的思考，成为20世纪重要的文化遗产和精神财富。

就近现代中国历史而言，抗日战争无疑是最重大的历史事件之一，而由于之后的一些特殊原因，这段历史又长期充满着迷雾般的悬疑，须待后人在枝叶繁复的史料中探索、梳理、澄清，以彰显我中华民族五千年历史长河中所罕见的惨烈、悲壮和所赢得的无上荣光。

从文化遗产、非物质文化遗产方面看，我们可以列举抗战音乐（如聂耳《义勇军进行曲》、张寒晖《松花江上》、夏之秋《歌八百壮士》、冼星海《太行山上》及《黄河大合唱》等）、抗战绘画及雕塑（如徐悲鸿《愚公移山》、蒋兆和《流民图》、滑田友《轰炸》等）、抗战文学（如萧红《生死场》、丘东平《一个连长的遭遇》、老舍《四世同堂》等）、抗战电影及戏剧（如《大路》、《保卫卢沟桥》、《八百壮士》、《一江春水向东流》等）……其中一些作品以其罕见的力度和艺术手法独树一帜，已然跻身于名垂千古的伟大作品行列，其余作品虽略显仓促、稚拙，但不失为无愧时代精神的激情之作，故也早已为世人所熟知，至少在学术界是素不乏关注者的。（图1）

令人遗憾的是，作为那个时代社会文化重要载体的抗战建筑遗存，似乎直到近年，才作为湮没已久的重新发现逐渐引起学术界关注。这其中包括如滇缅公路、钱塘江大桥等重要的战时建筑工程，而如南岳忠烈祠那样的大型纪念建筑，甚至在二战期间全体同盟国范围内，也是罕见的恢弘巨制。（图2）

以20世纪80—90年代的两部权威著作为例。

其一，1988年出版的《中国大百科全书·建筑、园林、城市规划》，侯幼彬先生在其中所撰《中国近代建筑

图1. 抗战文艺作品掠影——《轰炸》、《生死场》、《黄河大合唱》、《义勇军进行曲》、《保卫卢沟桥》、《风雪太行山》

图2. 湖南南岳忠烈祠“七七纪念碑”

（1840—1949）》一文中，涉及抗日战争时期建筑，仅简单一句“抗日战争时期，中国的建筑业处于萧条状态”，具体建筑作品更几乎是无所提及[1]。

其二，1998年出版的吴光祖主编《中国现代美术全集·建筑艺术1》一书，收录1840年以来中国近代、现代建筑作品（单体、组群）共196个实例，其中涉及1931年“九一八事变”后的东北三省建筑活动的，有长春伪满洲国国务院等8例；涉及1937年“七七卢沟桥事变”之后全国范围的建筑活动的，有上海美琪大剧场等4例[2]。这寥寥12例中，仅南京中央博物院一项，因直接受战局影响而被迫中断，仍可列为主流建筑活动；其余则或是日本人在我东北施行殖民统治之所为，或是沦陷时期的上海外国租界孤岛之例，均非其所处时代的建筑主流。此书另附有吴光祖先生所作长篇绪论《中国近代建筑体系的形成与建筑艺术特征》，对于这一时期建筑的评价，也仅指出“在日本占领的东北地区……不少具有现代建筑特征的建筑物，往往具有当时流行于日本国内的现代建筑式样”，其余未作论述[3]。（图3）

图3. 因战争而建造中断的南京中央博物院

上述二例对抗战时期主流建筑活动的忽略，主要缘于文物界、建筑界对抗战史迹建筑的考察研究工作开展得较晚。

早在1984年，时任中共中央总书记的胡耀邦曾赴衡山瞻仰南岳忠烈祠，并就要不要悬挂蒋介石题写的享堂匾额问题，明确表示支持：“挂得好！祖国的统一是大家的工作嘛。有的人为国家、为民族生存牺牲了，应该重视，应该纪念！”[4]他的这番话，有着结束十年“文革”后力图冲破思想禁锢的时代背景，开启了全球华人重新梳理历史、共同为民族文化复兴而奋斗的时代先声。之后，经历史界、思想界的努力，一系列历史遗留问题渐次得到了客观、公允的解答。（图4）

图4.胡耀邦瞻仰南岳忠烈祠

2005年9月3日，中共中央总书记胡锦涛在《在纪念中国人民抗日战争暨世界反法西斯战争胜利60周年大会上的讲话》中郑重指出：

“在波澜壮阔的全民族抗战中，全体中华儿女万众一心、众志成城，各党派、各民族、各阶级、各阶层、各团体同仇敌忾，共赴国难。长城内外，大江南北，到处燃起抗日的烽火。中国国民党和中国共产党领导的抗日军队，分别担负着正面战场和敌后

[1] 中国大百科全书·建筑、园林、城市规划. 北京：中国大百科全书出版社，1988：569-574.

[2] 吴光祖.中国现代美术全集. 建筑艺术1. 北京：中国建筑工业出版社，1998.

[3] 吴光祖.中国近代建筑体系的形成与建筑艺术特征. 中国现代美术全集. 建筑艺术1.北京：中国建筑工业出版社，1998：3-39.

[4] 此讲话记录现存湖南省衡阳市南岳区文物局档案室.

战场的作战任务，形成了共同抗击日本侵略者的战略态势。以国民党军队为主体的正面战场，组织了一系列大仗，特别是全国抗战初期的淞沪、忻口、徐州、武汉等战役，给予日军以沉重打击……”[5]

至此，对抗战历史的研究更加趋于全面、客观，相关专题研究的时机和条件渐趋成熟。

当然，这个起步阶段的调查研究工作是不可能一蹴而就的。例如，《建筑师》杂志2006年第2期刊发邓庆坦、邓庆尧的《1937—1949:不应被遗忘的现代建筑历史——抗日战争爆发后的现代建筑思潮》一文，是较早的抗战建筑专论。尽管作者对这一专题作了一些文献资料方面的发掘，但其对建筑实例的考察并不充分，故其着眼点仅限于此时期的建筑思潮而非具体的建筑成就。因此，此文得出的 **“战争期间和战后,现代建筑实践及其思想占据了主导地位”** 和 **“中国固有式建筑在抗战期间不再受到重视”** 等结论[6]，似乎都缺乏实例佐证，值得商榷。

先于此文，《看天下》杂志在2005年6月第1期上刊发了一组纪念抗战专题文章，其中邹容的《中国的悲怆永沉在我心底》一文，以新闻采访文体报道了抗战期间建造南岳忠烈祠的基本情况、建造过程和保存现状[7]。这不是一篇建筑学专论，但作者充满激情地向世人展示了这座中国现存最大的抗战英烈纪念建筑的文化价值，并对部分抗战史迹的保存现状深表担忧。

鉴于抗日战争建筑的研究进展和实物保存状况均有待加强，建筑文化考察组于2007年开始着手对这一建筑遗产研究课题的考察、整理工作。适逢中国人民抗日战争胜利65周年纪念日临近，我们按目前的阶段性进展，将《抗战纪念建筑》一书正式纳入编撰日程。

首先，我们对这一选题作了概念上的界定。所谓“抗日战争建筑”，狭义地理解，应特指抗战期间建成，至少是设计方案在抗战期间成形的建筑；而广义的抗日战争建筑则可指所有与抗日战争相关，至少是因抗战而闻名于世的建筑。另外，无论是广义还是狭义，都涉及战争的敌我双方。

从长远角度看，有必要按广义的理解做一次系统、全面的调查、梳理，但这无疑是具有相当大的难度。仅从地域范围上说，从1931年至1945年，我国曾全境或部分遭受日本侵略军入侵的省级行政区（包括领土、领海和领空），按当前的行政区划统计，计有25个省、直辖市、自治区和特别行政区：东北三省——辽宁、吉林、黑龙江；华北二市二省一区——北京（时称北平院辖市）、天津、河北（包括当时的热河、察哈尔部分地区）、山西、内蒙古（当时分属热河、察哈尔、绥远）；中南五省一区——河南、湖北（含当时的汉口院辖市）、湖南、广东、海南（时属广东省）、广西；西南二省——云南、贵州；华东一市七省——上海、山东（含当时的青岛院辖市）、江苏（含当时的首都南京市）、安徽、浙江、江西、福建、台湾（1895年被日本占领）；特别行政区二区——香港（原英国租借地）、澳门（原葡萄牙租借地）[8]。此外，未遭领土入侵，但遭受领空入侵者，计有重庆（战时首都）、陕西、四川、青海、甘肃、宁夏一市四省一区。也就是说，除新疆、西藏二地外，全国所有省级行政区均曾为直接与日军交战的战场。在如此大的范围内，按广义概念界定去衡量，则合乎入选标准的数量之大、甄别之不易，远非短时间内所能周全。（图5）

考虑到本课题尚属初探，也考虑到如能在短期内首先取得概略性的阶段成果，反而可以促进今后更广泛的考察和研究，笔者经与建筑文化考察组同仁多次探讨，将编撰这部《抗战纪念建筑》的主题概念作了适用于本书的界定。

其一，抗战史迹建筑：这个概念本应包括抗战期间和之前所有的相关建筑，但为陈述方便起见，本书特加以限制，即专指“抗战之前所建，而在抗战期间见证了主要历史事件的建筑遗存、遗址”。

其二，抗战期间的建筑活动及作品：抗战期间具有较重要历史意义的建筑活动和此期间建成的各类代表性建筑物。

其三，抗战胜利后的纪念建筑：1945年9月3日以后至今设计、建造的各类纪念性主题建筑。

[5] 胡锦涛. 在纪念中国人民抗日战争暨世界反法西斯战争胜利60周年大会上的讲话. 北京：人民日报，2005-9-4.

[6] 邓庆坦，邓庆尧. 1937—1949:不应被遗忘的现代建筑历史——抗日战争爆发后的现代建筑思潮. 北京：建筑师，2006-2：85-92.

[7] 邹容. 中国的悲怆永沉在我心底.看天下，2005-6-1：33-37.

[8] 谭其骧.简明中国历史地图集. 北京：中国地图出版社，1991.

其四，考虑到本书的主要立意是介绍中国军民的奋斗精神，而各地现存日军暴行和其施行奴化统治的历史见证物，如日军七三一部队遗址、原日军慰安所以及上述伪满洲国皇宫、大连车站等，当然是具有警示后人毋忘国耻的作用，但囿于目前考察进展和篇幅限制，在本书中均未作深入论述。

按照这一范围界定，在各地文物部门和个人的支持、协助下，建筑文化考察组查阅了各地尽可能多的文献记录，实地考察了其中18个省市的部分建筑遗存，初步掌握了约500处遗址的基本资料。然而在短短三年的时间限制内，这只能说是挂一漏万的初步探查。

在此基础上，本书体例拟由文论、历史图纸照片资料、现状测绘资料和现状摄影作品等四部分构成。

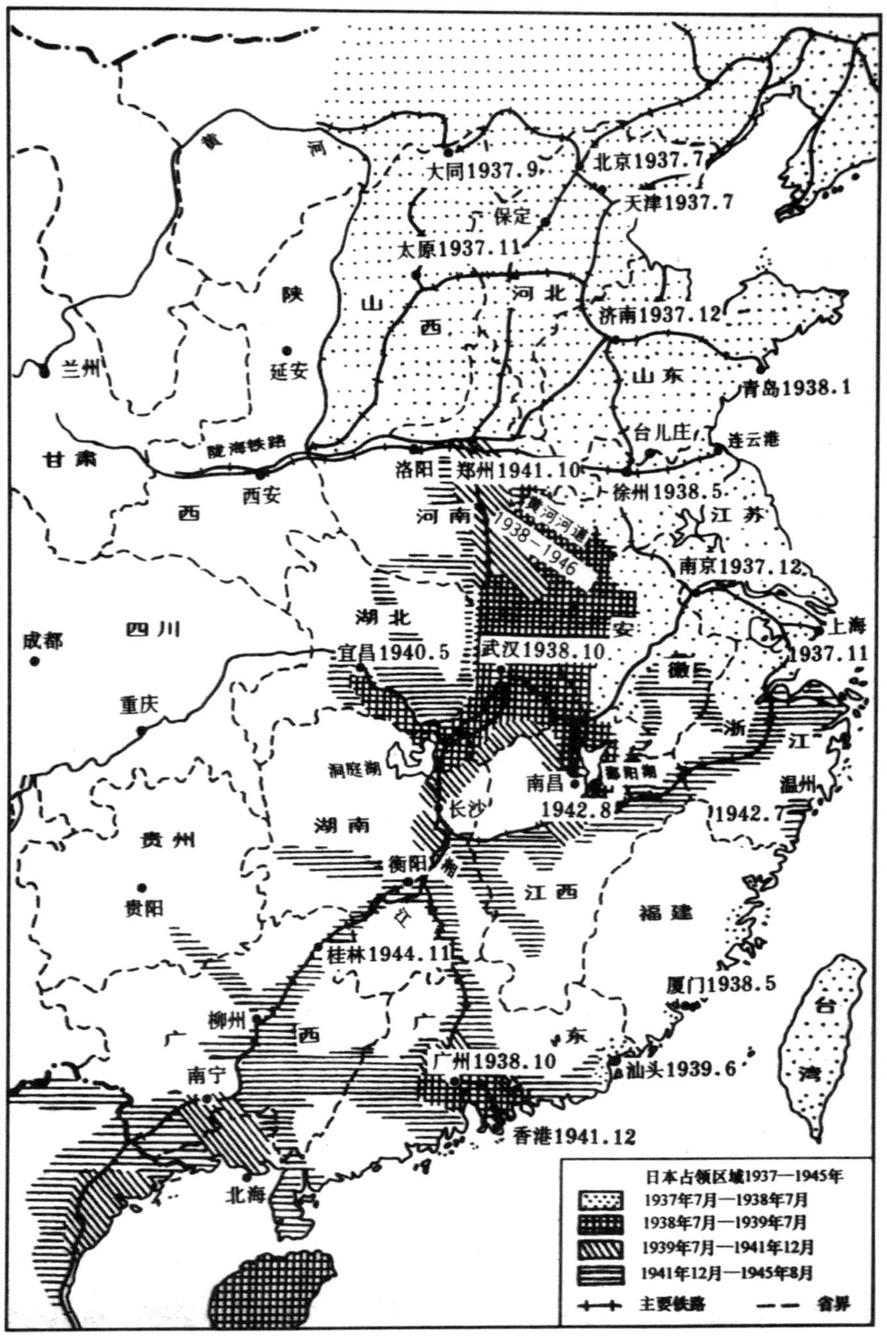

图5. 抗日战争形势略图

1. 文论部分

（1）总论一篇（即本文）。由殷力欣、金磊执笔完成，意在就目前所掌握的抗战建筑遗存做初步的类型分析，从文化史的角度，宏观地指出其社会文化价值。

（2）考察报告三篇。分别由金磊、殷力欣、邹容、舒莺、陈飞等执笔完成，重点对实地考察过的建筑遗存作概要记录和人文背景方面的评述。我们不要求这部分各篇文章的文体统一，而是尽量保持不同作者的写作特色，用不同的方法和不同的视角还原历史建筑当初的面貌和社会场景。例如，在现代史学观念中，对当事者口头陈述的记录，是重要的真实史料搜集工作之一（当然，还包括之后的比较、甄别），湖南考察报告部分保留下大量的对抗战亲历者的采访记录，是我们将这一方法应用于建筑历史考察的尝试。

（3）建筑学专论一篇。由周学鹰、张伟二人在实地考察报告的基础上合撰完成。在此部分中，作者遴选抗战期间具有典型意义的建筑实例12处，以建筑学专业的视角，评述其时代特色和其在建筑艺术、技术上所取得的成就。

（4）各地抗战建筑遗存辑录。收录了我们目前所掌握的建筑的基本资料。

2. 历史图纸照片资料部分

（1）历史图纸资料由相关文物部门提供。

（2）历史照片资料由相关文物部门和秦风、殷力欣提供，殷力欣、刘江峰、王珅等辑录。

3.现状测绘资料部分

收录代表性建筑南岳忠烈祠、武冈中山堂等现状测绘图，由南京大学建筑与规划系马晓副教授、历史系周学鹰教授与南岳文物局、武冈文物局等合作完成。

4. 现状摄影作品部分

收录以《建筑创作》杂志社摄影中心为主力，《潇湘晨报》报社、南京大学历史系等多家合作的近年摄影作品。

需要说明的是：受条件限制，此次考察和编撰工作，在地域上以湖南、重庆、山西、云南、湖北、黑龙江、吉林、河南、河北、天津、北京等11省市为重点，其余各地，留待来日补充；在时间范围上，对1949年之前的遗迹、1949年之后的纪念性建筑都有不同侧面的涉及。

一、抗战建筑的时代背景和历史价值

日本究竟为什么要发动这样一场对参战各方都是悲剧的战争？

日本军人为什么在战争中表现得如此野蛮、残暴？

这一切难道仅仅是为了转嫁国内政治危机吗？

这一切难道仅仅是为了攫取经济利益吗？

难道不能采取战争以外的手段谋求本国的发展吗？

……

一系列的疑问始终困扰着抱有善良意愿的人们，包括新一代的日本国民。

本书以抗战建筑为论述内容，并非历史学著述，故涉及的历史问题主要依据南京大学历史系近年出版由张宪文编著的《中华民国史》，并参考费维凯等编著的《剑桥中华民国史》以及相当数量的战争亲历者回忆录、历史学家专题论述[9]。现试依据史学界现有研究成果，略述抗战历史如下。

战争亲历者、长期担任国民政府军事方面高层领导职务的陈诚将军在其回忆录中记录了一句战前日本人的言论：“中国如朝日渐升，日本如夕阳渐落。”[10]笔者认为：这句看似简单的话语很深刻地展露了当时部分日本人的一个认识误区——中日两国之间的生存发展，在逻辑上是非此即彼的，根本没有“共荣”的可能。实际上，中日两个具有相似文化背景、文化传统的国度，差不多在同一时期因西方列强侵袭而遭遇文化再生问题，而日本能够率先实行全面改良，很大程度得益于明末清初朱顺水等中国学者的东渡传学[11]；日本明治维新成功后，也历来不乏谋求睦邻友好、共同发展的有识之士，在后起的中国开始向西方学习、谋求革新的过程中，对孙中山、黄兴、章太炎、鲁迅等人也多有帮助。但不幸的是，这个特定历史时期最终左右了日本政府决策的人，不是那些直到战争爆发后仍坚持反战立场的人，而恰恰是持历史谬误的日本法西斯分子。他们甚至不遗余力地把他们的谬误灌输给全体日本国民。因此，一旦这些法西斯分子看到中国有民族复兴的迹象时，就不惜为日本本国的利益发动战争，对一衣带水的近邻、本源于同一文化传承的中国以及朝鲜、越南和其他东南亚诸国实施亡国灭种的图谋。

[9] 张宪文.中华民国史.南京：南京大学出版社，2005.
【美】费维凯．剑桥中华民国史．刘敬坤，等．译．北京：中国社会科学院出版社，1994.

[10] 陈诚.陈诚回忆录——抗日战争．北京：东方出版社，2009：6.

[11] 殷力欣.杂感——甲申三百六十年与甲辰一百年.实现—综合艺术评论，第三期.香港：香港道风山基督教丛林，2004.

先看中国的自身变化发展轨迹。1840—1937年近百年间，中国历经鸦片战争、甲午战争、庚子赔款、辛亥革命创立民国、袁世凯复辟、五四运动、北伐战争、东北易帜等历史事件，虽不断遭到挫折，路途漫长、艰难，但屡仆屡战、忍辱负重，逐渐由老迈的封建帝国迈向现代文明国家，复兴的希望初见曙光。特别是1928—1937年，尽管中国仍然存在着诸多痼疾，而百废俱兴的迹象已初见端倪，史称民国时代的“黄金十年”。就在这一时期，中国的民族工业开始涌现，如江南造船厂、东亚毛纺厂等众多知名实业；上海成为远东最具活力的国际化大都市；北京大学、清华大学、协和医学院、中央大学、中央研究院、中国地质调查所、中国营造学社等机构逐渐赢得世界性的声誉……如果说当时的中国存在什么隐患的话，其中之一就是军事工业和军事教育相对滞后。这一方面是因为中国社会存在着一些积重难返的弊病尚未解决，另一方面是因为国防事业本身就是要依赖整体国力的增强而后才能得以发展。

再看日本的国情态势。受国土狭小、资源贫乏等条件制约，日本寻求全面跻身世界强国的发展进程并不顺利，因而愈发把自身发展的希望寄托在对邻国的掠夺上。自1895年强迫清政府接受“马关条约”以来，每当中国国内形势向好的方向发展，部分日本当权者便耐不住要横加干涉。尤其是国共合作的北伐时期，日本先是在山东寻衅滋事，继而在东北易帜，中华民国实现名义上的统一后，更迫不及待地发动了1931年“九一八事变”。然而，即使如此，日本遏制中国发展的目的依然没有达到，中国继续忍辱负重、励精图治，经济的发展没有止步。有迹象表明：如果再给中国十年的发展准备时间，随着中国整体实力的增强，军工业也必有起步（如陈绍宽等于1928年即已提出建造航空母舰计划）[12]，而日本已无把握保持其在军备上的绝对优势。因此，在1937年，也就是中国全面起步尚未及军事起步之际，日本发动了全面的侵华战争。对他们而言，这似乎是最后的机会了。此外，1929—1933年的世界性经济危机已波及日本国内的经济形势，进而也成为其图谋转嫁危机，实施侵略的政治决策出笼的重要因素。（图6）

[12] 郑玉华.陈绍宽一生.福州：福建教育出版社，2009.

图6-1. 世界性经济危机导致日本国内贫困阶层剧增

图6-2.日本国内自然灾害频发

上述对中日两国的总体形势和国民心理的分析，在当时即是一些有识之士的共识。早在1913年，中国杰出的军事学家、战略家蒋百里先生就预测中日之间的战事不可避免，并在20世纪30年代初已提出在中国中南、西南部着手战略物资储备和军事部署的建议[13]。

具体到1931年、1937年这两个关键年份的中日军事力量对比上，陈诚将军指出：当时中国人口为四亿5000万，日本人口为一亿零500万，但综合考虑各自可动员兵力和兵员素质，中国在兵力数量上并不因人口总数而相应占据优势，在军事素养方面则处绝对劣势；而在军事装备的数量和质量上，日本的绝对优势更为明显[14]。陈诚的分析在日后的实战中得到证实。抗战中前期，中国军队要想达到一个军事目的，往往需要六倍以上的人数优势，这远高于两国的人口比例。

甚至可以说，1937年中日军事力量强弱对比之悬殊，远远大于南宋末年南宋军队与蒙古军队的对比，更何况那时蒙古军队占战争意志、战争策略和部分军事装备的优势，而从不具有综合国力的优势。

[13] 蒋百里.国防论.上海：大公报，1937. 陶菊隐.蒋百里传.北京：中华书局，1985.

[14] 陈诚.陈诚回忆录——抗日战争. 北京：东方出版社，2009：10-16.

中国就是在这种极端困苦的情况下打赢了这场战争。

1931年

9月18日 日本在沈阳制造“九一八事变”，发动了局部的侵华战争。

11月4日 马占山在哈尔滨附近指挥江桥战役，史称“抗战第一枪”。

1932年

1月28日 日军在上海制造“一·二八事变”。中国第十九路军奋起抵抗，第一次淞沪会战爆发。经国联行政院调停，第一次淞沪会战于3月3日结束。中国官兵死亡4 374人、伤9 830人；上海市民死亡6 080人，伤2 000余人，财产损失16亿元以上；日军伤亡共计3 091人。

2月2—5日 在东北战场上，日军相继攻占哈尔滨、宾县、海伦。自“九一八事变”至此四个月零十八天，东北三省全境沦陷。

4月15日 中共中央在江西瑞金发布《对日战争宣言》。

9月16日 国民政府外交部对日本承认伪满洲国一事提出严正抗议。日军在东北制造“平顶山惨案”。

1933年

1月3日—3月9日 日军继续在华扩大事端，相继在东北、华北进犯山海关、绥芬河、朝阳、凌南、赤峰、承德，并向长城各关隘推进，中国军队予以回击，史称“长城抗战”。其中，中国第二十九军在长城喜峰口至古北口一带对日军的英勇抵抗，震惊中外。《大刀进行曲》从此响彻全国。

2月24—27日 国联大会通过19国委员会关于接受《李顿调查团报告书》决议，日本代表当即退席。日本政府正式宣布退出国际联盟。

5月13—22日 日军相继占领唐山、滦县、遵化、玉田、平谷、蓟县、三河等地。

1934年

4月1日 日军在唐山沿线举行挑衅性野战演习。

4月17日 日本外务省情报部长天羽英二发表声明，声称要排挤英美在华势力，独占中国。

11月19日 国民政府军事委员会委员长蒋介石发表讲话：“和平未到完全绝望时期，绝不放弃和平，牺牲未到最后关头，亦不轻言牺牲。”

12月7日 日本内阁制定《有关对华政策的文件》，策划分离华北、扶植亲日傀儡政府活动。

1935年

3—4月 苏、日、伪满洲国签署中东铁路转让协定，议定路价为1.4亿日元。日军挑起“丰台事件”，非法进驻丰台。日本关东军司令部决定5年内，由日本向中国东北移民300万人。

8月1日 中共中央在长征途中发表《为抗日救国告全体同胞书》，呼吁停止内战，一致抗日。

11月25日 日本策动的“冀东防共自制治委员会”成立。

1936年

2月26日 日本发生“二二六兵变”，形成日本法西斯军事独裁政权。

11月5日 绥远抗战爆发。傅作义将军率部取得“百灵庙大捷”，近万名伪军和数十名日本顾问被歼。

12月12—24日 张学良、杨虎城发动“西安事变”。之后，张学良、杨虎城、周恩来与宋子文、宋美龄举行多次会谈，达成6项协议，事变得以和平解决，促成了全民族抗战统一战线的形成。

1937年

2月15—22日 中国国民党五届三中全会在南京举行。全会通过接受国共合作的决议。

图7. 第二十九军官兵在卢沟桥抵抗日军进犯

7月7—31日 日军在北平卢沟桥回龙庙附近进行挑衅性的军事演习，随后，炮轰宛平城，“七七卢沟桥事变”由此爆发，全国抗日战争从此开始。在随后的战役中，中国守军奋起抵抗，第二十九军官兵伤亡5 000余人，毙伤日军1 000余人，佟麟阁、赵登禹将军先后殉国，天津、北平相继沦陷。（图7）

7月15日 中共中央向国民党送交《中国共产党为公布国共合作宣言》。

7月17日 国民政府军事委员会委员长蒋介石在庐山发表讲话：“我们知道全国应战以后之局势，就只有牺牲到底，丝毫没有侥幸求免之理。如果战端一开，那就地无分南北，人无分老幼，皆有守土抗战之责任，皆应抱定牺牲一切之决心。”（图8）

图8. 蒋介石发表庐山讲话

8月13日—11月12日 日军进攻上海，第二次淞沪抗战爆发，史称“八一三事变”。淞沪会战历时3个月，以日军占领上海（不含租界）结束。日军投入兵力30余万人、军舰130余艘、飞机500余架、坦克300余辆，伤亡4万余人；中国军队投入兵力70余万人、伤亡20万余人，上海市民生命财产损失无可估量。尽管伤亡惨重，但在装备落后的情况下，予日军以重创，粉碎了日本政府“三个月灭亡中国”的战略图谋。

8月25日 中共中央军委发布命令，将中国工农红军改编为国民革命军第八路军。

9月13日—11月8日 中国军队同来犯日军展开太原会战（含平型关战役、忻口战役、娘子关战役和太原保卫战等），中国军队伤亡10万余人，毙伤日军近3万人。其中，中共领导的八路军一一五师以伤亡900人为代价，毙敌1 000余人，取得“平型关大捷”。

10月12日 国共两党达成协议，将南方8省14个地区的红军和红军游击队改编为国民革命军陆军新编第四军（简称新四军）。

11月20日 日军逼近南京，国民政府宣布迁都重庆。

12月7—13日 中国部队在南京保卫战中，伤亡五万余人，毙伤日军一万两千余人，南京陷落。之后，日军在南京开始了长达6周的血腥屠杀。中国军民（其中绝大部分是平民）被日军枪杀、活埋者达30余万人，大量中国妇女被强奸，全市三分之一的建筑物和财产化为灰烬，包括中山陵、夫子庙等在内的大量文化遗产被践踏、亵渎。南京大屠杀是德意日法西斯阵营在第二次世界大战中所制造的最大反人类暴行之一，也是人类文明史上最大的反人类罪行之一。

12月23日 为阻止日军进犯，建成仅89天的杭州钱塘江大桥由设计者茅以升亲手引爆。

1938年

2月3日—6月9日 第五战区组织徐州会战。其中，八路军各部在2月初连续破袭同蒲、平汉、正太等铁路和邯(郸)

长(治)公路，有效地牵制和打击了日军；中国军队在4月7日取得台儿庄大捷；至6月9日河南境内黄河花园口决口，历时4个月的徐州会战结束。中国军队伤亡10万余人，毙敌3万余人，打破了日军速战速决的企图。战争中，花园口决口在阻止日军西进的同时，付出了豫皖苏3省44县遭水灾，300万人流离失所，89万人死亡的惨痛代价。(图9)

2月18日 日军飞机空袭国民政府军事委员会所在地武汉，苏联志愿航空队配合中国空军第四大队与日军激战。

5月20日 中国空军飞抵日本领空，在长崎、佐世保市上空散发传单，表达中国军民誓死抗战的决心，并呼吁日本国民停止战争、珍爱和平。

5月26日—6月3日 毛泽东在延安发表系列演讲《论持久战》。(图10)

图9. 日军炸毁陇海铁路大桥

图10. 毛泽东在延安撰写《论持久战》

6月12日—10月27日　武汉会战。中国第五、第九两战区投入兵力100余万人、飞机200多架、舰艇40余艘；日军投入兵力35万人、飞机500多架、舰艇120余艘。至日军占领武汉三镇，会战结束，战事遍及鄂豫皖赣四省大部，大小战役数百次。其间，第九战区薛岳率中国第七十四军等歼灭日军第一零六师团大部，取得万家岭大捷的局部胜利。会战共伤亡25万余人，毙敌10余万，消耗了日军有生力量，抗日战争由此从战略防御阶段转入战略相持阶段。

7月4日 国民政府规定每年7月7日为“抗战建国纪念日”。

7月上旬 滇缅公路建成通车，畹町至昆明全长959公里，是二战期间同盟国阵营中最大的战备工程之一。

9月7日 中国政府向国联揭露侵华日军多次使用毒气。本月，八路军第一一五师主力在汾(阳)离(石)公路三战三捷。晋察冀边区军民和第一二零师主力对日军展开反围攻作战。

10月8日 台湾爆发反日起义，遭到日军镇压，200多人被杀，500多人被捕。

12月5日 琼崖红军游击队改编，开展海南岛敌后抗日游击战。

12月18日 汪精卫自重庆至越南河内叛逃投敌。

1939年

3月8日—5月9日　第九战区薛岳部组织南昌会战。此为战略相持阶段中日军队的首次交锋，中国军队伤亡4.3万人，毙敌1.5万余人。

4—5月 第五战区李宗仁部组织“枣随会战”。中国军队经苦战，收复枣阳、随县等地，伤亡2万人，毙敌1.3万余人。

6月8日 国民政府下令通缉汪精卫。

9月13日—10月1日　第九战区薛岳将军指挥第一次长沙会战取得胜利。中国军队伤亡3万余人，毙敌2万余人。

10月25日 晋察冀边区军民展开冬季反“扫荡”作战。

11月15日 桂南会战开始。国民政府军事委员会部署对日军发动“冬季攻势”。其中杜聿明将军率中国陆军第五军取得“昆仑关大捷”。

1940年

2月23日 桂南会战结束。中国军队付出较大伤亡代价，收复宾阳、上林、昆仑关等战略要地。

3月21日 第八战区傅作义部在内蒙古河套地区取得“五原大捷”。

5月1日—6月17日 枣宜会战。第五战区右翼兵团总指挥张自忠上将于5月16日在会战中壮烈殉国。枣宜会战自开始至当年9月，日军对重庆、宜昌、成都、宜宾等地军事目标和非军事目标实施轰炸，先后出动飞机4 500多架次，投弹27 000多枚，造成数以万计的平民伤亡。

7月 中共晋冀豫抗日根据地军民展开反“扫荡”作战，抗日军政大学总队开赴华北敌后。

8月20日 中共领导的八路军发起“百团大战”（总兵力105个团），共历时4个月，毙伤日军20 636人、伪军5 153人，俘虏日军281人，八路军伤亡17 000余人。

9月10日 南岳忠烈祠动工兴建。

1941年

1月11日 日军7 000余人“扫荡”鲁西抗日根据地。

3—4月 第九战区举行上高会战。会战历时26天，我军伤亡20 533人，毙敌12 052人。

5—6月 日军进犯晋南中条山地区，中国军队在“中条山突围战”中伤亡7万余人，唐淮源军长、寸性奇师长等高级将领阵亡。

6月5日 日军飞机夜袭重庆，制造“较场口大隧道惨案”，数万余无辜平民死伤。

9月7日—10月10日 第九战区组织第二次长沙会战，中国军队伤亡5万余人，毙敌2万余人，在日军公然大量使用毒气弹的严峻形势下，粉碎了日军的战略图谋。

12月8日 日军袭击珍珠港，发动太平洋战争。

12月9日 中国国民政府正式对日、德、意宣战。

12月24日 日军进犯长沙，“第三次长沙会战”爆发。至次年1月16日，“第三次长沙会战”以中国军队大获全胜告终。此役中国军队伤亡29 217名官兵，毙敌56 944人，首次在伤亡低于敌军人数的情况下达到战略目的。美国总统罗斯福特向会战指挥者薛岳将军授予独立勋章。

1942年

1月1日 中、苏、美、印、加、荷等26国代表在华盛顿签署共同宣言（即《26国公约》），后称《联合国宣言》。中国作为反法西斯阵营的重要力量得到世界认可。

1月3日 反法西斯同盟国宣布：中华民国中央军事委员会委员长蒋介石就任盟军中国战区（包括东南亚地区）最高统帅。

2—7月 中国远征军10万余人入缅作战。此行虽付出伤亡过半、戴安澜将军阵亡的代价，但表明了中美英三国共同抵抗法西斯的决心，为中国赢得了国际声誉。

5月14日—8月25日 中国第三战区组织浙赣会战。中国军队伤亡5万余人，毙敌17 000余人。在战役中和战役结束后，细菌战首恶石井四郎率领日军七三一部队在衢州等地部署细菌战，造成大面积霍乱、伤寒、鼠疫、炭疽等爆发流行，使数十万平民百姓的生命财产遭受毁灭性打击。

5月31日 中国远征军一部退往印度，一部退到滇西边境。日军侵入云南西南部分地区，形成与我军隔怒江对峙局面。

7月4日 美空军志愿队(飞虎队)改组为美驻华空军特遣队，陈纳德任指挥官。

11月2日 日军以5万兵力，开始大举“扫荡”沂蒙山区抗日根据地。

11月9日 八路军进行“黄崖洞保卫战”。

1943年

1月11日 中美、中英分别签订《关于取消美国在华治外法权及处理有关问题之条约与换文》和《关于取消英国在华治外法权及有关特权条约与换文》，废除“鸦片战争”以来列强对华一系列不平等条约。

5月4日—6月4日 面对10万来犯日军，第六战区司令长官陈诚组织实施“屏蔽川东，保卫重庆”的“鄂西会战”，共毙敌1万余人，击毁日军飞机47架，击沉日军舰船23艘，中国军队伤亡41 845人。此役打破了抗战以来的日军空中优势，并有力配合了盟军的太平洋战事。

5月6日 日伪军2万余人“扫荡”太行抗日根据地。

10月 蒋介石就任国民政府主席。史迪威指挥中国驻印军向大龙河西岸敌据点进攻，揭开了“滇越大反攻”的序幕。中国远征军随军派出工兵部队，修筑中印公路。此公路后被命名为“史迪威公路”。

11月2日—12月9日 第六、第九战区联合组织“常德保卫战”。战役中，中国军队阵亡4万余人，其中第七十四军五十七师8000余名官兵几乎全部伤亡，被毒气弹所伤者2000余人，使日军付出对等的伤亡；中美空军联合作战，击毁敌机63架，随后轰炸台湾新竹日军机场，炸毁敌机30余架。是役，古城常德仅余完整建筑物5幢。

11月22日 中、美、英三国政府首脑在开罗举行会议，签署了《开罗宣言》。

1944年

2月1日 八路军总部发布命令，要求各战略区适时组织向日伪军据点出击。

4—12月 日军以50余万兵力发动“1号作战”，中国军队组织兵力100余万，相继以“豫中会战”、“长衡会战”、“桂柳会战”等应战，付出损失兵力50余万、沦陷国土20万平方公里的代价，终于抵御住了日本军国主义政府孤注一掷的进犯。在“长衡会战”中，千年古城长沙历经四次战火，几成废墟；同为千年古城的衡阳，第十军官兵坚守孤城47天，战后衡阳无一完整建筑。至此，湖南长沙、常德、衡阳三城与南京等成为二战中受损最严重的文化名城。

4月5日—11月8日 中国驻印军、中国远征军相继在缅甸河谷、密支那、八莫及中国云南境内腾冲、松山、龙陵等地发动反击。

1945年

1月28日 中国远征军与中国驻印军、英美盟军在芒友会师，取得滇缅大反攻的全面胜利。

2月4日 苏、美、英三国首脑在雅尔塔举行会议。

3月22日—5月31日 第五战区与日军5个师团、3个旅团展开豫西鄂北会战。5月21日，第三十六集团军总司令李家钰上将殉国。

4月9日—6月7日 日军以10万兵力发动“芷江战略战”。中国第四、第三方面军将士奋战近两个月，以伤亡18000余人的代价，毙敌近3万人，取得“湘西大捷”。

4月23日 中国共产党第七次全国代表大会在延安召开，号召敌后根据地军民施行军事战略转变，准备全面反攻。

4月25日 联合国大会召开。作为发起国，中国与美、英、法、苏成为联合国安理会常任理事国，世称“五强”。

5月8日 纳粹德国宣布无条件投降。

7月26日 中、美、英三国发表《波茨坦公告》，促令日本无条件投降。

8月6日 美国向日本广岛投下第一颗原子弹，之后又向长崎投放了第二颗。

8月9日 毛泽东代表中国共产党发表了《对日寇的最后一战》的声明。

8月14日 日本照会中、苏、美、英四国，表示接受《波茨坦公告》。

8月15日 日本裕仁天皇广播投降诏书。

8月21—23日 侵华日军代表今井武夫被指令在湖南芷江机场洽商日军在中国战区投降事宜，向中国军方交出日军在华兵力部署图，并接受中方对侵华日军总司令冈村宁次下达的“日军投降备忘录”。

9月2日 日本代表在东京湾美国“密苏里”号战列舰上签署投降书。中国抗日战争暨世界反法西斯战争结束。

9月3日 国民政府宣布每年的9月3日为“抗日战争胜利纪念日”。

图11. 汉口市民欢庆抗战胜利

9月9日 中国战区接受日本国投降正式签字仪式在南京中央军校大礼堂举行，日本派遣军总司令冈村宁次在对华投降书上签字。（图11）

14年的抗战损失，按目前所能掌握的资料显示：中国军民伤亡3 500多万人，死亡350万人。其中，国民政府所辖军队自1937年7月7日以来，发动大型会战22次，重要战役1 117次，小型战斗28 931次，阵亡3 211 419人；空军阵亡4 321人，毁机2 468架；海军舰艇损失殆尽；少将以上高级将领（含追赠）殉国达200位以上；军事财产损失按1945年中国国币计算，陆军、空军约合6.3721万元（不包括海军）；而“七七卢沟桥事变”前的东北、华北战事，上海“一·二八淞沪抗战”和中国共产党领导的敌后战场等的战事，准确的研究和统计工作目前仍在进行之中。中国直接经济损失与间接经济损失的总和，按1945年美元比价估算，至少在6 000亿美元以上[15]。

在上述大事记和数据统计中，战争期间的建筑及建筑文化遗产的损失无法系统统计，仅可列举若干实例管窥一二：远东最大的国际化大都市上海的闸北街区被毁；首都南京至少有三分之一街区被毁，文化圣地中山陵被无情亵渎；战时首都重庆，重要城市昆明、成都、宜宾、延安等屡遭空袭；文化名城长沙、衡阳、常德等几乎从地图上消失；中国第一条铁路公路两用的跨江大桥钱塘江大桥被迫自毁……

但是，付出如此空前惨重的代价，作为世界四大文明古国中唯一延续至今的中华民族，终于再一次避免了古埃及、古巴比伦和古印度的命运，继续担负着将一个古老文化体系不间断地沿袭下去的使命，这自是世界文明史的空前幸事；而中国军民在这场战争中不屈不挠、坚忍不拔的表现，在综合国力仍然远逊英美列强的情形下，以国民意志和文化精神赢得“世界五强”的国际声誉，更使古老的中国自清晚期急剧衰落之后，仅仅用不到百年的时间，便走出故步自封的迷途，进入自我更新的良性循环周期，揭开了走向民族复兴的序幕，这更堪称世界文明发展史上的奇迹。

[15] 参阅：
陈诚.回忆录——抗日战争.北京：东方出版社，2009：147-150.
李继峰.从沉沦到荣光（1931—1945）.呼和浩特：远方出版社，2008：480.
张宪文.中华民国史.南京：南京大学出版社，2005.

这个谋求民族文化、民族精神的复兴的艰苦努力，表现在战时中国的各个领域，也表现在建筑业上。

二、抗日战争建筑概览

（一）抗战史迹建筑

1937年7月7日之前的中国建筑面貌，大致以三种类型组成：中国传统建筑、西式建筑和中国固有式建筑。这三类建筑在抗日战争中均遭到数量巨大的损伤，均有大量实物见证了重大历史事件，也均有难以准确统计的实物被战争彻底毁灭。

1. 中国传统建筑。

中国传统建筑是纯以中国传统建筑技艺和材料建造的各类建筑物。由于社会变迁、自然环境变化等原因，这类建筑自周秦延续到19世纪末20世纪上半叶，开始面临着创始3 000年以来在使用功能、建筑材料和审美心理等方面来自西洋的挑战。特别是在东部沿海新型的工商业城镇，西式建筑具有功能上更适应现代生活的优势，由此引发了审美习惯的微妙变化。“吃中国菜，住西洋房”，这一度是平津宁沪等地的社会时尚。但是，至少在抗日战争爆发前，传统建筑依然在中小城镇和乡村被继续使用，并不断沿用着传统方法建构新的建筑物，覆盖着中国80%的城镇和几乎100%的乡村。在这类建筑中，如北京故宫、曲阜孔庙、应县木塔等传统宫殿、寺庙，为官式木结构建筑的典范；如北京四合院、晋豫陕甘窑洞、江南私家园林、西南吊脚楼等，为地域特征显著的各类民居建筑的代表；而如南京城、宛平城、武冈城、卢沟桥、龙陵惠通桥、宁波镇海口海防工事等，则是古代城垣、桥梁、军事工程等类型建筑的杰作。

这类建筑在抗战期间大多继续发挥着原有建筑功能，有些则成为一方名胜，列入应受国际法保护的重要文化遗产范围。不幸的是，这类建筑所遭到的损毁也是空前严重的。以我们的实地考察进展，参照历年统计和《侵华日军对中国古建筑的毁损》等相关研究成果，可以看到，在清代以前，按“历史、艺术、科学”三大价值衡量，有保存价值的古建筑，最保守的估计，被彻底损毁的应在10 000处以上[16]。其中部分有文献记录的彻底被毁的建筑实例，不完全统计如下表所示。

[16] 戴雄. 侵华日军对中国古建筑的毁损.中国第二档案馆.民国档案，2000年第3期.

省份	地点	时间	名称	备注
北平院辖市	北平西郊	1937年7月	宛平龙王庙、南侧的药王庙、卢沟桥南侧的河神庙、西侧的大王庙、北侧的迴神庙以及宛平城内的兴龙寺、观音庵、城隍庙、马神庙、九神庙等数十处古建筑	炮击
北平	大兴县	1937年7月27日	团河行宫等	轰炸、强行拆毁
北平	房山县	1938年9月	云居寺辽代建筑南塔、明代建筑山门等	重型轰炸机轰炸
南京院辖市	南京	1937年12月	中华门城堡箭楼、光华门城墙、中华门城墙等大部分墙体，中山陵园桂林石屋、藏经楼等，文德桥、利涉桥、淮清桥、大中桥、九龙桥、毛公渡桥等，南郊南朝陈武帝万安陵前的石麒麟	飞机轰炸、炮击、蓄意纵火
江苏	吴江盛泽	1937年11月9日	蚕花殿、圆明寺	蓄意纵火
江苏	常州城区	1937年11月28日	天宁寺观音殿	炮击
江苏	太仓	1937年11月	亦园	蓄意纵火
江苏	丹阳皇塘镇	1937年12月1日	古庙宇1座	蓄意纵火
江苏	镇江焦山	1937年12月8日	鹤寿堂、枕江阁、伊楼等	飞机轰炸和炮击
江苏	句容	1938年2月	元符万宁宫三清殿、西斋院、茅山道院	蓄意纵火
江苏	如皋	1938年3月19日	文峰阁、菩提舍、地藏庙等	蓄意纵火
江苏	泰州	1938年4月	北山寺、光孝寺、永宁寺	飞机轰炸全城
江苏	宜兴张渚	1938年4月22日	隍庙后宫	飞机轰炸
江苏	连云港	1939年8月	花果山三元宫	蓄意纵火

（续表）

省份	地点	时间	名称	备注
江苏	扬州泰兴	1940年1月17日	金寿公所	蓄意纵火
江苏	新沂新安镇	1940年5月9日	新沂五华顶全潮律院	蓄意纵火
江苏	兴宁	确切时间不详	尊经阁、文昌祠、大成殿、崇圣祠等	轰炸
陕西	西安	1937年11月30日	四座清真寺	轰炸
河南	安阳	确切时间不详	玄庙观、诸葛庐	轰炸
河北	阜平县	1938年春	普佑寺	炮击、蓄意纵火
河北	安平县	1945年5月	圣姑庙	炮击、蓄意纵火
山西	稷山	1939年1月	龙泉神庙、五龙宫	炮击、蓄意纵火
山西	崞县	1937年10月	古庙千余间	蓄意纵火
山西	宁武县	1937年10月	古寺庙8座	蓄意纵火
山西	介休	1940年1月	绵山云峰古寺	炮击、蓄意纵火
山西	沁县	1940年4月	北魏、唐、宋建筑遗构36处，如乔村永泰寺，唐代的南景圆通寺、仁胜广济寺，宋代的乌苏大明寺、龙门山柏林寺故县明星寺，金代的北漳延寿寺、北寺上灵感寺、羊庄福兴寺等	炮击、蓄意纵火
上海	龙华镇	1937年10—11月	龙华寺大殿	轰炸、蓄意纵火
上海	青浦	1938年2月2日	颐浩寺	蓄意纵火
广东	花县	1938年2月14日	孔庙、关岳庙、宋大夫祠	轰炸
广东	广州	1338年3月27日	杨箕村龙潭庙	轰炸
广东	韶关	1938年6月	关帝楼	轰炸
广东	曲江	1938年6月	三界庙	轰炸
广东	紫金县	1938年10月2日	太岁庙、兴宁尊经阁、文昌祠、大成殿、崇圣祠等	轰炸
广东	兴宁	1939年4月28日、6月9日	尊经阁、文昌祠、大成殿、崇圣祠等建筑被毁	轰炸
广东	惠州	1941年5月	栖禅寺、永富寺、元庙观	蓄意纵火
内蒙古	—	确切时间不详	营盘召、释尼召、树林召和准格尔旗等召庙	轰炸
云南	保山县	1942年5月4日	元代法明寺	轰炸
湖南	长沙岳麓山	1938年4月11日	云麓宫、爱晚亭、白鹤泉遮亭、古麓山寺的前殿	轰炸
湖南	常德	1943年11—12月	名目不详	轰炸、炮击、纵火
湖南	衡阳	1943年11—12月	名目不详	轰炸、炮击、纵火
湖南	华容县	确切时间不详	南山大禹殿、文昌阁	轰炸
湖北	老河口机场	1940年2月	宝麟寺（始建于唐代）	轰炸

图12.千年古城常德被日军炮火摧为废墟，中国军队在废墟中英勇御敌

应当着重指出：湖南常德、衡阳二城系千年古城，城内外佛寺、道观、文物庙、宗祠等众多，应整体列为文化遗产，但遭全城性毁灭；长沙城被毁在80%以上；南京城在35%以上。纵观全球范围的二战史迹，中国遭到全城覆灭程度的城市在15个以上，为世界之最。而河北安平圣姑庙、阜平普佑寺等大批在中国建筑史上具有极高的学术价值的古代建筑（单体、组群），被彻底毁灭者更是难以计数。（图12）

还必须指出：由于中国近现代的历史发展进程较缓慢，致使成系统的科学的古代建筑文化遗产的调研工作起步较晚，战前大部分省份均无完整的古建筑档案，故上述统计只能是挂一漏万的粗略统计。以中国营造学社的工作为例，中国营造学社在1931—1937年重点考察北平、河北（含今之天津市）、山西、河南、山东地区，江苏（主要是苏州、南京两地）、浙江（主要是杭州）、陕西等也有少量涉及，战时又考察了云南、四川两省，其余省份均未及着手。战争中断了原有的考察计划，致使战争中的实际损失已无法准确估计，如常德水星楼等大批极具研究价值的古建筑均只存历史名目，实际状况和价值都无从知晓了[17]。（图13）

就现在仍残存遗迹的古代建筑而言，可从三个方面例举其抗战经历。

其一，在战争中继续发挥作用的传统建筑。宛平、南京、藤县、常德、衡阳等古城城墙，山海关、喜峰口、古北口等长城关隘，浙江宁波戚家山营垒、招宝山海防工事、山西雁北平型关、寿阳娘子关、广西邕宁昆仑关、重庆钓鱼城和

[17] 水星楼原建于明朝，康熙年间重修，是明清时代典型的高层建筑，具有极高的研究价值。在1943年常德会战中，中国军队第七十四军第五十七师以水星楼为制高点阻击日军进犯。激战中，水星楼几易其手，最后日军调大炮将水星楼彻底摧毁。这一著名的湘西古建筑，因地方志记载过于简略，战前又未能作测绘调查，从此再无复原的可能。

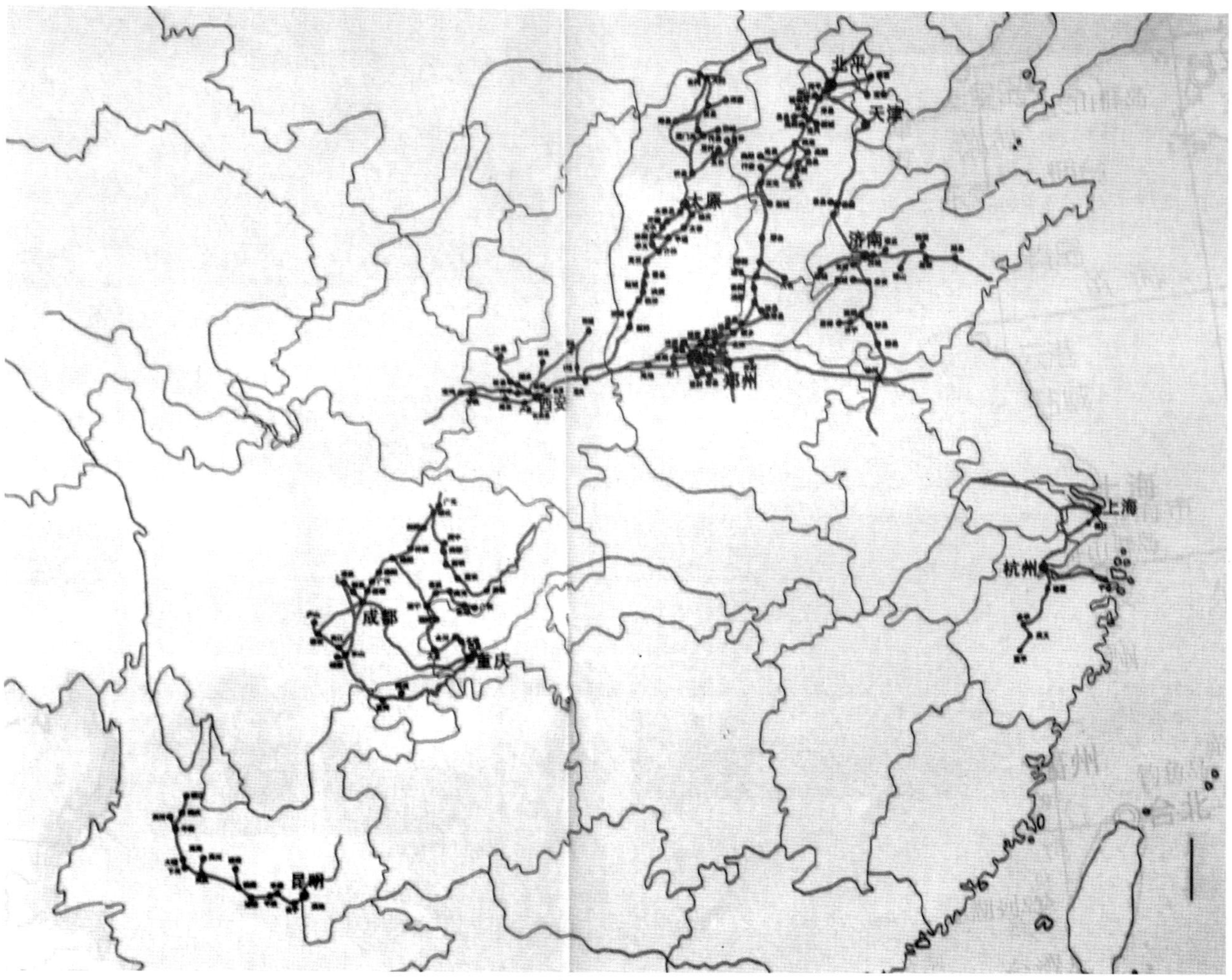

图13. 中国营造学社古建筑考察路线图

山西应县木塔（自古即有军事瞭望功能）等古代军事防御工事等，平西卢沟桥、滇西临沧青龙桥、龙陵惠通桥、成德桥等古代桥梁工程，均曾是抵御日军进攻的坚固堡垒或承担屯兵、练兵、后勤供给等任务，历经战火洗礼，见证了卢沟桥保卫战、南京保卫战、徐州会战、常德会战、长衡会战、喜峰口战役、镇海口保卫战、中国远征军入缅、滇西会战等一系列重大战役，将数百年甚至上千年（如南京城墙石头城段，其建造史可上溯至三国时代）的古代建筑的军事功能沿袭至20世纪的现代战争之中。（图14）

其中一个极端的实例是至今巍然屹立的山西应县木塔。据记载，在抗日战争中日军曾多次炮击应县木塔，后又据为瞭望、防御据点，20世纪50年代尚存40多处弹痕[18]。这个当时已有980多岁高龄的全木结构建筑，是世界建筑史上的孤例，具有举世无双的历史文化价值，令其在战火中检验其坚固程度，这绝非中国人民所愿意承担的风险，应被视为人类文明史上的劫难。（图15）

图14.中国二十九军在喜峰口、古北口长城一带阻击日军

[18] 莫宗江.应县朔县及晋祠古代建筑.雁北考察团报告.中央人民政府文化部文物局，1951：155-166.

这些实例，一方面证实古代建筑遗存即使按20世纪的标准衡量也足够坚固（如湖南武冈纯石材城墙），另一方面也确实证明它们在现代战争中的作用毕竟有限了。

其二，成为后方各界抗战重地的传统建筑。 陕北窑洞、河北乡村小型庙宇、湖南省溆浦县龙潭镇王氏宗祠、洞口县杨氏宗祠、曾氏宗祠等湘西祠堂，大致为常见的民居类建筑或较低等级的祠庙建筑，在战争期间有相当一部分被移作军政要地、指挥所、战地医院和军事院校等。其中，延安中共中央机关及八路军总部等均以窑洞为驻地，毛泽东

图15-1. 应县木塔旧影全貌

图15-2. 应县木塔被炮火击中的部位

在这里撰写了著名的《论持久战》；冼星海在这里创作完成了抗战音乐最强音之《黄河大合唱》；龙潭镇王氏宗祠成为湘西会战中的第四方面军战地医院；而在四川宜宾的李庄古镇，中央研究院史语所、中国营造学社、同济大学等，也纷纷落户当地的农舍、祠堂和寺观，傅斯年、梁思成、刘敦桢、李济、董作宾等在此书写着知识分子坚持文化抗战的光辉篇章……

这类建筑，往往看似寻常，却有着建筑功能上值得探讨的长处。如北方窑洞除具备少占耕地、冬暖夏凉的特点外，还具备了天然的防空能力；湘西祠堂在不大的庭院内，以格局的合理划分，满足了人数众多的公共场所需要。而从文化意义上看，祠堂建筑在过去自然是以寄托宗教信仰、维护家族宗法秩序和荣誉为其主要功能，但同时又是一个村落的公共活动场所，在历史上往往又是乡村私塾的所在地。这些建筑，对所谓“中国集体意识不强”的成见，似乎是一个修正。（图16）

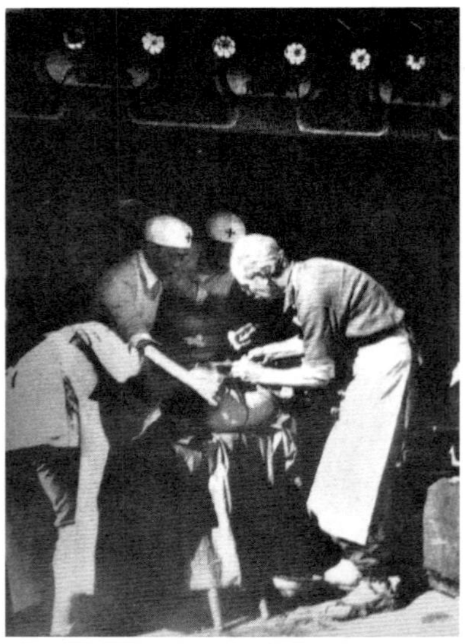

图16.白求恩大夫在河北乡村小庙做手术

其三，作为文化象征的古代建筑经典。客观地说，出于对世界舆论的忌惮，也由于一些日本文化学者的建议，侵华日军在许多时候面对一些享有世界声誉和具有重大学术价值的古代建筑杰作时，也往往采取克制态度，如北京故宫、曲阜“三孔”建筑群、湖南岳阳楼等。但这些建筑攸关民族自尊，其长期沦丧敌手，本身就是全民族的精神创伤。因此，故宫太和殿最终成为象征胜利的受降地之一，乃是全民族最为扬眉吐气的时刻之一；而湖南岳阳楼历经7次战火，因日军对其文化象征意义有所顾忌而幸免，可称战争中的奇迹，从一个侧面反映了民族文化精神的震慑力。（图17）

换一个角度看，日军在侵华过程中，以炮击、空袭和蓄意纵火等野蛮手段，摧毁了大量古物（其中河北安平圣姑庙[19]、阜平普佑寺、湖南常德水星楼等，其价值是不亚于任何一处著名古建筑的），又以各种手段劫掠走大量珍贵的图书文献和可移动文物，中国在文化遗产方面的损失是无可计数、无可弥补

[19] 刘敦桢.河北古建筑调查笔记.刘敦桢文集（三）.北京：中国建筑工业出版社，1978.

图17-1. 遭受亵渎的北京紫禁城

图17-2. 日后成为受降地的紫禁城太和殿

[20] 孟国祥.大劫难:日本侵华对中国文化的破坏.北京:中国社会科学出版社,2005.

的[20]。仅仅因为其在国际知名古建筑保存方面保持了最起码的节制,日本在战后得到了中国人民宽大为怀的和解姿态,甚至放弃了巨额战争索赔,这是六千五百年世界文明史上所罕见的。

2. 西式建筑与"中国固有式建筑"

其一,西式建筑。 西式建筑是指基本以引进西方建筑技艺和材料建造的各类建筑物,包括主体是西式的,而少量使用了中国建筑符号的建筑物(如上海中国银行大楼、天津盐业银行大楼等)。

中国自清中晚期逐步在东部沿海地带开始接受西洋现代文明。上海、天津、广州、大连、青岛、汉口等大中型城市,相继建造了成规模的西式建筑群,涉及建筑的各个门类,如公共建筑、民居建筑、工商业建筑和军事设施建筑等。从建筑样式上,则包括西洋古典建筑(又含纯古典式、和衷主义两种类型)和现代主义建筑(包括包豪斯、芝加哥学派等众多流派)。前者如天津解放北路建筑群、上海外滩建筑群等,多为20世纪20年代之前建造,首先以艺术风格的华丽引发国人对西洋文化的向往;后者追随近现代西方文化自身的发展变化,几乎与欧美现代主义建筑的兴起同步,在20世纪20年代中期即进入中国,主要以体量大、形式简洁和功能齐备等优势,引领国人步入现代生活。这些或古典或现代的西式建筑甚至构成了上海、天津、青岛、大连、哈尔滨、汉口、广州等地的主要建筑面貌,各自都拥有若干值得载入史册的成就,涌现出上海江海关大楼、汇丰银行大楼、交通银行总行大楼、天津法国公议局大楼、盐业银行大楼、新华信托银行天津分行大楼等一大批上乘之作。一些新兴城市甚至形成了一座中国城市中完全不见任何中国风格建筑的局面(如以九国租界构成的天津新城)。西式建筑不仅仅以迥异以往的建筑外观给国人以耳目一新的观感,更从民族心理上构成了中国国民新的追求——为了民族的生存,必须向西方学习。

当然,这股社会变革时期的建筑思潮同时呼应了晚清以来文化界存在的一种民族虚无主义倾向,学术界、文化界有相当一批人对传统文化从根本上持怀疑和否定态度,建筑界也自有人以全盘西化的建筑面貌与之相互呼应。

值得注意的是,在这股西风东渐的时代风潮中,中国产生了有史以来第一批具有独立意义的建筑师团体和建筑研究以及教学机构。在中国古代,建筑师历来只属于难留姓名的工匠阶层,五千年来也只有李春、宇文恺、李诫、喻浩、蒯祥、计成、样子雷世家等寥寥无几的知名人物。而进入民国时期,建筑师有关颂声、吕彦直、庄俊、沈理源、杨廷宝等;建筑学家有朱启钤、梁思成、刘敦桢等;建筑学研究机构有中国营造学社;建筑教学机构则出现苏州工专建筑科、东北大学建筑系、中央大学建筑系、天津工商学院建筑系以及1946年成立的清华大学建筑系等;另有茂飞、穆勒、邬达克等外籍建筑师在华开业。(图18)

图18-1. 一·二八轰炸前的上海闸北

图18-2. 一·二八轰炸后的上海闸北

其二，"中国固有式建筑"。"中国固有式建筑"又有"中国古式"、"中国古典复兴式"等称谓。有中国近现代建筑史的流派分类、命名，学术界原有"中西合璧式建筑"之说，大致包括两类：以西方建筑技艺和材料建造，少量采用中国传统建筑符号（如斗栱、彩画之类）作建筑装饰的建筑物；借鉴西方建筑结构技术、采用新的建筑材料，而整体艺术风格仍保持中国传统建筑艺术特色的建筑物，又被称为"中西固有式建筑"。本文按文化内涵的深浅程度，不采用"中西合璧式"这个概念，将前者仍归类于西式建筑，而以"中国固有式建筑"这个概念涵盖约20世纪20年代以后出现的，虽采用西方建筑技术但更突出表现民族文化归属感的新建筑流派。

上文提到，随着西风东渐，中国产生了首批具有独立意识的建筑师团体和建筑研究以及教学机构。也正是这批有深厚的传统文化根基，又有留学西洋背景（包括在日本接受西学影响）的建筑师、建筑学家，使得建筑界很快意识到中国的民族复兴决不能简单接受西方舶来品。于是，经多年的努力，中国营造学社对传统建筑的文化考察、整理、研究工作已初具规模，其对中国传统建筑的再认识、再估价，唤起了国民对中国固有文化传统的兴趣和信心。比之略早，外籍建筑师茂飞、中国建筑师吕彦直等人相继开始了和衷西方建筑技术与中国建筑文化元素的创作尝试，设计建造出北京协和医院、南京金陵女子大学、南京灵谷寺塔等探索性作品。吕彦直先生曾撰文指出：**"……今者国体更新，治理异于昔时，其应用之公共建筑，为吾民建设精神之主要的表示，必当采取中国特有之建筑式，加以详密之研究，以艺术思想设图案，用科学原理行构造，然后中国之建筑，乃可作进步之发展……"**[21]

国民政府也适时以官方立场主张政府办公建筑和纪念性建筑应尽量采用"中国固有式建筑"，认为："政治区之建筑物，宜尽量采用中国固有之形式，凡古代宫殿之优点，务当一一施用。"[22]

在这一时代背景下，吕彦直先生设计建造的南京中山陵、广州中山纪念堂等，被学界正式冠以"中国固有式建筑"之名，被誉为"适足以象征我民族复兴之始也"[23]。之后，上海市又有上海市政府大楼、上海市博物馆大楼等类似作品问世。可以说，这批"中国固有式建筑"，尽管存在着许多有待探讨、完善之处，其建造数量也大大少于同期西式建筑，更无法与当时所存纯传统建筑的数量相比，但其所蕴涵的探索精神和文化含义，都是不容忽视的。（图19）

其三，西式建筑与"中国固有式建筑"在抗战期间的际遇。西式建筑与"中国固有式建筑"这两类建筑数量总和远远小于中国传统建筑，但所分布区域却大多为现代经济较发达的东部沿海大中型城市，其受损程度同样是巨大

[21] 吕彦直．建设首都市区计划大纲草案．建筑文化考察组．中山纪念建筑．天津：天津大学出版社，2009：349.

[22] 国都设计技术专员办事处．首都计划．南京，1929.

[23] 按此语出自梁思成先生。梁思成对吕彦直设计方案在一些构造和艺术风格细节处理上持保留意见，其赞誉则基于设计理念上的文化追求。参阅：梁思成全集四．北京：中国建筑工业出版社，2001：215.

图19-1.南京中山陵旧影

图19-2.日军亵渎中山陵

的，也同样见证了一系列重大历史事件。

按《宁波区海防设备实施计划》着手建造，大体于1937年竣工的宁波镇海口海防设施建筑是在明清两代军事设施的基础上，在长达百里的海岸线上，建造了钢骨水泥的机枪、指挥所掩体60余座，钢筋水泥炮台4座，其军事防御能力远大于古代同类建筑。

纯西式钢筋混凝土结构的上海四行仓库，以其建筑的坚固，成为"八一三"淞沪会战中，中国军队八百壮士英勇抵抗侵略者的坚固堡垒。（图20）

千年古城长沙经五次战火几乎全城毁灭。寥寥几例幸存者，除天心阁一带的旧城墙外，还有新样式、新材料造就的长沙中山堂（西方古典式公共建筑，20世纪80年代拆毁）、中山亭（西式钟楼）等，为西式建筑的坚固程度作了饶有说服力的注脚。（图21）

图20. 上海四行仓库

图21. 战火中幸存的长沙中山亭

重庆市现存以西式风格为主、局部兼顾民族传统的黄山抗战建筑遗存、史迪威旧居等，基本可以满足战时政治文化中心的功能要求，展示了西式建筑在功能上对现代社会的适应程度。作为与伦敦、莫斯科、华盛顿并称的二战时期四大战时首都，重庆是中国正面战场的指挥枢纽，历经日军对重庆的多次大轰炸而巍然屹立，极大地鼓舞着全民抗战的必胜信念；其中西合璧的总体建筑风格，则反映着中国必须学习、借鉴西方现代文明成果，以图民族复兴的历史进程趋势，更从文化意义上象征着中国不仅仅要打赢这场反侵略战争，更要从战争中完成封建文明向现代文明的嬗变……

南京中央军校大礼堂于1929年9月2月竣工，采用钢筋混凝土结构，仿效文艺复兴时期法国府邸式建筑样式，其设计意图颇似当时社会思潮的图释："……从西方模式中获得更为先进的内容。"[24]1945年9月9日上午9时整，中国战区接受侵华日军投降仪式在此举行。中央军校大礼堂在沦陷8年后，见证了中国人民抗日战争的最终胜利。

"中国固有式建筑"的代表作——南京中山陵及其附属园区，则展现了传统建筑样式下，采纳西方建筑技术所获

[24] 刘先觉，王昕.江苏近代建筑.南京：江苏科学技术出版社，2008：126.

得的坚固程度的提高、内部空间的扩大和现代生活功能的完善，成为如中国宫殿式建筑经典明清紫禁城、曲阜孔庙、湖南岳阳楼一样的中国文化精神的象征，但在抗战中也未能如前者那样躲过日军的炮火袭击和粗暴践踏，其对中国人民精神层面的伤害，甚至是高于明清故宫之沦陷的。

“中国固有式建筑”的另一代表作——广州中山纪念堂，则在时间上有着特殊含义。它于1926年选定设计方案，1931年10月10日落成之际，正是东北突发“九一八事变”之时，“以伟大之建筑，作永久之纪念”为动议，适时地鼓舞着危难时期的民族精神；而在全民抗战之后，在日军炮击下受到严重损坏，是日军暴行的重要历史见证。巧合的是，正如紫禁城太和殿在日后成为华北地区的受降地，广州中山纪念堂则最终见证了华南日军投降的历史时刻。

但是，无论西式或中国固有式，以其钢筋混凝土结构之坚固，也依然有数量无法统计的建筑物覆灭于日军炮火，如沈阳北大营、上海闸北街市、上海东火车站、南京中山东路街市等，重蹈了传统建筑为主的衡阳、常德大面积损毁的覆辙。

其四，一点启示。透过上述抗日战争史迹建筑的兴衰荣辱，我们得到如下启示。

首先，建筑即使再坚固，其根本目的也绝不是为了抵御现代战争，故保存建筑、保存文化遗产，最彻底的办法并不是提高它的抗毁灭能力，而是从根本上杜绝战争。

其次，就各类建筑本身的生存状况和发展轨迹而言，可以说，抗战之前中国仍以传统建筑维系着普通民众的文化价值取向；我们已充分意识到谋求民族文化的再生，不可避免地要向西方学习先进的科学技术，更新自身的文化理念。可能存在着这样那样有待今天重新认识的不成熟之处，但“中国固有式建筑”的出现，无疑是战前中国建筑界最重要的建筑现象、建筑思潮之前沿动态，它代表着现代中国人最可贵的文化探索——对学习西方文明已不仅仅停留在技术层面，而是把技术层面的舶来品应用于古老文化的再生上。

中国自古有将外来文化融汇于本民族文化体系的文化包容特性，以此形成汉唐融冶儒释道于一体的中华文明的鼎盛时代。我们从“中国固有式建筑”的应运而生，似乎从百业待兴中的一个不大的门类中感知到这一伟大民族文化特性的光荣复归的征兆。

（二）抗战期间的建筑活动及作品

建筑，作为一门造型艺术，一般可理解为：**用建筑材料（土、木、砖、石、钢铁、玻璃，甚至纺织品等）建造的一种供人居住、使用，并具备形式美感的物体，一般限定在纪念建筑、公共建筑、宗教建筑、住宅建筑、园林建筑和生产建筑等类型。因为有形式美的特定要求，故一般将道路、水坝等土木工程排除在建筑艺术之外**。不过，非建筑艺术的土木工程中又往往含有建筑成分，无论铁路、公路、水路码头或航空港，总要有可称为建筑物的桥梁、站房、指挥塔、候机厅等与之配套。

在抗日战争期间，纯粹意义的建筑活动自然受战争影响而急剧萎缩，但含有建筑成分的土木工程却不可能终止。因此，本文介绍抗战期间的建筑活动，有较多篇幅涉及重大工程中的附属建筑物。或者，从更广义的文化意义上说，这些抗战期间被赋予了特定时期精神特质的土木工程，其本身就理当被视为一种伟大的建筑艺术。

当我们遥望20万中国普通民众以血肉之躯筑就的滇缅公路在崇山峻岭间舒展着天马行空般遒劲而优美的线条的时候，我们有什么理由否认它是人间最伟大的艺术呢？（图22）

1. 抗战期间的建筑活动

1988年出版的《中国大百科全书·建筑、园林、城市规划》卷“中国近代建筑（Chinese architecture，1840—

图22-1~3
云南民众修
筑滇缅公路

图22-4. 四川民众自带口粮修筑军用机场

图22-5. 湖北民众修筑老河口机场

1949）”条目中写到：“抗日战争爆发到中华人民共和国成立（1937—1949），这是中国近代建筑的停滞时期。抗日战争期间，中国的建筑业处于萧条状态。”[25]

[25] 中国大百科全书·建筑、园林、城市规划. 北京：中国大百科全书出版社，1988：570.

从总的情况看，这一结论似乎不无道理。如果拿这一时期的建筑活动相比此前与此后的建筑活动而言，其确实小到微不足道，得以建成的建筑物的数量也自然极其有限。但是，虽然这个时期的“萧条”无可置疑，而“停顿”却不尽符合事实。据文献记载和我们的调查，实际上这个“萧条时期”的建筑活动从未中断。虽然建设规模缩小，人力、物力、资金等困难重重，但其间的新建筑作品仍在不断问世。而且，这个萧条阶段所产生的为数不多的建筑作品，无一不是中国民众走出萧条的坚定信念的真实写照，与前线将士的浴血奋战同样是一寸山河一寸血，饱含着不屈不挠的精神伟力。

抗战期间重要的建筑活动（含土木工程），可以按功能分为军事和民用两类。

其一，战时土木工程及军事建筑。战争，自然少不了军营、防御工事和运输道路。战前，东北地区在张学良将军的领导下，曾有大规模的军备建设，如沈阳北大营、军用机场等，以其规模和工程质量在远东地区享有一定的声誉；关内各战略要地也有类似的建设，如上文提到的宁波镇海口海防工事等。这些军事设施建筑在战争爆发后，大部分遭到破坏或沦陷。不过，只要有一线可能，中国军民随时会在战争期间将其修复、重建，乃至新建，甚至在得而复失、失而复得的拉锯战间隙也不曾中断。有例为证：刚刚竣工的钱塘江大桥，在淞沪会战战局逆转之际，由设计建造者茅以

图23.日军在北岸目睹钱塘江大桥自毁

升毅然自毁，又在战后不久修复；类似的事例还有云南腾冲成德桥等。而不待战争结束即行重建的实例更多：至今在湖南、浙江、湖北的一些乡镇仍可见幸存至今的许多那一时期建造的明碉暗堡，其中一些遗存使用的是进口的水泥和钢筋，具有优良的工程质量，也说明了当时对军事设施建设的不遗余力和盟国间的密切合作。（图23）

在深陷日军重围、举步维艰的河北、山西等敌后战场，中共领导下的抗日根据地军民创造性地开展地道战，既是重要的军事工程，也可称为具有朴素之美的地下建筑物。

在中国军民独立抗击日本法西斯的战争初期，为保障唯一一条陆路国际通道的畅通，1937年底至1938年8月底，云南30个县约20万民工（其中大部分是老人、妇女和孩子）修筑完成了震惊全世界的滇缅公路。美国驻华大使说：“此次中国政府能于短期内完成此艰巨工程，此种果敢毅力与精神，实令人钦佩。且修筑滇缅公路，物资条件异常缺乏，第一缺机器，第二纯系人力开辟，全靠沿途人民的艰苦耐劳精神。这种精神是全世界任何民族所不及的。”自1937年10月开工之日起，日军即频繁轰炸这条公路，尤以沿途桥梁为其重点目标。每次轰炸之后，总会有被炸断的桥梁，也总能有中断的桥梁被及时修复。于是，沿线众多桥梁，如成德桥、青龙桥、惠通桥、昌淦桥等，无论旧制或新建，都被赋予了现时代的意义，成为串联这一庞大工程的建筑明珠。

图24. 重庆跳伞塔

而为保障空中国际通道畅通和对日空战的战略要求，1943年11月至1944年2月，四川民众43万人自带口粮和工具，90天内修筑完成了成都等地的六座军用机场。美国《圣路易邮报》赞叹道：“……这是2 000年前建造万里长城以来的空前壮举。”

在湘西前沿阵地，为中美联合空军部队修筑的芷江军用机场，5 000名中国农民付出了生命代价。至今，芷江机场旧址犹存十几个1.80米直径的巨大石磙，它们散落在荒野田间，是点缀当年的机场指挥塔、美军俱乐部等建筑物前的纪念性雕塑。

在重庆，至今矗立着一座1942年竣工的跳伞塔。当年，这座中国乃至远东地区高度最高、设备最好的跳伞塔，在最短的时间内，将一批批尚未大学毕业的青年学子培训成与日军格斗的空中勇士。（图24）

其二，战时城市建设。在西南大后方，国民政府陪都建设计划委员会于1941年2月成立，开启了战争中的建设序幕。该会是隶属行政院的一个建设计划咨询机构，在短短三年的时间里完成了《陪都建设计划工作纲要》、《战时建设计划大纲》、《战时三年建设计划大纲》、《陪都防空建筑改进意见》、《测量陪都旧城区情况》等文件，并曾举办数次有关陪都建设设计展览及征求建设重庆市区各种参考资料等活动。其所完成的《陪都十年建设计划草案》，是日后《重庆规划方案》的雏形。在此期间，重庆建造了一批质量很好的建筑物：史迪威住宅，著名建筑师杨廷宝设计的一座具有现代主义建筑风格的小型住宅建筑；圆庐，同一建筑师设计的另一个精致的建筑小品；抗建堂，战时戏剧中心，文艺抗战的圣地之一；精神堡垒、抗战胜利纪功碑……表明中国人民不但要打赢战争，更在战争中建设家园。

其三，战时基本建设。在战争形势呈胶着状态的时候，湖南武冈中央军校第二军校（习称“黄埔二分校”）建造了设计水平和工程质量都居上乘的西式建筑武冈中山堂。与此同时，中共根据地延安将大量窑洞改造为适应战时需要的指挥所、兵工厂、后方医院、学校，并建造了同样在设计水平、工程质量方面堪称佳作的中共中央大礼堂。

另有一些建筑，同样以中山先生命名，如云南富源中山礼堂等，是军民聚会的公共场所，也是纪念国父的殿堂，激励着全国同胞的必胜决心。

此外，徐敬直、李惠伯设计的南京中央博物院主楼，于1936年完成设计方案，因战事而耽搁十年，直到战后才于1947年建成，也是一处值得重视的建筑。

其四，战时纪念建筑。战争中，中国军民付出了极大的牺牲，于是就有了为死难者建陵园、树立纪念碑的建筑活动。建造这些纪念建筑，似乎不是与敌军的正面交火，但却是对己方参战人员生命的尊重。慎终追远，寄托哀思，这本是我们的文化传统，而战争中纪念战争，构成了最为庄严肃穆的建筑活动，亦可视为抗战期间最重要的建筑活动。战时纪念建筑遍布全国各地，其中最为重要的有湖南衡山南岳忠烈祠、云南腾冲国殇墓园、湖南溆浦七十四军阵亡将士陵园、湖北通城第九十二师天岳关抗日阵亡将士墓等，敌后抗日根据地亦有河北狼牙山三壮士陵园等。

其五，战时其他建筑活动。在上述可称为时代主流的建筑活动之外，被称为“孤岛”的上海租界建有海格路899号住宅（1938年建成）、惠德丰大楼（1940年建成，挪威建筑师伯韵土设计）、美琪大剧场（1941年建成，范文照设计）等现代主义风格的建筑作品；同为沦陷区“孤岛”的天津英租界，则建有利华大楼（1936—1938年建造，法国建筑师穆勒设计），也是相当成熟的现代主义风格建筑作品。笔者以为，这类“孤岛建筑”建于抗战，却同大时代没有直接关系，与同期张爱玲等孤岛作家的文艺作品性质相似，是并不值得称道的时代插曲。(图25)

图25.上海美琪大剧场

其六，沦陷区的建筑活动。“九一八事变”之后，日本在东北地区加紧战争掠夺和奴化统治。围绕着经济掠夺，疯狂开采煤铁矿藏，并相继建造了大连火车站（1937年建成，日本建筑师太田宗太郎设计）、丰满水电站（1937年开工兴建，至1945年战败撤退时，完成土建工程的89%，安装工程的一半）等工业建筑；围绕着奴化统治，陆续建造了长春伪满洲国国务院（1936年建成，日本建筑师石井达郎设计）、伪满洲国最高法院最高检察院（1936年建成，日本建筑师牧野正己设计）、伪满中央银行俱乐部和总裁公馆（1938年建成，日本建筑师远藤新设计）、大连关东地方法院（1933年建成）、奉天市公署（1937年建成）、哈尔滨满洲电信电话株式会社（1942年建成）、新哈尔滨宾馆（1937年建成，斯位利道夫设计）等。这些建筑工程或采用较成熟的西方现代主义建筑，或融合东西方建筑风格，均属日本国内流行的建筑样式。纯以建筑本身看，其设计建造水平似乎并不坏，但却是民族屈辱的产物。(图26)

如陈诚所说：“东北实为中国之生命线，九一八后尽为日本囊括以去。日本经济基础虽甚脆弱，得东北足以弥补其缺憾；但在我国，实无异丧失了经济命脉。”[26]

[26] 陈诚.陈诚回忆录——抗日战争.北京：东方出版社，2009：12.

尤其令人发指的是，日军在哈尔滨市平房区设立了七三一部队特别军事区，占地面积610万平方米，建立了一支世界战争史上规模最大的细菌战部队的所谓“实验基地”，同德国纳粹的奥斯维辛集中营并称为世界两大惨绝人寰的

图26-1. 丰满水电站旧影

图26-2. 大连火车站

图26-3. 掠夺性开采抚顺煤矿

图26-4. 伪满洲国国务院

图26-5. 伪满洲国最高法院最高检察院

杀人魔窟。七三一部队又与在齐齐哈尔成立的“关东军化学部”（又称满州第五一六部队）合作，对中国军民和同盟国战俘进行毒气、细菌等活体试验，受害者达3 000余人。

战后的调查表明，侵华日军1932年至1945年期间曾经在中国设立了60个细菌部队及支队。至少从1938年开始，在中国的20多个省使用了细菌作战，其中规模较大、受害较重的浙江、江西、湖南等省，受害人至少达到27万余人 。（图27）

图27. 日军七三一部队遗址

一种建筑技术的使用和建筑思潮、建筑艺术流派的形成，最终要由建造者和使用者决定其文化意义。一如中国军民在战场上与日军浴血奋战，中国知识分子在传承文化、反对日本的奴化统治上竭尽全力，中国的建筑界也同样肩负着民族存亡的历史重任。

2. 抗战期间建筑作品举要

按建筑风格划分，此期间的建筑作品仍可分为传统建筑、西式建筑和中国固有式建筑三种类型。虽然其数量不多，但代表了抗战期间建筑的最高水平，具有异乎寻常的文化价值。本书遴选了代表性作品12例，由周学鹰教授撰写较翔实、深入的研究论文（参阅本书《几处重要的抗战历史建筑的建筑特色及其启示》一文），本文仅作概略点评。

其一，南岳忠烈祠纪念建筑群。此建筑群于1940年动工，1943年竣工，主体中轴线建筑占地23 400平方米，由山门、“七七”纪念碑、纪念堂、致敬碑、享堂等组成建筑组群，为目前最大的抗日阵亡将士纪念地，无疑是“中国固有式建筑”在抗战期间的杰出代表。它于抗战最艰苦的时期兴建，建筑上承袭“因山起陵”的中国陵墓建筑传统，单体建

图28. 南岳忠烈祠全景

筑采用传统的宫殿式建筑风格，建筑结构、材料和建造技术则大量应用西方建筑技术，取得庄严肃穆、大气磅礴的艺术效果，素有“小中山陵”之美誉。需强调一点：按原设计方案，主建筑群周边环绕着若干大型公墓组群，其整体建筑规模甚至是大于中山陵的。（图28）

南岳忠烈祠作为集庙堂建筑与陵墓建筑为一体的大型纪念性建筑群，不仅仅在形式上受中山陵建筑群影响，更强化了中山陵建筑设计者吕彦直的设计理念——国家先贤祠。上文提到吕彦直有关建筑“为吾民建设精神之主要的表示，必当采取中国特有之建筑式”的观点，而在同文中，吕彦直又谈及对首都南京整体规划的具体项目：“……国民大会之后，设先贤祠及历史博物馆。凡此皆可以发扬光大中华民族之文化，实国族命脉之所系也。全部之布置，成一公园，北依玄武湖，东枕富贵山，而接于中山陵园，西连于南京市，此为大纬道北部之计划。”就这个国家先贤祠所处位置而言，可知在吕彦直的心目中，民族烈士先贤纪念地与开国元勋纪念地的地位至少是同等重要的。而南岳忠烈祠作为祭奠全民族殉国英烈的“总神位”，无疑是具有国家先贤祠的性质的。从南岳忠烈祠的建筑规模分析，特别考虑到战时十分拮据的经济状况，可以说这是当时国家最重要的建筑投资，诚为继中山陵之后中国最重要的纪念建筑。其意义在于突出了吕彦直等人设立国家先贤祠的构想，是将旧中国建造为现代民主国家的建筑行动之一，堪称民族意识复兴之象征，中国跻身世界五强之先导。

就目前笔者所掌握的资料分析，战时各国对待阵亡官兵及死难平民的丧葬问题，基本上是就地掩埋，战后再事迁葬。如中国战区这样不待战争结束即行隆重安葬，并立祠纪念，是非常罕见的。这体现了中国文化传统对生命的尊重和“天行健君子以自强不息”的民族意志。（图29）

另有昆明胜利堂，也是中国固有式建筑的成功之作，在建筑功能上，是本时期大型公共建筑的典范。

其二，岳麓山忠烈祠、富源中山礼堂。岳麓山忠烈祠于1938年10月兴建，1939年2月建成，后多次遭到破坏，损毁情况严重，2004年据原样重修；富源中山礼堂于1943年7月7日抗战爆发六周年纪念日奠基，1945年3月3日竣工，后因故有所改造，但大体仍是原物。此二作品同为抗战期间传统建筑的

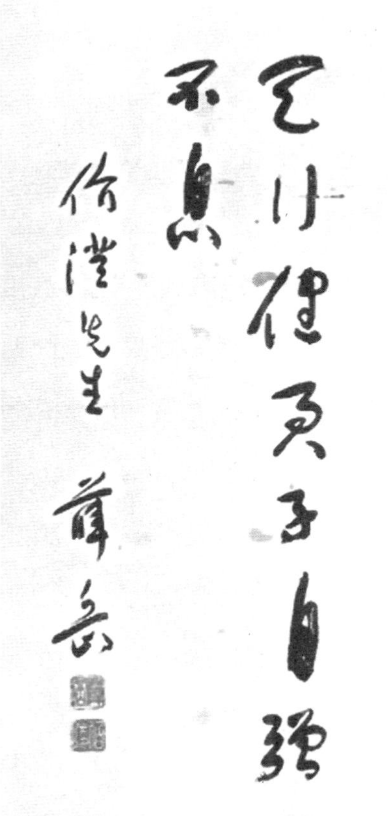

图29.主持南岳忠烈祠建造的薛岳将军手迹

典范。从设计建造意图上看，岳麓山忠烈祠的性质与南岳忠烈祠相似，但作为地区性质的纪念建筑，其规模自不必如后者那样庞大。因此，设计者不采用中山陵那样中国固有式建筑的建筑样式，而采用湖南习见的祠堂建筑的技术形式。这有战时尽量节省资金的考虑，在艺术形式的选择上，也有贴近当地民众审美习惯的设计意图。在同时期及战前的同类纪念建筑中，这样纯粹采用传统建筑形式的实例反映了战时厉行节俭的一面，也反映了普通民众对民族文化传统的依恋。

图30. 云南富源中山礼堂

富源中山礼堂是兼有纪念性质的军民集会场所建筑，试图以中山先生为坚持抗战的精神感召，是一处重要的文化建筑。设计建造者按照云南地方性建筑特色，采用古代木结构建筑中“抬梁式”和“穿逗式”相结合的技术形式，其继承传统而又因地制宜、富于变化的设计手法，特别是在室内功能划分上，借鉴希腊神庙的平面布置，突破了传统建筑的室内格局。尽管此建筑有外来文化的若干影响，大体上仍属传统建筑范畴。(图30)

这两处建筑，功能上有所不同，但同为战时所建。因对建筑规模的要求不同，故设计者认为，纯民族传统建筑已足敷使用，故不约而同地选择了传统建筑样式和工程做法。

其三，武冈中山堂。湖南武冈中山堂于1941年3月动工，1943年7月建成，是1939年迁居武冈法相岩的中央陆军军官学校第二分校（习称“黄埔二分校”）的主要建筑，与云南富源中山礼堂同为抗战期间建造的中型民用建筑的佳作。它的设计，采用“中西合璧”的设计理念，局部借鉴传统建筑做法（如屋顶采用传统的穿逗屋架做法建构），但整体设计上，以民国时期习见的西式砖木混合结构为主，可视为战时西式建筑的典范。此建筑的设计者与建造者以战时对建筑艺术、工程和实用功能方面的精益求精，在行动上申明了中国人民反法西斯的必胜信念，是另辟蹊径的战争见证物。(图31)

同类建筑作品中，1939年动工，1942年竣工落成的延安中共中央大礼堂也是本期难得的杰作。

其四，钱塘江大桥等重要民用工程。杭州钱塘江大桥于1934年动工兴建，1937年淞沪会战期间建成，很快又为战事需要而自毁，又于战后重建。此桥系杰出的桥梁专家茅以升先生于淞沪抗战前设计并竣工的我国第一座自行设计、施工的铁路、公路两用桥，在工程技术和造型艺术上均称佳作，也是其充分展示现代建筑功能之优越和构造之坚固的代表作。尤其重要的是，此桥在“八一三淞沪会战”前期发挥了至为关键的运输作用，在战事不利之际，茅以升先生又亲手将其炸毁，并发誓“此生不修复此桥则誓不为人”，也果真在抗战胜利后将此桥修复。故此桥堪称反法西斯战争中历经磨难取得最后胜利的见证物和纪念碑。(图32)

类似命运的桥梁还有贵州独山深河大桥等多处。

其五，芷江机场。芷江机场是抗战中最重要的军用工程之一，现存跑道遗址、指挥塔等遗物。此机场于1934年12月筹划修建，1935年动工，抗战期间多次扩建。衡阳失守后，芷江机场成为中美空军最重要的前线机场，担负着最主要的对日作战任务，见证着抗战中后期中国军队与盟军飞虎队密切配合，几经殊死抗战，最终赢得反法西斯战争胜利

图31-1.武冈中山堂外景

图31-2.武冈中山堂内景

图32. 钱塘江大桥与茅以升纪念像

的重要历史进程。

滇缅公路及沿线桥梁等建筑物，也是重要的战时军用工程，现存成德桥、惠通桥等重要建筑遗存。

其六，南京灵谷寺淞沪抗战纪念碑与芷江受降纪念坊等。抗战期间及胜利后，我国为阵亡将士建了大量的纪念碑和纪念牌坊，其分布极为广泛，其体量大小自不足一米至数十米不等，其存世数量迄今尚无完整统计。其中纪念碑多以古埃及方尖碑为基本形制，在设计建造过程中则有所变化；纪念坊的形制源自传统的牌坊，也在建造过程中融入了时代特征。

方尖碑（obelisk）源自古埃及神庙的一种表示对太阳崇拜的附属纪念碑，与金字塔并列为古埃及文明的象征。其基本形制为方柱状、自下而上逐渐缩小，顶端为金字塔状方椎体。其碑高度不等，一般修长比为10∶1左右，以整块花岗岩制成，上镌象形文字图案。其中最古老、最完整、最著名者，为建于古埃及第十二王朝时期（约前1991—前1786年）的希利奥坡里太阳城神庙方尖碑，高20.7米、重121吨。近代西方列强势力进入非洲以来，古埃及方尖碑被大量搬运到西方国家，形成或原物挪用或新建的重要纪念碑形式，著名者有法国巴黎协和广场方尖碑（系古埃及原物，高23米，塔身为整块花岗岩雕成）、美国华盛顿纪念碑（1884年为纪念美国首任总统华盛顿而设计建造，高169米）、俄罗斯莫斯科方尖碑等。方尖碑在古埃及基本上是神庙前左右二碑对称安置，传入欧美各国后，已不拘泥原布局，基本为单碑形式。

自辛亥革命以来，方尖碑传入中国，也只取其纪念意义，用单碑布局。这对以往或过繁或过简的传统中国墓葬形式是一种修正，也是对西方文明的一种认可。其中较著名者为1931年竣工的广州中山纪念碑。此碑亦为吕彦直设计，高达37米，碑身下部轮廓线改为曲线，似乎借用了中国建筑屋顶曲线和巴黎埃菲尔铁塔的造型特点。

为抗战阵亡将士所建的纪念碑，以南京灵谷寺第十九路军、第五军淞沪会战纪念碑与长沙岳麓山第七十三军纪念碑为典型。南京灵谷寺淞沪会战纪念碑于1935年为纪念“一·二八淞沪抗战”阵亡将士而修建；长沙岳麓山第七十三军抗战阵亡将士纪念碑于1946年建成。此二碑均以古代西方盛行的方尖碑为标准形制，客观反映了中国近现代对西方现代文明的接受。在具体的设计上，后者有细节处理的变通，前者则借鉴六朝神道柱（墓表）的艺术形式，以碑首雕刻瑞兽作为艺术创作的点睛之笔。

同类作品还有湖南衡阳抗战胜利城纪念碑、浙江镇海招宝山抗战纪念碑、广西昆仑关大捷纪念碑、狼牙山三壮士纪念碑等。（图33）

图33. 埃及神庙前之方尖碑

图33-2. 华盛顿纪念碑

图33-3.巴黎协和广场方尖碑

图33-4.常德七十四军纪念碑

图33-5.广州中山纪念碑

图33-6.镇海招宝山抗战将士纪念碑

纪念牌坊则以芷江受降纪念坊和常德第七十四军第五十七师公墓纪念牌坊为典型。芷江受降纪念坊于1947年2月兴工，8月30日建成；常德第七十四军第五十七师公墓纪念牌坊于1945年11月建成。此二纪念坊继承了传统建筑中功德牌坊的基本形式，采用现代建筑材料，较好地以传统形式表达了对殉国烈士的祭奠和对抗战胜利带有历史沉思性质的纪念。特别是前者，在立面构图上有所变通——以汉字之“血”字形构成三开间牌坊的正立面形象，以此寓意中国人民的巨大牺牲和誓死保卫家园的民族精神，并以此记录日军在此地投降的历史事件，其造型至为简洁，而其寓意则至为深沉。

3. 抗战期间建筑活动的意义和成就

以历史、建筑和文化等三重因素综合衡量，在现存抗战期间建筑作品中最重要也最具影响力的建筑单位依次是：南岳忠烈祠、钱塘江大桥、滇缅公路及沿线建筑物、芷江机场及受降纪念坊、重庆黄山抗战建筑群、延安中共中央大礼堂、昆明胜利堂、武冈中山堂、岳麓山忠烈祠、富源中山礼堂、溆浦龙潭镇第七十四军第五十七师阵亡将士陵园、南京灵谷寺淞沪抗战纪念碑等，基本上代表了抗战期间建筑业的最高成就。其意义有三。（图34）

图34. 延安中共中央大礼堂

图35. 昆明胜利堂

其一，杭州钱塘江大桥、滇缅公路及沿线建筑物、芷江机场及胜利坊等建筑工程真实记录着战争的残酷和中国军民的英勇不屈，具有以建筑工程书写抗战历程的历史意义。

其二，重庆黄山抗战建筑群、延安中共中央大礼堂、武冈中山堂、溆浦龙潭第七十四军第五十七师阵亡将士陵园等表明中国在最困难的时候，中国军民仍在以一丝不苟的工作态度从事着建筑活动，与前线将士和后方各界一样，在战争中取得自身领域内的成果。

其三，南岳忠烈祠、昆明胜利堂、岳麓山忠烈祠、富源中山礼堂等除兼具上述意义外，尤其以对中国建筑文化传统的继承与创新，在特殊时期彰显了中华民族永恒的文化精神。（图35）

笔者将南岳忠烈祠的建造视为抗战时期建筑艺术最高成就的代表，因为与一些抗战文学、戏剧等相比，这个继南京中山陵之后最大规模的中国固有式建筑，似乎更为旗帜鲜明地向世人宣告：中国在最困难的时刻，不仅仅要抗战到底，更要在这个抵御外侮的过程中选择不舍弃民族传统的民族复兴之路。

（三）抗战之后的纪念性建筑

1945年9月3日抗战胜利结束以后，全国各地（包括台湾和港澳地区）均有纪念抗战的专题建筑活动，一直延续到今天，其数量目前很难确切统计，其成就也有待时间检验。目前较著名的有北京宛平城中国人民抗日战争纪念馆、江苏南京侵华日军南京大屠杀遇难同胞纪念馆、四川大邑建川博物馆聚落、辽宁沈阳“九一八”博物馆、上海淞沪抗战纪念馆、湖南芷江中国人民抗日战争胜利受降纪念馆、山西灵丘平型关大捷纪念馆、阳泉百团大战纪念碑、五台县南茹村八路军总部纪念碑和台北圆山忠烈祠等。

这期间，在1949年之后，特别是“文化大革命”期间，曾有大量有关抗战的建筑遗址（如宁波海岸防御工事等）和纪念性建筑(如大量的国民党军抗日阵亡将士陵园、纪念碑,云南滇东北各县十余处中山礼堂等)均遭到人为破坏。“文革”结束后,特别是1984年胡耀邦赴衡山瞻仰南岳忠烈祠,2005年9月3日胡锦涛《在纪念中国人民抗日战争暨世界反法西斯战争胜利60周年大会上的讲话》发表之后,这一错误逐步得以纠正。具体有两项举措。

其一,大量历史建筑被修复,相关考察、研究工作逐渐扩大。如湖南南岳忠烈祠、浙江杭州“一·二八淞沪抗战”阵亡将士纪念碑等,不仅被损建筑得以修复或复建,相关文献搜集整理工作也渐次展开。这一举措得到了全球华人的广泛支持和赞誉。

其二,随着历史研究的不断深入和综合国力的不断增强,新的一批纪念性建筑问世并取得广泛的社会影响。

宛平城中国人民抗日战争纪念馆 坐落在北京市西南的丰台区卢沟桥畔宛平城内原宛平县县署旧址。一期工程于1987年7月6日完工并对公众开放,二期工程完成于1997年。该纪念馆占地面积3万多平方米,总建筑面积近2万平方米,展览面积为6 000平方米,是一座具有民族特色的建筑,全国唯一一座全面反映中国人民抗日战争历史的综合性大型纪念馆。进入纪念馆序厅,迎面是尊长18米、高5米的大型铸铜浮雕“把我们的血肉铸成我们新的长城”,左右两侧墙壁上,分别镶嵌着《义勇军进行曲》和《八路军进行曲》的曲谱,顶部由15个方形藻井组成,悬挂着8口方形古钟,象征着八年抗战,蕴意着中国人民抵御侵略的警钟长鸣。展览分为“综合厅”、“日军暴行厅”、“人民战争厅”和“抗日英烈厅”四部分,展出自1931年“九一八事变”至1945年抗战胜利14年间的珍贵历史文物和照片5 000余件。北城墙外则被辟为“抗日战争烈士陵园”。南城墙外皮至今犹存累累弹痕,现已作为日军暴行的铁证昭示天下,城下建有“抗日战争雕塑园”。

南京大屠杀纪念馆 全称“侵华日军南京大屠杀遇难同胞纪念馆”,是南京市人民政府为铭记1937年12月13日,日军攻占南京后制造的南京大屠杀事件而筹建的,由著名建筑师、东南大学建筑学院教授齐康院士设计,于1985年8月15日落成开放。馆址位于南京城西江东门茶亭东街原日军大屠杀遗址之一的万人坑,占地为2.5万平方米,主体建筑面积为2 100平方米。后增设扩建工程,由著名建筑师、华南理工大学何镜堂院士主持设计,占地面积达到7.4万平方米,展示的文物3 000多件。全馆分东、中、西三部分。西部新馆整体形状犹如一艘巨大的“和平之舟”,中部是原馆的遗址悼念区,西部大片开阔区域是树木葱茏的和平公园。新馆区内陈列着中国雕塑院院长、南京大学吴为山教授设计的大型雕塑《家破人亡》、群雕《市民逃难》、主题雕塑《冤魂呐喊》及《胜利之墙》,凸显建筑主题。在和平公园里,著名雕塑家、沈阳鲁迅美术学院孙家彬创作设计的高达30米、用汉白玉制作的《和平》雕塑,以一对手托和平鸽、展望未来的母子形象,生动地表达了人类对和平发展的期盼。该馆保持原地形地貌,建筑成一座纪念性的墓冢。右侧迎面是以中、英、日三种文字镌刻的黑色大字“遇难者300 000”。循院墙小径布列13块小型碑雕,部分地记载着大屠杀的主要遗址和史实,是全市遇难情景的缩影。院墙上镶嵌着搜捕、屠杀、祭祀三组总长51米、高 2.2米的大型黑灰色石刻浮雕。棺椁形遗骨陈列室门前,竖立着高 4米的立雕母亲像,室内陈放着从万人坑挖掘出的白骨和部分遇难者的名单。呈平顶半地下墓室形的史料陈列厅内,主要陈列有:当年日军屠杀现场照片,所有历史档案资料,中外人士当年对这次历史惨案所写的纪实、报道和出版的专著、图书、报刊,至今尚健在的1 000多位幸存者的名册、证言、证词和实物;当年屠杀南京军民的日军军官和士兵的日记、供词;崇善堂、红卐字会、红十字会等慈善团体掩埋尸体的照片、统计表、臂章、证词以及远东国际军事法庭和中国军事法庭对南京大屠杀主犯松井石根、谷寿夫审判的照片、判决书等。纪念馆电影放映厅,有200个座位,向观众放映《侵华日军南京大屠杀》的历史文献纪录片。

馆区前设悼念广场,有“警世钟亭”、“兴华宝鼎”、“《狂雪》诗碑”;有“历史的桥梁”、“残破城墙”和“断裂的军刀”三组建筑以及“遇难者头颅”、“断臂”两组雕塑和长明火等主体设施。院内散置着13块记载着13处大屠杀主要遗址和史实的石碑。

其三，在港澳台地区，有关方面和各界爱国人士均以纪念抗日战争殉国英烈作为弘扬民族精神的必须之举。香港、澳门重点保留了香港总督署等重要史迹；台湾方面除重点保护台北中山堂等史迹建筑外，先后建有台北圆山忠烈祠、台中忠烈祠、澎湖县忠烈祠、台北国军历史博物馆等，其中以台北圆山忠烈祠最为知名。

台北圆山忠烈祠 位于台北市圆山饭店旁，背倚青山，面临基隆河。建于1969年，占地广大，主建筑形式仿北京故宫太和殿，其雄伟壮丽宏伟，象征着烈士们成仁取义的大无畏精神。围绕于忠烈祠四周的1万余平方米的青草地，在群山的拱卫中，营造出一种清幽而肃穆的气氛，更烘托出建筑物的庄严。每逢春秋两季，均有台湾官方和民间择日拜谒。（图36）

图36.台北圆山忠烈祠

结 语

以上概说梳理了抗日战争在中国原有建筑上所留下的印记、中国军民在战争期间的建筑表现以及战后的纪念性建筑建造。

1931年9月18日至1945年9月3日，350多万阵亡将士、3 500多万死难同胞！14年的漫长战争已过去65年了，民族的热血沉淀于历经战火而残留至今的断壁残垣和累累弹痕之中，依然可触手感知；凝望战时公路、桥梁以及各类建筑物，中国军民冒着战火对工程质量的一丝不苟，对现代社会种种建筑样式的审慎选择与不懈创新，犹历历在目……

于是，我们得以在战争之前建筑与战争期间建筑的复杂现象中辨析中国传统建筑、西式建筑及中国固有式建筑等一系列建筑表象下的建筑思潮。我们透过建筑思潮看到了自1840年以来，中国在逆境中争取生存和发展的艰难历程。我们看到了中国传统建筑沿袭至民国黄金十年仍保持着相当的文化凝聚力，也看到了西方现代文明对中国传统建筑在实用性方面已然落伍的现实处境的冲击，更看到了建筑界在为实现中国文化自我更新方面所做出的各种尝试。应当说，这一切建筑现象大致是与整个中国社会文化变革的大趋势相吻合的，而在比较中西方文化差异、进而做出方向性抉择和创作尝试方面，甚至是领先于其他领域的。

尤其难能可贵的是，中国建筑界在战前所做出的抉择和创作，在战争期间也未曾止步，并以民族热情造就了一批伟大的建筑作品。因此，这数百处以南岳忠烈祠为代表的抗战建筑，不仅仅是珍贵的中国近现代文化遗产，更是抗战所树立起的现代中国民族精神的不朽丰碑。

在战争中我们深深眷恋着自己的民族传统，在战争中我们依然关注着现代世界的大千变化，在战争中我们坚持选择民族文化传统与世界文明进展的有机契合。

于是，即使在危难时刻，我们也没有放弃对中国固有式建筑的探索与实践，我们写下了钱塘江大桥、滇缅公路、芷江血字牌坊、昆明胜利堂、南岳忠烈祠……一个个浸透了鲜血、沉思和胜利荣光的建筑名称。

65年过去了，由于诸多历史原因，一度成为中国建筑师所热衷追求的中国固有式建筑也曾饱受质疑。但是，在现代主义、后现代主义盛行的今天，我们仍在以建筑形式纪念抗战的南京“侵华日军南京大屠杀遇难同胞纪念馆”、北京宛平城“中国人民抗日战争纪念馆”、中国抗日战争雕塑园、四川大邑抗战聚落、台北圆山“忠烈祠”等建筑事件之中，看到了深层的无所不在的中国文化元素。

谨以中国建筑的未来祭奠65周年前的民族复兴先贤！

2010年7月7日初稿于抗战爆发73周年纪念日

2010年9月3日二稿于抗战胜利65周年纪念日

参考文献

[1] 张宪文.中华民国史.南京：南京大学出版社，2005.
[2] 【美】费维凯.剑桥中华民国史.刘敬坤，等.译.北京：中国社会科学院出版社，1994.
[3] 毛泽东.毛泽东选集.北京：人民出版社，1966.
[4] 胡锦涛. 在纪念中国人民抗日战争暨世界反法西斯战争胜利60周年大会上的讲话.人民日报，2005-9-4.
[5] 陈诚.陈诚回忆录.北京：东方出版社，2009年.
[6] 黄仁宇.从大历史的角度读蒋介石日记.北京：九州出版社，2008.
[7] 曹聚仁，舒宗侨.中国抗战画史.联合画报社，1947.
[8] 李继峰.从沉沦到荣光（1931—1945）.呼和浩特：远方出版社，2008.
[9] 中国大百科全书·建筑、园林、城市规划.北京：中国大百科全书出版社，1988.
[10] 吴光祖. 中国现代美术全集. 建筑艺术1.北京：中国建筑工业出版社，1998.
[11] 建筑文化考察组.中山纪念建筑.天津：天津大学出版社，2009.
[12] 赖德霖. 中国近代建筑史研究.北京：清华大学出版社，2007.
[13] 谭其骧. 简明中国历史地图集.北京：中国地图出版社，1991.
[14] 邹容. 发现另一个湖南.抗战记.长沙：湖南科学技术出版社，2009.
[15] 孟国祥. 大劫难:日本侵华对中国文化的破坏.北京:中国社会科学出版社，2005.
[16] 侵华日军南京大屠杀史稿. 南京：江苏古籍出版社，1987.
[17] 上海市档案馆. 日军占领时期的上海. 上海：上海人民出版社，2010.
[18] 《建筑创作》杂志社主编. 图说李庄.北京：中国建筑工业出版社，2006.
[19] 金磊. 抗战历史建筑研究的文化概说（上下）.北京：《中国建设报》2010-1-8、2010-1-25
[20] 金磊. 解读另一类民族英雄.北京：《中国建设报》2006-8-1

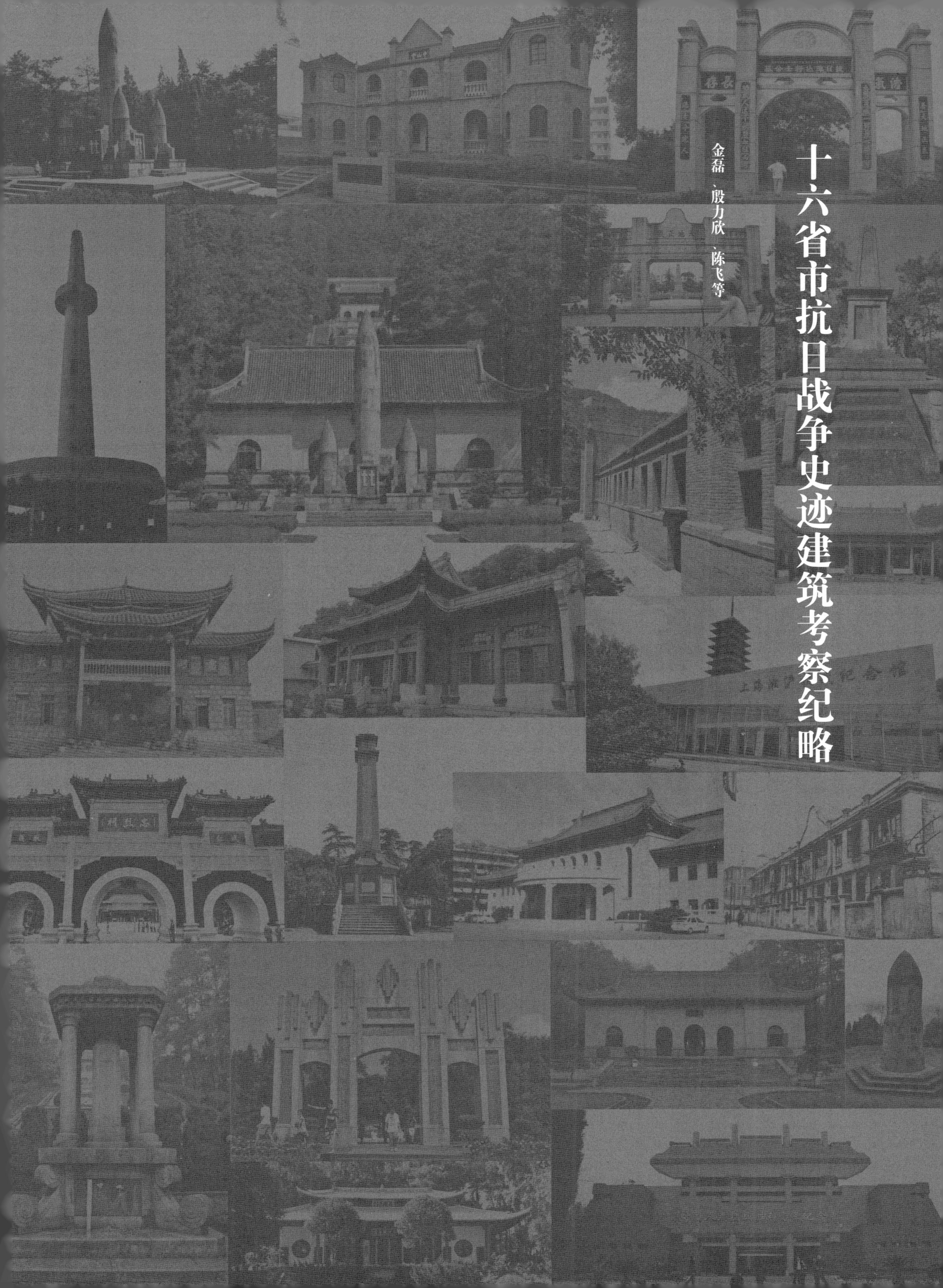

十六省市抗日战争史迹建筑考察纪略

金磊、殷力欣、陈飞等

引 言[1]

抗日战争——一段中华民族五千年文明史上全民动员抵御外侮的最为悲壮的惨烈兵燹，一段四万万炎黄子孙团结一心凤凰涅槃般走向民族伟大复兴的光荣历程——尽管其硝烟散尽已达65周年，这场交织了全民族的屈辱、悲壮、坚韧、光荣，并寄托着民族的理想和希望的战争史诗，仍然时时刻刻萦绕着亿万国人之心，引发后人从这份沉重得令人窒息的历史陈迹中思考大千世界的过去、现实和未来。作为记录着工程技术水平与历史文化内涵的形式载体，抗日战争期间的历史建筑也自是抗战文化遗产的重要组成部分。

2007年7月7日，建筑文化考察组金磊、殷力欣、刘锦标、温玉清、陈鹤等一行五人前往京西卢沟桥及宛平城考察，并凭吊为抗战献出生命的中国军民。这个日子是七七卢沟桥事变70周年纪念日，也即1931年九一八事变之后，中国进入全民抗战阶段的纪念日。从这一天起至今，建筑文化考察组开始着手有关抗战历史建筑的系统考察工作。

三年来，围绕着这个课题，建筑文化考察组先后做过11次专题考察；而在从事其他课题的时候，又有3次兼顾了这个课题。现将历次考察记录如下。

1.2007年7月7日，北京抗战历史建筑考察。考察组成员：金磊、殷力欣、刘锦标、温玉清、陈鹤等五人。主要考察内容：北京西郊卢沟桥及宛平城。此次考察附加内容一项：周口店北京人、山顶洞人遗址考察。

2.2008年10月至2009年4月，考察中山纪念建筑共计十次，其中有二次考察涉及抗战历史建筑，计三处：南京中山陵园之日军暴行见证物——奉安大鼎、桂林石屋等；灵谷寺内之第十九路军、第五军淞沪抗战阵亡将士公墓及纪念碑；广州中山堂——日军暴行见证物及侵华日军广州受降地。考察组成员：金磊、殷力欣、周学鹰、刘锦标、傅忠庆、刘江峰、陈鹤、柳笛等八人，先后得到江苏省文物局、南京中山陵园管理局、广东省文物局、广州中山纪念堂管理处和南京城市建设档案馆等的协助。

3.2009年7月25—28日，重庆抗战历史建筑遗址考察。考察组成员：金磊、韩振平、殷力欣、刘锦标、陈鹤、舒莺等六人。主要考察内容：重庆市黄山抗战遗址、合川钓鱼城建筑遗址、万州抗战建筑遗址等20处遗址。此行得到重庆市设计院李秉奇院长的全力协助，重庆设计院舒莺女士加盟为建筑文化考察组成员。

4.2009年11月30日，《建筑创作》杂志社暨建筑文化考察组第一次云南考察。考察组成员：金磊、刘锦标、刘江峰、康洁、陈鹤、柳迪、王欣斌、王珅等八人。主要考察内容：腾冲国殇墓园等。此行得到国殇墓园文物管理处的协助。

5.2009年11月27—29日，第一次湖南抗战历史建筑考察。考察组成员殷力欣。主要考察内容：长沙岳麓山忠烈祠、第七十三军公墓及纪念碑、中山亭、南岳忠烈祠、南岳军事会议旧址等五处。此行先后得到《潇湘晨报》社邹容女士、南岳区文物局刘向阳副局长等的协助。

6.2009年12月11—13日，第二次湖南考察。考察组成员：金磊、韩振平、殷力欣、刘锦标等四人。主要考察内容：长沙岳麓山忠烈祠、第七十三军公墓及纪念碑、南岳忠烈祠、南岳军事会议旧址、圣经学校、衡阳抗战胜利城、陆家新屋、石鼓书院等八处。此行得到湖南省文物局、衡阳市文物局、南岳区文物局的协助。

7.2010年1月17—20日，第一次上海、浙江考察。考察组成员殷力欣。主要考察内容：上海淞沪抗战旧址、浙江杭州钱塘江大桥、宋殿村千人坑遗址、宁波戚家山、招宝山、白峰镇等六处。此行得到杭州高新公共设施管理有限公司俞建岗总经理的私人资助。

8.2010年2月18至24日，第二次云南考察。主要考察内容：昆明胜利堂、西南联大旧址、富源县中山礼堂等三处。此行系考察组成员殷力欣利用春节假期所做自费考察。

[1] 此稿系集体撰写，由金磊负责通稿审阅和修订，殷力欣、金磊、陈飞合撰引言、结语、第一、二、三、四、五、七、九章，金磊、姬乃军、郭振勇合撰第六章，于文生撰第八章，周学鹰、陈磊、王珅等撰写了部分小节。
——编者注

9.2010年3月31日至4月7日，湖北考察及第三次湖南考察。考察组成员：金磊、韩振平、殷力欣、周学鹰、刘锦标、柳笛等五人。主要考察项目有湖北省9项14处：武汉八路军办事处、新四军军部旧址、苏联空军烈士陵园、武汉外围防御工事（6处）、国民政府军事委员会、郭沫若故居、周恩来故居、表烈祠、第六战区受降堂等；湖南省16项24处：常德第七十四军第五十一师阵亡将士公墓及纪念碑、军事工事（3处）、溆浦县龙潭镇第七十四军阵亡将士公墓及纪念碑、第四方面军战地医院，芷江日军投降洽降地、芷江机场、抗战胜利坊，洞口县第十八军、第七十四军阵亡将士公墓及纪念碑，武冈黄埔军校第二分校中山堂、战地医院等，南岳忠烈祠及周边阵亡将士公墓（6处）、纪念碑、游击战训练所旧址等，长沙市湖南大学教学楼（第四方面军受降地）、天心阁、中山亭等，共计抗战史迹38处。此行得到湖北省文物局、湖南省文物局、常德市文物局、芷江市文物局、武冈市政府、南岳区文物局等各级文物部门的协助，湖北文物局陈飞、湖南文物局肖心等加盟建筑文化考察组。

10.2010年7月22—25日，第四次湖南考察。建筑文化考察组成员：殷力欣、韩振平、刘锦标。此行主要补充拍摄南岳忠烈祠、南岳军事会议旧址、圣经学校，并补充勘察长沙岳麓山抗战遗址，如云麓宫长沙会战阵亡将士名录墙、第九战区指挥部、岳麓山炮台、战壕等。此行得到湖南省文物局、长沙市文物局衡阳市南岳区文物局的协助。

11.2010年8月5—11日，第二次上海、浙江考察。考察组成员殷力欣。主要考察内容：上海八一三淞沪会战四行仓库遗址、吴淞口淞沪抗战纪念馆、马当道韩国流亡政府旧址、罗店红十字纪念碑、庙行抗战阵亡将士纪念坊、陕西北路犹太人避难地、虹口公园爆炸案遗址，浙江宋殿村受降厅遗址、第八十八师淞沪抗战纪念碑等9处。此行仍为杭州高新公共设施管理有限公司俞建岗总经理的私人资助。

12.2010年8月26—30日，山西考察。考察组成员金磊、韩振平、殷力欣、刘锦标。主要考察山西省8处抗战遗址和纪念地。此行得到山西省文物局资助，并由该局闫丁先生陪同。此外，受本考察组委托，陕西省西安事变博物馆姬乃军先生补充查询了陕西省延安6处抗战建筑遗存。

13.2010年10月21—29日。考察组成员金磊、韩振平、刘锦标等相继赴黑龙江、吉林、河南、河北等地考察，计有抗战史迹及纪念地24处。

如果加上此前2006年《建筑创作》杂志社对抗战期间四川李庄中国营造学社、中央研究院史语所、同济大学旧址的考察，2009年对天津市租界建筑的考察，则建筑文化考察组共四年17次考察了18省市142处抗战建筑（包括北京市5处、上海市9处、天津市1处、重庆市14处、湖南省31处、湖北省14处、云南省5处、四川省3处、江苏省7处、浙江省7处、广东省1处、山西省10处、陕西省6处、河北省3处、河南省14处、黑龙江省4处、吉林省4处、辽宁省4处）。

以下是考察纪要（其中“重庆市抗战历史建筑考察纪略”由舒莺女士独立成篇，并已刊载于《建筑创作》2010年第5期；而“湖南省抗战史迹建筑考察”部分有邹容女士所作《这就是湖南——湖湘抗战史迹建筑寻访纪略》独立成篇，本文不再赘述）。

一、平津地区抗战史迹

平津地区[2]已知现存抗日战争史迹建筑约10余处，较著名者5处。

[2] 抗战前后，今之北京市被改称为“北平院辖市”，简称“平”。

1.卢沟桥及宛平城

卢沟桥亦作芦沟桥，坐落在今北京市区西南约15公里之永定河上，因永定河亦称卢沟河而得名，是北京现存最古老的石造联拱桥，也是华北最长的古代石桥。此桥始建于金大定二十九年（1189年），明正统九年（1444年）重修，清康熙年间毁于洪水，康熙三十七年（1698年）重建。桥全长266.5米，宽7.5米，最宽处可达9.3米，有桥墩10座，共11个桥孔，桥身为石体结构，关键部位均有银锭铁榫连接，以高超的建桥技术和精美的石狮雕刻独标风韵，誉满中外。其桥两侧石雕护栏各有140条望柱，柱头上均雕有石狮，其形态各异，多为明、清之物，也有少量金、元遗存，据记载原有627个，现存485个。作为一方名胜，“卢沟晓月”在金章宗年间即被列为“燕京八景”之一。13世纪，意大利人马可波罗在他的游记里赞其为“世界独一无二的”，尤其特别欣赏桥栏柱上刻的狮子，说它们“共同构成美丽的奇观”，卢沟桥由此闻名世界。

有关此桥在建筑史上的地位和成就，正可谓“前人之述备矣”。这里，仅强调三点：其一，所谓历经金、元、明、清四朝修葺，实际上修葺部分多在桥面伏石和栏板、望柱雕饰的构件更替方面，而桥的基础、主体结构和仰天石外侧桥面雕饰等，基本上还是金代原物；其二，据近年实测研究，在260余米的距离内，十个桥墩沉陷差仅12厘米上下[3]。在永定河河床如此松软的历史条件下，历经八百余年的岁月残蚀，仍可如此近乎完整地展现当年风貌，此不独为古代工匠之伟绩，亦可见后人对其钟爱至深。

[3] 唐寰澄.中国古代桥梁.北京：文物出版社，1957.

宛平城原称“拱极城”，距卢沟桥卢沟东一箭之地，是我国华北地区唯一保存完整的两开门卫城，建于明末崇祯十年（1637年）。《日下旧闻考》曾记载：“卢沟畿辅咽喉，宜设兵防守，又需筑城以卫兵。局制虽小，而崇墉百雉，俨若雄关。”全城分东西两座城门，东为“顺治门”，西为“永昌门”（清代改为“威严门”），全城东西长640米，南北宽320米，城池总面积约20公顷。辛亥革命后，原拱极城划归河北省，1928年12月县署正式迁到卢沟桥，始称宛平城。宛平城实为一座桥头堡，城垣建筑与北京类似，城墙四周外侧有垛口、望孔，下有射眼，每垛口都有盖板。1937年7月7日，卢沟桥事变爆发，宛平城成为七七事变的历史见证，至今城墙外皮当年日军炮击宛平城的累累弹痕犹历历在目，它记录着那段惨痛、悲壮的历史故事。（图1）

自1936年起，侵华日军挟鲸吞我东三省之余势，从东、西、北三面包围北平，其狼子野心昭然若揭。1937年6月起，驻丰台的日军连续举行挑衅性的军事演习。1937年7月7日夜10时，日军在距北平10余公里的卢沟桥附近再次进行挑衅性军事演习，诡称有一名士兵失踪，要求进入桥边的宛平县城搜查，遭到拒绝后，悍然向宛平县城和卢沟桥开枪开炮。7月8日早晨，日军包围了宛平县城，并向驻守在卢沟桥的中国驻军发起进攻。中国驻军第二十九军司令部当即发

图1. 卢沟桥及宛平城

布命令："命令前线官兵坚决抵抗，卢沟桥即尔等之坟墓，应与桥共存亡，不得后退。"全军将士奋起还击，与来犯者殊死搏斗。驻守在卢沟桥的某连队百余名官兵在战斗中几乎牺牲殆尽，仅有四人幸存。9日凌晨，我第二十九军收复永定河东岸失地。之后的三日，毫无信誉的日本华北驻屯军一方面与冀察当局虚与委蛇地进行谈判，一方面加紧增兵，到7月25日，已陆续集结平津日军达6万人以上，又在7月25日、26日制造了廊坊事件和广安门事件。26日下午，日本华北驻屯军向第二十九军发出最后通牒，要求中国守军于28日前全部撤出平津地区。该无理要求被爱国将领宋哲元断然拒绝，宋哲元还于27日向全国发表自卫守土通电表示，坚决守土抗战。同日，日军参谋部经日本天皇批准，命令日本华北驻屯军向第二十九军发动攻击，增调国内5个师约20万人到中国，并向华北驻屯军下达正式作战任务："负责讨伐平津地区的中国军队。"7月28日上午，日军按预定总攻计划，在百余门大炮和装甲车配合、数十架飞机掩护下，向驻守在北平西郊的中国第二十九军第一三二、三十七、三十八师发起全面攻击。第二十九军将士在各自驻地抵抗，第二十九军副军长佟麟阁中将、第一三二师师长赵登禹少将英勇殉国。1937年7月29日，北平沦陷。30日，天津失守。至此，华北彻底沦陷于敌手。但是，1937年7月7日，这个以军事失利而导致故都沦陷的沉痛日子，也由此成为唤醒四万万五千万同胞抗战的起点。7月17日，国民政府军事委员会委员长蒋介石在庐山发表了抗战宣言"……地无分南北，人无分老幼，无论何人皆有守土抗战之责任，皆应抱定牺牲一切之决心"，正式揭开了持续八年的全民抗战的序幕。

图2-1. 中国军队在卢沟桥奋起反击日军进犯

图2-2. 宛平城城墙上的弹痕

今卢沟桥及宛平城已成为全国最重要的抗战纪念地之一。卢沟桥作为历史见证的意义自不待言，宛平城已在北侧建有"中国人民抗日战争纪念馆"，于1987年7月6日对公众开放。该纪念馆展览面积为5 000平方米，是一座具有民族特色的建筑。进入序厅，迎面是一座长18米、高5米的大型铸铜浮雕"把我们的血肉铸成我们新的长城"，左右两侧墙壁上，分别镶着《义勇军进行曲》和《八路军进行曲》的曲谱，顶部由15个方形藻井组成，悬挂着八口方形古钟，象征着八年抗战，蕴意着中国人民抵御侵略的警钟长鸣。展览分为综合厅、日军暴行厅、人民战争厅和抗日英烈厅四部分，展出自1931年九一八事变到1945年抗战胜利14年间的珍贵历史文物和照片5 000余件。北城墙外，则辟为"抗日战争烈士陵园"；南城墙外皮至今犹存累累弹痕，已作为日军暴行的铁证昭示天下，城下建有抗日战争雕塑园。（图2）

2. 焦庄户村地道战遗址

此遗址位于今北京市顺义区顺东北燕山余脉歪坨山下，距北京市区60公里，1964年秋始建焦庄户民兵斗争史陈列室。焦庄户村是通往平西、平北根据地的必经之路，抗战期间属于冀东抗日根据地。七七事变后，侵华日军在华北占领区建立了伪政权，焦庄户村一带饱受荼毒。1938年秋，中共党组织在焦庄户村带领全村农民同日寇展开了艰苦卓绝的武装斗争。在战争中，焦庄户人民不断总结便于打击敌人保护自己的斗争经验，于1943年春开始挖地洞，并在实战中不断地改造、扩展，到1945年形成了村村相连、户户相通，全长达23华里的地下长城。在此后的战争中，焦庄户利用地道有效地保护了自己，打击了敌人。焦庄户村地道战遗址与河北清苑县冉庄地道战遗址、山西省定襄县西河头村地道战遗址，并称为全国三大地道战遗址，是抗日战争中敌后抗战的典范之一。

3. 房山云居寺与石经山

房山云居寺与石经山坐落在今北京市房山区（时属河北省房山县）之白带山麓。其寺之创建，远在隋文帝时代，素以规模宏大、藏经珍稀知名。抗战之前，此处仍保持清初规划格局，寺内唐辽时代之北舍利塔、南藏经塔保存完好，是难得的早期砖塔建筑的典范；而寺西石经山雷音洞等九个藏经洞，又以所藏隋僧静琬以降之石刻佛经版卷帙浩繁而震惊学界。云居寺与石经山，因此被视为佛教之圣地、中华文化之宝库。

图3-1. 战前房山云居寺全景

图3-2. 被日军炸毁前的云居寺南塔

图3-3. 毁于战火的云居寺续秘藏石经塔记文

1938年秋，日军派重型轰炸机对云居寺蓄意轰炸，将此包括辽代南藏经塔在内的千年古寺夷为平地，仅辽代北舍利塔及周围之四座小型唐代石浮屠侥幸躲过此劫。其所毁之南塔，虽属砖塔，但为仿木结构之精品，是研究中国建筑历史的重要实例。

此次轰炸事件，是侵华日军在华北地区最令人发指的文化暴行之一。（图3）

4. 门头沟八路军冀热察挺进军司令部旧址

位于北京市门头沟区斋堂镇马栏村。斋堂镇是北京郊区第一个抗日根据地和第一个抗日民主政府的诞生地，是平西抗日根据的中心，平北、冀东抗日战场的大后方和大本营，有“北京延安”之称，而马栏村则是抗日中心的中心。1937年10月，由中国共产党领导的国民抗日军来到平西斋堂； 1937年11月7日，党中央决定成立冀热察军区，1938年3月，八路军邓华支队进驻斋堂，成立了平郊第一个抗日民主政权——宛平县抗日民主政府，不久，宛平根据地——北平第一个抗日根据地在斋堂很快形成。1938年2月，萧克将军来到斋堂，在斋堂川成立了冀热察挺进军，斋堂川从此成为平西根据地的中心地区，数十位八路军将领战斗于此，被称为“将军的摇篮”。1938 年3月邓华率一支队第三大队开赴斋堂川，开辟平西根据地，指挥冀热察的抗日战争。1939年10月，挺进军司令部进驻马栏村，随后挺进军各机关

图4-1. 冀热察挺进军司令部旧址陈列馆入口

图4-2. 冀热察挺进军司令部旧址陈列馆院落

相继在司令部周边布局，有被服厂、枪修所、医疗所等部门，并组建了挺进军第七团、八团、九团、十团。这支英勇的军队活跃在冀热察地区抗击日寇，为北京、张家口的解放作出巨大的贡献。1997年马栏村村民自筹资金，建立冀热察挺进军司令部旧址列馆，陈列展览面积100平方米，物103件、图片175件、沙盘1座。(图4)

5. 平津地区接受日军投降场所

图5-1. 抗战前的故宫太和殿，后第十一战区在此接受日军投降

其一，北平紫禁城太和殿。作为举世闻名的世界级建筑文化遗产，其建筑之精美，也如卢沟桥一般无需笔者赘言。这里要补充一段史实：在故都北平沦陷期间，紫禁城无时无刻不在日军的觊觎之下，仅碍于国际舆论，日军尚不敢公然劫掠。为此，因年迈多病滞留北京的中国营造学社社长朱启钤先生设法组织同样因故滞留平津沦陷区的著名建筑师张镈先生与邵力工、冯建逵等，在极端困难的情况下对故宫建筑进行精心测量，留下了迄今最为完整、精确的紫禁城中轴线主要建筑测绘图稿。为保存这一世界文明史上最珍贵的文化遗产，张镈先生甚至不惜牺牲名节，化名张叔农主持其事，其忍辱负重如此，也由此可知紫禁城在国人心目中占据着何等重要的位置。

尤其要指出的是：抗战期间，华北地区不仅仅是人民生命财产横遭日军涂炭，大量文化遗产亦饱受摧残。如河北易县开元寺（辽代木构建筑精品）、安平县圣姑庙、阜平县普佑寺（明清）等，均彻底毁于日军炮火。所幸存者，亦随时面临危险，无时无刻不在牵动着国人之心；而故都北平之明清两代皇宫紫禁城，则因其政治地位之至高无上和文化宝库之举世无双，一向被视为文化圣地，是维系民族尊严之所在，其沦陷敌手，无疑是这场民族文化劫难的痛中之痛。(图5)

图5-2. 沦陷区的北平天安门

其二，天津法租界公议局大楼及广场。该楼位于今天津市承德道12号，采用法国建筑师穆勒原设计方案，由门德尔森正式设计，于1929至1931年建造。此建筑为二层混合结构带半地下室，局部三层，正立面形式为罗马古典复兴式，中央主楼部分首层为三个拱门组成的门面，二层以爱奥尼亚柱式构成阳台，造型稳重壮观；室内一层大厅为大理石铺地，有宽大花石阶梯通往二层的大厅；大楼对面，在法国梧桐树构成的林荫道北侧，于高楼林立的街区间开辟了一个绿草如茵的街心广场。1949年后，此建筑相继为天津市图书馆、天津艺术博物馆和天津市文物局，广场上立有鲁迅纪念像等三组雕塑。其建筑整体与周边环境规划，至今基本保存完好，展示着华北地区在近现代汲取西洋建筑精华的另一地域性风貌，具有较高的历史、科学和艺术价值。天津不仅仅是北京的门户，更在近代成为中国仅次于上海的第二大工商重镇。抗战期间，天津自近代开埠以来所积累的巨额财富均被日军野蛮掠夺，而原租界地所建大量的坚固、美观的西式建筑，亦被日方盘踞。（图6）

图6-1. 天津公议局

图6-2. 天津公议局前广场

图6-3. 天津公议局内景

日本政府于1945年8月15日宣布无条件投降后，盟军方面与日军几经磋商，中国战区以湖南芷江为洽降地，以南京中央军校大礼堂为总受降地，下设的16个地区为受降地。华北地区（北京、天津、保定、石家庄等市县）属中国第十一战区，由战区司令长官孙连仲出任受降官。

由此，1945年10月6日，历经8年2个月又29天的磨难和等待，孙连仲上将之代表吕文贞少将在天津法租界公议局广场接受驻津日军投降；1945年10月10日即中华民国34周年国庆日，历经8年3个月又3天的磨难和等待，孙连仲上将在紫禁城太和殿主持接受全部华北日军投降，日军不得不在发动全面侵华战争之地向坚韧不拔地笑到最后的中国人民宣布他们的彻底失败。

65周年过去了，我们仍然以欣喜若狂的心情遥想当年那激动人心的时刻：我们在象征古老民族顺应世界发展潮流的西式建筑天津公议局大楼和身系民族尊严的传统建筑紫禁城太和殿接受日本侵略者的投降，这是全民族一个扬眉吐气的伟大场景！

这里，笔者还应补充介绍一下京西周口店北京人、山顶洞人遗址。周口店遗址是我国最主要的古人类文化遗址，位于今北京市房山区（时属河北省房山县）周口店村西之龙骨山，距市区48公里，通常指龙骨山上八个古人类文化遗址和哺乳动物化石地点。从1918年至1937年卢沟桥事变前，这里相继发现了举世瞩目的“中国猿人北京种”（即通称的“北京人”）和“山顶洞人”的遗址、遗物。

1918年，瑞典科学家安特生在此（今称第6地点）率先发现古生物遗迹；1921年，安特生、美国古生物学家格兰阶和奥地利古生物学家斯丹斯基合作发现周口店第1地点；同年发现周口店第2地点；1927年，步达生依据在周口店发现的3枚古人类牙齿化石，正式命名曾在此地活动的古人类为中国猿人北京种，这一年周口店遗址正式开始发掘，有中国地质学家李捷参加发掘工作，并发现了周口店第3和第4地点；1929年，我国杰出的古生物与古人类学家、中国地质调查所新生代研究室裴文中先生发现周口店第5、7、8地点，突破性地找到了“北京人”第一个头盖骨；1930—1934年，由裴文中先生主持，在北京人遗址顶部的一个山洞内发掘、发现了一处旧石器时代晚期属智人的遗址，命名为“山顶洞人”。

图7-1. 周口店北京人遗址旧影

日后对这批珍贵的文化沉积物的研究表明：“中国猿人北京种（北京人）”生活在距今70万年至20万年之间，平均脑量达1 088毫升(现代人脑量为1400毫升)，身高为：男156厘米左右，女150厘米左右，属旧石器时代，以锤击法、砸击法和砧击法加工石器，并能捕猎大型动物，是最早使用火的古人类。而“山顶洞人”的发现也极具意义：山顶洞人可确定是与爱斯基摩人、美洲印第安人和中国人有密切联系的原始蒙古人种的代表，他们能够人工取火，并已掌握了钻孔技术、磨制技术，懂得使用赤铁矿粉末染色方法……而骨针、装饰品和墓葬的出现，则意味着当时已掌握缝纫技术，表明进化历程延续至山顶洞人阶段，人类已经具备了审美观念和原始宗教信仰。（图7）

裴文中教授之“发现北京人头盖骨及其相关研究成果”，是世界文明发展史研究中的重大发现，在日后被评为20世纪中国十大科技成果之首。

然而，正值世界瞩目、深信更多的足以改写人类历史的新发现、新成果将指日可待之际，却随着七七事变后的周口店被日军占领，一些发掘人

图7-2. 周口店北京人遗址现状

员竟被冒天下之大不韪的日寇野蛮杀害，裴文中先生则被日军逮捕、审讯和监禁。日军试图据北京人头盖骨化石为己有，但裴先生断然拒绝，保持着高尚的民族气节。随后，这项有国际影响的发掘工作被迫终止，已发掘出土的六个较完整的头盖骨标本竟在战乱中遗失，至今下落不明。

日军悍然发动"七七事变"和野蛮杀害北京人遗址发掘人员，很巧合地发生在京西两处相邻地区，但却显示了同一象征，那就是，在1928年至1937年间，随着北伐战争结束、北洋政府专制，共和政体逐渐确立，中国在政治经济文化等各方面均处于上升趋势，一如中国地质调查所在古人类研究方面取得一系列科学考察、研究进展，北京大学、清华大学、协和医学院、中央研究院史语所、中国营造学社等大专院校、科研机构也都取得了一系列举世瞩目的学术进展，古老的中国将政治经济文化全面起步腾飞的态势日趋明朗。种种迹象表明：日本法西斯势力于此时发动全面侵华战争，其根本目的在于为一己之利，而不惜将邻国的正常发展扼杀在萌芽状态之中。与这个亡国灭种的险恶图谋针锋相对的，不仅仅有我第二十九军将士在军事对垒中，以血肉之躯拼死抗争，北京大学、清华大学、南开大学、中央研究院史语所、中国营造学社等也开始了南迁内地的漫漫征程，肩负起文化抗战、科教抗战的重任，形成法西斯们所不愿意看到的另一战事——文化对垒。

我们向英勇抗战的第二十九军将士致敬，我们向裴文中、胡适、傅斯年、梁思成等一大批坚守民族气节、坚持文化抗战的优秀知识分子致敬！

二、上海、浙江地区抗战史迹

上海市、浙江省两地重要的抗战史迹有：上海1932年"一·二八淞沪抗战"遗址多处、1937年"八一三淞沪抗战"遗址多处、第三方面军受降地、浙江杭州钱塘江大桥、淞沪抗战纪念坊、淞沪战役国军阵亡将士纪念碑、宁波海防与抗日军事设施、宋殿村受降厅遗址及千人坑遗址等。今经考察，两地能完整保留至今者已为数不多。

（一）上海市抗战史迹

在抗战史上，上海市发生了两次震惊中外的战事：1932年"一·二八淞沪抗战"和1937年"八一三淞沪抗战"，故这一地区的抗战史迹大多与此相关。

1. 吴淞要塞

1932年"一·二八淞沪抗战"爆发，日军以3万之众围攻吴淞要塞，企图打通向市区进攻的通道。驻守炮台的第十九路军一五六旅全体将士从2月3日至3月2日，坚守要塞一个月，日军付出了重大代价后，仍未能越雷池一步。恼羞成怒的日军集结20余艘战舰、数10架飞机，对我要塞狂轰滥炸，使炮台几乎全部被毁。吴淞炮台群由东、西、南、北和月浦狮子林等五处炮台组成，总称为吴淞要塞，其中西炮台位于宝山区塘后支路27号，北炮台位于塘后路109号，至今犹存，其余三处已难寻踪迹。日军登陆即遭中国军队顽强抵抗的这一地带，现已辟为临江公园，近年在园内建有上海淞沪抗战纪念馆。（图8）

图8. 上海淞沪抗战旧址——吴淞要塞

图9. 宝山县旧城垣遗址

图10. 姚子青营抗日战士牺牲处

此地在1937年“八一三淞沪抗战”中仍为重要战场，今存宝山县旧城垣遗址、姚子青营抗日战士牺牲处等，均为当年战斗最为激烈、中国军人牺牲极为悲壮之处。姚子青（1909—1937年）系陆军第十八军九十八师二九二旅五八三团第三营中校营长。1937年9月5日，日侵略军2000余人登陆围困宝山县城，姚子青营全体官兵坚守城垣，激战两昼夜，毙伤敌人600余人。9月7日，日军攻毁宝山城东南城垣，施放硫磺弹，城内一片火海，他率领预备队及全营所剩官兵20余人，同敌军短兵相接，全部壮烈牺牲。（图9、图10）

2. 四行仓库

四行仓库位于上海市闸北区光复路21号，原为金城、盐业、中南、大陆等四家银行组成的“四行储蓄会”信托部的物资堆栈，为5层钢筋水泥建筑。因其使用功能所限，四行仓库的建筑外观质朴无华，而在构筑上主要强化其坚固程度。但在战争中，此建筑依然被重击得千疮百孔。其损害处现已修复，并在近年粉饰一新，成为“一百集团”商业储运公司下属的家具城。今光复路21号门面做了重新修饰，立有上海市文管会的“八百壮士抗日纪念地”铜牌，门厅内立有一尊谢晋元将军纪念像（谢晋元生前的军衔为陆军上校，遇难后被追赠为陆军少将）。

图11-1. 四行仓库内之谢晋元纪念像

“八一三淞沪抗战”一声炮响，日军从闸北向市区步步进逼。中国守军第八十八师二六二旅的452名官兵（对外号称“八百壮士”），在团长谢晋元的率领下，于1937年10月26日进驻四行仓库主楼，掩护大部队撤退。几乎同时，日军占领了200米外的仓库次楼，即如今的光复路195号。日军在面对主楼的墙基下挖洞埋炮，构筑工事，前后共发动了30多次攻击。但是八百壮士抱定了为国捐躯的决心，以弹丸之地，孤军奋战四昼夜，打退敌人一次次进攻，毙敌200余人，伤敌数千，在抗战史上写下了光辉的一页。10月28日黎明，上海市商会派女童子军杨惠敏携带慰劳品，冒险泅渡苏州河，向壮士们敬献国旗。谢晋元命令将国旗在仓库大楼楼顶上升起，隔河观望的上海市民无不鼓掌欢呼。不久，桂涛声作词、夏之秋作曲的《歌八百壮士》响遍大江南北，激励着亿万同胞与侵略者血战到底：

中国不会亡，中国不会亡，

你看那八百壮士孤军奋守东战场。

四方都是炮火，四方都是豺狼，

宁愿死、不退让，宁愿死、不投降，

我们的国旗在重围中飘荡、飘荡……

这首诞生于淞沪会战的战歌，在相当长的时间内与《义勇军进行曲》齐名，是抗战时代的最强音。（图11）

图11-2. 四行仓库激战

图11-3. 四行仓库现状

3. 国民伤兵医院

国民伤兵医院位于上海交通大学徐汇区校园内，初为学生宿舍。1932年淞沪抗战期间，宋庆龄、何香凝等主持，借用此楼建立起国民伤兵医院。1933年，上海市民在门前立“饮水思源”纪念碑以示纪念。

4. 庙行镇无名英雄纪念墓遗址

该遗址在宝山区庙行乡“一·二八”纪念路，鹅馋浦北岸。“一·二八淞沪抗战”爆发，上海军民奋起抗战，中国军队第十九路军和第五军在蔡廷锴、张治中的指挥下，坚守一个多月。战斗最激烈，伤亡最多的地方当属庙行一带。为表彰抗日阵亡将士的忠烈精神，纪念在这次战争中英勇献身的无名战士，经上海市市长吴铁城倡议，全市各界集资24万元，宝山各界捐地30亩，建墓树碑，以昭其勇。大部分军官遗骸则运往南京，葬于紫金山麓灵谷寺内之国民革命军阵亡将士公墓。

图12-1. 一·二八庙行镇激战

图12-2. 昔日庙行镇激战之地被命名为一·二八纪念路

图12-3. 庙行镇公墓牌坊现状

庙行镇无名英雄纪念墓于1936年一·二八事变4周年公祭前落成，墓约三四层楼房高，三层是台基，墓内装烈士衣冠石椁，墓两旁树立旗杆，墓正中石碑上镌刻“义薄云天”四个大字。墓门口，装有6扇大铁门、4间门卫室，墓地前有桥，周围遍栽花草树木，四周筑有围墙，建筑用材全是金山石凿成。1937年11月上海沦陷后，无名英雄墓竟被日军用炸药炸毁。此野蛮行径同样是公然违反国际公约的。现纪念墓尚存门房一间，并有当年建造的纪念村民房数间及饮水井一口，门前马路被命名为一·二八纪念路。其纪念牌坊现处于新建居民小区——锦辉绿园入口旁之荒草杂木丛中，但基本完好。坊为钢筋水泥质地，四柱三门的传统牌坊形制，柱头有祥云雕饰，但整体造型以朴素简洁为度。明间门楣镌刻“庙行纪念村”，两柱题刻为“上海市民地方维持会捐建”、“中华民国二十又一年壬申”。（图12）

5. 罗店红十字纪念碑

罗店红十字纪念碑在宝山区罗店镇陈伯吹中学（原罗店中学）校园内西北角。1937年八一三抗战中，日军在小川沙河口登陆后，进攻上海北翼的军事重镇罗店，企图占领罗店，威胁嘉定，切断京沪铁路，堵住上海守军的后路。8月23日，罗店遭空袭，中国空军飞行员苑金函在与敌空战中不幸中弹，机毁人伤于罗店近郊。中国红十字总会上海分会第一救护队副队长苏克己闻讯后，率队员谢惠贤（女）、刘中武、陈秀芳（女）等已即刻前往救护。待日军追至，苏克己等将伤员安全藏匿，但自己不幸被俘。之后，日军竟无视国际公约，将这四名红十字会成员全体杀害。

罗店抗战殉难烈士纪念碑初建于1947年8月13日，其为钢筋混凝土结构，碑高5.65米，于1948年8月13日落成，后于1985年重修。设计以方尖碑为原型，而有所变通。其基座略粗壮，至碑身部分骤然挺拔，碑首则以醒目的红色十字向四方昭示。其碑身正面镌刻其正式名称“中华民国红十字总会第一救护队抗日殉难烈士纪念碑”；两个侧面镶嵌着四位殉难的中国医护工作者的瓷板肖像；基座四面分镌“纪事文”、“ 诔辞” 和“重修碑记”。诔词由中国红十字会正副会长蒋梦麟、杜月笙、刘鸿生撰写，曰：

炎炎华夏 浩浩烟尘　　八年抗战 泣鬼惊神
壮哉诸子 罔顾艰辛　　枪林弹雨 重义轻身
恤伤遇难 慷慨成仁　　沸腾热血 惨烈绝伦
以寒敌胆 以式国人　　河山不改 姓字常新

仲夏时节，笔者至此造访、凭吊，凝视73年前二位女医护工作者年轻、娴静的面容，诵读这血写的诔词，仍不免一掬热泪。

此纪念碑饱含着对殉难者的深情敬仰和对日军公然践踏人文准则的严正抗议，其造型则至简，其力度则至强！（图13）

图13-1. 救护队队员谢惠贤、陈秀芳肖像

图13-2. 救护队副队长苏克、队员刘中武肖像

图13-3. 罗店红十字纪念碑

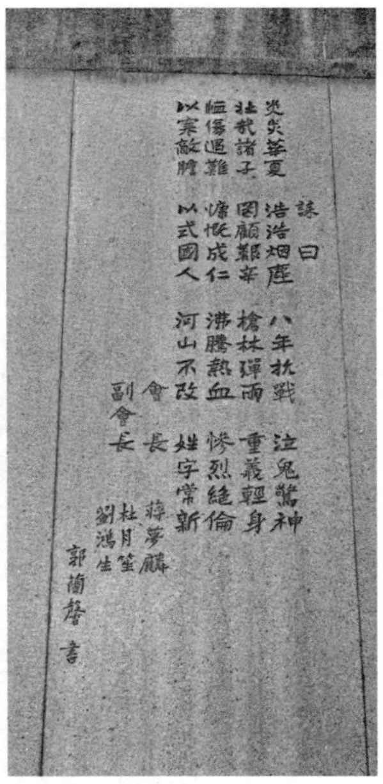

图13-4. 罗店红十字纪念碑诔辞

6.大韩民国临时政府及虹口公园爆炸案遗址

遗址位于霞飞路（今淮海中路）附近马当路普庆里4号，系石库门三层楼房。此地被韩国人民视为圣地。20世纪

图14-2. 韩国流亡政府所在地马当道普庆里

图14-3. 韩国流亡政府大门

20~30年代，大韩民国临时政府的流亡爱国志士以此为基地，开展抗日复国运动。此建筑地处林荫道旁，环境清幽，属典型的上海民国时代里弄石库门式住宅建筑风格，现为上海市卢湾区文物保护单位。（图14）

日俄战争后，日本对韩国实施殖民统治。在韩国爆发的反抗日本统治“三一运动”被镇压后，爱国志士们向我国寻求复国援助。1919年4月11日，韩国抗日领袖金九等在上海创建了大韩民国临时政府，在领导韩国国内复国斗争的同时，积极组织力量参加中国的抗日战争，其中最著名的事件当推“虹口公园爆炸案”。

“一·二八”战事结束后，在上海的日本军政要人竟恬不知耻地订于1932年4月29日日本“天长节”（昭和天皇生日）之际，在虹口公园（今鲁迅公园）举行所谓的淞沪战争祝捷大会。是日上午，金九先生亲率韩国义士尹奉吉混进会场，11时30分左右，就在全体日本人高唱日本国歌“君之代”的时候，尹奉吉在距主席台数米处将伪装成水壶的炸弹准确地投掷向主席台。日本驻沪留民团行政委员长河端贞次当即被炸死，侵沪日军总司令白川义则大将中204块弹片，至5月26日抢救无效死亡；第九师团长植田吉谦中将、日本驻华公使重光葵均被炸断一腿；第三舰队司令野村吉三郎

图15-1. 尹奉吉与金九

图15-2. 韩国画家笔下的虹口公园爆炸案

图15-3. 尹奉吉手迹

图15-4. 日本《朝日新闻》1932年5月1日对虹口公园爆炸案的报道

图15-5. 虹口公园爆炸案遗址

图15-6. 为纪念尹奉吉义士所建的梅亭

中将被炸瞎一目；另有多名日本军官兵伤亡。爆炸发生后，尹奉吉当即被捕，日后饱受酷刑折磨而坚贞不屈，于同年12月30日遇害，年仅25岁。此义举是中韩两国人民同仇敌忾、共同御侮的典型事迹，极大振奋了东亚人民共同抗击日本法西斯的决心。今鲁迅公园建有一座纪念尹奉吉（号梅轩）的“梅亭”。每年4月29日，尹奉吉的故乡韩国忠清南道礼山郡都要举行梅轩文化节。（图15）

八一三抗战之后，韩国临时政府成员在中国政府的安排下，先后辗转杭州、长沙、广州、柳州、贵阳、綦江等地，于1940年9月正式迁至重庆，直到抗战胜利。一如欧洲战区有法国流亡政府在英国坚持抵抗，中国政府的扶助友邦之举，也同样在道义上赢得了国际社会的普遍尊重，同时也确立了中国为东方反法西斯同盟的中心地位。

7. 欧黑尔·雪切尔犹太教堂与拉希尔会堂

欧黑尔·雪切尔会堂又称摩西会堂，属犹太教教堂，位于上海虹口长阳路，为三层红砖房，门窗饰传统式样拱券，大门上方有犹太教标志卫星，建筑风格朴素稳重。其于1917—1927年建成，是犹太教教堂建筑在中国的代表作，1992年改设为“犹太难民上海纪念馆”。教堂底层设祈祷大厅，二楼与其相通环绕着的“十圈”是专为女教民设置的，三楼办公室曾为难民子弟教堂，四楼为阁楼。抗战期间，这里曾经有欧洲迁徙的2万多位犹太人在此避难，也是一处值得重视的抗战史迹。（图16）

图16. 西摩会堂简介标牌

拉希尔会堂又称西摩会堂，位于陕西北路，是俄罗斯犹太人沙逊于1920年为纪念亡妻而捐建，为上海最早建成、远东地区规模最大的犹太教堂。其建筑风格为新古典主义式，具有希腊神殿式风格的呈长方形的砖木结构建筑，是犹太教在中国的代表性建筑作品。犹太教堂在希腊语中指“聚会的场所”，一般由一个主要的祈祷房间和几个学习犹太教《圣经》的房间组成。不仅可以祈祷，还能用于进行公共活动、成人和学龄儿童的教育。拉希尔会堂也曾是来华犹太人的聚集地。1932年，建有犹太学校，开设圣经、希伯来语和文化课，曾是犹太社区的主要教育基地。二战时期，曾为上海犹太侨民协会会址，一度成为在上海犹太人宗教信仰和联络交流活动的中心。1999年11月3日，德国总理施罗德来此参观，并留言道：“我们纪念这段史实并向这里伸出援手的人们致以极大的感谢和赞赏。”（图17）

西摩会堂于2001年被列入世界纪念性建筑遗产保护名录。

图17-1. 西摩会堂

图17-2. 西摩会堂建筑细部

8. 龙华镇龙华寺大殿

上海素以十里洋场的西式建筑面貌著称，但传统建筑实例也并不罕见，其较著名者有三：真如镇真如寺大殿，为元代木结构建筑的经典作品；豫园，为晚清私家园林的佳作，素以融会若干西方元素而著称，在中国古典园林中别开生面；龙华镇之龙华塔与龙华寺，则是起源于南宋的一方名胜。抗战期间，三处名胜均受到不同程度的侵扰和损坏，尤以龙华寺大殿为甚。

龙华寺位于上海市徐汇区龙华镇。其山门之前有一座龙华塔，建成于宋太平兴国二年（977年），塔高40.4米，四方形、七层八面砖木结构，其砖身和基础部分为宋代原物，为上海地区至今保存最完美的古塔之一。龙华寺是沪上历史最久、规模最大的古刹。最初龙华寺为五代时吴越王钱弘俶所建，宋治平三年（1066年）被赐名宝相寺（寺内保存一块刻有"宝相寺以西南角界石"字样的残石）。1937年以前，龙华寺基本保持明代规制，其中大雄宝殿等单体建筑极有可能为宋元遗构。"八·一三淞沪会战"期间，日军对此地大肆轰炸，并于1937年11月9日占领龙华。龙华寺未能躲过这场劫难，大殿在此次战火中被彻底摧毁。从少数历史照片中，仅能知道大殿中的佛教造像为明清遗物，而建筑构造情况则无从猜测。由于当时的中国营造学社主要在华北地区考察，未及在江南开展普遍的考察工作，故龙华寺大殿的确切建造年代、构造详情等，从此再无可能探究。

今之龙华寺已修葺一新，再不见任何战争劫难的踪迹。笔者认为，应该在龙华寺大殿前立牌说明，让后人记住那段沉痛的历史。（图18）

图18-1. 1937年11月9日，日军占领龙华

图18-2. 龙华寺及龙华塔现状

9. 上海淞沪抗战纪念馆

近年来，随着上海各界对抗战历史的重视，不断有新的纪念建筑问世。其中最著名者，当推2000年建成，位于上海市宝山区友谊路1号的上海淞沪抗战纪念馆。

此馆坐落在两次淞沪抗战（1932年一·二八抗战和1937年八一三抗战）的主战场——宝山区临江公园内，即吴淞口炮台之所在，临江濒海，纪念中国军人当年曾在此对登陆日军予以迎头痛击，在敌我力量悬殊的情况下，以热血捍卫着中国军人的荣誉和民族尊严。

纪念馆占地面积为5 100平方米，由展览、园林、办公三大区域组成。其主体建筑是一座用钢材、岩石、玻璃等现代建筑材料来表现传统建筑形式美的纪念塔，建筑面积达3 490平方米，塔高53.6米，共12层。其中塔基部分为三层，内部是纪念馆的主要展览区域。环绕塔身，以围墙划分若干个相互独立而又紧密相连的庭院。以纪念馆入口长墙为界，分成东西两大功能区，东部为办公区。其与主体建筑正立面相对的，是淞沪抗战战场纪念碑、“淞沪抗战军民”大型雕塑、以“义勇军进行曲”曲谱为背景的水庭和高3.15米，长29.8米的“淞沪魂”石刻长卷主题墙。在两个区域的相交处，南侧是大草坪，北侧用一个含于建筑之中的水庭作为过渡。

图19-1. 淞沪抗战纪念馆纪念墙

展厅面积达2 000平方米，陈列有“抗日战争与上海”、“血沃淞沪——淞沪抗战史实掇英”、“上海郊县抗日武装斗争图片展”等展览，陈列有数量可观的抗战文物和历史图片文献。

该建筑组群的最大特色是将纪念馆和纪念塔合二为一：以三层塔基内部空间为展陈区域；以塔基之上的九重塔形成纪念塔性质的建筑外观，而塔之内部空间，又可层层登临，借以凭吊淞沪战争的中国烈士英灵。（图19）

图19-2. 上海淞沪抗战纪念馆正面

图19-3. 上海淞沪抗战纪念馆正面

上述历史建筑，分别见证着1932年、1937年华东地区的关键性历史事件。

1932年1月28日，日本海军陆战队进攻上海闸北，一·二八事变爆发。驻守上海的国民革命军第十九路军在陈铭枢、蒋光鼐、蔡廷锴的带领下展开回击，张治中率第五军增援上海，双方陷入僵持。2月28日，英国、法国、美国三国公使介入调停。5月5日，中日双方签署《淞沪停战协议》，规定中国国民革命军不得驻扎上海，只能保留保安队，日本取得在上海驻军的权利，参与抗战的主力国军第十九路军不得不离开上海，第五军撤退至苏州、南京一带，日本军则全部退回日租界。此次战役，是日本继“九一八事变”后，又一次试图全面开战的挑衅，企图如“九一八事变”那样再次鲸吞中国最重要的经济重镇，但遭遇到中国军民异常顽强的抵抗和国际社会的一致谴责，其图谋未能得逞；中国军队付出极大的伤亡代价，虽未能取得军事上的完全胜利，但赢得了国际社会的普遍尊重，也得以将更大的战事延后，为我方争取到了难得的备战时间。

1937年七七卢沟桥事变后不久，日军立即在8月份起，派出前后共计50万侵略军向上海进犯；我方则共派出中央军精锐和大批内地省份部队合计70万人，先后由冯玉祥、蒋中正统帅，与日军血战三个月之久，史称第二次淞沪会战。在顽强抵抗三个月，付出官兵25万人伤亡的沉重代价之后，11月20日，中国军队被迫撤退，上海自此沦陷。同日，民国政府宣布将首都和所有政府机构由南京迁往陪都重庆，而军事作战中心则是先迁往武汉，武汉会战后再迁往陪都重庆。此第二次淞沪会战，中国方面在战术上是失败的，但是在战略上却成功地将日军吸引于中国东南，使其主力也付出精锐部队4万人伤亡的代价，从此陷入山川河流众多的华中地带，消耗甚大，再无实力占领全部中国，其"三月亡华"之战略目标更由此成为狂言呓语。也由于上海的持久抵抗，掩护了我国政府机关、学校和大批工商企业转移至内地，为持久抗战保留了元气，更从精神层面上打破了"日军不可战胜"的神话，展示了中国民族精神的坚韧不拔。

美国海军陆战队上尉埃文思·卡尔逊（Evans Carlson）作为罗斯福总统的特使曾赴上海观察事态，一个月后，他致函罗斯福总统："我简直难以相信，中国人民在这样危急的时刻是那样齐心协力。就我在中国将近十年的观察，我从未见过中国人像今天这样团结，为共同的事业奋斗。"

也由于有上海的殊死抵抗，日本军队彻底撕下了其所标榜的"中日亲善、大东亚共荣"的虚伪面具，在12月13日侵占南京后，制造了惨绝人寰的"南京大屠杀"，中国民众遇难人数达35万。可以说，自日军这起空前的反人类罪行发生之日起，日本法西斯集团就注定了其终将失败的命运。

（二）浙江省抗战史迹

浙江省现存抗战史迹主要有：钱塘江大桥、淞沪战役国军阵亡将士抗战纪念碑、陆军第八十八师淞沪抗战纪念坊、宁波市镇海口区与北仑区抗战遗址和宋殿村侵浙日军投降仪式旧址等。

1. 钱塘江大桥

钱塘江大桥位于杭州市六和塔附近，横跨钱塘江，北岸在杭州二龙山东麓，南岸在滨江区浦沿街道联庄村上沙埠，是由我国自行设计建造的第一座双层式公路、铁路两用特大桥，中国铁路桥梁史上一个辉煌的里程碑。该桥为上下双层钢结构桁梁桥，分引桥和正桥两个部分。正桥16孔，桥墩15座。下层铁路桥长1 322.1米，单线行车；上层公路桥长1 453米、宽6.1米，两侧人行道各1.5米。大桥由我国著名桥梁专家茅以升主持设计施工，于1934年8月8日开始动工兴建，1937年9月26日建成通车，是横贯钱塘南北，连接沪杭甬、浙赣铁路的交通要道。围绕着钱塘江大桥，有一段耐人寻味的历史掌故。

1933年，时年38岁的桥梁专家茅以升辞去北洋大学（今天津大学）教席，只身来到杭州，任钱塘江大桥工程处处长，主持设计钱塘江大桥。（图20）

图20. 茅以升像

1934年11月11日，钱塘江大桥开工兴建。茅以升担任钱塘江大桥的总设计师、总工程师。在施工中，他首次采用气压沉箱法，掘泥打桩获得成功，打破了以往外国专家认为"钱塘江水深流急，不可能建桥"的预言。

1937年七七卢沟桥事变爆发后，茅以升预感战事扩大到全国已不可避免，便做出了惊醒世人的重大决定——他在大桥南2号桥墩上留下一个长方形的大洞，以备必要时放置炸药。

八·一三淞沪抗战爆发，尽管事态越来越不利于我方，尽管已预料到波及杭州不可避免，茅以升等却加快了施工进度，于9月26日下层单线铁路桥提前通车——此举意在加强后方运输能力，以直接支援前线将士。

至11月16日，在钱塘江大桥发挥后方补给作用仅一个月零二十天，茅以升接到南京政府随时待命毁桥的指示，当即以预留的南2号桥墩长方型洞为标本，将钱塘江大桥所有的致命点一一标示出来，100多根引线从各个引爆点连接到南岸的一所房子里。

11月17日，布满爆破引线的大桥在两岸数十万群众经久不息的掌声中全面通车，继续为前线将士服务。茅以升后来回忆说："所有这天过桥的十多万人以及此后每天过桥的人，人人都要在炸药上面走过，火车也同样在炸药上风驰电掣而过。开桥的第一天，桥里就先有了炸药，这在古今中外的桥梁史上，要算是空前的了！"

1937年12月23日下午5点，日军的先头部队已隐约可见，茅以升先生毅然下令点燃所有爆破引线。这个历经925个日日夜夜、耗资160万美元建成的钱塘江大桥，最终在通车的第89天，随着一声巨响，2座桥墩被毁坏，5孔钢梁折断落入江中，以玉碎的方式，完成了89天的输送兵员和军用物资的光荣使命。日军士兵友永河夫在硝烟弥漫中拍下了被炸毁的钱塘江大桥。这天晚上，茅以升写下了"抗战必胜，此桥必复"的八字誓言，并赋诗一首：

徒地风云突变色，挥泪炸桥断通途。五行缺火真来火，不复原桥不丈夫。

1946年，抗战胜利的第二年，钱塘江大桥被修复，实现了这位中国科学家历时八年的"不复原桥不丈夫"的 郑重承诺。今大桥北岸西侧立有茅以升的全身铜像，以纪念这位中国杰出的桥梁专家和令人肃然起敬的爱国志士。

作为桥梁建筑工程技术与艺术的双重杰作，钱塘江大桥以其简洁的钢梁结构，尽显现代艺术的力度之美，并与宽阔的江面和江岸的青山古刹构成静谧、优美中不乏时代气息的壮丽景观。尤其重要的是：此桥为淞沪会战而提前竣工，又于战事不利之际由建造者亲手炸毁，最终在赢得胜利之日重获新生。（图21）

这座铁桥为斯而生、为斯而毁、为斯再生的传奇历程，不啻为全民抗战之缩影、中华伟大民族精神之无字丰碑！

图21-1. 钱塘江大桥自毁时的情景

图21-2. 钱塘江大桥现状

图21-3. 钱塘江大桥局部

2. 国民革命军陆军第八十八师淞沪抗日阵亡将士纪念坊

该纪念坊在杭州西溪路松木场。坐北朝南，为纪念墓坊，原坊北有国民革命军陆军第八十八师抗战阵亡将士墓园，后因城市建设，墓园被毁。牌坊为钢筋混凝土结构，四柱三间形式，枋柱上承龙凤枋，正中题额"浩气长存"、"气壮河山"，檐下用斗拱，上承庑殿顶。坊柱镌刻浙江省主席黄绍闳于1946年4月题写的楹联："浩气壮湖山魂来怒卷江潮白，英名缅袍泽劫后新滋暮帐青”，抗战名将俞济时将军于1946年8月题写的“华表按青霄一角湖山归战骨，墓门萋碧草十年汗马念前功”。

此坊为纪念国民革命军陆军第八十八师阵亡将士而建。1932年日军在上海制造“一·二八事变”，激起驻上海国民革命军第十九路军的英勇抵抗。次日，驻浙第五军第八十八师驰援上海，在与日军激战中，八十八师将士阵亡1 091名，伤1 698人。抗战胜利后不久，民国浙江省政府于1946年在此建立墓园及牌坊。

3. 淞沪战役国军阵亡将士纪念碑

淞沪战役国军阵亡将士纪念碑位于杭州西湖东岸民学士路口。此纪念碑原于1934年建造完成。纪念碑雕塑由我国著名雕塑家刘开渠先生创作。该碑后被拆除，2003年在原址复建，由中国美术学院沈文强教授担任雕塑复原。

图22-1. 杭州淞沪抗战纪念碑旧影

此纪念碑与前述“国民革命军陆军第八十八师淞沪抗日阵亡将士纪念坊”同样是为第八十八师的抗战将士而建，但不属于烈士墓园的附属纪念物，而是纯为颂扬中国军人功勋和精神的纪念性艺术作品。据极为有限的现存资料看，原作分台阶、基座、碑身和碑首雕塑等四个部分，通高在10米左右。其基座四面分刻浮雕：《纪念》、《抵抗》、《冲锋》、《继续杀敌》；碑身四角为帖壁方柱，正方平面，无上下收分；碑首为一组青铜群雕：四角为四只下落的炮弹，将两躯官兵立像环绕其间，军官手握望远镜遥指向东方，士兵手握步枪准备冲锋。

图22-2. 杭州淞沪抗战纪念碑雕塑剪影

据记载，时为杭州国立艺专教授的刘开渠先生有感于第八十八师官兵1932年2月20—22日在上海庙行镇防御战中血战两昼夜，以伤亡官兵近两千余名的代价重创日军的英雄事迹，遂萌发创作激情。刘开渠先生早年留学法国，受雕塑大师罗丹的影响颇深，故其作品在手法上坚持写实功力，但具有与象征意义诗歌、印象主义绘画、音乐类似的美学追求。他的这个作品，以下落的炸弹渲染历史场景，准确把握人物的瞬间形体姿态作永恒寓意，堪称是《义勇军进行曲》“冒着敌人的炮火前进”的雕塑版本。

淞沪战役国军阵亡将士纪念碑是我国第一座表现抗日战争的纪念碑，也无疑是抗战主题的纪念性建筑杰作之一。(图22)

图22-3. 复原后杭州淞沪抗战纪念碑

今之复原工程，似乎规模略小，通高在6米上下；碑身以帖壁柱的收分变化，使得通体略显纤秀；减去了台阶部分，基座趋于扁平，四面未复原原作的浮雕作品；仅碑首官兵群雕为忠实原作的复制作品。

现在看来，这个复原的的纪念碑似乎更注重与周边环境的协调，有意在整体艺术风格上减弱壮美的成分，而突出西湖自然风光之优美。这不能不说是一个遗憾。不过，他至少其再现了刘开渠这组雕塑作品，故仍不失为值得重视的抗战纪念建筑。

4. 宁波市镇海口区与北仑区海防及抗战遗址

宁波市镇海口区与北仑区（此二区原同属镇海县）地处东海之滨的甬江口，素有“两浙门户”、“海天雄镇”之称，在古代以抗倭著称，在近代发生过抗英、抗法战争，“七七事变”后又成为我国东南沿海抗日的重要战场，留有内容丰富、历史绵长而一脉相承的海防军事工程史迹。这些历史遗迹集中分布在甬江入海口处的南北两岸，是我国目前保存较为完好、可自成体系的海防建筑工程遗址，包括甬江北岸镇海口区招宝山威远城、明清碑刻、月城、安远炮台，梓荫山吴公纪功碑亭、俞大猷生祠碑记、泮池（裕谦殉难处）、吴杰故居等8处；甬江南岸北仑区戚家山营垒、金鸡山瞭台、靖远炮台、平远炮台、宏远炮台、镇远炮台等六处，两岸合计共十四处，自明嘉靖三十九年(1560年)筑威远城延续至1937年《宁波区海防设备实施计划》竣工，其时间跨度近四百年。

“九一八事变”后，民国政府聘请德国军事顾问佛采尔拟订《宁波区海防设备实施计划》，预想日军企图在浙东沿海登陆，将镇海县境列为御敌的重中之重，随后在伏龙山至白峰镇长达百里的海岸线上，临港口、要冲地带共建造钢骨水泥的机枪、指挥所掩体60余座。其中小炮掩体10座、重机枪掩体30座、员兵掩体19座、炮兵观察哨8座、指挥掩体1座，至1937年冬基本建成。其中位于北仑区钳门口南侧环形山上的镇远一、镇远二、镇远三、镇远四等四座直径达13米、台壁最厚处达2.5米的钢筋水泥炮台规模之大为全国罕见，是东南沿海最重要的抗日防御阵地之一，另有附属的战壕、弹药库、营房等遗迹亦弥足珍贵。虽珍稀如此（已载入中国大百科全书“军事篇”内），但依然毁损严重，亟待保护；而北起伏龙山，南抵白峰镇的海岸步兵掩体等遗迹，至今已所存寥寥，偶在田间散见一二，亦残破荒芜。(图23)

图23-1. 宁波白峰镇抗战碉远景

图23-2. 宁波白峰镇抗战碉堡近景

较为完整的有以下二处。

戚家山营垒。戚家山又称七盘山、七家山，明朝名将戚继光曾于此扎营抗倭，至今犹存明代残垣。清光绪七年（1881年），又有总镇杨春和依旧制再筑营垒。该营垒平面呈椭圆形，块石垒就，可容兵3000余人，系二线清兵大本营，另存一近代炮台遗址，无确切年代可考。1940年7月21日，中国军队在此与日军激战，以肉搏击退强敌。在20世纪30年代，中国官兵持陈旧武器，仍须以明清营垒御敌，可知当年中国与日本在国力上的差距悬殊，更显见其视死如归之无畏气概，真可谓是惊天地泣鬼神了！（图24）

图24-1. 戚家山营垒之一

图24-2. 戚家山营垒之二

图24-3. 镇海戚家山古炮台

招宝山海防及抗战遗址。招宝山坐落在镇海城区甬江口北岸，山势挺秀，向东与舟山群岛隔海相望，向南则与戚家山营垒、金鸡山瞭台等隔江相望，共同组成直面海疆的滩头阵地和扼守甬江通道的要隘。今沿山路盘桓登顶，威远城、月城、安远炮台等遗迹犹存，虽经近年修缮，基本保持清代海防要塞之原貌，更时见民国时期增设之堡垒，其清代城垣亦有继续做现代战壕的显著痕迹。尤其是自山巅直下至南麓，山林间可在荒草间偶见一二暗堡射击孔，山脚下立有方尖碑一座，高约3米，题为“抗战阵亡将士纪念碑”，有“民国二十八年七月□日敬立，镇海县抗日自卫委员会建”，“县长江忠□书”款额。据记载：1940年7月17日，数千日军在青峙、招宝山紫竹林和大道头等处登陆，抗日部队奋勇抗击，共击毙日军近四百名，伤六七百名，我抗日官兵阵亡600余名，伤580名，最终将日寇赶下大海；1941年4月，1万余名日军再度从镇海县境多点登陆，驻守的中国军队英勇抵抗，一些连队战至最后一人。这两次恶战均发生在这座“民国二十八年七月（1939年7月）”纪念碑立碑之后，可知此前此地屡有激战。（图25）

图25-1. 招宝山古代海防城堡

图25-2. 招宝山古代城堡与抗战碉堡

图25-3. 招宝山碑刻

图25-4. 招宝山抗战防御工事

图25-5. 招宝山暗堡

图25-6. 招宝山抗战阵亡将士纪念碑

总体上看，自1937年9月20日，日舰首次进犯镇海口起，至1941年4月19日镇海沦陷，在上海、杭州相继失守之后，这一带中国军民顽强扼守这一海防重镇达三年半之久，继发生过镇海要塞炮战、七一七镇海口之战、四一九镇海保卫战等重要战役。1938年底，我国沿海港口相继沦陷，唯宁波仍存，大量抗战物资海运至镇海口外，转驳宁波，输入内地。据浙海关档案资料统计，1939年经常泊于镇海口外锚地轮船30余艘，38 059吨，日运货量在1万吨以上，最多日达7万余吨。日本大本营多次强调，要切断中国对外联络线，特别是输入武器路线，故镇海成为日军进攻的主要目标。

5. 宋殿村侵浙日军投降仪式旧址和千人坑遗址。

侵浙日军投降仪式旧址位于杭州与富阳县长新乡宋殿村，今称“富阳市受降镇中秋村”，现存“受降厅”一间、配房三间，日军煮死战俘、百姓用的若干铁锅等遗物尚存。受降厅系原宋殿村乡绅宋作梅宅院中的一个厅堂，坐北朝南，泥石木结构，重檐亭式房屋。其木构架为江浙传统民居，但接受西式构架的简洁方法，房屋平面为正方形，中央重檐设玻璃窗以便于采光。就民居建筑而言，也足可列为值得保护的民居类建筑佳作。

日本宣布无条件投降后，宋殿村被指定为侵驻浙江地区日军投降的唯一地点。1945年9月4日，侵浙日军投降仪式由中方官员张世希主持，日方代表、日军一三三师团参谋长樋泽一治大佐等，向中方受降代表、第三战区司令长官兼前进指挥所主任韩德勤中将、副长官上官云相中将等立正、脱帽、鞠躬，呈缴证明书、日军驻地表、官兵花名册和武器清册，然后在投降书上签字，并将装有投降书的木匣双手捧着呈送受降代表韩德勤中将。1950年，长新乡改名为受降乡，以志纪念。1995年在抗日战争胜利50周年之际，中共富阳市委、市人民政府拨款修复“受降厅”，并以此为基地，扩展作为浙江人民抗战纪念馆。

千人坑遗址坐落于距侵浙日军投降仪式旧址东南500米的山坳中，是当年日寇杀害我同胞兄弟的刑场和抛尸地点。1937年12月24日富阳县城沦陷，日军第二十二师团三十五联队第三大队随即移驻宋殿村。之后，宋殿村相继成为日军某中队队部、日军江北指挥所。其间，日军在此地大肆修筑防御工事，实行法西斯统治，烧杀淫掠，无恶不作。常从临近村落掳我无数同胞至宋殿村，或囚木笼水牢，或烫煮活埋，或枪杀刀劈。八年间，仅本地就有370余名村民惨遭杀害，余者迄今无法作确切统计。“千人坑遗址”于1995年立碑，碑长3.43米，宽1.23米，厚1.15米，由原浙江省省长李丰平题写，背面为“千人坑遗址碑文”。1997年，侵浙日军投降仪式旧址和千人坑遗址被浙江省人民政府公布为省级重点文物保护单位。（图26）

图26-1. 宋殿村受降厅外景

图26-2. 宋殿村受降厅配房所存日军暴行罪证——沸水锅

图26-3. 宋殿村受降厅大门

图26-4. 宋殿村受降厅内景

图26-5. 宋殿村千人坑遗址

上海、浙江一带的抗战史迹，以1941年的四一九镇海保卫战为界，之前可视为上海“八一三淞沪抗战”的延续，之后，虽有1942年5—8月的浙赣会战，而在浙东一带，则基本上是以敌后游击战为主。有关浙东游击战的史迹，目前尚无系统的考察。

此外，在浙赣会战的后期，日军731部队由细菌战首犯石井四郎亲自率领，公然违反国际公约，使用空军向中国军队阵地投放携带鼠疫病菌的跳蚤，又在衢州一带向沿途水井投放霍乱、鼠疫、伤寒、炭疽等病菌，造成大面积瘟疫爆发，中国平民死亡数字迄今仍无法统计。

三、云南省抗战史迹

云南省保山地区所辖松山、龙陵、腾冲等县，在抗战期间作为滇缅公路沿线的重镇，先是保证国际交通的要隘，在日军自缅甸越境入侵后，又成为守卫我国大后方的前沿阵地——滇西战场。而昆明及周边地区，首先因西南联大、中央研究院等文教机构的迁入，成为与重庆、李庄齐名的战时三大文化中心；随着战事的发展，又成为与湖南芷江同等重要的空军基地和拱卫重庆安全的军事要地。因此，云南也是抗战史迹非常丰富的省份，保山、昆明两地现存各类遗存约有30余处，较重要者有：腾冲国殇墓园、滇缅公路、滇越铁路、富源中山礼堂、昆明抗战胜利堂、西南联大旧址等。

1. 国殇墓园

在腾冲县城西南一公里处的叠水河畔小团坡下，是为纪念滇西抗战期间中国远征军第二十集团军腾冲收复战阵亡将士而建的纪念陵园，辛亥革命元老李根源先生取楚辞"国殇"之篇名，题为"国殇墓园"，其占地88亩，建成于1945年7月7日。此陵墓建筑群为"中轴对称、台阶递进"式布局。墓园采用白粉墙垣，正门为白墙黛瓦之高大墙体中开垂花门的形式，入门后经甬道循石级而上至第一台阶；再循石级而上至第二级台阶围墙，上嵌蒋中正题、李根源书之"碧血千秋"刻石；沿围墙两侧上至第二台阶，建有忠烈祠。此忠烈祠为重檐歇山顶厅堂式建筑，面阔七间，有借鉴穿逗结构方法的痕迹，形式简洁，是民国时期纯粹采用传统建筑形式的佳作。其顶檐下悬蒋中正题"河岳英灵"匾额，祠堂正门上悬国民党元老于右任手书的"忠烈祠"匾额，祠内外槽柱悬挂何应钦及远征军二十集团军诸师将领的题联；走廊两侧有蒋中正签署的保护国殇墓园的"国民政府军事委员会布告"和二十集团军总司令霍揆彰的"腾冲会战概要"、"忠烈祠碑"等碑记。祠内正面为孙中山像及总理遗嘱，两侧墙体嵌阵亡将士题名碑石，共9 618人。忠烈祠后为相对高度31米的圆锥形小山，是墓葬和纪念碑之所在。山脚一侧有于右任"天地正气"刻石，另一侧有滇西会战盟军阵亡将士公墓，依山而立"滇西会战盟军阵亡将士纪念碑"，碑前草坪上排列着19名盟军官兵遗冢；有石级通向山顶，石级两侧，依山体自下而上，成纵队整齐排列着近百行小型石碑，每纵队约有石碑30方，碑下均葬有阵亡官兵骨灰罐。山顶处建一通高约10米的大型纪念塔，其塔于三重方形基座上立方尖式样主题塔身，花岗岩材质，第三重基座四面镌 "民族英雄"、"二十集团军腾冲会战概要"等题刻，塔上镌"远征军第二十集团军光复腾冲阵亡将士纪念塔"的字样。

墓园大门一侧另筑有"倭冢"一座，埋有4具日军尸骨埋于其中。（图27）

图27-1. 国殇墓园军士墓地

图27-2. 国殇墓园忠烈祠

图27-3. 墓园盟军将士公墓

作为正面战场之一，在滇西战场上所发生的各个战役中，中国军民与日军浴血奋战，始终未能让日军如愿渡过怒江，并在中国战场上第一次将入侵者赶出国境：1944年5月，中国远征军第二十集团军以6个师的兵力强渡怒江天险，向侵占滇西战略要塞腾冲达两年之久的日军发起全面攻击。腾冲攻城战役历时42天，远征军全歼日军三千余人，以全胜战绩收复腾冲。战役中，中国远征军第二十集团九千多名将士英勇捐躯。腾冲之战的胜利，有力地促进了滇缅战场的

图28-1. 临沧市青龙桥

图28-2. 青龙桥桥头堡

图28-3. 青龙桥铁索装置

图28-4. 腾冲成德桥外观

图28-5. 腾冲成德桥内景

胜利，在中国抗日战争及世界反法西斯战争史上谱写了光辉的一页，史称“滇西战役”。

临沧地区尚存新旧功果桥，保山地区尚存腾冲县成德桥、临沧市青龙桥和施缅、龙陵二县交汇处的惠通桥等，均为滇缅公路沿线上的重要抗战史迹。（图28）

2. 昆明抗战胜利堂

昆明抗战胜利堂位于昆明市中心光华街中段北侧，云瑞东路和云瑞西路之间，占地约10 000平方米。昆明抗战胜利堂的建筑设计者今已不详，相传姓李名华，系清华大学毕业生，又有李华为“龄华”音讹之说，而此时清华大学也尚未设建筑系。凡此种种，有待日后查证。

此建筑为钢筋混凝土结构，外观采用传统宫殿式建筑样式。平面分前部（大厅、休息厅和办公室）、中部（观众席）和后部（舞台），略呈工字形。由于前部中央又有半圆形门廊凸出于外，两翼楼向后转角延伸若干，此工字形又有“仿‘美军战斗机’以寓意昆明为飞虎队之大本营”之说。

其前部正立面以主体略高、两翼略低格局，单檐歇山绿琉璃大屋顶，檐下配置混凝土仿明清式斗栱，形成飞檐凌空的传统建筑趣味；中部观众席的侧立面外观则为简洁的、颇具现代主义建筑趣味的圆弧，如虹桥般与后部舞台相连接；而后部舞台的建筑外观又复为民族传统样式，但屋顶形式较为活泼：主体为重檐歇山，两翼为单檐歇山，主体下檐与两翼檐口相连一体，形成相互依存又相对独立的局面。

从实用功能看，此建筑将民族样式与公共建筑功能结合得十分巧妙。这有赖于设计者对传统建筑美学的理解，也可看出其在结构设计上的严谨。胜利堂的建筑设计，堪称是中西合璧的成功尝试、传统与现代结合的典范。

此建筑深得各界民众的喜爱，又有相应的传说：陈纳德将军率飞虎队在云南开辟的驼峰航线，在抗战中起到举足轻重的作用，故抗战胜利堂后半部的造型为一架待命起飞的飞虎队飞机；环抱胜利堂的云瑞东路和云瑞西路的建筑，似一个中式酒杯的外沿，将胜利堂托举在酒杯中；胜利堂前面的椭圆形云瑞公园和长长的甬道街，又似一个酒杯——西式高脚杯的造型。因此，俯瞰胜利堂全景，呈现“中轴线上叠两杯，举酒双杯庆胜利”场景，寓意中美两国同饮庆功酒，共庆抗战胜利。出于这一联想，此建筑又被称为“酒杯楼”。

胜利堂原址为明代黔国公沐氏之国公府，清康熙年间，平定吴三桂之乱后，清政府将沐氏之国公府改建成云贵总督署。1911年武昌起义爆发后，蔡锷率部响应，在云南讲武堂学生的配合下攻占总督署，使此地成为辛亥革命在云南的纪念地。后改总督署为优级师范学堂、省立师范，后再设云瑞中学。1944年，原建筑拆除，拟在此地建“中山纪念堂”，适逢抗战胜利，1946年该建筑落成后被正式命名为“抗战胜利堂”，以资纪念。1950年12月，改称人民胜利堂，并加建人民英雄纪念碑。2006年，昆明抗战胜利堂被列为全国重点文物保护单位。（图29）

图29-1. 昆明胜利堂所处街巷

图29-2. 胜利堂大门细部

图29-3. 昆明胜利堂

3. 富源中山礼堂

中山礼堂位于云南省曲靖市富源县城内的中安镇平街中段的北侧，坐北朝南，于民国三十二年七月七日(1943年)抗战爆发6周年纪念日奠基，1945年3月3日竣工。

富源县原称“平彝县”，地处与贵州省接壤的乌蒙山区，自古是云贵两省进行商贸交易的马帮道的重要关隘，有明清所遗之胜境关等名胜。抗战期间，特别是在贵州境内发生“独山战役”之后，昆明以东的曲靖、宣威一带重兵驻防，成为拱卫后方、待命增援湘西前线的兵备要地。据了解，为鼓舞军民抗战必胜的信念，这一带各县营建的中山礼堂、中山纪念堂等不下十处，但仅富源一处得以保留至今。

此建筑按原设计及竣工时的情景，本为三层楼的殿阁式建筑、庑殿式屋顶，建筑通高18米左右，但在20世纪60年代以防患雷击为由，将顶层拆除，改造成为现存的二楼一底的重檐庑殿顶外观，高13.3米，进深35.6米，占地面积660平方米。

富源中山礼堂的结构形式非常独特：外廊一周为砖石墙体承重，内套回廊式厅堂框架，采用“抬梁式”和“穿斗式”相结合的技术形式，建筑材料混用砖、石、木、陶瓦等，梁架各衔接处采用中国古建筑上的榫、卯技术，所以具有墙倒屋不塌的良好抗震功能，故历经风雨的侵蚀及雷电、地震等自然灾害，至今仍矗立着，其西方砖木混合结构与中国传统木结构的巧妙结合，使得其外观上保持纯民族样式，确为不同以往的现代中国建筑。也得益于这种特殊的结构，虽由原三层楼改建为二层楼，其原有的艺术风格似乎并未受到影响。

中山礼堂正门前方设有月台，其下为11级台阶，其上建有两层门楼，首层以墙体和月台外端二石柱形成四方形门廊，并支撑二层之观阅台，覆以四角攒尖式屋顶。月台左边石柱的东面阴刻着“从容乎疆场之上，沉潜于仁义之中”，北面阴刻着仿孙中山先生的“富贵不能淫，贫贱不能移，威武不能屈，此之谓大丈夫”的题词；右边石柱北面阴刻着仿孙中山先生的“好学近乎智，力行近乎仁，知耻近乎勇，则可治天下”的题词，其落款为：“孙文题，西南联大教授陈雪屏书”；主体拱形正门门楣外侧正中阴刻着孙中山先生半身肖像，肖像的左边阴刻着“忠孝仁爱”，右边阴刻着“信誉和平”八个大字；正门石墙左下方阴刻着“盘石千年”；右下方阴刻着“同心协力”和“中山礼堂奠基纪念”；拱形门楣里侧原正中阴刻蒋介石半身肖像，后于文革期间凿平；门廊二层之检阅台正面窗子墙的右边阴刻着“高明”，左边阴刻着“光大”四个大字，以颂扬赞中山先生高风亮节、光明磊落的一生。（图30）

图30-1. 富源中山礼堂门楼

图30-2. 富源中山礼堂门楣题刻

图30-3. 富源中山礼堂正门墙壁题刻之一

图30-4. 富源中山礼堂正门墙壁题刻之二

图30-5. 富源中山礼堂门楼题刻

礼堂内一楼为一大厅，北端设有集开会、演讲、演出用等多功能的舞台，厅中设置300余个座位；二楼设有回廊，东西两侧设有包厢，三楼为一大厅，现为富源县出土文物和近现代史料陈列室。

此庄严肃穆的建筑物规模宏大，气势雄伟，造型别致美观，结构精巧，乃云南省保存较为完好的中山礼堂。其地处偏远，于抗日战争濒临民族危亡之际建造，以中山先生之古诗文集句激励抗战将士与西南民众的必胜信念，在众多中山纪念建筑中独具特色，也极具特殊历史意义——是抗战期间原创性建筑作品，与湖南省南岳忠烈祠、武冈中山堂、云南省昆明抗战胜利堂等同为抗战期间的优秀建筑作品。

富源中山礼堂于1998年12月被云南省人民政府公布为第五批省级重点文物保护单位。

4. 国立西南联大旧址

国立西南联大旧址位于现云南师范大学校园内。昆明是抗战期间与重庆、四川宜宾李庄并列的三大战时的文化中心。1937年七七事变后，为了全面保卫中华教育精华，使其免遭日寇毁灭，国民政府决定将华北及沿海大城市的高等学府内迁。在八年时间内，有中法大学、中山大学、华中大学、同济大学、上海医学院等十余所著名高等院校先后迁入云南，其中最著名的是西南联合大学。

西南联大由北大、清华、南开三校组成，由原三校校长蒋梦麟、梅贻琦、张伯苓为常务委员，共主校务，融合了北大之“兼容并蓄”、清华之“严谨求实”和南开之“活泼创新”的学风，一时大师云集、群星璀璨，8 000名学生中涌现出杨振宁、李政道、朱光亚、邓稼先等大师巨匠。西南联大的“刚毅坚卓”校训和“爱国、民主、科学”的联大精神，更是至今泽惠后人。1946年5月4日，西南联大正式结束，师生在校址上树立了“国立西南联合大学纪念碑”，三校回迁，西南联大以辉煌的历程和丰硕的文化业绩完成了其特殊的历史使命。

今云南师范大学校园东北角矗立着“国立西南联合大学纪念碑”。抗战胜利后，西南联大撤消，三校北返之前，于1946年5月4日树立此碑。纪念碑由联大文学院院长冯友兰先生撰文，中文系教授闻一多篆额，中文系主任罗庸教授书丹，被称为现代的“三绝碑”。纪念碑碑体雄壮，书法遒劲，文采飞扬，意蕴深广，气势恢宏，具有较高的历史、艺术和文学价值。尤其要提及的是：纪念碑作为联大的历史见证，半个多世纪以来，一直被海内外联大校友所珍视。几十年后，年近百岁的冯友兰先生说：“西南联合大学之终始，岂非一代之盛事，旷百世而难遇者哉。今天，联大精神仍应弘扬光大之！”

在联大纪念碑附近，另存国立昆明师范学院纪念碑一座，而原联大草棚式的简陋教室则仅存一间。

2006年05月25日，国立西南联合大学旧址被国务院批准列入第6批全国重点文物保护单位名单。（图31）

图31. 昆明西南联大旧影

5. 中国营造学社旧址

在昆明市郊之麦地村，现存兴国庵一处，为中国营造学社和梁思成故居。此地原有中央研究院史语所旧址、战时中央博物院旧址等，今已难觅踪迹。(图32)

图32-1. 昆明中国营造学社旧址

1938至1939年，在极端困难的情况下，中国营造学社刘敦桢先生主持了昆明近郊、滇西北古建筑考察；刘敦桢、梁思成联合主持了第一次四川古建筑考察；史语所吴金鼎、曾昭燏等组织了大理苍山洱海古墓葬考察……这一系列古文化遗产考察研究工作，与西南联大等战时教育一样，从文化意义上，展示了我中华民族之坚韧不拔。

图32-2. 昆明中国营造学社旧址所在街巷

图32-3. 昆明中国营造学社旧址

此外，滇越铁路上的开远市小龙潭大铁桥(俗称“大花桥”)也是一处重要的抗战史迹。(图33)

图33-1. 滇越铁路五家寨人字桥远景

图33-2. 滇越铁路五家寨人字桥近景

图33-3. 滇越铁路蒙自六孔铁路桥

图33-4. 木花果铁路大桥

图33-5. 木花果铁路大桥局部

四、江苏省抗战史迹

有关江苏省抗战史迹，今仅涉及南京、扬州两地。同样在编撰《中山纪念建筑》的过程中，我们了解到：南京中山陵园在抗日战争亦受到损伤，今陵墓墓道上奉安铜鼎仍可见日军炮火所遗弹痕，桂林山房也被摧毁成一片断壁残垣，原为国内第三大文庙的南京夫子庙等文物古迹也未能躲过劫难，明代灵谷寺内为“一·二八淞沪会战”所立之第十九路军阵亡将士纪念碑、第五军阵亡将士纪念碑等均有不同程度的损害……这些战争创伤历历在目，记录了日军的残暴，也记录着中国人民坚韧不拔的奋斗精神。此外，有关原中央军校大礼堂（即“中国战区接受日本帝国无条件投降签字仪式”会场），由本考察组成员、南京大学历史系教授周学鹰在近期进行详细考察；在南京大学历史系硕士研究生陈磊据历史照片和文献记录，查证了一处陆军第八十七师淞沪抗日阵亡将士公墓的下落；扬州市文物局提供了扬州地区资料。（图34）

图34-1. 战前南京街景

图34-2. 战前南京民国总统府

图34-3. 战争前夕的南京城外

图34-4. 沦陷后的南京街景

图34-5. 日军占领南京总统府

图34-6. 被日军炸毁的南京中山门

图34-7. 轰炸后的南京街景

图34-8. 抢劫焚烧后的南京街市

图34-9. 弹痕累累的南京光华门

图34-10. 战前曾很繁华的南京商业街区

图34-11. 被日军占领的中山陵

图34-13. 南京中山陵战前的奉安鼎

图34-12. 被日军炮火摧毁的中山陵永慕庐

图34-14. 奉安大典铜鼎残留的弹痕

图34-15. 近年修复的中山陵永慕庐

图34-16. 被日军炮火摧毁的中山陵桂林石屋

1. 第十九路军淞沪抗战阵亡将士纪念碑与第五军淞沪抗战阵亡将士纪念碑

此二座纪念碑位于南京中山陵园区域之明代灵谷寺内，1935年国民政府为纪念“一·二八淞沪会战”期间阵亡将士而修建。

灵谷寺位于中山陵东面（紫金山东南麓）。明洪武十四年（1381年），太祖朱元璋为修建明孝陵，将蒋山寺、宋林寺、竹园寺、志公塔、宋熙寺、悟真殿等搬迁至今址，并称为“灵谷寺”，并赐额“第一禅林”，为明代佛教三大寺院之一。后来因遭兵火劫难，仅砖砌的无梁殿得以幸存。清同治年间重修，规模已远不如当年，但松翠林茂、环境幽静，仍以“灵谷深秋”为金陵名胜。建于明洪武十四年的无梁殿，东西长53.8米，殿前露台宽敞，面阔8间，进深三间。殿顶是重檐九脊琉璃瓦，屋脊上有三座琉璃喇嘛塔。其建筑一改我国古建筑梁柱结合框架式传统方式，整座建筑找不到梁柱，全部用砖砌造而成。它采用了中国古代石拱桥的建造方法，由基层用砖先砌五个洞，合缝后叠成一个大型的拱形殿顶。我们看到的这五个开门的每一间就是一券，每排为5券，正中一间券洞最大，宽11.4米，高14米。内部虽为券洞结构，外部却仍以仿木结构的形式出现，檐下有出挑的斗栱，正面还设有门窗，是一座采用多样券法，错综连接后构成的建筑。其结构坚固，气势宏伟，虽历经战火仍巍然屹立，成为建筑经典。

民国以后，灵谷寺在抗战前改建为国民革命军阵亡将士公墓，由美籍建筑师茂飞做整体规划，并设计建造了国民革命纪念馆（松风阁）和国民革命军阵亡将士纪念塔（世称“灵谷寺塔”）。1928年，国民政府耗资12万两银元，将无梁殿改为阵亡将士公墓祭堂，定名“正气堂”；在祭堂之前，改建山门，其后增设一座“国民革命军阵亡将士牌坊”（牌坊的台基长32.7米，宽16.6米，高10米，共五间，用钢筋混凝土构筑，座基外镶花岗岩，绿色琉璃瓦覆顶。牌坊前中门门额上横刻“大仁大义”四字，背面刻“救国救民”四字）；而祭堂之后，逐渐向北，大体沿山势增设公墓区、松风阁和灵谷塔。

其祭堂中将原三座佛龛移作祭坛，每座祭台设一方石碑。中碑为“国民革命烈士之灵位”，左碑为中华民国国歌，右碑为国父遗嘱。四壁镌刻《辛亥革命名人录》，共嵌有110块太湖青石碑，铭记着33 224位阵亡将士姓名。

祭堂之后，按中、东、西区分设阵亡将士公墓第一、二、三公墓区。当时公墓区的所有墓穴，全以红砖砌筑为长方形，上盖水泥预制板，南北朝向，每墓前立一块约30厘米高的半卧形青石碑，不刻姓名，全以编号代姓名，而阵亡将士名单则在中央档案馆（今第二档案馆）保存。三个公墓区均损毁严重，“文革”期间曾将原第一公墓改建为四个花坛，第二公墓于1957年改建为邓演达烈士墓，第三公墓则在“文革”中完全被毁。

今存原公墓遗迹较完整者，为十九路军淞沪抗战阵亡将士纪念碑和第五军淞沪抗战阵亡将士纪念碑。“一·二八淞沪抗战”停战后，国民政府于1931年3月决定在第一公墓区兴建淞沪抗战阵亡将士公墓，1933年6月2日，国民政府将淞沪抗战中牺牲的部分官兵遗体自上海送棕至南京安葬。为表示纪念“一·二八”之意，特挑选了78名十九路军阵亡将士和50名第五军阵亡将士遗骸入葬第一公墓内，共计128名，各立碑纪念。公墓及纪念碑于1935年11月20口落成，并在公墓祭堂举行盛大公祭，国民党中央和各界人士万余人参加，蒋介石亲自担任主祭。1936年7月，阵亡将士公墓移交给总理陵园管理委员会管理。

抗战期间，国民革命军阵亡将士公墓建筑群曾遭日伪分子破坏，尤以纪念馆（今松风阁）破坏程度最为严重，第一公墓区的第十九路军淞沪抗战阵亡将士纪念碑和第五军淞沪抗战阵亡将士纪念碑亦有残损，但抗战胜利后得以整修，保存至今。（图35）

1947年6月，国民政府制定了《春秋二季祭奠阵亡将士办法》，决定每年春祭日期为3月29日，即黄花岗起义纪念

图35-1. 灵谷寺第十九路军淞沪抗战阵亡将士公墓旧貌

图35-2. 灵谷寺第十九路军淞沪抗战阵亡将士公墓现状

日；秋祭日期为9月3日，即抗战胜利纪念日。

灵谷寺国民革命军阵亡将士公墓建筑群含山门、纪念坊、祭堂（无梁殿）、公墓、纪念馆（松风阁）和纪念塔（灵谷塔），主要由美国建筑师茂飞设计，是“中国固有式建筑”的成功作品之一。它是民国时期重要的纪念建筑群，又从属于中山陵园范围，可视为吕彦直等南京城市规划中有关“国家公园”的具体实施部分。

2. 陆军第八十七师淞沪抗日阵亡将士公墓及纪念碑

今南京玄武湖环洲之梅岭（俗称“郭仙墩”）一带，20世纪30年代被称为五洲公园亚洲梅林基地。1933年，此地曾建有陆军第八十七师淞沪抗日阵亡将士公墓及纪念塔 。其塔高10.5米，基座见方3米，基本形制为方尖塔。据记载，八·一三淞沪抗战期间，第五军第八十七师二五九旅旅长孙元良率部在上海庙行镇坚守11天，击退日军多次进攻，双方损失惨重。此役被当时国际评为“国民革命军第一次击败日军的战役”。这方尖塔即专为纪念孙元良部1 489名阵亡将士所建。此塔今已不存，而毁于何时亦无定论。

另据记载，雨花台东北山岗之二泉后山上原亦有一座淞沪抗日阵亡将士纪念塔，塔周筑有19座水泥冢，系为纪念第十九路军阵亡将士所建。有确切记载，此塔塔身于南京沦陷后为日军所毁。遗址现在南京晨光机器厂一侧，现存石级若干，其他无存。

由此推测，当年第十九军和第五军的阵亡将士，除128位安葬于灵谷寺国民革命军阵亡将士公墓第一公墓区外，其余官兵遗体也都得以自上海移至南京安葬，即玄武湖梅岭和雨花台二泉后山的这两处公墓。

3. 南京中央陆军军官学校大礼堂

位于南京市黄浦路中央陆军军官学校旧址。中央陆军军官军校是南京国民政府设置最早的军事教育机构，曾培养出大量国共两党高级将领的著名的黄埔军校的前身。1927年，南京国民政府成立，决定将广州黄埔军校本部迁至南京，成立中央陆军军官学校，蒋介石仍兼任校长。迁居南京办校之初，沿用原清陆军学校（老教育团）旧址为校舍。因学校规模不断扩大，加以原校舍破败，1928年至1933年，先后建造了大批新建筑，具有代表性者如1号楼、大礼堂、憩庐、122号楼等，总造价54 928元。由张谨农设计，杨仁记营造厂承建。

图 36-1. 南京举行受降地点中央军校大礼堂

大礼堂坐北朝南，长方形平面，大厅能容纳一、二千人，有休息廊、舞台、准备用房，堂内北面设讲台，后有休息室等。大礼堂采用钢筋混凝土结构。立面中央高三层、两侧二层，呈三段式形式，有文艺复兴时期法国府邸式建筑的遗风，坡屋顶，上覆灰色波纹金属瓦。中央主要入口处门廊前矗立着八根爱奥尼克式巨柱，门廊顶部建有钟楼；东西两侧入口处各有一拱门，门侧墙壁上装饰四根爱奥尼克式立柱，其上各建一座高高的塔楼。中央主要入口处有拱门三，东西两侧入口处各有一拱门，占地1 530平方米 。大礼堂与1928年以后学校陆续建设的其它建筑一样，以西洋风格为主，形成西式风格的建筑组群。有研究者认为，“其建设思想与蒋介石的建国思想一致，即从西方模式中获得更为先进的内容。”

抗战爆发后，军校西迁成都，先后在南昌、武汉、洛阳、成都、潮州、西安、武冈等地设立分校。抗战胜利后，改称陆军军官学校，直属陆军总司令部。仅在抗战期间，军校（含各分校）毕业生数万名，是中国军队基层军官的骨干力量。

1945年9月9日上午9时正，是日本人眼中大吉大利的“三九良辰”，颇具历史讽刺意味的是，象征中国人民抗日战争最终胜利的受降仪式恰恰就在这一天在大礼堂举行。中央军校大礼堂从此名闻中外。

这是继续芷江洽降之后，抗战胜利受降的正式签字仪式。当时，中央陆军军官学校校门悬横匾，蓝底之上楷书“中国陆军总司令部”八个白色大字，礼堂大门口是金碧辉煌的四个大字：和平永驻；厅内大屏风上缀一个硕大字母“V”，象征中国抗日战争彻底胜利 。（图36）

值得回味的是，对于八年抗战中辗转各地坚持办学的军校本身而言，这个受降仪式，又可视为复校仪式。

图 36-2. 日本投降使步入会场

图 36-3. 胜败双方会谈

图 36-4. 1945年9月9日，日本中国派遣军总司令官冈村宁次向国民党陆军总司令何应钦递交投降书

图 36-5. 受降日的中央军校大门

4. 江都县文化界救亡协会旧址[4]

“江都县文化界救亡协会旧址”位于扬州市广陵区谢家巷13号，原为陈素住宅，是抗战时期党的秘密联络点。建筑坐北朝南，共三进，均为三间两厢式民居，前后天井相连。宅西为一小庭园，庭园内存客厅一间。现房屋结构改动较大，保存状况一般。

[4] 此节由扬州文物局供稿。

1937年11月，沪宁沿线城市相继沦陷。为保存积蓄革命骨干，团结进步青年坚持救亡工作，地下党员陈素与江上青、赵敏、莫朴等人动员了一批革命的中、小学教师、店员和进步青年学生，及时在扬筹建了“江都县文化界救亡协会流动宣传团”，简称“江文团”。从扬州出发时计二十余人，途径仪征、六合、江浦、和县、含山、合肥、舒城，所到之地，宣传工作非常活跃。他们用教唱救亡歌曲、上演话剧、书写标语、画宣传画、办墙板报、开座谈会、街头演讲等方式来宣传群众、组织群众，影响颇大。1938年4月，“江文团”集体加入第五路军第十一集团军，在湖北开展宣传教育活动。武汉失守后，由于形势和党的工作需要，陈素、江上青等同志各自率领一部分团员吩咐新的战场，并先后牺牲在各自的战斗岗位上。

图 37-1. 侵华日军扬州受降处旧址之一

图 37-2. 侵华日军扬州受降处旧址之二

5. 侵华日军扬州投降处旧址

扬州侵华日军投降处旧址位于扬州高邮市高邮镇熙和巷70号，是中西合璧的民国建筑。原为英国人开设的教堂，后作为国民党县党部，抗日战争期间这里曾是日军驻高邮司令部（洪部）所在地。1998年12月公布为高邮市文物保护单位，现为政府会议场所。建筑座北朝南，硬山顶，建筑面积612.5平方米，面阔九间35.3米，进深十一檩17.2米。

1945年12月，苏北地区抗日最后一战高邮战役在邮城进行，此战共歼日军1 200余人，伪军8 000余人，创造了新四军在苏北地区一次战役歼灭日军人数最多的记录。战役胜利后，我新四军接受日军投降规模较大的一次受降仪式在此会堂大厅举行，新四军八纵政治部主任韩念龙接受了日军代表岩崎大佐的投降书。（图37）

6. 扬州天宁寺惨案旧址

扬州天宁寺位于扬州明清城北郊外城河边，为清代扬州八大古刹之首，相传为东晋太傅谢安镇广陵时的居所，后舍宅为寺，初名“谢司空寺”，北宋政和年间始称今名，清康熙帝南巡曾驻跸于此。中轴线有山门殿、天王殿、大雄宝殿、华严阁，东西有廊房、配殿等建筑，宏伟壮观，人称“一寺五门天下少，两廊十殿世间稀”。（图38）

1937年，“八一三淞沪战争”爆发后，部分伤员被送到扬州治疗，中国军队伤兵医院临时设在天宁寺内。至当年9月，寺内收治的伤兵达500余人。上海失陷后，沪宁沿线城镇相继沦陷，扬州城危在旦夕。出于安全考虑，伤兵医院带领大部分伤员于沦陷前撤离，但仍有59个重伤员留于寺内，分住地藏殿和观音殿。僧人也大多逃离了天宁寺，只留下监院宏度和11个僧人、3个香火道人照料伤员。

1937年12月14日，日军侵占扬州城后，侦知天宁寺内藏有中国伤兵，即于16日清晨冲入天宁寺搜查。日军扒开伤兵的僧衣，发现了他们肩上的老茧和身上的枪伤，认定是中国伤兵，随即开枪扫射。观音殿、地藏殿里顿时横尸遍地，血流成河，连躲在重宁寺附近乱葬坟内的一名重伤员也未能幸免于难。寺内的珍贵字画、古董等贵重物品也被洗劫一空。

图 38. 扬州天宁寺现状鸟瞰

7. 扬州福桥惨案惨案旧址

万福桥位于扬州市广陵区湾头镇境内，即老城区以东约9公里处。该桥始建于清道光二十九年（1849年）。民国二十年(1931年)发大水，桥身被冲毁。民国二十三年（1934年）新建浦启线国道，于原址再建新桥。新建的万福桥为钢筋混凝土桩基桥墩，桥宽6米，45孔，桥长455米，时为贯通苏北、苏中的重要通道。

1937年12月14日，日军占领扬州城，当晚即窜到城东万福桥附近，进行惨绝人寰的血腥屠杀，并奸淫妇女、烧毁房屋、掠夺财物。仅15、16日两天，在此处烧毁民房400多间，杀死百姓100余人，奸污妇女数百人。17日，日军又将被逼替其抗运弹药、财物的400多名手无寸铁的民夫赶上万福桥，在桥两端架机枪扫射，所有人中弹倒毙，全部遇害。顿时河水鲜红，桥面、水面尸体乱横，仅一人跃河潜水逃生。是为“万福桥惨案”。

新中国成立后，为根治水患，于1959年拆除万福桥旧桥，在原址上游100米处新建了万福桥闸，并在原址西南角30米处立纪念碑一座，上刻“侵华日军万福桥大屠杀遇难同胞纪念碑”大字。碑文扼要地记载了日军屠杀我同胞的时间、地点、死亡人数和遇难同胞的来源，以激勉后人，以史为鉴，奋发图强，振兴中华。（图39）

图39-1. 万福桥惨案发生地

图39-2. 万福桥大屠杀纪念碑

五、湖北省抗战史迹

在抗战期间，南京失陷后的一段时间内，湖北省武汉市曾是全国抗战的指挥中心；国民政府内迁重庆后，老河口、恩施等又成为第五、第六战区的驻防重镇，至今留有大量遗迹。受时间和其他条件限制，本书编撰者未及做全省范围的考察，仅选取武汉市一地，以管窥当年其所发挥的历史作用。武汉市现存重要抗战遗迹12处。

1. 伏虎山郝梦龄烈士墓

郝梦龄烈士墓墓地处伏虎山北坡，坐西南朝东北，砖混结构，由神道和墓园两部分组成，面积约为70平方米。神道为仰斜坡踏步式，朴素无华；墓园平面为正方形，正中设弧角四边形墓冢，穹隆顶式，高约1.5米，前立圆弧顶花岗岩墓碑，正面隶书阴刻“郝梦龄烈士之墓”，显得厚重而深沉，周围有高约1米的矮墙， 正面左右分别嵌有保护标志碑和说明牌。此墓初建于1937年，“文革”时被毁。1981年，辛亥革命70周年大庆之际在原址重建。2002年，由湖北省人民政府公布为省级文物保护单位。

郝梦龄（1898—1937年），字锡九，河北藁城县人，毕业于保定军校。七七事变后，郝梦龄率部从贵州北上，编入卫立煌第十四集团军序列，任前敌总指挥。1937年10月4日，郝梦龄奉命率第九军赴忻口前线。10月11日，日军指挥官板垣征四郎率第五师团，在飞机、大炮、坦克的掩护下，倾全力向第九军阵地发起猛攻。双方在忻口西北204高地展开激烈的拉锯战。第9军损失惨重，有的团仅剩下一个营。为了坚守阵地，郝梦龄鼓舞官兵说“就是剩下一个人也要坚守阵地，决不后退！我若先退，你们谁都可以枪毙我！”16日凌晨2时，郝梦龄亲临前线，身先士卒，率部前进，突袭敌阵，连克数个山头。战至凌晨5时，郝继续挥兵奋进。在通过一段隘路时，身中敌弹，壮烈牺牲。

1937年10月24日，其灵柩由山西运到武汉。11月16日上午，武汉各界在市商会大礼堂举行公祭，全市下半旗致哀，武汉行营主任何成濬代委员长蒋介石主祭，并以国葬礼将其安葬于此。为纪念郝梦龄的功勋，汉口北小路改名为郝梦龄路。1938年 3月12日，中国共产党在延安召开追悼抗日阵亡将士大会，高度评价了郝梦龄抗日殉国精神。（图40）

郝梦龄是抗日战争中我军牺牲的第一位军长。

图40-1. 武汉各界恭迎郝梦龄、刘家琪灵柩

图40-2. 郝梦龄烈士墓

2. 蛇山表烈祠

位于武昌区蛇山山腰的表烈祠与同期的湖南南岳忠烈祠在选址、形制、布局上，有较多的相似之处。它们都建在山腰，都有长长的神道和类似中国古代宫殿的大坡屋顶。整个建筑背依蛇山，坐北朝南，中轴线上依次为牌楼、神道、主楼。牌楼为砖混结构，四柱三门单层楼式，绿琉璃瓦顶；神道依山就势修筑，逐级抬升，采用条石砌筑，分左右两路，中间以“陛”隔开，直抵主楼月台；主楼平面成“凸”字形，砖混仿木结构，重檐歇山绿琉璃瓦顶，整座建筑给人以肃穆庄严之感。（图41）

图41-1. 表烈祠全景

图41-2. 表烈祠主楼

其神道依山伴势分三阶而作，共54级，丝毫没有对山体削凿的痕迹。与月台的结合部分左右而上，连接自然、恰当。在主楼下，无论在月台任何角度，均须仰视，方可见二层主体檐部“悬匾位”，且在大屋顶下，似乎总有一种建筑对人的压迫感。进入楼内，深、广的内空间，巨大的立柱，都让参拜者，有一种“小我”的感觉。这也许就是祭祀建筑所附带的“神灵”威严。至今寻访者手抚云纹望柱，仔细审视整座建筑，仍不禁为当时设计者高明的理念而称奇。

抗战初期，由于武器装备落后，单兵素质相对较低等客观原因，中国军队伤亡极大。为了鼓舞士气，祭奠为国捐躯的烈士，1938年初，国民政府军事委员会命令第十八军工程营，在其驻地左侧的蛇山南坡，建成了这座表彰先烈、供

奉阵亡将士的祠堂——表烈祠。由于战事惨烈，祠堂落成后，几乎每天都有前方阵亡将士的灵位入祀。其中包括在忻口会战中牺牲的郝梦龄、刘家祺等知名抗战将领，武汉保卫战的空战英雄李桂丹、陈怀民等。

表烈祠建成后不到一年时间，武汉被日寇攻克，祠原有的祭祀功能随之被废止。抗战胜利后，1947年，为纪念七七事变10周年，地方当局对其进行了修复，并于7月7日这一天，组织民众举办了隆重的奉安祭典，将烈士灵位重新请回祠内。次日，《武汉日报》以《抗战殉难忠烈官兵昨举行入祠祭典，武汉官民热烈迎灵弥增哀荣》为题，进行了报道："……灵位所经，行人肃立致敬、商店住户争相鸣炮，素车白马备极哀荣。堂前远眺，忠烈祠依山而建，水光山色，一览无遗，气势极为雄伟。门首一联云：其生也荣，国有干城，民有楷模；虽死不朽，在地河岳，在天日星……抗战殉难忠烈官兵灵位安置正中。"

1949年之后，这里一直被作为其对面高等学府中南财经政法大学的招待所。直到第三次全国文物普查的实施，表烈祠才重新进入公众视野，被媒体、学者、大众所认可。

图42-1. 日军占领岱家山碉楼

3. 张公堤碉堡群

张公堤地处武汉城区东北郊，东起汉口堤角，西至舵落口，全长23.76公里，顶宽约8米。原是一条防治水患的大坝，清光绪三十一年（1905），由湖广总督张之洞筹建，因之得名。"九一八事变"后，为了对日作战，国民政府在全国进行了一系列的战备行动，其中一项重要任务就是修筑防御工事。武汉九省通衢，战略地位显著，被作为重要防御区，重点布防。因此，相继分三期建设了一批防御工事。1936年1月，国民政府军事委员会委员长蒋介石曾电令武汉城防整理委员会主任委员（抗战时任武汉卫戍总司令）陈诚："武汉要塞工程应从速着手，星夜赶筑，务限本年4月底完成。"

作为从东北方向进入汉口的必经之地，张公堤与其附近的岱家山形成武汉外围最后一道防线，也是构筑工事最多、最密集的防御带。1933年，汉口警备区就在岱家山构筑了一座主碉楼，随后，又以张公堤为依托建立了由地道相连的明碉、暗堡交叉火力防御体系。（图42）

在武汉会战实施过程中，由于武汉近郊多为湖沼港汊，核心防御因限于地形，毫无纵深，无险可守，不宜于大兵

图42-2. 岱家山碉楼现状

图42-3. 张公堤明碉现状

图42-4. 张公堤暗堡现状

团的城市保卫战，加之连月作战，部队伤亡极大，且相当疲惫，需要补充休整，最终，中国最高统帅部主动退出武汉。因此，武汉城区及附近战斗较少，工事发挥应有作用的也就更少。不过，张公堤、岱家山防御体系就是其中之一，驻防于此的国民革命军第九十四军一八五师五四五旅所属部队面对日军的疯狂进攻，进行了拼死抗击。据武汉地方志办公室主持编纂、武汉出版社于2007年底出版的《武汉抗战史料》一书记载：“10月25日上午7时许，敌开始以飞机、大炮向我戴家山、谌家矶等处更番猛烈轰击，间且使用毒弹，以至阵地多被摧毁，人员损伤甚多。”

经考察组初步统计，今堤坝上共有六座明碉，一座暗堡。形制结构基本形同，应为当时的一种制式。明碉为椭圆形柱体，高约2～4米，长轴直径11.3米，短轴直径5米，底部采用砖混砌筑，顶部采用钢筋混凝土浇筑。墙体四周分设机步枪射击孔；暗堡体量较小，分别高约1.2米，采用钢筋水泥浇注而成，非常坚固。

在张公堤的岱家山（其实算为一座孤立的小高地），上面民房密布，一处当年的碉楼已被淹没其间，如无村民引导，寻访者很难发现。其主碉楼是一座体量较大的核心工事，砖混结构，共4层，建筑面积为200余平方米，可供数十人作战使用，正面一块条石构件上“警备汉口区蓬字守望台”、“民国二十二年夏建”几个大字清晰可辨。附近另有一座与之相连的暗堡，形制与张公堤诸多碉堡基本相同。

4. 国民政府军事委员会旧址

国民政府军事委员会原为湖北省图书馆，位于武汉市武昌区阅马场，地处蛇山南麓，是我国最早的省级公共图书馆之一。始设于1904年，由湖北巡抚端方倡议，武昌知府梁鼎芬创办。原址在武昌兰陵街，后迁至博文书院。1935年10月，由湖北省政府在此奠基建设新馆，1936年建成。1838年3月，让与国民政府军事委员会作办公场所。随后，全馆西迁恩施，抗战结束后，1946年迁回现址。原有的主体大楼今为特藏部。

图43-1. 湖北省立图书馆建设模型

旧址由缪恩钊、沈中清设计，袁瑞泰营造厂施工，地上两层，地下一层，为钢筋混凝土结构；采用中国古典建筑式样，主体建筑为对称布局，中部三开间凸出主楼，单檐歇山绿琉璃瓦顶，下施斗栱；前廊有四根通贯二层的圆檐柱，外墙假麻石饰面；楼后部，沿山体设有防空洞。2002年，以“湖北省立图书馆旧址”为主体，由湖北省人民政府公布为省级文物保护单位。（图43）

图43-2. 1936年建成时的湖北省立图书馆

抗战爆发前，武汉已是区域军事中心，不但设有大量军事机关，而且建有众多防御工事。随着，1937年12月5日，肩负全部国防责任、拥有对海陆空军的最高指挥权、指导全国民众抗战的重要机构——国民政府军事委员会迁汉和7日军事委员会委员长蒋介石的抵达，武汉真正成为了指挥全国抗日作战的军事大本营。这里也就成为了全国抗战的指挥中枢。

楼内的布局基本没有变化，大厅顶篷依旧为原有的藻井式膏胎彩绘天花装饰，墙裙、楼梯和地面也都还保留着原始的彩色水磨石面。由于地处山洼，小环境范围，空气湿度大，前些年，后厢房屋顶腐烂，加上白蚁侵蚀，整体结构险情严重。2006年，在国家文物局和省文物局的大力支持下，得以维修加固。

5. 武汉大学校内抗战史迹

武汉大学的前身是湖广总督张之洞于1893年创办的自强学堂，1928年改名为国立武汉大学。由著名科学家、教育家李四光选址、规划、筹资，美国著名建筑设计师凯尔斯（F.H.Kales）、结构设计师莱文斯比尔（A.Levenspiel）、萨克瑟（R.Sachse）主持设计，聘请缪恩钊工程师负责监造，由汉协盛、袁瑞泰、上海六合、永茂隆等营造厂分别中标承建。1929年3月动工，1936年全部竣工。整个校园围绕珞珈山、狮子山等十余座山丘布局，东、北、西三面环水，滨临东湖西南岸，景色极佳。

1938年4月，武汉大学西迁后，国民政府军事委员会设军官训练团的团部设于校内，操场为当时的训练场，珞珈山的18栋教授别墅，成为训练团的官邸，住户包括周恩来、郭沫若等。

（1）武汉大学体育馆——中国国民党临时全国代表大会旧址。该建筑坐落在狮子山西部南坡。系黎元洪之子将其先父保管的辛亥革命志士筹建江汉大学的捐款移赠而建，因此，又称“宋卿体育馆”，建成于1936年，是一座典型的“中西合壁”式建筑，长约35米，宽约21米，采用当时先进的三绞拱钢架结构，三重檐歇山绿琉璃瓦顶。（图44）

图44-1. 中国国民党临时全国代表大会旧址历史照

图44-2. 中国国民党临时全国代表大会旧址现状照

1938年3月29日至4月1日，中国国民党临时全国代表大会在此召开。会议通过了《抗战建国纲领》等议案，推选蒋介石为国民党总裁。决定结束国防参议会，成立国民参政会，作为战时最高民意机关。此次会议是当时全国政治生活中最大的事情之一，“兴奋了全中国人民，特别是被占领区域人民争取持久抗战胜利的信心，增强了保卫武汉与三期抗战的力量”。之后，国民党五届四中全会亦在此召开，中心议题是贯彻临时代表大会精神，实施抗战救国方案。

（2）武汉大学蒋介石旧居（俗称“半山庐”）。蒋介石旧居原为武汉大学单身教授宿舍，地处珞珈山北麓山腰，为二层砖木结构住宅建筑。平面呈对称布局，居中设主入口，中部两侧前凸，设有外廊，外墙为清水灰砖墙，青瓦坡屋顶。全面抗日战争爆发后，蒋介石自任陆海空军大元帅，统率国民革命军在正面战场抗击日军进攻。在汉期间一直居住于此。（图45）

图45-1. 半山庐历史照

图45-2. 半山庐现状照

（3）**武汉大学周恩来旧居**。周恩来旧居位于武汉大学内珞珈山东南麓的一区27号，为一幢仿西式两单元三层楼房，坐北朝南，砖木结构，属武汉大学教授公寓。当年周恩来住的二楼共有三间，一间为客厅，一间卧室兼办公室，另一小间为警卫室。第二次国共合作实现以后，为了继续推进两党合作，巩固和发展抗日民族统一战线，1937年12月，中央政治局决定由周恩来等人组成中共中央代表团，到武汉开展抗日民族统一战线工作，推动全民全面抗战的实现。1938年4月，周恩来和邓颖超由汉口迁居于此，并在这里先后接见了郭沫若等文化界知名人士，会见了斯诺等国际友人。（图46）

图46-1. 周恩来夫妇与斯诺在旧居前

图46-2. 周恩来旧居

图46-3. 维修中的郭沫若旧居

（4）**武汉大学郭沫若旧居**。郭沫若旧居与周恩来旧居上下相望，建筑形制结构基本相同。郭沫若在回忆中说："周公和邓大姐也住到靠近山顶的一栋，在我们的直上一层，上去的路正打从我们的书房窗下经过。" 从1938年4月至8月，尽管郭沫若在武汉大学仅仅住了4个月，但对这座住所，郭沫若的印象非常深刻，甚至超出他后来在北京居住多年的原恭王府，以及他在四川乐山出生成长的沙湾老屋。他说"有这样的湖景，有这样的好邻居，我生平寄迹过的地方不少，总要以这儿为最接近理想了。"因此，他也把武汉大学称赞为武汉三镇的世外桃源。

6. 国民政府政治部第三厅旧址

国民政府政治部第三厅旧址位于昙华林小巷深处之武汉市十四中学校园内。昙华林是武汉著名的历史街区，位于老武昌城东北部，地处花园山和螃蟹岬之间，呈东西走向。1946年，地方当局将戈甲营出口以西的正卫街、游家巷与戈甲营出口以东的昙华林合并，统称为昙华林，并沿袭至今。武汉市十四中学校园原为湖广总督林则徐兴建的丰备仓，1912年改为省立第一中学。1938年，这里初为国民政府政治部所在地，后转给新成立的"第三厅"作办公场所。

国民政府政治部第三厅当年的建筑大部分已不存在，只有郭沫若居住和办公的一栋二层小楼得以保留。该建筑从风格上分析应非清末学堂，可能为民国初年的教育建筑。整个建筑东西向布局，平面呈长方形，为前廊侧梯式，砖木结构，占地面积约200平方米，内辟有陈列室。右侧立有郭沫若半身塑像及"'三厅'旧址记"碑。（图47）

图47-1. 周恩来、郭沫若等人在"三厅"前合影

图47-2. 昙华林历史街区

图47-3. 国民政府政治部第三厅旧址

第三厅是抗战初期国民政府在武汉建立的一个主管宣传工作的机构，是围绕“保卫大武汉计划”和实施声势浩大的各种抗日救亡运动以及抗日文化运动的重要组织，属政治部副部长周恩来直接领导，由郭沫若任厅长。第三厅工作人员大部分都是文化名流。最盛时有两千多人，聚集的名流不下百人，有“名流内阁”的之誉。三个处长中，胡愈之主管一般宣传工作，田汉主管艺术宣传，范寿康主管对外和对敌宣传。1938年4月1日，第三厅正式成立，将在各地活动的十余个抗敌救亡演剧队和三个电影放映队、一个漫画宣传队、一个孩子剧团置于其领导下。根据中共“抗日救国十大纲领”组织开展宣传工作，利用文字、戏剧、电影、绘画、木刻等形式不遗余力地开展了盛况空前、卓有成效的抗日宣传和动员民众工作。冼星海、郑君里、金山、赵丹、张乐平、李可染、叶浅予、傅抱石、张曙等都曾在其麾下效力。

7. 中华全国文艺界抗敌协会旧址

中华全国文艺界抗敌协会旧址原为武汉市商会大楼，位于汉口中山大道，建成于1921年，是一栋具有若干现代风格元素的古典主义四层砖混结构楼房。平面呈矩形，中段向外凸出，设主入口，两侧饰有通贯一、二层的爱奥尼式立柱。（图48）

图48. 中华全国文艺界抗敌协会旧址

中华全国文艺界抗敌协会是文艺界抗日民族统一战线组织。1938年3月27日，在此举行成立大会，通过了《告世界文艺家书》、《致日本被迫害作家书》、《向抗敌将士致敬书》、《宣言》和《简章》，推举郭沫若、茅盾、老舍、巴金等45人为理事。

该旧址作为当时重要公共活动场所，前文所述的爱国将领郝梦龄、刘家骐追悼会即在此举行。1938年1月23日，国际反侵略大会中国分会亦在此举行成立大会。

8. 八路军驻武汉办事处旧址

八路军驻武汉办事处旧址为一栋日式楼房，主体四层，局部三层。坐西朝东，建筑面积2 390平方米。原为日商大石洋行，一楼为商行，二至四楼为高级公寓。抗战初作为逆产被国民政府没收。1944年，美机轰炸日租界时被毁。1978年在原址按原貌重修。1979年辟为纪念馆。1982年，由湖北省人民政府公布为省级文物保护单位。目前的“八办”与欧式建筑相比，没有过多的装饰物，显得有些单调，真正深入其内部，可发现了它的布局特点。其合院式的外高楼，内天井中庭，既保证了良好的采光，亦是对土地面积的充分利用。室内很宽敞、净空很高，廊道极宽，自然通风效果极佳，完全是为适应武汉夏季闷热的气候而设计。（图49）

八路军武汉办事处是抗日战争时期中国共产党为发动群众、开展抗日救亡运动设立在国统治区的一个公开派出机构。根据国共两党达成的协议，1937年9月上旬，董必武以中共中央代表、长江沿岸委员会委员的身份开始筹建，10月下旬于汉口安仁里2号正式成立，由李涛任处长。11月中旬，日军侵占上海，南京危急，南京八路军办事处工作人员撤退至武汉。经请示中共中央同意，12月中旬，董必武、叶剑英将两个机构合并，统称八路军武汉办事处，由钱之光任处长。由于办公场地不足，经与国民党当地政府交涉，于同月下旬迁此。同时，中共中央长江局机关亦秘密设立于此。1937年底至1938年10月，周恩来、董必武、秦邦宪（博古）、叶剑英、邓颖超、陈绍禹（王明）等在这里领导长江局和八路军武汉办事开展抗日宣传，巩固和发展抗日民族统一战线，为八路军和新四军筹备粮饷及军需物资，并组织爱国青

图49-1. 八路军武汉办事处历史照

图49-2. 八路军武汉办事处现状照

图49-3. 早期八路军武汉处旧址

年赴延安和抗日前线。

据钱之光介绍，当时的“办事处“共有好几处房产，是由总务科长齐光与汉口市长徐会之接洽后批给的。包括当时的大石洋行和对门的90号(原西药房)、路东的l20号(原俱乐部)。大石洋行作为办公地点，90号用作招待所，120号实际上是干部训练班。后又以新四军办事处名义，获得了成忠街53号，用作干部宿舍。原八路军驻武汉办事处安仁里的房子，也继续留用。只可惜原来的房子大多不存。

9. 汉口新四军军部旧址

汉口新四军军部旧址位于胜利街与卢沟桥路交汇处，地处原日本在汉租界内，始建于1898年，原为日本人在汉口设立的日华制油会社办公楼。抗日战争爆发后，日本侨民回国，被作为逆产没收。占地面积约700平方米，建筑面积约1 000平方米。由两栋并列的西式砖木结构二层楼房组成，梁柱式屋架结构，红瓦坡屋顶，前面有围墙围合。该建筑为错层式住宅建筑，外墙刻有简单的西式雕花，并饰有线脚，凹字形入口。(图50)

图50-1. 新四军军部旧址历史照

图50-2. 新四军军部旧址现状照

抗日战争爆发后，国共两党在民族危机关头实现了第二次合作，双方经过协商决定，将土地革命战争时期中国共产党分散在南方八个省十多个地区的红军和游击队集中改编为国民革命军的一个军。此间，从海外归来参加抗战的北伐名将叶挺向蒋介石表示愿意领导这个军，并建议采用“国民革命军陆军新编第四军”作为番号，以便继承和发扬北伐第四军的“铁军”的光荣传统。1937年9月28日，在征得中国共产党同意的情况下，国民政府军事委员会铨叙厅发出通知：任命叶挺为新编第四军军长。10月12日，江西省主席熊式辉转发蒋介石电：将鄂皖编曲高敬亭部、湘鄂赣边区傅秋涛部、粤赣边区项英部、浙闽边区刘英部、闽西边区张鼎丞部等红军和游击队，“统交国民革命军新编第四军军长叶挺编遣调用”。之后，这一天，被定为新四军建军节。1938年1月初，国民政府军事委员会核定了新四军编制、薪饷及干部配备，并委令项英为副军长。全军共计1.03万余人，6200余支枪。“每月发给经费15000元，及军部经费等，每月共计16000元”，“拨遣费，准发给3万元”“开拨费准发1万元”。此后军部迁往南昌。

2002年，旧址由湖北省政府公布为省级文物保护单位。

图51-1. 联空军志愿队烈士纪念碑

10. 苏联空军烈士墓

该墓为长方形，用花岗石砌成，长32米，宽6.5米，高3米，正中嵌有15块石碑，分别以中、俄两种文字刻烈士姓名及生卒年月，左右两侧另有中、俄文纪事碑。墓前立纪念碑，方尖式，由基座和碑身两部分组成，高8米，基长1.7米。碑阳刻“苏联空军志愿队烈士墓”，碑阴刻“在中国人民抗日战争中牺牲的苏联空军志愿队烈士永垂不朽！”碑身底部嵌汉白玉阳刻空军标示、花环等图案。墓周松柏成行，绿树成阴，在晨曦下显得肃穆、祥和。（图51）

全面抗战爆发后，为争夺上海、杭州、南京等地的制空权，中日双方展开了激烈的空战。在没有外援的情况下，中国空军经过三个月的英勇奋战，使日本空军受到重创。但中国空军为之更是付出了沉重的代价，到10月22日，仅剩飞机81架，其中许多为战伤和故障待修，基本丧失作战能力。1937年8月21日，苏联政府和中国国民党政府签订了《中苏互不侵犯条约》。之后，苏联政府派遣了以崔可夫将军为首的大批苏联军事专家组成的军事顾问团到中国，帮助作战。从1938年开始，苏联支援中国的轰炸机、驱逐机先后达一千架，随同飞机而来的苏联航空志愿队达两千余名。苏联志愿空军同中国军民并肩作战，打击日本侵略者，为中国抗战立下了不朽的功勋。

图51-2. 苏联空军志愿队烈士墓

在武汉三次大的空战中，苏联志愿队与中国空军一起击落日机47架，一百多名志愿队员英勇献身，其中15位安葬在原汉口万国公墓，包括轰炸机大队长库里申科。1951年武汉市人民政府在解放公园内建立纪念碑。1955年将墓迁至碑后。

11. 鄱阳街32号史沫特莱旧居

史沫特莱旧居为一栋明显带有上世纪初西式建筑风格的二层小楼楼房，与詹天佑故居略相仿，造型很简单，横平竖直的长方体布局，砖木混合砌筑而成，条石基础，深灰色清水外墙，上下以三道深红色的砖线间隔，显得色调简洁、明快。长方形木窗，窗框顶上用红砖砌成假拱券。红瓦坡屋顶，设有老虎窗和烟道。大门设于偏右侧，门框略施装饰，但似不为原状。整个建筑在周边

图52. 史沫特莱旧居

高楼的衬托下并不起眼。此建筑曾一度成为某机关办公场所，为了使用功能的需要，除了楼房外貌，建筑内部已被改建，旧有的装修已无存，仅楼梯走向和壁炉还略保留原貌。（图52）

该建筑原房子的主人为当时汉口圣公会鄂湘区主教鲁兹的住宅，当时史沫特莱仅是借住于此。

史沫特莱英文名Agnes Smedley（1892—1950年），美国人，新闻工作者，同情和支持中国人民的解放事业。1929年初，她通过一位德国共产党人的介绍，以《法兰克福日报》记者身份途经苏联来到中国。1938年，她再次来华，采访中国抗日战争，在汉期间居住于此达四个月之间。此间，她与美国大使、南斯拉夫卫生专家等人商谈筹办中国红十字救助总队。此后，她便在中国红十字会军医部展开工作。她还说服日内瓦国际红十字会供应中国军队部分急需药品。为解决中国军医缺乏问题，史沫特莱积极号召外国医务志愿者来中国，著名加拿大医生诺尔曼·白求恩与理查德·布朗、印度著名外科医生柯棣华等受到她的影响来中国参与支援。作为中国人民的朋友，她逝世后，骨灰安葬於北京八宝山革命公墓，朱德亲题：中国人民之友美国革命作家艾格妮丝·史沫特莱女士之墓。

原房主鲁兹（Bishop Roots，1870—1945），美国人，中文名吴德施，清光绪三十年（1904）至1938年在汉口传教，曾任汉口圣保罗教堂会长、圣公会鄂湘赣皖教区主教、中华圣公会教院主席。他同情和支持中国人民的反帝反封建斗争,并在抗战中，坚决与中国人民站在一起。1938年2月，国内宗教组织举行反侵略运动宣传周宗教日，武汉基督徒在“鄱阳街32号”汉口圣公会圣保罗教堂举行为国难牺牲者祈祷仪式，他到会发表讲话，表示：“愿与中华民族同受艰苦”。同年3月，在他的组织下，武汉基督教的各教会和团体联合组成了武汉基督教紧急时期委员会，由其任主席，全力协助政府办理救济、疏散难民，安排教会学校内迁。由于鲁兹独具的社会身份、政治地位，使这幢楼房不仅成为革命人士的临时避难所，同时也成为众多的国际国内知名人物的往来居留地。除艾格尼斯·史沫特莱外，安娜·路易丝·斯特朗也是这儿的常客；当年白求恩大夫北上去延安及山西抗战前线之前，也在这幢楼里居住了半月之久。

史沫特莱旧居作为近现代重要史迹，已于1992年由湖北省人民政府公布为省级文物保护单位。

12. 国民政府第六战区“受降堂”旧址

国民政府第六战区“受降堂”旧址位于武汉市汉口区解放大道中山公园内。汉口中山公园始建于1910年，原名“西园”，为私人花园，占地仅有三余亩。1914年西园扩建至20多亩。北伐胜利后，1927年，汉口市国民政府将西园收归国有，并确定建为汉口第一公园。 1928年，为纪念孙中山先生而更名为中山公园。并于1928年10月12日开工扩建。1929年6月10日中山公园试开放。后屡有维修、扩建。

今园内中心位置矗立着孙中山与宋庆龄的雕塑，系为庆祝孙中山先生诞辰143周年而作，以孙中山夫妇结婚时的合影为蓝本，像高约高7.3米，是迄今国内唯一一座孙中山夫妇双人铜像。受降堂即位于孙中山铜像的左侧，建于1942年，初为大众会堂，后为纪念清末湖广总督张之洞而改为“张公祠”。

图53-1. 孙中山夫妇铜像

建筑为一座单层堂式建筑，砖木结构，歇山青瓦顶，面阔七间长34米，进深三间12米，建筑面积约400平方米，正面明间、稍间设木板门，正门上方悬“受降堂”匾，建筑正面接两山设有矮围墙，围墙边建有花坛。内设有复原陈列和抗战史料展。旧址右侧立有受降纪念碑，为仿制碑（原碑存受降堂内），碑立于二层大理石台基上，汉白玉石质，高1.8米，宽0.6米，厚0.05米，正面阴刻草书“受降

图53-2. 第六战区受降堂旧址

图53-3. 第六战区受降纪念碑园

纪念碑”，背面阴刻草书“中华民国三十四年九月十八日蔚如奉命接受日本第六方面军司令部冈部直三郎大将率属二十一万签降如此”、“第六战区司令长官孙蔚如题”。四围为边长8米的矮墙，间设石方柱八根，寓意八年抗战胜利结束。（图49）

1945年8月14日，日本政府宣布无条件投降，8月18日中国战区领导人蒋介石下令指定各战区受降主管，孙蔚如将军被任命为华中(武汉区)受降官，负责武汉、沙市、宜昌的日军第六方面军、第三十四军的接收。8月25日，孙蔚如向日军第六方面军司令部发出备忘录三件，令华中日军向国民党第六战区投降。时间选择在“九一八事变”14周年纪念日，1945年9月18日。当日，下午3时，武汉区受降人员第六战区司令长官部和湖北省党政军首脑孙蔚如、邵华、王东原等88位国民政府军政要员首先进入受降堂就位，后日军第六方面军司令冈部直三郎大将在参谋长中山真武少将等四人陪同下，由第六战区长官部副官处长蒋虎志引导入场，受降仪式由孙蔚如主持。在仪式上，孙蔚如亲自将第六战区司令长官部《第六战区作战命甲第一号命令》交给冈部直三郎在文件上“签字受领”，冈部直三郎在命令上签字后，并解下指挥刀双手递给孙的副官，随即日方退场。中方人员在热烈的掌声中退席，整个过程约10分钟左右。按照受降命令要求，9月22日，冈部直三郎命令其所属部队向第六战区军队缴械投降，并将命令副本及下属部队番号、兵力部署等有关详细资料递交第六战区司令长官部。随后，日军第六方面军所属各部共21.3万余名官兵开始向驻地附近的中国军队投降。至10月14日，第六战区的受降工作全部结束。湖北军民经过艰苦抗战，终于赢得了最后的胜利。（图54）

图54. 日军受降人员进入场

受降结束后，受降堂成了民众瞻仰的热点。汉口市政府顺应民意，在旧址上树受降堂匾，立受降碑，该处一时成为“华中胜景”。作为当年全国15处地方受降地点留存不多的纪念建筑，2002年，第六战区受降堂旧址由湖北省人民政府公布为省级文物保护单位。

湖北省其他地区的抗战史迹建筑，未及详查，仅依常识，可列举数例：襄樊市宜城“张上将自忠殉国处”纪念碑，由第五十九军军长黄维纲于1941年主持修建；襄樊市南漳县张公祠，1944年由第三十三集团军拨款，为纪念张自忠将军而主建；老河口部国民政府第五战区李宗仁司令长官部旧址，系清末民初之民居，台儿庄大捷后，第五战区负责桐柏山一带布防任务，为便于指挥，将司令长官部迁此；随州市曾都区九口堰新四军第五师旧址；大悟县新四军第五师司令部旧址，系清末民居，1942年初至1945年9月，新四军第五师司令部设此；咸宁市通城县麦市镇天岳关抗日阵亡将士墓，第九十九军第九十二师为纪念自台儿庄战役以来的阵亡将士，于1939年修建。（图55）

图55-1. 天岳关无名英雄墓纪念碑

图55-2. 张上将自忠殉国处（局部）

图55-3. 张公祠

图55-4. 新四军第五师旧址现状（全景）

图55-5. 第五战区司令部全景

六、山西、陕西、河北、河南四省抗战史迹[5]

陕西省延安市为中共领导的敌后抗战至政治中心和战略策划基地，山西省涉及第二战区领导的部分正面战场和八路军总部领导的敌后根据地，河北是较早全省沦陷的省份之一，同时是开展敌后游击战最成功的省份之一；河南省是正面作战和敌后游击战均十分惨烈的地区，故四省抗战史迹颇多，其历史意义十分重大。今结合实地考察和文献查证，重要的遗址和纪念地举要如下。

1. 平型关大捷遗址纪念馆

平型关战役遗址位于山西省灵丘县城西南30公里处，是1961年国务院公布的首批全国重点文物保护单位。1937年9月11日，第二战区针对日军的大兵压境，组织20万正规军迎敌，史称“太原会战”。为配合会战，挺进华北的八路军一一五师在灵丘县平型关东侧的峡谷地带设伏，一举歼灭日军精锐第五师团1 000余人，缴获大量武器弹药和辎重，取得七七卢沟桥事变以来的首战大捷，打破了日军“不可战胜”的神话，极大鼓舞了全国军民坚持抗战的信心。今此沟谷入口处建有10余米高的一段长城状纪念碑，较好地象征着此战的政治意义。

[5] 本章有关陕西延安和河南省部分，分别据西安事变博物馆研究员姬乃军、河南省文物局干部郭振勇二人提供资料改写。特此说明，并致谢忱！
——编著者注

图56-1. 平型关大捷纪念馆广场和将帅纪念像

图56-2. 平型关战役烈士纪念塔

平型关大捷纪念馆位于战役遗址附近之白崖台乡石灰岭上，始建于20世纪70年代，改扩建于1997年平型关大捷60周年前夕。改扩建后的平型关大捷纪念馆的主展厅内陈列部分珍贵图片、文献资料和文物；半景画馆运用现代科技和艺术手段再现了平型关大捷的战斗场面。

纪念馆前有宽阔的平台，石阶甬道铜像山下。那里设有新建的将帅广场、平型关大捷纪念碑和平型关大捷将帅铜雕。纪念碑阳刻有杨成武将军题写“平型关大捷纪念碑”，碑阴的碑文记述了平型关大捷的战斗过程及重大意义。碑基高1.15米，意喻参战部队八路军一一五师，碑座、碑体高分别为1.937米和9.25米，表示平型关大捷发生的时间为1937年9月25日。（图56）

另外，灵丘县城设有平型关战役烈士陵园。园内有烈士纪念塔、纪念堂和公墓群等。

2. 大同煤矿“万人坑”遗址及纪念馆

大同煤矿“万人坑”遗址及纪念馆位于大同煤峪口南沟山麓，是现存日军残害中国平民的“万人坑”中比较完整的一个，因其拥有两个容纳日寇侵华期间被害矿工尸骸的抛尸山洞而得名。今此二“抛尸洞”已就地做防水和遗物保存的化学处理，洞口封玻璃门，向世人昭示侵华日军及日本财阀集团的反人类罪行。

史料证实，1937年9月13日至1945年8月15日，原日本大同株式会社、日本华北开发有限公司、日本电业株式会社等机构与侵华日军相互勾结，疯狂掠夺大同煤炭达1418万吨，杀害大同矿工6万多名。

“万人坑”遗址及纪念馆于2006年8月完成扩建并开放。改建后的纪念馆以“展现苦难历史、振奋民族精神”为主题。进入纪念馆大门，是一段缓坡，铸有1937年到1945年字样的8块铸字铁板深深嵌入周围地砖中，代表着大同煤矿和矿工历时8年的深重苦难。纪念馆大门正面是一座主题浮雕。雕塑上半部分是蓝天白云下的绵延山脉和“14 000 000”吨煤炭的数字，下半部分是山沟里的累累白骨和“60 000”死难矿工的数字，高度概括了日本侵略者“以人换煤 ”的罪恶行径。（图57）

图57-1. 大同煤矿“万人坑”遗址纪念馆

图57-2. 大同煤矿“万人坑”遗址

3. 忻口战役遗址

忻口战役之战场旧址在今忻州市以北约15公里的谷口地带，主要遗物为分布忻口隘口西山坡、毗邻公路的屯兵、储存弹药物资之窑洞，约40余座。其洞口大多砌有石料券门，多移作当地人圈养牛羊、堆放杂物之用，仅在谷口处立有一块水泥标牌。诸洞中有卫立煌与彭德怀等会商作战部署的前线总指挥、郝梦龄等壮烈殉国的204高地等重要遗址，但今已无从确认其具体位置之所在。至今每逢大雨洪水冲刷，常常在某山坡土层下面露出散落的白骨，系当年英勇殉国的我军将士遗骸。（图58）

图58. 忻口战役遗址

据传，曾有一位在忻口关子村插过队的北京知识青年，叫赵保林，于20世纪末出资十余万元，在忻口隘口西山坡上建了一座“忻口战役纪念墙”，在墙体一侧镌刻着国共两军部分将领和阵亡烈士的名字。遗憾的是，纪念墙尚未竣工，即因资金不足而辍工。

忻口战役是太原会战的关键战役。1937年10月13日，蒋介石电话严命总指挥卫立煌将军：“军、师长均须上火线，违者处以死刑！”

整个太原会战持续近两个月，中方投入兵力28万，伤亡10万余人，毙伤日军近300万人。其中，郝梦龄、刘家骐、郑廷珍、姜玉贞等四位将军英勇殉国。

4. 五台县南茹村八路军总部旧址及纪念碑

总部旧址及纪念碑位于五台县南茹村村北，北邻山地，南望沃野。1937年七七事变后，八路军东渡黄河北上抗日，于当年9月23日至10月28日驻扎此地。南茹村是八路军总部抗战出征的第一个驻扎地，而且是八路军由“北上”改为“南移”的折返地，更是八路军战略部署重大调整的完成地。旧址原为当地一位乡绅的住宅，建于民国初期，总占地面积2 400平方米，四合院式平面布局，有房屋80余间，正门为垂花门形式，入门后，则石阶道沿地势拾级而上，引向主院落。房间为青砖灰瓦，门窗砖券处有简单雕饰，建筑风格朴质大方。八路军总部政治部、后勤部均设在这里，朱德、彭德怀、任弼时等曾在此居住。

宅院之北一箭之地，今有南茹村八路军抗战纪念碑依山而建。碑高19.37米，含意为1937年。碑身造型为抽象的三支步枪相互支撑，刺刀尖合聚一点，直刺蓝天。（图59）

图59-1. 八路军总部所在地南茹村鸟瞰

图59-2. 南茹村八路军总部纪念碑

5. 阳泉百团大战纪念碑及狮脑山抗战遗址

阳泉百团大战纪念碑在阳泉狮脑山主峰山巅，附近有当年的观察哨等抗战遗迹。今此地辟为狮脑山森林公园，距阳泉市中心10公里，占地面积1984亩，海拔1 160米，曾是闻名中外的百团大战主战场之一。

图60-1. 百团大战纪念碑

图60-2. 阳泉狮脑山抗战遗址

整个公园由山顶平台、北风垅、刀刃梁、将军塬四部分组成。纪念碑立于平台中央，坐北朝南，从低到高，由花岗岩质主碑、三座副碑、一座大型园雕、两座题字碑、烽火台、“长城”组成，整个建筑群占地25亩。主碑与三座副碑以及两座题字碑组成了一个巨大的箭头，直指石太铁路，寓意当年百团大战以破袭正太（石太）铁路拉开序幕。主碑高40公尺，形如一把锋利的刺刀，寓意百团大战发生于1940年，象征着中华民族不畏强暴、威武不屈、抗击外敌的革命精神。三座副碑，形如军旗，象征着参战八路军第一二九师、第一二〇师和晋察冀军区三支大军。三座副碑之间相距105公尺，寓意着参加战役的105个团。3座副碑上镶着6块巨大的锻铜浮雕，生动地反映了百团大战中军民“出击”、“破路”、“攻坚”、“支前”、“转移”、“胜利”的情景。由三角形平台往下，从第一座题字碑到主碑之间形成了三个阶段，寓意着百团大战经历的三个阶段。再往下沿东西两侧设有四个烽火台，由227米蜿蜒起伏的“长城”连接，寓意着中华民族是坚不可摧的钢铁长城。

主碑的三个面上，分别镌刻着徐向前、彭真、薄一波的题词。徐向前的题词是“参加百团大战的烈士们永垂不朽”；彭真的题词是“战绩辉煌，永垂史册”；薄一波的题词是“百团大战，抗日战争中最光辉的一页，必将载诸史册，永放光芒。”（图60）

1940年8月20日起，八路军从在华北敌后出动105个团，约40万兵力，在2500公里长的战线上，发动了规模最大的“以彻底破坏正太路若干要隘，消灭部分敌人……截断该线交通”为目的举世闻名的百团大战。据有关资料记载，历时三个半月的百团大战中，我军共进行大小战斗1 824次，毙伤日伪军25800余人，俘日伪军18 600余人，缴获了大批武器、弹药和军用食品等；破坏铁路470多公里、公路1500多公里、桥梁、车站、隧道等260余处，使正太铁路停运月余；攻克日伪据点2 993个，巩固和扩大了抗日军民占领区。百团大战的胜利，沉重地打击了敌人，粉碎了日军的“囚笼政策”；拖住了敌军进攻西北、西南的后腿，配合了正面战场上的友军作战，极大地振奋了全国军民的斗志，坚定了全国军民抗战到底、抗战必胜的信心，是中共领导的敌后战场上光辉的篇章。

6. 娘子关抗战遗址

娘子关是长城的著名关隘，有万里长城第九关之称，为历代兵家必争之地。位于太行山脉西侧河北省井陉县西口，山西省平定县东北的绵山山麓。娘子关原名“苇泽关”，因唐平阳公主曾率兵驻守于此，平阳公主的部队当时人称“娘子军”，故得今名。现存关城为明嘉靖二十年（1542年）所建。古城堡依山傍水，居高临下，建有关门两座。东门为一般砖券城门，额题“直隶娘子关”，上有平台城保，似为检阅兵士和瞭望敌情之用。南门危楼高耸，气宇轩昂，坚厚固实，青石筑砌。城门上“宿将楼”巍然屹立，相传为平阳公主聚将御敌之所。门洞上额书“京畿藩屏”四字，展示了娘子关的重要性。关城东南侧长城依绵山蜿蜒，巍峨挺拔。城西有桃河水环绕，终年不息。险山、河谷、长城为晋冀间筑起一道天然屏障。

1937年10月，日军急于从平型关侵入山西，占领太原，受到八路军阻击而失败。后来日军便沿正太铁路线西犯，把娘子关作为一时的争夺目标。当时，中国军队以包括八路军一部在内的数万兵力在娘子关设防，阻敌西进，但是最终不敌日军，娘子关迅速被日军占领。不久日军从北、东两路进入山西，太原失陷。

1940年8月，在八路军的百团大战中，娘子关也曾成为战场。当时，晋察冀军区派10个团兵力击破日军占领的正太线，破坏重点为娘子关至平定路段。8月20日夜，八路军主力一度攻入娘子关。

今娘子关南门墙体犹存累累弹痕，见证着太原会战、百团大战两次著名战事，记录下各党派团结一致、共赴国难的历史。（图61）

图61-1、图61-2. 娘子关

7. 左权县麻田八路军总部旧址及黄崖洞八路军兵工厂旧址

麻田镇八路军前方总部旧址地处晋、冀、豫三省要隘，东出邯郸，西达太原，北上阳泉，南下长治，易守难攻，有“晋疆锁钥，山西屏障”之称。

1937年11月，第一二九师师长刘伯承、副师长徐向前率领八路军进驻辽县(今左权县)西河头村，麻田镇由此成为根据地的前沿。1940年11月7日，八路军前方总部、野战政治部、后勤部、卫生部、军工部、中共中央北方局、北方局党校、新华社华北分社、鲁迅艺术学校以及第一二九师司令部等机关，移住麻田镇周围，使这里成为前方抗战的活动中心，被誉为太行山的“小延安”。

麻田镇南端现有八路军前方总部旧址、有总部机关旧址、邓小平旧居、左权旧居和杨尚昆旧居。在前方总部旧址纪念馆内，有彭德怀、左权将军纪念陈列室，陈列着有关图片、实物、专题资料千余件。革命老前辈朱德、彭德怀、左权、滕代远、罗瑞卿、刘少奇、陆定一、杨尚昆、刘伯承、邓小平、徐向前、杨秀峰、薄一波等都在这里领导人民进行过抗日斗争。（图62）

图62. 麻田八路军总部

图63. 黄崖洞八路军兵工厂旧址

八路军总部于1939年5月成立了军工部，决定将韩庄修戒所搬迁到了地形非常隐蔽的黄崖洞，扩建规模正式建设八路军的兵工厂。 黄涯洞兵工厂的位置非常隐蔽，从两山之间的缝隙走进，进入眼帘的就是削壁千丈的悬崖，系由八路军副总参谋长左权将军亲自踏查，最终将兵工厂厂址选择在此。当年八路军装备的55式步枪、81式步枪、79式步枪、50炮、马尾弹、手榴弹、迫击炮等，均由此兵工厂生产或修理。（图63）

山西省尚有洪洞县八路军韩略村伏击战阵亡将士公墓、乡宁县华灵庙抗日纪念地等重要遗址。

8. 天龙山石窟

天龙山位于太原市西南36公里的群山中，四周松柏成荫，景色壮丽，是集山、林、泉、洞等为一体的历史文化著名景点。这里的人文景观始于南北朝，早在东魏时，大丞相高欢便在天龙山修避暑宫，开凿石窟，拉开了天龙山佛教史的序幕。石窟寺分布于东西峰间的悬崖峭壁之上，共计有25窟，佛像500余尊，初凿于东魏，历经北齐，在隋唐达到顶盛。其用圆雕法雕出的佛像，以三度空间的方式来表现，既有印度佛像高雅、柔和的特色，也有中国传统雕刻所具有的清新韵律及线条，世称"天龙山样式"。但正是这些珍贵精美的石窟造像自20世纪初，便遭到日本帝国主义严重的文化掠夺，大部分精品被盗运海外，散失到日本及欧美等国家。（图64）

图64-1. 太原天龙山石窟寺

20世纪20年代，日本学者据中国地方志的记载，在天龙山找到石窟，虽这一被历史尘封的文物瑰宝重见天日，但精美的雕塑艺术引来了日本不法奸商的觊觎目光，他们以考察石窟为名，暗与当地歹徒勾结，自1923年起便肆无忌惮地盗凿窟内石雕，使这座保存了1千多年的石窟群，残肢断臂，千疮百孔，在今日难看到完整雕像。每每看到或想起天龙山佛像展览于国外博物馆中，每个国人都有强烈的耻辱感。据查，天龙山唐代洞窟开凿于公元700年左右，除第9窟漫山阁的摩崖大佛龛外，一般规模都较小，但雕刻都十分精致，所以唐窟里的佛头无一幸免地被盗割一空，有的甚至连整个佛像身体都盗走。第9窟上层倚坐弥勒佛，下层十一面观音、文殊、普贤，除普贤头现存天龙山文管所外，其余均已被日本奸商盗走。弥勒佛佛高7.55米，它之所以保存完整，大概是因为形体大，不易割盗。佛祖头顶采用右旋状螺髻，面容慈祥，额间有明毫，其眼睛已被日本奸商挖去。在天龙山统计的21处石窟造像去向表中，至少已有40件造像现存日本各博物馆及私人处。

图64-2. 太原天龙山石窟寺

天龙山石窟盗割且转卖事件，是日本侵华企图在文化上占领的又一铁证，它是文化侵略和掠夺千百件事件中的"个案"，但它极为清晰地表明了日本帝国主义的野心与罪恶。

9. 武乡八路军太行博物馆

山西武乡县位于太行山区的凤凰山麓，这里不仅有位于县城的八路军纪念馆，还是八路军华北抗战的指挥中心，抗战旧址星罗棋布，以八路军抗战文化为内涵的经典红色旅游驰名中外。有特色的八路军纪念景点就有百余处之多，由于八路军总部和中共中央北方局等重要的首脑机关在此长期驻扎，朱德、彭德怀、左权、杨尚昆、刘伯承、邓小平等老一辈革命家在这里运筹帷幄，武乡被誉为“八路军的故乡，子弟兵的摇篮”，更由于如今武乡县上下处处是“八路军文化”的宣传与纪念地，因此不少到过武乡的人们都赞美它是没有围墙的八路军博物馆。

于1988年9月建成开馆、并于2005年8月15日完成扩建改陈工程的八路军太行纪念馆是我国目前唯一全面再现八路军8年抗战辉煌历史的大型革命纪念馆。其规模由原来占地74 000平方米扩展到148 000平方米，展览面积从3 616平方米扩展到13 000平方米，宣传内容从原来只宣传八路军总部和八路军第一二九师太行抗战史实扩展到全面展示在中国共产党领导下的八路军和华北根据地人民八年抗战历史。八路军太行纪念馆之陈列馆建筑依托凤凰双展翅的雄姿，整个建筑风格古朴典雅、雄伟壮观，远观近看都有本土化设计元素，其栩栩如生的重点景观再现了抗战期间重要事件，如：场景复原了八路军平型关战役，1939年11月八路军晋察冀军区部队的著名黄土岭战役，1941年以来反扫荡最成功的黄崖洞保卫战（黄崖洞兵工厂系当时华北敌后我军最大兵工厂）等。在凤凰山巅修建的“八路军抗战纪念碑”，碑身高19.37米，寓意中国全面抗战爆发的年代1937年，两侧镌刻有谷穗与长枪组成的图案，表达了八路军靠“小米加步枪”打败日军的传奇历程。此外，八路军雄风碑林公园、八路军窑洞战景观、和平颂雕塑及武乡县的八路军广场都增添了伟大的抗日战争气氛和精神。值得说明的是，在武乡这没有围墙的八路军博物馆里，人们更可领略到全县城及周边重要的抗战旧址，它们讲述了惊心动魄的故事、展示并记载了荡气回肠的历史：

八路军总司令部王家峪旧址距武秀城关35公里，是第一批全国重点文物保护单位，1939年11月11日至1940年6月17日，朱德、彭德怀、左权、邓小平、刘伯承、陈赓等在此驻扎过；同样是1961年国保单位的八路军总司令部砖壁旧址由砖壁村一组玉皇庙、佛爷庙、娘娘庙、李家祠堂组成，建筑玲珑挺秀，绚丽多彩，富于山西地方特色。1938—1942年，八路军总司令部在此驻扎，1940年秋，威震中外的百团大战由彭德怀、左权等在此指挥；坐落在山西左权县东南部太行山峡谷中麻田镇的八路军前方总部旧址是晋、冀、豫三省的交界处，1940年11月7日，八路军前方总部、中共中央北方局等首脑机关进驻辽县（今左权县）武军寺树及麻田镇一等，在这里指挥华北军民抗战达5年之久；八路军一二九师司令部旧址位于河北涉县赤岸村中央，当年在一二九师师长刘伯承、政委邓小平运筹帷幄下，创建了晋冀鲁豫这块抗日根据地。（图65）

图65-1. 武乡砖壁村八路军总部

图65-2. 武乡砖壁村八路军总部

10. 延安杨家岭中央大礼堂

延安杨家岭中央大礼堂位于陕西省延安市延安城北杨家岭旧址内。国务院1961年2月公布其为全国重点文物保护单位，建于1942年。1938年11月，中共中央机关迁驻杨家岭以后，曾在大礼堂现址修建了一座礼堂。1941年11月，这座礼堂因失火而被烧毁。中央办公厅决定在原址重建大礼堂，由中央机关的建筑工程师杨作材设计，张协和工程师协助设计。

1942年春，中央大礼堂开始施工建设。礼堂由可容纳1 000余人的主厅和小会议室、阅览室、游艺室等组成。由于延安当时没有钢筋、水泥，而礼堂内又不能设计柱子，设计和施工人员就采用大石拱结构原理修筑大窑洞，拱与拱之间用木料连接，铺上木板盖顶。搬运成吨重的石块，则采用五轮复式滑车和麻绳作吊索，代替吊车。礼堂主厅跨度大，采用半圆拱，使拱所承受的力量直接传到地下，不会产生侧推力。为了保证礼堂的坚固，又在东侧设计了小会议室、阅览室和游艺室，以抵御可能产生的侧推力，在大拱上又修了小型砖拱。礼堂建成后，发现内部回音很大，影响效果。工程技术人员在没有测音工具的情况下，经过细心观察，发现回音来自大拱上部大面积的光滑石面。由于没有吸音材料，他们反复试验，选用当地出产的羊毛毡作吸音材料，钉上后，效果非常好，既解决了回音问题，又使礼堂内部的外观更加美观。

1942年底，这座高13米、长35米、宽30米的中央大礼堂建成。正门上方的圆形通风窗窗棂上装饰有“1940”字样，是1940年准备在安塞徐家沟修建大礼堂使用，后因故未在徐家沟修，改在这里采用。礼堂正门上方“中央大礼堂”五个大字系康生所题。

1945年4月12日下午,中国共产党第七次全国代表大会在中央大礼堂召开预备会议,毛泽东作了《关于“七大”工作方针》的报告，指出大会的工作方针是：团结一致，争取胜利。

中央大礼堂正厅现在按照党的七大会场原样布置。主席台正中悬挂着毛泽东和朱德的大幅画像和六面党旗。主席台两侧墙壁上方悬挂有马克思、恩格斯、列宁、斯大林的画像。主席台上方弧形前檐上横挂着七大的口号：“在毛泽东的旗帜下胜利前进”。口号下面挂着写有“中国共产党第七次全国代表大会”大字的红布。会场前方中央为红色木质投票箱。会场里摆放着200多条木质花靠背长椅。两边墙上挂有24面党旗，插党旗的“V”形木座，是英文中“胜利”一词的第一个字母。表示中国共产党走过的24年历程是胜利的历程。会场后墙上写有“同心同德”的标语。屋顶悬挂有五盏大汽灯。整个会场朴素大方，庄重严肃。

中央大礼堂还举行过一些重要的活动，如1943年11月29日，中共中央在此举行招待会，欢迎出席边区劳模大会的代表；1944年4月10日，延安各界在此举行悼念朱德总司令的母亲钟夫人大会；1944年11月初，中共中央领导同志在此亲切会见了即将出发的八路军南下支队指战员；1946年11月30日，中共中央在此举行了庆贺朱德60寿辰祝寿活动等。

11. 美军驻延安观察组旧址

美军驻延安观察组旧址位于陕西省延安市延安城北关，延安中学院内。建于1944年。

1943年夏天，美国将军史迪威以中国战区统帅部参谋长的名义，向蒋介石提出要求，希望在延安建立一个美国军事观察组，以便更多地知道关于共产党、关于掌握战争枢纽地位的区域及其军队的情况。1944年7月22日，美军观察组第一批人员抵达延安。毛泽东、朱德前往机场迎接，并为观察组设宴洗尘。8月7日，观察组第二批人员抵达延安。当时观察组共有18人，组长为戴维·包瑞德上校。8月15日，《解放日报》发表了题为《欢迎美军观察组的战友们》

的社论。

观察组来延安后，先住在延安南关的陕甘宁边区政府交际处，同时在延安北关陕甘宁晋绥联防军司令部院内开始专门修建窑洞和房屋。同年底，美军观察组迁驻延安北关。9月5日，美国新闻处和纽约外交政策协会向全世界宣布了美军代表团抵达延安的消息。

为了使美军观察组尽快了解抗日根据地的情况，中共中央和中央军委组织安排八路军、新四军的高级将领彭德怀、叶剑英、陈毅、林彪、聂荣臻、贺龙等向他们作了有关敌后战场的全面介绍。此外，还召开一些专门问题的座谈会，组织了各种参观活动。美军观察组也向我军提交了他们所需要的各种情报的清单。负责接待工作的叶剑英根据他们的要求，很快向各军区下达了详细指示。中央军委还决定在敌后战略司令部增设联络处，专门担负向盟军提供战略情报的工作。据不完全统计，到抗日战争结束时，中共中央和中央军委提供给美军的书面报告有120多份。解放区军民先后营救盟军人员（主要是美军人员）共102人。

1944年12月29日包瑞德上校被免去美军驻延安观察组组长职务，由毕孔德上校继任。以后，叶顿上校、谢路士上校、赛尔斯上校曾先后担任观察组组长职务。

1945年4月12日，美国总统罗斯福病逝。13日，毛泽东、朱德联名致电美国新任总统杜鲁门，对罗斯福逝世表示深切的哀悼。同时，毛泽东、朱德联名致函美军驻延安观察组，表示哀悼，并派叶剑英、杨尚昆前往观察组驻地吊唁。林伯渠、谢觉哉也代表边区政府和边区参议会前往观察组驻地吊唁。边区政府还决定从4月13日起，延安各机关、学校、工厂下半旗致哀。14日，《解放日报》发表了题为《哀悼罗斯福总统》的社论。

7月21日下午，朱德在王家坪宴请美军观察组全体人员，庆祝观察组来延安1周年。8月15日夜，朱德在王家坪举行鸡尾酒会，宴请美军观察组和在延安的苏联、美国、英国等盟国友人。

美军驻延安观察组在延安期间，与延安和陕甘宁边区各界进行了广泛的交往，加深了对中国共产党领导的解放区的认识和了解，美军观察组中一些顺应历史潮流的百识之士，如谢伟思、戴维斯、卢登、高林、卡斯伯格、埃默森等，后来都成了中国人民的好朋友，美国著名记者安妇·路易斯·斯特朗、斯蒂耳、泰尔等来延安采访期间，就下榻于美军观察组驻地。（图66）

1947年2月2日的《解放日报》报道，据中央社北平（1月）30日电；军调部美方最高当局发言人（1月）30日下午接见记者发表谈话中称："随美方人员之撤退，在延安之美军观察组及哈尔滨联络小组亦决定撤销。"3月11日，美军观察组最后一批人员乘美军飞机离开延安。观察组工作结束。

美军驻延安观察组旧址，现保存有当年修建的8孔石窑洞。1986年，由延安地区文物管理委员会主持，进行了维修工程。

1994年7月，延安地区文物管理委员会在此树立了美军驻延安观察组旧址简介碑。

图66-1. 美军驻延安观察组旧址现状

图66-2. 清凉山新华通讯社旧址

12. 延安八路军总部礼堂

延安八路军总部礼堂位于陕西省延安市延安城北王家坪旧址内，也称军委礼堂，为五架梁结构，面阔14米，进深7间，计26米。建于1943年。礼堂由八路军第一二〇师三五九旅的木工伍积禅设计，中直管理局的建筑工程师杨作材参与设计。礼堂是中央军委和八路军总部的工作人员自己动手修建的，坐东面西，可容近千人。这座礼堂既是军直机关的大型会议室，也是军直机关的俱乐部。国务院1961年2月公布其为全国重点保护单位。（图67）

1943年11月13日至17日，中共中央直属机关、中央军委直属机关第二届生产展览会在此举行。毛泽东为展览会题词："群众生产、群众利益、群众情绪，这些都是领导干部应时刻注意的，庆祝今年生产的胜利。"朱德也为展览会题词："今年做到丰衣足食，明年要做到建立丰衣足食的家务。"

1945年8月15日，八路军总部在此举行大会，隆重庆祝抗日战争胜利。

图67-1. 延安八路军总部旧址原貌

图67-2. 延安八路军总部礼堂外貌现状

图67-3. 延安八路军总部礼堂内景现状

13. 鲁迅艺术文学院

鲁迅艺术文学院位于陕西省延安市城东桥儿沟。旧址包括天主教堂和40余孔石窑洞。天主堂始建于1930年，1934年竣工。教堂面阔18米，高25米，进深33米，坐北面南，教堂正面建有三个塔楼，呈笔架形。内部并列两排立柱，为三通廊式。教堂西侧的40余孔石窑洞先后建于1929年至1934年。1937年1月至1939年2月，中共中央党校驻此。在此期间，中共六届六中全会于1938年9月29日至11月6日，在天主教堂内召开。1939年8月至1945年10月，鲁迅艺术文学院驻此。（图68）

"鲁艺"是中国共产党在延安开办的第一所培养各种高级和中级文化艺术人才的学院。"鲁艺"先后编排上演了《白毛女》等歌剧、《兄妹开荒》等秧歌剧、《黄河大合唱》等音乐作品，并编辑出版了《文艺战线》、《草叶》等文艺刊物，组织了多次有影响的美术作品展览。尤其是冼星海的《黄河大合唱》，堪称是抗战期间中国音乐创作的最高成就，至今享誉中外。据统计，从1938年3月至1945年11月，"鲁艺"共毕业学员685人，其中文学系197人、戏剧系179人、音乐系162人、美术系147人。

图68. 延安鲁艺旧址

"鲁艺"的另一处旧址在延安北关云梯山麓，现仅保留部分土窑洞。"鲁艺"在桥儿沟旧址，即中共六届六中全会旧址，经1990年和2009年两次大规模维修后，已正式对外开放。

陕西延安尚有八路军后方医院、兵工厂、抗日军政大学等抗战遗址。

14、西安八路军驻陕办事处

八路军驻陕办事处位于西安北新街的七贤庄。七贤庄始建于1934年冬，由陕西银行家投资兴建，用作房地产生意，1936年春竣工。它由十座外观相同、布局略异、砖木结构的“工”字形庭院组成，西安知名人士成拍仁先生借晋书“竹林七贤”的美传，题书七贤庄，镶嵌于庄首门楼。七贤庄建筑群为一组仿古式四合院，布局精巧，结构严谨、工艺精致，具有中国北方高等级民居的建筑风格，属20世纪30年代中国北方民居的杰作、西安地区所保留不多的近代典型民居建筑。这个陕西“八办”是全国所有八路军、新四军办事处中成立最早、坚持时间最长、影响力最大的办事机构。八路军的许多领导人都曾多次留驻办事处并指导工作。早在红军长征到达陕北后，周恩来便指示在张学良身边工作的我党代表刘鼎在西安建立交通站，经美国友人史沫特莱女士介绍，从上海请来德国共产党人温奇·冯海伯牙医博士，并将他的牙科医院迁到西安，用200块银元租下了刚竣工的七贤庄1号院，设立我党的秘密交通站。“西安事变”后，红军、东北军和西北军“三位一体”，共同对付南京政府投降派的军事进攻。今七贤庄旧址在一号院旧址复原开放了接待室、办公室、会客厅、秘书室、地下室、救亡室、机要室等及周恩来、朱德、刘少奇、彭德怀、邓小平、叶剑英等的住室，还复原了白求恩大夫、巴苏华大夫等国际友人的住室。

在不足14平方米的接待室，一张长方形的桌上摆着《八路军军政杂志》、《解放》周刊、《救亡》、《大团结》等杂志，墙上挂着西安赴延安路线图及“坚持抗战，反对投降”、“坚持进步，反对倒退”的标语，墙上还有一幅由英国《每日简闻报》记者詹金斯1938年拍摄的青年蜂拥去七贤庄的照片；一号院前院工字房窗下，展出了朱德同志作报告的照片，它记载了1938年夏日，朱德总司令在车牌作报告的动人场面，进入工字房有孙中山先生的大幅照片，在这里朱德会见过白求恩大夫，林伯渠会见过李公朴、杜汉三、杨亦周等爱国知名人士；办公室南套间是刘少奇、邓小平同志的故居，刘少奇曾六次住过七贤庄，当年他就在这间住室内整改稿件，完成了著名《论共产党员的修养》一书的初稿；叶剑英是“西办”前身——红军联络处的负责人，西安事变后，叶剑英以红军代表团团长身份与周恩来回到西安，担任联军参谋长职务，负责部队的调动和布防，为西安事变的和平解决做出了重大贡献。1940年5月，音乐家冼星海去苏联前在“西办”住了40多天，在那些日子里他给许多即将北上的青年教唱《黄河大合唱》的片断……西安七贤庄不仅有先驱

图69-1. 西安八路军办事处入口

图69-2. 西安八路军办事处庭院

们像一颗颗璀璨闪烁的明星在永放光芒，更有抗战事件建筑留驻的文化与精神魅力。（图69）

15. 冉庄地道战遗址

冉庄地道战遗址位于河北省清苑县冉庄，现存地道战遗址保护区30万平方米。1959年建立遗址博物馆，1961年被国务院列为全国首批重点文物保护单位。

冉庄地道战遗址现仍保留着20世纪30—40年代冀中平原村落环境风貌，地面完整保留着高房工事、牲口槽、地平面、锅台、石头堡、面柜等各种作战工事以及冉庄抗日村公所、抗日武装委员会等；地下完整保留着当年作战用的地道以及卡口、翻眼、囚笼、陷阱、地下兵工厂等地下作战设施。地道形成完整的网络，以十字街为中心，东西南北主要

图69-1. 清苑县冉庄街景

图69-2. 冉庄地道入口及内景

干线4条，长2.25公里；南北支线13条，东西支线11条。另有西通东孙庄，东北通姜庄，东南通隋家坟和河坡的村外地道。地道全长16公里，形成了村村相连，家家相通，能进能退，能攻能守的地道网格局。地道的出入口设计十分巧妙，有的修在屋内墙根壁上，有的修在靠墙根的地面，还有的建在牲口槽、炕面、锅台、井口、面柜、织布机底下等处，伪装得与原建筑一模一样，使敌人很难发现。地道一般距地面2米，洞内高约1米~1.5米，宽约0.8米~1米，分为作战用的军用地道和供群众隐蔽用的民用地道两种。地道设有照明灯和路标，建有储粮室、厨房、厕所和休息室。为了充分发挥地道的优势，在村里各要道口的房顶上修建了高房工事，在地面修建了地堡，把地道与地面工事有机地结合起来，具有五防，即防破坏、防封锁、防水灌、防毒气、防火烧的特点。冉庄地道战工事有“三通”和“三交叉”之说，即高房相通、地道相通、堡垒相通；、明枪眼与暗枪眼交叉、高房火力与地堡火力交叉、墙壁火力与地堡火力交叉。形成了“天地人”三通，构成了房顶和地面、野外和村沿、街道和院内纵横交叉的火力网，组成了一个连环的立体作战阵地。(图69)

1937年七七事变后，日军大举南侵，采取铁壁合围、纵横梳篦的清剿战术，进行灭绝人寰的大扫荡，实行烧光、杀光、抢光的三光政策。仅在6万平方千米的冀中平原上，就修筑据点、炮楼1 783处，修公路2万多公里，挖封锁沟8 878公里，把冀中平原细碎分割成2 670块，使冀中人民蒙受了巨大的战争苦难。

为在无险可守的平原地区保存自己，消灭敌人，坚持敌后抗战，扩大抗日根据地，扭转战局的一种独特战斗方式，冉庄人以其聪明才智和创造精神，巧妙地设计了上述设施，将古已有之的地道战法发挥到了极致。聂荣臻元帅曾为此亲笔题词：“神出鬼没，出奇制胜的地道战，是华北人民保家卫国，开展游击战争，在平原地带战胜顽敌的伟大创举。地道战又一次显示出人民战争的无穷威力。”

16. 狼牙山五勇士纪念塔

1941年，日军对河北易县的狼牙山地区抗日根据地进行了连续的扫荡，实施凶残的“三光”政策，制造了田岗、东娄山等多起惨绝人寰的惨案，妄图蚕食我抗日根据地。9月24日，3 000名日伪军突然包围了狼牙山地区，将八路军邱蔚团和易县、定兴、徐水、满城四县游击队以及周围人民群众共2 000多人包围，形势十分严峻。在我军突围作战中，马宝玉班长带领葛振林、宋学义等五名战士边打边向棋盘陀方向撤退，把日伪军引向悬崖绝路。当他们退到棋盘陀顶峰时已弹尽粮绝，面对步步逼近的日伪军，五位勇士毁掉枪支，义无反顾地纵身跳下数十丈深的悬崖。马宝玉、胡德林、胡福才三人壮烈殉国；葛振林、宋学义被山腰树枝挂住，幸免于难。马宝玉等五位战士的壮举，表现了崇高的爱国主义和坚贞不屈的民族气节，被誉为“狼牙山五壮士”。为纪念和表彰5位抗日英雄，当地政府为英勇殉国的三人在棋盘陀峰顶修建了“狼牙山三烈士碑”。此碑日后被日军焚毁。1959年5月，人民政府重立纪念碑，并更名为“狼牙山五勇士纪念塔”。聂荣臻为纪念塔题词：“视死如归本革命军人应有精神，宁死不屈乃燕赵英雄光荣传统。”

河北省重要的抗战遗址，尚有喜峰口、古北口长城抗战遗址，安平县圣姑庙遗址，阜平县晋察冀军区司令部遗址、普佑寺遗址，石家庄河北烈士陵园、唐县白求恩柯棣华纪念馆等多处。（图70）

图70-1. 狼牙山五壮士纪念堂正门

图70-2. 华北烈士陵园纪念馆

图70-3. 唐县白求恩科棣华纪念馆

17. 中共中央中原局旧址

中共中央中原局旧址位于河南省确山县城西30公里的竹沟镇。这里地处确山、桐柏、泌阳三县交界处，是桐柏山的腹地。镇东大沙河自北向南流过，东临南北交通干线京广铁路，地理位置十分优越。1938年11月，中共中央六届六中全会决定建立中原局，驻地设在竹沟镇，领导长江以北，陇海铁路以南的河南、湖北、安徽、江苏地区党的工作。刘少奇、李先念、彭雪枫、朱理治、陈少敏等同志曾在这里高举抗日民族统一战线的旗帜，组织和开展游击战争，开创华中地区抗战新局面。竹沟镇成为新四军成长壮大的一个重要基地，缔造了新四军第二、四、五师，为中国共产党培养了三千多名军政骨干，被誉为“小延安”。

中共中央中原局旧址由四所民居建筑构成，坐北朝南，有房屋36间。其中有中原局办公室、刘少奇工作室和住室、接待室、警卫人员住室，还有刘少奇亲手种植的石榴树、郭述申住室等。房屋均为青砖灰瓦硬山式建筑。在竹沟镇还有新四军八团留守处、教导队和镇北军事会议旧址等。（图71）

图71-1. 小延安革命圣地竹沟街景

图71-2. 竹沟教导队队部旧址

18. 八路军驻洛阳办事处旧址

八路军驻洛阳办事处旧址位于河南省洛阳市老城区贴廓巷35号。自1938年11月设立到1942年2月撤离，历时三年多，是全国坚持时间较长的八路军办事处之一。曾开展了卓有成效的统战工作和情报工作，掩护和护送了数以千计的我党我军干部，成为我党在中原地区的落脚点和中转站。同时，办事处利用公开、合法的身份，帮助、支持了河南地下党的工作，使大批的党员、进步青年从这里走上了我党领导的抗日战场。作为国共合作的产物，办事处正确执行了党的抗日民族统一战线政策，在全国八路军办事处的历史上，在抗日战争的胜利史上发挥了重要作用，写下了光辉的一页。

八路军驻洛阳办事处旧址是刘少奇、朱德、彭德怀、徐海东等领导人在洛阳从事重要革命活动的历史纪念地。现存刘少奇、彭德怀住室、救亡室、豫西省委会议室等历史遗存。

八路军驻洛阳办事处旧址也是河南省一处保存完好的清代民居建筑群。现存建筑物的建筑结构基本相同，前后三进院落，前为临街房和大门，中为一、二厅堂，后为上房。占地面积4 380余平方米，建筑面积3 300余平方米，共有二层楼房129 间，具有较高的建筑艺术价值。

19. 吕潭学校旧址与吉鸿昌烈士墓

图72. 吉鸿昌烈士纪念馆内景

吕潭学校旧址与吉鸿昌烈士墓位于河南省扶沟县城东北9公里吕潭镇，包括吕潭学校和吉鸿昌故居。吕潭学校系吉鸿昌将军(1895—1934，字世玉，河南扶沟人)于1921年创建。旧址现存有大门、中山堂及校舍17间。中山堂，面阔三间，进深三间，单檐歇山顶，屋面覆绿色琉璃瓦，前坡屋面中心又以黄色琉璃瓦砌出菱形图案装饰，菱形两边砌有“中山”二字。室内梁架为抬梁结构，彻上明造。学校旧址东侧有吉鸿昌故居，始建于1930年，校董事委员会在吉鸿昌创办的学校将要建成之际为其所建。坐北面南，四合院，原有房屋22间，计北屋5间，东西廊房各6间，南临街房及大门5间，面积430平方米。后来大门及临街房被拆除。1985年对故居进行维修，将房基抬高1米，恢复原貌。（图72）

吉鸿昌烈士墓原在扶沟县，1964年迁葬于郑州市烈士陵园。墓用白水泥筑成长方形，长3.2米，宽1.4米，高0.6米。墓前立方形汉白玉墓碑，碑高1.6米，宽0.96米，厚0.23米。正面中间嵌烈士照片，背面镌刻烈士生平事迹和就义前的诗作“恨不抗日死，留作今日羞。国破尚如此，我何惜此头。”吉鸿昌于1932年加入共产党，1933年5月26日，察哈尔民众抗日同盟军成立，任第二军军长兼北路军前敌总指挥，收复多伦等失地。同盟军失败后转入地下开展抗日活动。1934年11月9日在天津被捕，11月24日在北平英勇就义。

20. 八路军兵站旧址

八路军兵站旧址位于河南省渑池县城东关小寨村，含兵站、刘少奇旧居、中共豫西特委扩大干部会议旧址三处。八路军渑池兵站是抗日战争时期，中国共产党及八路军通往太行山八路军前线总指挥部的交通枢纽，是1938年11月经朱德、彭德怀签署文件，林伯渠写信委派刘向三与国民党当局谈判后建立的公开机关。任务是：转运粮食、弹药等军需物资；保护党、政、军干部和爱国人士过往的安全；宣传抗日、加强统一战线；发动群众，组织武装力量，参加抗日斗争。兵站从1938年11月建立，到1941年结束，对巩固豫西抗日革命根据地起到了重大作用。

刘少奇旧居，位于渑池县城海露大街95号（原名中山大街）王姓院内。该院坐南面北，北临大街，分前、中、后三院，后院有出前檐上房3间，东西厢房各3间。1938年11月28日，中原局书记刘少奇在前往中原局途中在此居住。室内设备简陋，旧居内陈设的木床、桌子、椅子和火盆，均为刘少奇当时所用的原物。

中共豫西特委扩大干部会议旧址位于渑池县东关海露北街（当时名为新华街）24号院内，是一座普通的砖拱券民居窑洞。窑洞坐北面南，1洞3室，中间1门，东西套间各开1窗，总面积约相当于民房3间。室内设施有破旧漆桌1张，小方凳3个，煤油灯1盏，地面原铺有谷草和苇席。1938年12月20日，中共豫西特委扩大干部会议在此举行。

21. “四一二”阵亡将士暨殉难同胞公墓碑

“四一二”阵亡将士暨殉难同胞公墓碑简称“四一二烈士碑”，立于河南省内黄县城南20公里处的硝河东岸白条河林场东侧。1941年4月12日，日军调集日伪军2万余人，对沙区根据地实行疯狂的大扫荡。数万间房屋被烧毁，4000多人遭到灭绝人性的屠杀。为纪念牺牲的八路军将士和死难同胞，晋冀鲁豫边区党委率边区第二十、二十一专区各界于“四一二”大屠杀一周年之际，在沙区李侯村南密林之中，隆重召开纪念大会，并建立公墓，刻石为碑，碑高2.87米，厚0.32米。碑阳为隶书，落款为“晋冀鲁豫边区第二十、二十一两专区各界公立”，碑阴详刻碑文，碑立于八角琉璃亭内。

22. 商城县忠烈祠

商城县忠烈祠位于河南省商城县城东南郊，是为集葬国民革命军陆军第八十四军在抗日战争中殉国将士的忠骸而

图73-1.商城县第八十四军忠烈祠外景

图73-2.商城县第八十四军忠烈祠内景

修建的。忠烈祠坐北向南，由祠宇和墓葬两大部分组成，南北纵深180米，东西宽约110米，占地近2万平方米。（图73）

抗日战争时期，国民革命军陆军第八十四军在军长莫树杰的率领下，驰骋抗日战场，历经1937年淞沪会战、1938年徐州会战和武汉保卫战、1939年和1940年两次随枣会战、1941年豫南会战等数十战，战绩卓著，先后牺牲师长钟毅、副师长周元、旅长庞汉桢等将士达万余之众。1941年该军驻防大别山区，军部驻扎商城。1942年春，战事稍息，军长莫树杰为敛葬抗战中殉国将士的遗骸，在商城县城东南修建了忠烈祠。莫树杰1950年率部接受和平改编，曾任中南军政委员会参事、广西壮族自治区政协副主席、民革中央顾问等职，1985年去世后骨灰撒在商城忠烈祠，陪伴英灵长眠在大别山麓。

23. 卫河县抗战烈士陵园

陵园位于河南省清丰县城西北6公里大屯乡大屯村的东南隅。陵园占地4.7亩，坐北面南，由大门、望柱、碧血亭、烈士祠和烈士公墓组成，系1945年4月卫河县人民政府为纪念抗日战争牺牲烈士修建。1940年，为适应抗日斗争形势的发展，上级决定将清丰县分为两部分，另设卫河县，辖区由清丰县西北部、南乐县的西部、内黄县的东北部三部分组成，下设6个区，县政府驻大屯村。抗日战争中，卫河县一带一直是冀鲁豫抗日根据地的中心区之一，卫河县人民同敌人进行了艰苦卓绝的斗争，仅有姓名可考的烈士就达650余名。

24. 清丰抗战烈士祠

烈士祠位于河南省清丰县纸房乡武强镇村，建于1946年。烈士祠坐北朝南，面阔5间，单檐庑殿顶，砖木结构。东

西长16.5米，南北宽7.54米。明间出望厦，门额悬挂横匾，镌刻隶书“碧血丹心”四字，望厦左右二根青石柱上分别镌刻“捐躯赴国难，八年来跟日寇顽伪血战肉博，创出英雄事迹，树立民族正气，名垂青史惊人世”；“杀身为革命，长时期与父老乡亲共苦同甘，筑成自由堡垒，缔造群众福利，荣升厅堂慰忠魂”楹联。室内正中贴后墙立卧碑一通，高1.15米，宽1.28米，额首镌刻楷书“抗战烈士永垂不朽”，下面刻有158名烈士姓名、职务、籍贯。

抗日战争时期，武强镇村曾是中共清丰县委、县政府所在地，是清丰县人民抗战活动的指挥中心。1946年，中共清丰县委、县政府为纪念在抗日战争中牺牲的158名清丰县籍烈士，在该村万寿宫旧址上修建抗战烈士祠。

25. 峡口抗日忠烈墓

图74. 商城县峡口抗日烈士墓

峡口地处商城县东北，信阳至合肥公路穿峡而过，系豫皖东进西出之咽喉，历为兵家必争之地。在抗日战争中，中国军队在这里阻击重创来犯日军，用鲜血和生命写下悲壮的历史篇章。

1938年8月下旬，侵华日军沿大别山北麓西进，企图攻陷商城，沿商（城）、麻（城）公路突破大别山，策应溯江西上之敌钳击武汉。9月3日起，中国军队在固始富金山给日军以重大杀伤。12日，中国驰援部队行至峡口得悉富金山已经失守，立即抢占峡口两侧的鹰嘴山、晏家山、赵棚等地制高点和有利地形进行布防，阻击日军，由抗日名将第三十一师师长池峰城指挥。战斗打响后，中国守军同仇敌忾，视死如归，与敌短兵相接，白刃格斗，徒手拼杀；十里战场，杀声弥天，悲壮惨烈。终因敌众我寡，商城沦陷。此役，日军伤亡惨重，尸体皆在附近焚化。我抗日部队牺牲千余将士，遗尸山野。

翌年春，峡口民众自发收集殉国守军遗骸千余具，合葬于晏山。并于1944年至1998年间两度捐资修墓立碑。（图74）

图75-1. 驻马店市杨靖宇纪念馆 旧影

图75-2. 驻马店市杨靖宇故居

26. 杨靖宇故居及纪念馆

抗日民族英雄杨靖宇故居位于河南省驻马店市驿城区古城乡李湾村（原名李庵）。故居坐北朝南，主房面阔4间，面阔13.5米，进深6.55米，硬山顶，小青瓦屋面。室内砖铺地面，明间正门有青砖所砌的三级踏步，房檐为青砖雕刻花纹四层，屋脊为青砖瓦筑成几何式花纹，正门施木质板门两扇，窗户饰方格花纹。东西配房面阔各三间，长10米，进深5.5米，硬山式，小青瓦屋面。室内青砖铺地，窗户均饰方格花纹，屋脊为青砖瓦筑成几何形图案，大门外有青砖砌成三级踏道。大门为土木结构，双开木门，起脊翘角门楼。故居整体为一组四合院。确山县人民政府于1966年修复烈士故居，1981年竣工后，辟为纪念馆，先后建起了展厅12间，树立杨靖宇烈士塑像一尊，硬化水泥路面15 000平方米，植松柏、花木

1 000多株。（图75）

27. 漯河受降亭、受降碑和受降路

漯河受降亭等建筑物建于1945年12月。日本战败投降后，漯河作为全国16个受降区之一。1945年9月20日，中国第五战区司令刘峙代表中国政府在漯河山西会馆（现在的漯河二中院内），接受了侵华日军2971部队司令官鹰森孝带领的31 560名日军官兵的投降。日本方面的投降代表是日军第12集团军司令官鹰森孝中将。有七八个美国军事顾问参加了受降仪式。签字后，鹰森孝脱下军帽，连着鞠了9个躬，并把佩挂的指挥刀双手举过头顶交给了刘峙。

图76. 漯河受降堂遗址

日军投降后在等待遣返回国期间，中国政府命令投降日军将竹木街通往煤市街(今公安街)的一条弯曲狭窄的土路加宽取直整修，后被命名为受降路。并把当时接受日军投降的竹木街改名为受降路。

日军在漯河投降后，民众欢欣鼓舞，遂修建受降亭以志铭记。碑文记述了修建受降亭的经过以及受降亭的命运。（图76）

28. 许世友将军故居及许世友将军墓

许世友将军故居位于新县田铺乡河铺村许家洼。坐北朝南，有砖木结构的房屋10间，占地322平方米。吞字大门，条石门框，大门上方悬挂着“许世友将军故居”的匾额，进大门这一间为正房和会客厅，面积较大，系建国后修建，客厅里举办有将军工作和生活片段陈列。

将军墓座落在将军故居西侧半山腰，坐北面南，墓地约100平方米。墓身是用花岗石砌成穹隆形，高2米，直径4.4米。墓前竖一块灰色花岗石碑，碑体高2米，宽0.8米。碑体上有碑帽，下有碑座。碑正面刻着由中国著名书画家范曾书写的“许世友同志之墓”七个苍劲有力的大字。碑背面镌刻着将军生平。墓地后方是用山石砌成弧形防水护土岸。许世友原名许仕友，河南新县人，生于1905年，卒于1985年。他自幼习武，1927年加入中国共产党。1955年被授予上将军衔。许世友的一生富有传奇色彩，以善打大仗、恶仗、猛仗而闻名，是中共抗日武装的著名将领之一。

七、四川、广东二省抗战史迹

受篇幅和写作时间等条件限制对四川、广东两省的考察仅作简略记录。

（1）四川省是当年屡遭空袭，但领土未被日军侵占的省份之一，今留有空袭遗址多处。四川省宜宾市李庄镇在抗战期间因中央研究院史语所、中国营造学社、同济大学等文教机构的迁入，成为当年中国的战时三大文化中心之一，至今留有中国营造学社旧址、同济大学旧址等遗迹。

此外，抗战期间川渝地区新修和扩修军用机场30余处。其中较著名的有庆符、三台、华阳太平寺、重庆白市驿、温江黄天坝、梁山、成都凤凰山、重庆广田坝、新津、遂宁、简阳周家坝、合江荣坝、大足登云桥、松藩漳腊、泸县、邛崃、彭山、广汉、德阳、夹江机场等。但详细情况尚有待查证。

四川李庄的战时文教机构与遍布各县市的战时军用机场，堪称四川省最重要的抗战建筑遗产。

（2）关于广东省的抗战史迹，本考察组未及详查，只涉及广州中山纪念堂一处。在编撰《中山纪念建筑》的过程中，我们了解到，广州中山纪念堂在抗日战争期间曾多次遭受日军及汪伪政府的袭扰，并在日军飞机轰炸中有一处屋角严重受损，今纪念堂东北角侧门两侧的青石墙裙上仍可见累累弹痕。然而，历经抵御外侮的战火洗礼，这座建筑也见证了一个值得纪念的历史事件：1945年9月16日上午10时，国民革命军第二方面军司令张发奎上将在此主持了华南地区的日军受降仪式。在中山先生故乡遭受过日军破坏的一个建筑物里见证抗日战争的胜利，这就使得中山纪念堂这一中国建筑史上的杰作，平添了一层抗战建筑遗产的历史意义。（图77）

图77-1. 1938年6月8日，中山纪念堂再次遭受日军轰炸，燃烧弹一处落在西台阶，另一处弹片穿透建筑物后墙。图为被炸中的中山纪念堂东北角
图77-2. 1938年6月7日，中山纪念堂遭到日军飞机轰炸，这是纪念堂前被重磅炸弹炸出的大坑
图77-3. 广州中山纪念堂前，日军留下的累累弹痕

图77-4. 广州中山纪念堂东侧立面

八、黑龙江、吉林、辽宁三省抗战史迹[6]

[6] 此文由于文生撰写。

东北抗日游击战争是东北各族人民在中国共产党的抗日号召影响和领导下抗击日本帝国主义侵略、反对伪“满洲国”统治的民族解放战争，是中国抗日战争和世界反法西斯战争的重要组成部分。东北抗日游击战争的中坚力量东北抗日联军及其前身东北抗日义勇军、东北反日游击队和东北人民革命军在中国东北进行的抗击日本帝国主义侵略的武装斗争，揭开了世界反法西斯战争的序幕，是中国抗日战争的开端；它推动了全国抗日救亡运动的发展，歼灭和牵制了日本侵略军的大批有生力量，延缓了日本帝国主义全面侵华战争进程；它协同苏联红军及八路军、新四军挺进东北，迅速歼灭日军建树了不可磨灭的历史功勋，东北抗日斗争过程中留下了大量建筑历史遗迹。

（1）1931年日本军国主义者发动“九一八”战争后，原东北军的一部分爱国官兵、东北的爱国工人、学生、农民、知识分子、地方官吏士绅、绿林队伍和民间团体、“红枪会”、“大刀会”等同仇敌忾，纷纷组织起“义勇军”、“救国军”、“自卫军”等名称不同的抗日武装队伍，在很短时间里，迅猛发展壮大到30余万人，统称为东北抗日义勇军。虽然当时没有政府的支持，没有统一的指挥，但他们高举爱国抗日的大旗，与日本侵略者进行浴血拼杀，谱写了东北近现代史上前所未有的壮丽篇章。“嫩江桥抗战”和“哈尔滨保卫战”等战役有力地打击了日本侵略者的嚣张气焰，极大地鼓舞了东北和全国人民的抗日斗志，如马占山在齐齐哈尔的办公地、江桥抗战、双城阻击战等重要遗址现保存完好，并建立了纪念标志。

（2）从1931年冬季开始，中共满洲省委根据中央的指示，陆续派遣党、团员到东北各地乡村组织农民群众创建工农义勇军和反日游击队，开辟抗日游击区。杨靖宇、张甲洲、赵尚志、李兆麟、周保中、冯仲云、赵一曼等就是这个时期被派到东北各地发动群众组织抗日武装的。

图78. 中共满洲省委机关旧址

1932年初，中共满洲省委迁至哈尔滨，新任满洲省委书记、中共中央政治局候补委员、中央驻东北代表罗登贤，在民族危亡时刻，坚定地站在抗日第一线指挥斗争，明确提出东北党组织的中心任务就是领导人民进行抗日斗争。满洲省委发动各级党组织积极开展抗日宣传活动，组织反日救济会、互济会、反帝大同盟等群众团体，动员人力物力支援义勇军等抗日力量。在卢沟桥事变后，东北抗日联军第一路军总指挥兼政委杨靖宇发动西征，出击日军，支援关内的斗争。1938年5月，召集南满党和军队干部开会，讨论坚持游击战争策略。会后，在通化、临江一带开展抗日斗争，给敌伪军以沉重打击。

（3）1933年按照党中央提出的在东北地区实行全民族的反日统一战线，联合各种反日武装力量共同抗日的指示，以反日游击队为基础扩编为东北人民革命军。从当年9月到1936年2月，东北人民革命军第一、二、三、六军、东北抗日同盟军第四军、东北反日联合军第五军等6个军相继组成，共6千余人。

为长期霸占东北，日本侵略者炮制了伪“满洲国”傀儡政权，建立起一整套军队、警察、宪兵、特务机构等严密的反动体系，制造了一起起骇人听闻的血腥惨案，也留下了许多罪行遗迹。如在哈尔滨有伪滨江省公署、警务厅、伪第四军管区司令部、日本宪兵队部、伪哈尔滨警察厅、伪哈尔滨市公署和日本驻哈尔滨总领事馆等统治机构旧址。伪哈尔滨警察厅是日伪当局推行法西斯统治的重要工具之一，在其存在的13年中，对东北人民犯下了滔天罪行。1936年夏天，赵一曼烈士就曾在这里受过酷刑折磨，坚贞不屈，走上刑场。1937年4月15日，伪哈尔滨警察厅参与对地下抗日人

图79-1. 伪满哈尔滨警察厅特务科

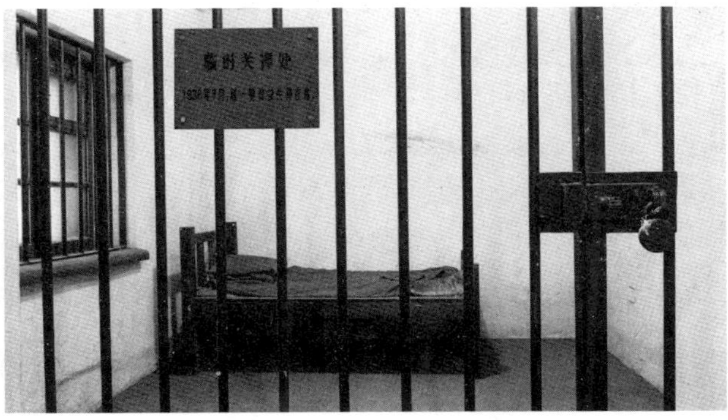

图79-2. 伪满哈尔滨警察厅赵一曼临时关押处

员的大逮捕行动，中共哈尔滨特委及其所属组织均遭到破坏，中共党、团员及爱国群众745人被关进监狱，198人惨遭杀害。1940年冬制造的“三肇惨案”逮捕325人，杀害170余人。

军事设施有虎林、东宁、富锦、宝清、饶河、孙吴、海拉尔等地的大规模地下军事工程、兵营、军用机场等遗址。建立于1935年的哈尔滨平房七三一细菌工厂，又是一个日本军国主义违反国际法，进行细菌战罪行的见证。1938年，七三一部队细菌实验场秘密建设初具规模时期，关东军司令部曾发布命令，将七三一部队周围方圆120平方公里地域划为特别军事区，把距部队5公里以内的地方变成了无人区。七三一部队设有细菌、实战、防疫给水研究、细菌生产、总务部、训练教育、器材供应和诊疗等部门，还在林口、海林、孙吴、海拉尔设四个支队，在大连设有卫生研究所，人数达三千余人。（图80）

图80-1. 731部队遗址正门

图80-2. 731部队本部大楼遗址

（4）1936年2月20日，中共东北党组织和东北人民革命军，根据中共驻共产国际代表团关于东北抗日军队统一改编的决定和《八一宣言》的精神，将东北人民革命军、反日联合军、反日游击队统一改编为东北抗日联军。

东北抗日联军没有得到当时国民政府任何给养的供给，另一方面，日伪军不断“讨伐”和“归屯并户”政策的实施，严重割裂了抗联与广大人民群众的联系。每一颗子弹、每一粒粮食的获得都要付出鲜血和生命的代价。密营成了抗联休整、补给、越冬的唯一依托地。在深山老林中，抗联官兵巧妙地利用地势、地貌修建规模、大小不等的地窨子或利用山洞栖身。这些密营中有军事政治学校、营盘、被服厂、兵工厂、粮食仓库、后方医院等。可惜保存下来的很少，如伊春市四块石山里的抗联三、六军基地、宝清县兰棒山里的抗联第二路军总指挥部后方基地、伊春市乌敏河锅盔顶子山上的中共满洲省委机关驻地和哨所等。

1945年8月，抗联官兵随同苏军及八路军、新四军挺进东北，迅速占领57个重要战略城镇，建立人民政权，为收复祖国东北失地和中国共产党迅速抢占东北，做出了重要贡献。抗战胜利后，东北各地修建了许多抗日纪念建筑，规模较大的有东北抗日暨爱国自卫战争纪念塔、珠河抗日游击队纪念碑、饶河抗日游击队纪念碑、“八女投江”纪念碑、抗联三军军长赵尚志、抗日民族女英雄赵一曼烈士纪念塑像、杨靖宇将军纪念馆及陵园等。（图81）

图81-1. 1986年9月赵尚志牺牲地修建的“铁骨忠魂”纪念标志

图81-2. 赵一曼烈士纪念塑像

图81-3. 李兆麟将军之墓

图81-4. 东北抗战烈士纪念塔

图81-5. 珠河抗日游击队纪念碑

图81-7. 饶河抗日游击队纪念碑

图81-6. 吉林通化高志航烈士故居

图81-8. 抗联十二烈士纪念碑

图81-9. 抗联十军军长王亚臣将军之墓

东北三省重要的抗战史迹和纪念地还有：黑龙江省泰来县江桥战役遗址；吉林省长春伪满洲国建筑群、丰满水电站；辽宁省皇姑屯事件遗址、北大营遗址、旅顺口苏军烈士陵园、沈阳九一八博物馆等。

九、未及踏访省份的抗战史迹举要

受篇幅和写作时间等条件限制，内蒙古、贵州、山东、安徽、江西、福建、广西等7个省、自治区，香港、澳门二特别行政区，以及台湾地区等，均未能踏访。现据间接资料，将其重要的抗战建筑遗迹举要如下。

（1）内蒙古：乌拉特中旗乌不浪口驻军遗址及抗日烈士陵园

（2）贵州：独山抗战遗址

（3）山东：枣庄市台儿庄大捷遗址及纪念馆

（4）安徽：泾县云岭新四军军部旧址、合肥梁园镇邓岗村抗日阵亡将士陵园、潜山第176师抗日烈士墓园

（5）江西：上高会战遗址及烈士陵园、"庐山保卫战"遗址

（6）广西：昆仑关大捷遗址阵亡将士墓园、柳州陆军第7军阵亡将士纪念塔、桂林第131师抗日烈士墓园和三将军墓等

（7）台湾：台北圆山忠烈祠，全名"国民革命忠烈祠"，俗称圆山忠烈祠，建于1967年，1969年完工。原址为日据时期所建的"台湾护国神社 "（1942年完工）。圆山忠烈祠为传统宫殿式合院式建筑群，是20世纪60年代中期台湾"中华文

化复兴运动”下的建筑作品之一。

祠内祭奠中华民国开国革命烈士、讨袁烈士、抗日烈士等，共30余万人。此外，台湾各县市均建有忠烈祠，大多为抗战结束后（20世纪40年代中期）在原日本神社的规模下改建。许多原建筑在20世纪60年代中期改成中国传统合院建筑群。地方忠烈祠入祀的烈士，主要为原籍出身、殉难或功绩彰显于当地者。

（8）香港：香港总督部（盟军受降地）。

结 语

上述历时四年对十六省市抗战建筑遗存的考察，痛感历时愈长而缺漏待补之处愈多，非本组之力所能遍及。唯因如此，愈觉此课题之重大、之不容拖延。

（1）由于过去对文化遗产保护概念上的认识肤浅，在很长一段时间内，近现代建筑遗产没有受到应有的重视。例如，直到2008年本组考察中山纪念建筑的时候，我们才十分遗憾地得知，侥幸躲过长沙市抗战期间“四战一火”的长沙中山纪念堂已于20世纪90年代被拆除；直到本组2009年开始编撰《抗战建筑》的时候，我们才于今年年初获悉：按《宁波区海防设备实施计划》于1937年竣工的海岸百里内60余处海防工事遗址至今完整保留者已不足四分之一。因此，说抢救抗战建筑遗产的工作已到了刻不容缓的地步，也非耸人听闻。

（2）对比欧美国家在保护近现代文化遗产的经验，我们认为，保护的要点在于“要使被保护对象重获社会存在价值”。目前，许多重要遗址之被拆除，首先是拆除者认为这些遗址已无实际用途，甚至是现代社会发展的障碍。例如，我们考察途中所见散布田间、路旁的名碉暗堡等军事设施，十之八九成为当地的垃圾站，十之七八将在今后以“修路”、“盖房”等所谓的“正当理由”被拆除。对此，我们认为，如果将这些“垃圾站”等清扫干净，即使仅移作行人遮风避雨之所，也还是有其实用功能的；如果能继而补设说明其历史价值的标牌，则其社会教育之功，更是非经济利益所能衡量。由此可推论，如果能综合评估一处历史遗迹的社会价值，切合实际地设计其在现代社会中新的社会角色，则历史文化遗产不仅不是发展的障碍，而且将成为社会发现不容忽视的文化资源。

至关重要的是，我们应设身处地地体会抗日战争时期建筑所处的历史环境。

日本侵略者自“九一八事变”后，在长达14年的侵华战争中，对我国施行的是一种在政治、经济、文化各个领域图谋亡国灭种的残酷压迫。表现在建筑方面，遍布我国文化古都、中小型城镇的各类名胜古迹、千年建筑经典等被肆意践踏，中华建筑文化传统陷入断代失传的危机之中；而在上海、天津、南京、武汉、广州、重庆等中国大中型城市，苦心经营的现代民族工商业也同样遭到重创，自晚清已开始的对西式建筑的引进和民族化的再创作，也同样在炮火中濒于绝境。

正是在传统建筑、现代建筑的双重困境之中，中国军民以五千年所罕见的全民意志，使抗战期间建筑活动没有终止，进而使中国的建筑事业得以绝地逢生。

可能会有人苛责抗战期间的建筑界缺少吕彦直那样的大师及大师级的建筑作品，即使南岳忠烈祠这样的伟大建筑，也难免存在若干仓促、疏漏的缺憾。但是，假如我们还原到那个战火纷飞、国破家亡的社会背景，我们当会切身感受到这些带有若干缺憾的作品，其震撼力是绝不逊色于和平年代的所谓完美之作的。

在特定条件下，这种设计与施工过程上的残缺，实际上也是力度和个性的伸张。

我们要永远铭记这个战争年代所留下的建筑文化遗产，它是我们民族走向文化复兴、浸透着热血和激情的铺路基石。（图82）

图82. 抗战胜利，中国军人重返卢沟桥

附记：此考察项目历时四年而时辍时续，工作时间、条件并不理想，加之我们的学识有限，深感这一工作之难度远超预计。在这一过程中，有许多朋友予以慷慨、无私的帮助，如湖南、湖北、山西、云南各省文物部门的领导和青年学者们，如《潇湘晨报》等新闻界的朋友们，如台湾学者秦风、胡天荣，云南摄影师陈云峰、南京学者杨国庆等至今只通信通话而未谋面的朋友都给予了我们难得的帮助。今年年初，本组成员殷力欣在浙江杭州，他的朋友俞建岗先生本从事与文物保护并不相关的工作，但得知本组正在编撰《抗战纪念建筑》后，当即表示，为正视并铭记这段惨痛的历史，为使后人认真思考这段历史所留下的历史教训，希望能接受他个人的资助以完成对浙江部分的考察。本组的宁波海防军事设施遗迹、会战抗战史迹等考察即受惠于此。这一事例说明，中国民众对文化遗产保护与研究事业是抱有极大热情和期望的，其中更不乏有识之士深知整理抗战建筑文化遗产的意义和社会价值。凡此种种，本组深感此课题所负社会责任之重大，唯以力求详尽、缜密的工作，来回报各界的厚望。

参考文献

[1] 张宪文.中华民国史[M].南京：南京大学出版社，2005.
[2] 曹聚仁，舒宗侨.中国抗战画史[M].北京：联合画报社，1947.
[3] 武月星.中国抗日战争史地图集[M].北京：中国地图出版社，1995.
[4] 中国国际战略研究基金会. 中国人民抗日战争史录[M].北京：中央文献出版社，1995.
[5] 谭其骧.简明中国历史地图集[M].北京：中国地图出版社，1991.
[6] 上海市档案馆.日军占领时期的上海[M].上海：上海人民出版社，2010
[7] 建筑文化考察组.中山纪念建筑[M].天津：天津大学出版社，2009.
[8] 侵华日军南京大屠杀史稿[M].南京：江苏古籍出版社，1987.
[9] 侵华日军暴行总录[M].石家庄：河北人民出版社，1995.
[10] 日军侵华罪行纪实[M].北京：中共党史出版社，1995.
[11] 秦风.铁蹄下的南京[M].桂林：广西师范大学出版社，2006.
[12] 卢海明、杨新华.南京民国建筑[M].南京：南京大学出版社，2001.
[13] 秦风.抗战中国国际通讯照片[M].桂林：广西师范大学出版社，2008.
[14] 秦风.岁月东北[M].桂林：广西师范大学出版社，2007.
[15] 吴光祖.中国现代美术全集，建筑艺术1[M].北京：中国建筑工业出版社，1998.
[16] 陈云峰、张俊.云南古桥建筑[M].昆明：云南美术出版社，2008.
[17] 《建筑创作》杂志社编.皇都古镇斋堂[M].天津：天津大学出版社，2006.
[18] 金磊."寻根"的建筑之旅[M].中国教育报，2006-7-1.
[19] 金磊."城市和事件"推动文化传播"中国模式"[M].中国社会科学报，2010-8-10.
[20] 金磊.《图说李庄》留给我们的建筑精神与文化思考[M].中国文物报，2006-5-24.

几处重要的抗日战争建筑之建筑特色及其启示

周学鹰　张　伟

引言

20世纪初的中国经历清政府近三百年的统治，早已千疮百孔，中华民族坠入半殖民、半封建的深渊。一方面，列强瓜分中国，攫取巨额利益；另一方面，清政府风雨飘摇，吏治腐败、民不聊生。

以伟大的革命先行者、导师孙中山先生为代表的志士仁人，为中华民族的前途、未来，前仆后继。1912年1月1日，孙中山先生在南京就任中华民国临时政府大总统，创立民国。不久中山先生就被逼辞职，让位于袁世凯，国民政府迁都北平。

此后的中国都似战国争霸，军阀弄权。民国的政治、经济、军事、社会体制比较于清政府并没有重大改进，孙中山先生在旧基础上建立现代民主宪政的希望全然落空，中国贫穷落后的状况依旧，无力阻挡帝国主义的蛮横侵略 。

1927年4月，国民政府历经南征北战，定都南京；1928年6月，张学良将军宣布归顺中央政府，国民政府第二次北伐完成，形式上一统南北，宣布由“军政”而“宪政”； 1930年中原大战后，民国统一更加巩固。

1931年1月1日，南京政府举行首度阅兵典礼。此时，本应是中华民族快速发展的良机；然而， “九一八事变”，侵略成性的日本帝国主义再次打断我国现代化进程，侵占我东三省，成立伪“满洲国”。从此以后，直至1945年8月15日，是中华民族有史以来饱受最深重屈辱、惨绝人寰的苦难，生灵涂炭，3 500万以上优秀的中华儿女付出了宝贵的生命，无数文物古迹灰飞烟灭。所有真正的中国人必须永远铭记、时刻警醒！

为纪念御辱而英勇献身的抗日阵亡忠骨，国民政府及其他政党、社会各界尚在抗战残酷进行的间隙，费巨资建设各种忠烈祠、纪念坊碑及抗战胜利纪念建筑等，立祠祀享，慰藉忠魂。抗战期间，全国军民齐心协力在各地修建了大量军事设施（如机场、桥梁）、办公会议设施 （礼堂、中山堂等）等，以赢得胜利；抗战胜利后，建设受降堂、纪念堂、纪念塔、纪念碑等，以铭记胜利。

“如果一个民族记不得那些曾经为她抛头颅、洒热血的英雄儿女，那么这个民族就不可能拥有真正的凝聚力和生命力”！

本文挂一漏万，选取部分有代表性的抗战历史建筑略作分析，希翼在探讨建筑技艺成就的同时，籍以管窥那场腥风血雨，以缅怀先烈、唾弃奸伪、警醒后人，纪念抗战胜利65周年！

一、抗日战争建筑实例举要

（一）南岳忠烈祠

1. 概述

南岳衡山受300余万年前喜马拉雅山造山运动的强烈影响而成。在我国古代传说中，舜帝每五年巡视一次岱宗（泰山）、南岳（衡山）、西岳（华山）、北岳（恒山）诸山，“望于山川，遍于群神”（《尚书·舜典》），衡山是古代南方山岳崇拜的中心。唯汉武帝时封安徽霍山（又称天柱山）为南岳，降衡山为“衡镇”。隋开皇九年（公元589年）诏定衡山为南岳。唐天宝五年（公元746年），唐玄宗封南岳神为司天王，遣使祭祀，禁樵止牧，此后历代皆沿。（图1）

图1. 南岳山口之胜利坊

南岳忠烈祠位于衡阳南岳区南岳镇延寿村西北，是国民政府为纪念全国抗日阵亡将士而建的大型纪念建筑群，也是国民党留在大陆最大的一座纪念抗日阵亡将士英灵的陵园。它于1939年动工，1942年竣工。整个建筑群采用同一

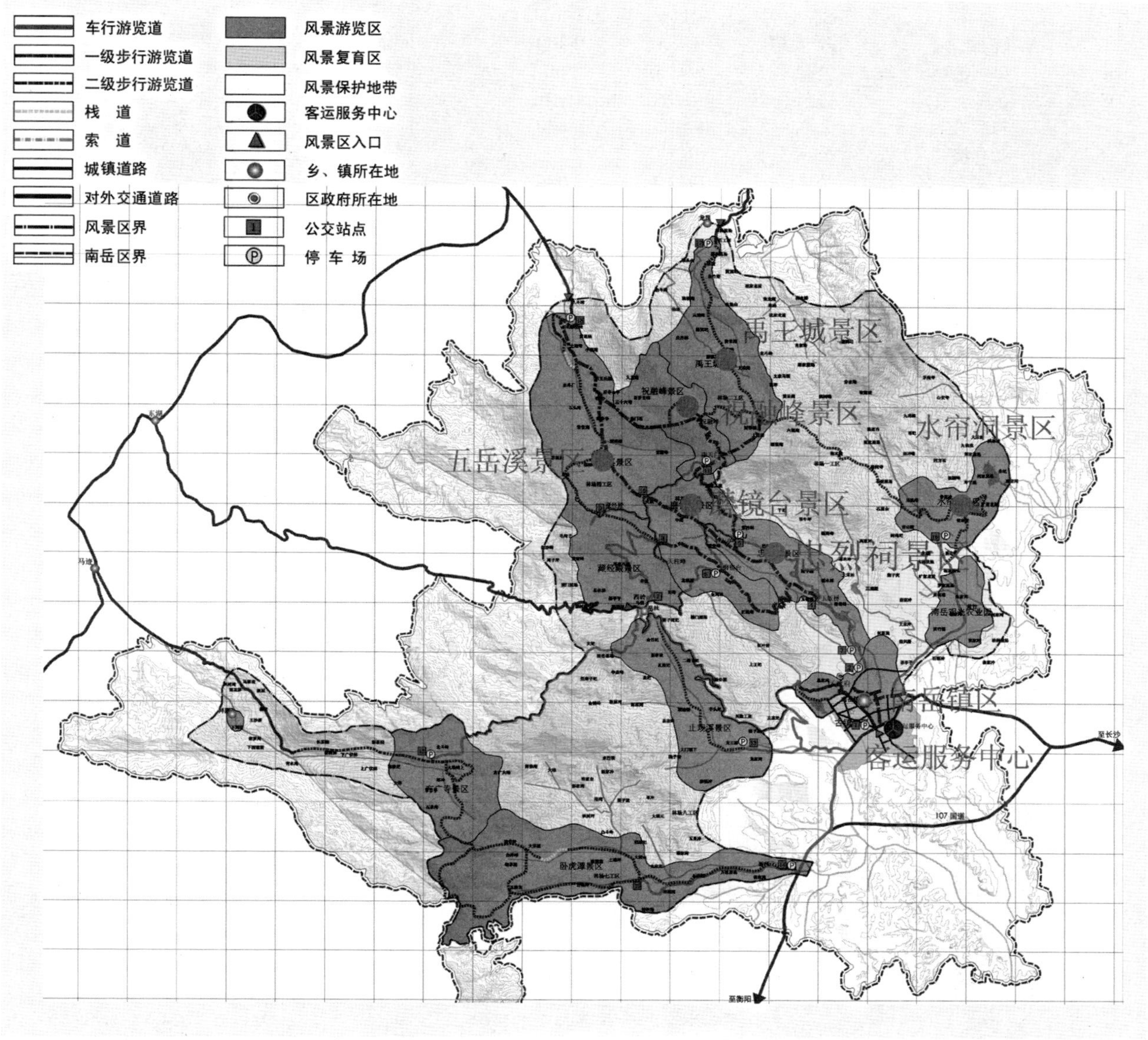

图2. 南岳景区方位图

种花岗岩石材，总体布局与技艺风格与南京中山陵颇多相似之处。（图2）

“青山埋忠骨，气象耀千古”。[1]忠烈祠分祠宇、墓葬区两部分。祠宇坐北朝南，依山而建，错落有致，左右对称，排列有序。南北纵深320米、东西宽约70米，占地23 400平方米。沿中轴线拾级而上，依次是大门（三开间牌楼形式）、七七纪念碑、纪念堂、致敬碑、享堂等五个主体建筑，用267级石磴、通道、多样的广场、平台等，串联成一个有机的整体。

墓葬分东、西两座墓园，主要是先后建设掩埋烈士忠骸的各集体或单独的20座墓园及纪念亭等。其中，集体公墓8座：第三十七军第六十师、第一四零师、第十六军第五十三师、第十四师、第十四军、第五十四师、第七十四军、第十九师，最大的一座集体墓（第三十七第军六十师）葬忠骸2 282具。个人墓12座：彭士量、陈石经、胡鹤云、郑作民、罗启疆、赵绍宗、章亮基、伍仲衡、廖龄奇、陈烈浩、陈炳炽、孙明瑾[2]。（表1）

[1] 邓康延.悲壮在民族的山岳上.读者人文读本初三（上册）.兰州：甘肃人民出版社，2004：106.

[2] 谭飞程.山：青山有忠骨.国际展望.2007：13-24.

[3] 列表主要依据陈应元手书：湖南省南岳管理局汇编.南岳指南公墓、碑志、牌坊调查表.南岳文化局提供复印本.部分参照唐末之，匡顺年.南岳忠烈祠.海口：海南出版社.1995：89—90.

表1 忠烈祠墓葬建筑列表[3]

序号	名称	地点	建成期	面积（m^2）	备注
1	第十六军五十三师师纪念碑	华严湖畔	1938.4.	1 200	全毁
2	罗启疆墓	公墓区	1940.2.	2 800	尚存残迹
3	胡鹤云墓	公墓区	1940.5.	1 200	尚存残迹
4	第十四师纪念塔	华严湖	1940.7.	1 000	据湖南省南岳管理局汇编南岳指南公墓、碑志、牌坊调查表（陈应元手迹）补
5	赵绍宗墓	公墓区	1940.7	1 200	尚存残迹
6	第十四军纪念塔	华严湖	1941.1.	不详	据湖南省南岳管理局汇编南岳指南公墓、碑志、牌坊调查表（陈应元手迹）补

（续表）

序号	名称	地点	建成期	面积(m^2)	备注
7	陈石经墓	华严湖畔	1941.1.	2 400	全毁
8	陈烈浩墓	公墓区	1941.5.	500	全毁
9	伍仲衡墓	公墓区	1941.11.	不详	全毁
10	廖龄奇墓	公墓区	1941.12.	1 800	全毁
11	郑作民墓	公墓区	1942.1.	2 200	已恢复，但与原貌有异
12	第三十七军六十师公墓	公墓区	1942.7.	3 000	尚存残迹
13	章亮基墓	公墓区	1942.8.	1 200	墓葬尚存，对联被毁
14	第七十四军公墓	公墓区	1943.7.	3 200	按原照片全部恢复
15	第一四零师公墓	公墓区	1943.8.	2 100	尚存残迹
16	陈炳炽墓	公墓区	1943.	不详	墓葬犹存
17	孙明瑾墓	公墓区	1944.2.	不详	残存墓盖石一块
18	彭士量墓	祠下驾鹤峰	1944.2.	不详	部分恢复，其夫人附葬墓侧
19	第十九师公墓	华严湖畔	不详	不详	全毁
20	第五十四师公墓		不详	不详	全毁，新近发现遗址

1983年10月，南岳忠烈祠列为湖南省级重点文物保护单位。1996年，公布为全国重点文物保护单位。（图3）

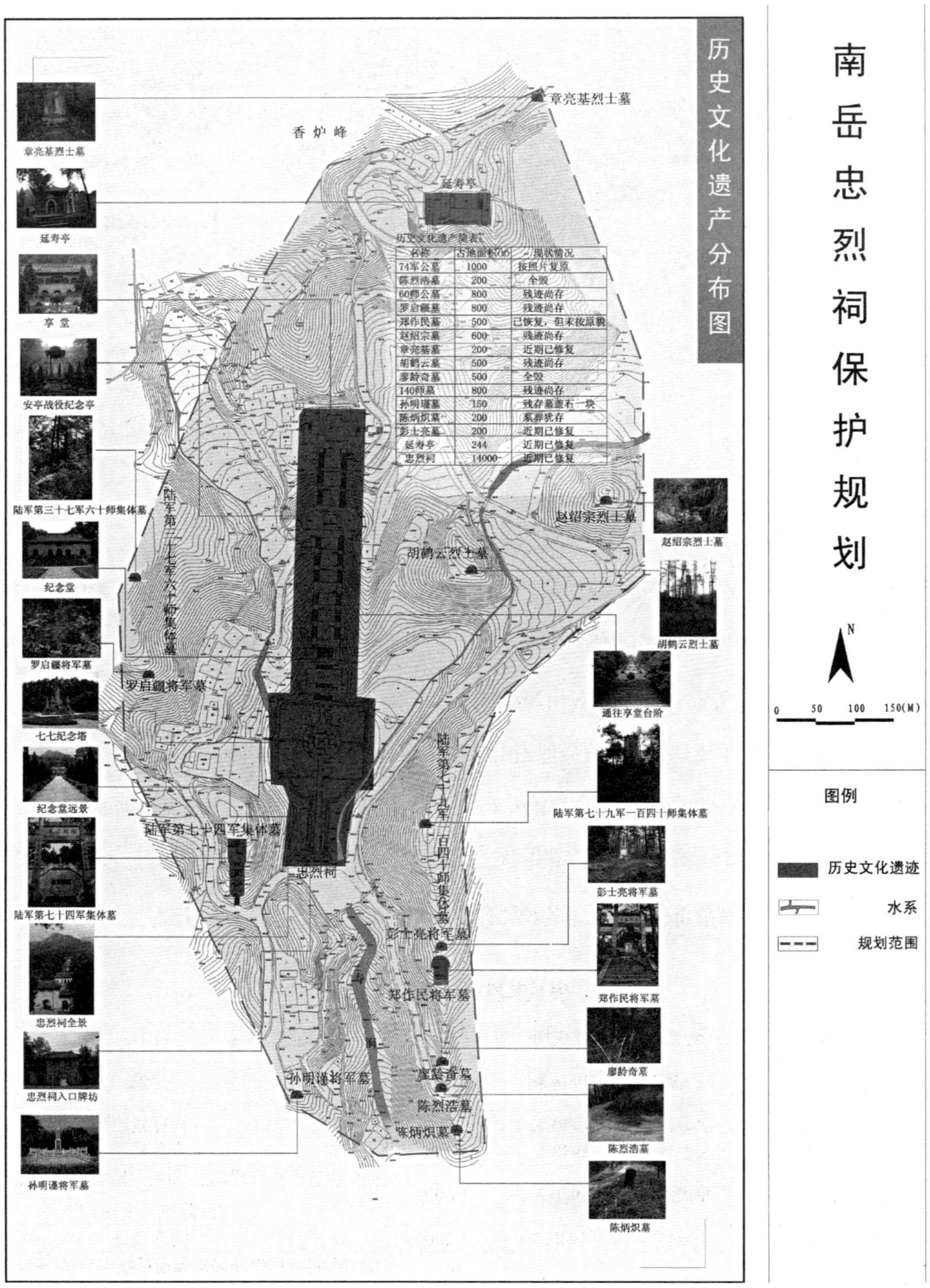

图3. 南岳忠烈祠保护规划图

2. 建设缘起

1938年10月底，华南门户广州、华中重镇武汉相继失守，原本处后方腹地的湖南、湖北等地则前沿接敌，战略地位日显重要，其防守与得失事关我国抗战全局。国民政府军事委员会一度内迁南岳，并四次在此召开军事会议[4]。

1938年11月5日，国民政府军事委员会委员长蒋介石在南岳召开高级军政人员会议，研究即将召开的南岳军事会议的议程与内容[5]。同年11月25日至28日南岳召开高级军事会议，史称"第一次南岳军事会议"。长江以南各战区200余位高级将领出席，中国共产党派周恩来、叶剑英与会。有识者论曰："从总体上考察，这次会议是比较积极和进步的，应给予肯定"[6]，此论颇公允。

会上，各战区主将们汇报战况时，几乎多为袍泽将士血肉横飞、"暴尸疆场"之悲壮而声泪俱下。25日开幕的正式会议上，蒋介石致"训词"时，一再强调："我军过去最遭敌人轻视的一点，就是我们阵亡官兵的忠骸，有许多不仅不能抬回安葬，而且任其遗弃阵地，暴尸战场。这是我军最大的弱点，亦就是我军最大的耻辱！""我们忠勇将士为国捐躯。竟至死不得收骨，我们后死者如何能对得起已死的官兵!还有什么面目见人！"[7]

会议指示要设法尽快掩埋并褒扬烈士。会议决定，由国民党中央下拨款项，第九战区、第六战区、湖南省政府出资，并接受社会各界捐款，在南岳修建忠烈祠和烈士公墓，以安葬忠骸，纪念英灵[8]。

[4] 费异常.警卫南岳军事会议.黄埔.2009年(2)：35.但，亦有文献仅记叙南岳三次军事会议，湖南省地方志编纂委员会.南岳志.1996年.

[5] 刘松茂.湖南抗日战争日志.长沙：国防科技大学出版社，2005.

[6] 周若清.浅评第一次南岳军事会议.船山学刊.2005(4)：145.

[7] 唐未之，旷顺年.忠烈祠.海口：海南出版社，1995.

[8] 南岳文化局.忠烈祠(文本资料).

3. 建设历程

南岳军事会议后，第九战区司令长官薛岳(1945年兼任湖南省政府主席)负责组织在南岳筹建忠烈祠。实际上，国民党中央并未及时拨款，又因战事紧迫等原因，此时忠烈祠的修建没有统一规划，不能按步骤进行，部分军队已自行修建纪念公墓(纪念塔)，如第十六军李韫衍、第十四军李默庵、第七十军李觉、第五十四军陈烈等，并有竣工者。

1940年4月16日至22日，第六、九两战区举行为期七天的长沙会议。薛岳为会议主要召集人，按其设想，第九战区军务处将预先拟好的"建设南岳忠烈祠及烈士公墓"为"案由"的提案，提交大会并顺利通过，形成"军政类"第31案案卷的文字材料。

实际上，薛岳对忠烈祠工程之安排，早在此决议案通过之前，已聘请原湖南省参议会议长赵恒惕、第九战区高参曾举宜、省党部书记长廖维藩、省政府秘书长李扬敬、省财政厅厅长胡善恒、省政府委员及建设厅厅长余籍传等党政军要人组成筹备委员会(赵与余分别任正、副主委)。筹委会下设"建筑南岳忠烈祠工程处"，余籍传兼任处长。在省政府第101次常务会上，通过了省库下拨10万建筑费的决议案。后经余籍传计划，将工程分二期进行，经费增至20万元[9]。

筹委会一致推举赵恒惕为勘察祠墓建筑地址负责人。1940年初，经实地反复勘察、多方协商，筹委会最终选址延寿亭畔罗家圮一带地域，征地234.31亩。3月25日，已经"编制测绘忠烈祠地址临时事务费概算等"[10]：

"拟具建设南岳忠烈祠工程处组织规程及办事细则草案并编制测绘忠烈祠地址临时事务费概算及工程处事务费月支概算当否请公决"

二十九年三月二十五日

兹依据建筑南岳忠烈祠第一次会议筹备会议决议第三案，拟具建设南岳忠烈祠工程处组织规程及办事细则草案，并编制测绘忠烈祠地址临时事务费概算，及工程处事务费月支概算，各一份，是否有当，相应提请公决。

计抄送组织规章及办事细则，各一份；测绘地址临时事务费概算及工程处事务费月支概算。

提案人 余籍传

[9] 唐未之，旷顺年.南岳忠烈祠.海口：海南出版社，1995.

[10] 湖南省档案馆复制全宗　目录　卷号(80—1—790)，南岳文化局提供民国时文本复印资料.

更早在1940年3月25日前，就已经商讨、成立了“湖南省建筑南岳忠烈祠筹备委员会”，并拟定了委员会章程。

提案（秘法） 据建设厅拟具湖南省建筑南岳忠烈祠筹备委员会组织章程请公决由

据本府秘书处案呈，建设厅拟具建筑南岳忠烈祠筹备委员会组织章程到府，当经饬交该处签具意见，兹据签呈称：奉交审查建筑南岳忠烈祠筹备委员会组织章程一案，谨具意见如左：

一、原标题拟修改为“湖南省建筑南岳忠烈祠筹备委员会组织章程”。

二、原第一条“设立本会”四字拟修改为“特设立本委员会（以下称本会）”。

三、原第三条末句“负执行本会一切事务”，拟修改为“主任委员综理本会日常一切事务，副主任委员协助之”。

四、原第五条“副主任委员”五字，拟删除之。

五、余尚妥善。

等情据此，是否可行，相应抄同修改规程，提请公决

附湖南省南岳忠烈祠委员会组织章程一份。

交议人主席 薛岳

中华民国二十九年三月

又及：

建设厅王天俊审查意见

（一）工程处组织规程与办事细则修正通过。

（二）工程处事务费月支概算及测绘临时事务费之案通过，由工程费项下开支，以不超过工程费总额百分之十为原则。

建筑南岳忠烈祠工程处组织规程与办事细则，测绘南岳忠烈祠地址临时事务费及工程处事务费月支概算，审查会议记录

地点 建设厅

时间 （民国）二九年四月二十二日下午二时

出席者 会计楚正旗

更值得注意的是，在1940年5月1日之前，就已经招商烧制青砖，准备建材。其第一期工程预算、计画图、承包商等，也在该年10月7日分别呈请湖南省政府、第九战区长官部存查。

建筑南岳忠烈祠筹委会公函（筹第5号）[11]

民国二十九年五月一日

为检送本会定烧青砖包约函请

查照备案由

查本会筹建南岳忠烈祠招商烧制青砖备用一案，前经建设厅令，由南岳林垦局就近代办，并已正式开工。兹由南岳林垦局买送该项代订包约，全份前来核查，尚无不合。除分送审计处备查外，相应检同该项包约，函送贵府，请烦查照、备案为荷。

此致

湖南省政府

[11] 湖南省档案馆复制全宗 目录 卷号（29—5—7），南岳文化局提供民国时文本复印资料.

附检烧制青砖包约一份

主任委员　赵恒惕

副主任委员 余籍传

迳覆者二月十日[12]

[12] 南岳文化局提供.湖南省档案馆复制民国复印资料.

大函奉悉，兹遵嘱，补送上南岳忠烈祠第一期建筑费预算暨计画图各二份，即请詧收，分别核转第九战区长官司令部暨审计处为荷。至纪念堂牌坊与烈士公墓墓道土基工程，前经依法招标，签奉省政府秘书长李核示，分别发交杨泽记、浣梓记、承包等。因奉此遵，即与该商等正式订就合同，并将该项副本，连同图样、账单、施工细则等，与上年十月七日分别备文送请省政府、第九战区长官部（省府转），南岳忠烈祠筹备委员会暨审计处备案，各在卷。其正本两份，则已贴足印花，由工程处与包商各执一份，存查。相应函复，请烦查照为荷。此致

湖南省建设厅第四科

附建筑费预算一份；计画图二份，共十六张

建筑南岳忠烈祠工程处启

二月十九日

可见，“图样、账单、施工细则等，与上年十月七日（即1940年10月7日，笔者注）分别备文送请省政府、第九战区长官部（省府转）”。由此，1941年1月23日建筑南岳忠烈祠工程处的呈请，只不过是事后的形式之举。究其因，应与薛岳力主忠烈祠建筑，而其时与国民政府中央，尤其是与蒋介石本人有关。

建筑南岳忠烈祠工程处呈[13]

[13] 南岳文化局提供.民国时期文本复印资料.

发字第159号　民国三十年一月二十三日

事由：为呈齎南岳忠烈祠第一期建筑费预算图表乞备案示 遵由

查南岳忠烈祠工程第一期建筑费预算一案，前经就原核定概算二十万元内拟具详细预算，呈奉建筑南岳忠烈祠筹备委员会第五次会议决议：“推曾委员举直审查”等语，纪录在卷。兹接曾委员函复，略称“该项工程预算图表等，均经审查，同意”等。因奉此，除报会外，理合检同该项计划图算，呈请钧府鉴核，迅赐准予备案，并乞。

示遵谨呈

湖南省政府主席　薛

附呈计划图八张、第一期工程费预算一份（另寄）

建筑南岳忠烈祠工程处兼处长余籍传（印）

电委座[14]

[14] 南岳文化局提供.民国时文本复印资料. 湖南省档案馆复制全宗 目录 卷号（80—1—790）.

民国二十九年七月十二日

密不录由

电 重庆军事委员会委员长　蒋钧鉴：密。窃本省建筑南岳忠烈祠，呈请补助经费一案。奉钧座覃政竹电，以“烈祠之建立，应由中央统筹办理，各省可不必单独举办”等因。自应遵办。唯查中央所建立者，乃祟祀全国忠勇烈士神位之忠烈祠；本省所建者，乃归葬忠勇烈士骸骨之公墓。唯为岁时祭扫便利，并于公墓附近建筑礼堂，藉隆祀典，需费无多，似与中央统筹办理之原案不相抵触。现在归葬南岳之忠骸已有数起，公墓及礼堂计划，业经拟定，亟待施工。拟恳准照前呈，补助费二十万元，俾促完成而慰忠灵。敬祈迅电示尊。

职薛岳叩

薛岳将军确属大将干吏之才，巧妙申述南岳忠烈祠非建不可之理由。蒋介石接电，如数拔付。在第二期工程兴工时，薛岳再求补助，蒋也再次照拨。忠烈祠建成以后，薛岳在其《南岳忠烈纪念堂碑记》中，以“请准中央，分颁巨帑”八字，记述了蒋介石几次批拨经费这一史实。

这里，笔者拟再深究一下，薛岳将军能够力主建设的外部客观环境。

1936年5月2日，国民政府行政院批准军事委员会函，颁布《各地建筑阵亡将士公墓办法》，规定了建筑公墓的地点、形式等，并含有对中共内战死难者之内容[15]。

“七七”抗战事起，国共第二次携手，同赴国难。1938年7月4日，国民政府规定每年的7月7日为抗战建国纪念日。

规定每年七月七日为抗战建国纪念日案[16]

二十七年七月四日国民政府第三五四号调令

为令遵事案奉：中央执行委员会二十七年七月一日鄂仁字第三三八零号函示：兹经本会第八十三次常会决议，“定七月七日为抗战建国纪念日”在案，除纪念办法由宣传部制定、颁行外，相应录案函达，即希资照公布，列为国定纪念日，并请转令教育部列入历书，以资纪念等。因奉此，自应照办。除明令公布，定每年七月七日为抗战建国纪念日并分行外，合行令，仰该院转敕教育部遵照列入历书，并转敕所属，一体知照此令。

1940年9月2日，《忠烈祠设立及保管办法》颁布。

忠烈祠设立及保管办法

二十九年九月二日国府公布

第一条 本办法依抗敌殉难忠烈官兵祠及建立纪念坊碑办法大纲第十条之规定订定之。

第二条 国民政府所在地及各省（市）政府及县（市）政府所在地均应设立忠烈祠一所；乡（镇）公所所在地，如有公共寺庙亦得设立之。

第三条 设立忠烈祠得就公共祠庙改建，但应事先商得各该祠庙负责人之同意，并报内政部核准行之。

第四条 各地忠烈祠成立后，当地原有类似忠烈祠之祠庙，得由各该官署酌予归并，并呈报内政部备案。

第五条 烈士牌位之样式及尺度如右：

一、牌位一律蓝底金字，边花纹，上加额，下设座；

二、牌位中直书烈士姓名，有衔者具衔；左书年龄、籍贯，右书殉难事由；

三、牌位尺度以固定市用尺为标准，长二尺，横宽五寸，两边各宽一寸五分，额高二寸，座高三寸；

四、如烈士人数过多时，得分排书写，每排十名；

第六条 忠烈祠应征集下列物品，辟室陈列，以供瞻仰：

一、烈士遗像；

二、烈士遗物；

三、年有关烈士之文献；

四、有关烈士之摄影；

第七条 忠烈祠内或附近，得斟酌情形，辟设花圃或公园。

第八条 各地忠烈祠应与每年七月七日，依公祭礼节举行公祭；首都忠烈祠由内政部部长主祭；省（市）忠烈祠由省政府主席或市长主祭；县（市）忠烈祠由县（市）长主祭；乡（镇）设忠烈祠者由乡（镇）长主祭；当地各机关法团均须参加。

[15] 内政部总务司第二科．内政法规汇编礼俗类．商务日报馆，1940-11：21—22.

[16] 内政部总务司第二科．内政法规汇编礼俗类．商务日报馆，1940-11：4.

第九条 各地忠烈祠管理机关规定如左：

一、首都忠烈祠由内政部保管之；

二、省（市）忠烈祠由省政府民政厅或市社会局保管之；

三 、县（市）忠烈祠由县（市）政府保管之；

四、特殊行政区（如威海卫管理公署及设治局等）忠烈祠由各该官署保管之；

五、乡镇设有忠烈祠者由乡镇公所保管之。

第十条 忠烈祠之保管经费应列入预算。

第十一条 各地忠烈祠保管机关应于每年终将忠烈祠实况，呈报上级政府转咨内政部备查。如有特殊情形，并应专案具报。首都忠烈祠保管实况，由内政部报由行政院，转报国民政府备案。

第十二条 忠烈祠不得占用或处分。

第十三条 本办法自公布日施行。

1940年9月20日，《抗敌殉难忠烈官兵祠祀及建立纪念坊碑办法大纲》公布。

抗敌殉难忠烈官兵祠祀及建立纪念坊碑办法大纲[17]

二十九年九月二十日公布

第一条 抗敌殉难忠烈官兵之祠祀及建立纪念坊碑依本大纲行之。

第二条 抗敌殉难忠烈官兵有左列情形之一者，得入列忠烈祠并得建立纪念碑或纪念坊：

一、身先士卒，冲锋陷阵者；

二、杀敌致果，建立殊勋者；

三、守土尽力，忠勇特著者；

四、临难不屈或临阵负伤不治者；

五、其他抗敌行为足资钤式者；

第三条 抗敌殉难忠烈人民有左列情事之一者，得入祀忠烈祠并得建立纪念碑：

一、侦获敌人重要情报料；

二、组织民众协助军队工作或执行举队命令者；

三、刺杀敌人或汉奸者；

四、破坏敌人重要交通路线者；

五、焚毁敌人仓库者；

六、破获敌伪间谍组织者；

七、被俘不屈者；

八、救护抗敌官兵者；

九、组织民众实行国民公约者；

十、其他忠勇抗敌者。

第四条 凡合于前二条规定各款情事之一者，得由其事迹表著地、殉难地或原籍地之公正人民或相邻、亲属填具详细事迹表，呈由各县（市）政府调查属实后，呈请省政府转咨内政部，分别核准入祀或建立纪念坊碑。抗敌殉难忠烈官兵，应由其原属部队填具事迹表，并造具清册，报由军政部转咨内政部核准。

[17] 内政部总务司第二科.内政法规汇编礼俗类.商务日报馆，1940-11：51—52.

第五条 各级地方政府应随时查访，遇有合于第二条、第三条规定各款情事之一者，应详具事实，比照前条规定程序办理。

第六条 忠烈祠设于省市县政府所在地，乡（镇）亦得设立之，纪念坊碑建立于事迹表著地、殉难地或原籍地。忠烈祠或纪念坊碑之建立经费，由地方政府支出之。

第七条 国民政府于首都所在地建立忠烈祠，并得特准建立专洞、专坊或专碑。首都忠烈祠及专祠专坊专碑之建立经费，由国库支出之。

第八条 忠烈祠之入祠及纪念坊碑之建立，由内政部核准时定之。忠烈事迹特殊者及建有特殊勋绩者，入祀首都忠烈祠，并得同时入祀各省市县忠烈祠。入祀首都忠烈祠者，应经国民政府明令行之。保卫地方建有功绩者，入祀省忠烈祠，并得同时入祀市县原籍忠烈祠。其他忠烈行为，入祀原籍县市（院辖市或省辖市）忠烈祠。

第九条 忠烈祠应并祠古代名将及革命先烈。

第十条 忠烈祠设立及保管办法另定之。

第十一条 本大纲自公布日施行。

与此同时，《人民守土伤亡抚恤实施办法》也同步施行[18]，它如《公祭礼节》、《追悼会仪式》等亦陆续颁布，激励全国民众，拼死御敌，对全民抗战起到了正面、积极的效果，也为南岳忠烈祠的顺利建设提供了法制基础。

主体建筑分二期完成。1940年9月10日，即农历庚辰八月初九丙辰，南岳忠烈祠第一期工程正式破土动工，1941年10月，次第完成。

第二期工程（享堂、安亭战役纪念亭、广场、石阶等）于同年11月5日兴工，至1943年6月竣工。至此，除公墓区粗具规模外，全部南岳忠烈祠中轴线上主体工程与广场、石级、花坛等辅助配套工程全部完成，总造价1 863 075元，款项由国民政府中央、第六、第九战区与原湖南省政府四方负担，部分军政要员私人亦多捐助。（表2）

表2 南岳忠烈祠第一期工程及其预算

序号	内容	预算（元）	资料来源
1	牌坊	24 734.02	《南岳忠烈祠第一期建筑费拟定预算表》[19]中“附表2牌坊工程详细拟定预算表”
2	“七七”纪念碑	15 400.00	《南岳忠烈祠第一期建筑费拟定预算表》
3	纪念堂	60 373.45	同上
4	烈士公墓墓道	48 540.00	同上
注：合计199954.00元，其他包括：杂项、植树、自购材料、征地及管理人员俸给等。			

1943年7月7日抗战六周年纪念日，第九战区司令长官部举行了盛大的南岳忠烈祠的落成揭幕典礼，国民政府军政各界最高长官云集南岳。薛岳主持公祭仪式，即日起所有抗战阵亡将士一律奉准入祀。遵照《忠烈祠设立及保管办法》，每年7月7日公祭。1947年9月，“行政院”训令将每年一次祭祀改为春秋二祭，春祭3月29日，秋祭9月3日。

竣工后成立了“忠烈祠管理处”，委任南岳祝圣寺方丈空也法师，“承任保管，旋奉钧局正式委令，空也于三月六日入祠视事”[20]。

1944年2月9日下午，蒋介石由圣经学校赴新落成之“忠烈祠”视察，甚为壮丽。蒋谓：“此薛伯陵设计之功与办事之能也。”[21]

1944年6月24日，南岳沦陷。空也等“冒险守护，挪借撑持，殆至光复。后呈请辞职，未蒙批准。关于借垫给养应准补交。不幸空也上人于三十五年春逝世。复经南岳管理局长胡令，委静经接充保管委员职责”[22]。

中华人民共和国成立后，原忠烈祠管理处自行解散。祠宇及陵园先后由南岳特区、南岳管理局、南岳县、南岳区人民政府，授权文教科、树木园、园林局等单位管理。

[18] 湖北政法史志编纂委员会.武汉抗战法制文献选编.商务日报馆，1940-11：527—529.

[19] 湖南省档案馆复制全宗 目录 卷号（30—2—5），南岳文化局提供民国时文本复印资料，2010年4月5日上午。

[20] 南岳忠烈祠保管.僧释空也.南岳忠烈祠报告（也字第一号），1945-9-21.

[21] 刘松茂.湖南抗日战争日志.长沙：国防科技大学出版社，2005：219.

[22] 湖南省档案馆复制全宗 目录 卷号（27—1—143）“湖南省政府训令中华民国三十六年十月二十四日 据释静经呈称垫付忠烈祠费用请转饬据还，条仰查明办理由”，南岳文化局提供民国时文本复印资料，2010年4月5日上午。

1992年6月，南岳区人民政府将管理权属正式移交区文物管理所。

4. 破坏与复建

1944年6月24日，侵华日军侵占南岳，忠烈祠遭受第一次破坏。“空也仍著静经、复明及祠丁二人负责住祠看守，先将忠烈名册十本，择地珍藏。俟敌人登山掠杀，不得已，于八月三十日将祠内一切用具，寄存他处。静经退居懒残岩；复明带祠丁一人寄食广济寺，后迁祝圣寺，以便就近照管。……损失：祠内什物及门锁玻璃，损失大部，有册可查。所幸忠烈名册十本完全保存无恙。纪念堂仅损坏玻璃13块。至祠内外建筑物及阶道园圃，多为泥沙倾塞，或被敌人破坏，应请钧局派员查验”[23]。

[23] 南岳忠烈祠保管.僧释空也.南岳忠烈祠报告（也字第一号），1945-9-21.

第二次破坏在解放初。1952年秋，湖南省有关单位指示南岳特区政府，立即“清除”南岳各地的“反动遗迹”，时任特区副主席张怀一因认识不一，迟迟未予遵令施行，被认为严重失职。1953年春3月至5月，有关主管单位连下两道严令，责成南岳管理局（南岳特区政府改）迅速执行。南岳管理局组织南岳建筑工会数十名石工，于同年5月中旬始，分赴清除，6月上旬基本完成：关于南岳各处所遗留的反动标志及题刻，遵照你局文社字（53）第0262号函指示，毁竣事，并达到凿得与原石面大致平匀，不碍观瞻，不影响建筑物坚固的要求。全部工程共计石工297.5个，小工10个，工资5 147 500元……附送抄录反动题刻原文一本备查[24]。可见，所有石质碑刻、题字无一幸免。

[24] 唐未之，旷顺年.南岳忠烈祠.海口：海南出版社 1995：75—76

第三次也是最大的破坏，发生在“文化大革命”。1966年9月3日上午，“红卫兵”们有计划、有准备、有目的而来，国民党军官墓葬、烈士公墓，均属被摧毁之列。目前，仅第一四零师、第七十四军两座公墓各残留一座倾斜的墓碑、华表，第六十师残留一部分骨灰坛外，其余均遭毁坏。祠墓相依，本是南岳忠烈祠相得益彰、不可分割之部分，中华民族留下了永远的憾痛[25]。

[25] 唐未之，旷顺年.南岳忠烈祠.海口：海南出版社 1995：75—76

斗转星移，是非不分、黑白颠倒的年代终究会过去。随着时间推移，实事求是、以人为本的理性之风逐渐回归，国民政府正面战场积极抵抗的史实逐步得到全面、公正的认识。南岳忠烈祠无与伦比的历史文化价值和独具的现实意义，越来越被炎黄子孙所体认。

随着海峡两岸关系好转，瞻仰凭吊南岳忠烈祠世界各地的炎黄子孙与日俱增，修复忠烈祠的呼声日涨。20世纪80年代后，湖南省有关领导多次指示，应尽快修复南岳忠烈祠。

1982年初，南岳管理局将署款“蒋中正”的“忠烈祠”木质匾额修缮一新、归位，这是南岳忠烈祠众多题刻中的唯一原物。

1983年10月，南岳忠烈祠升为省级重点文物保护单位后，小规模修复工作展开。

1984年5月24日，中共中央总书记胡耀邦莅临瞻仰，称赞“这个建筑物搞得好，很有规范”，又说：“有的人为国家、民族生存而牺牲了，应该重视，应该纪念”[26]，并入享堂向烈士神位默哀致敬。

[26] 冯玉辉.南岳忠烈祠.抗日战争研究，1995（2）：230.

1987年秋，来南岳度假的30余位全国政协委员，在湖南省、市、区有关领导陪同下，专程晋谒了忠烈祠。应南岳区邀请，举行了修复座谈会，一致认为，尽快照历史原貌全面修复忠烈祠。

1992年6月，南岳文物管理所接管南岳忠烈祠，设忠烈祠管理所。成立以南岳区委、区政府领导为首的“南岳忠烈祠修复工作领导小组”，专责修复工作。

1995年7月7日，修复了郑作民将军和第七十四军两座大型墓葬。

1998、1999年国家投入110万元，维修了忠烈祠纪念堂、抗战烈士碑座，完成了忠烈祠安防第一期工程。2000、2002、2004年共投入160万元，维修了忠烈祠享堂及附房、140师烈士墓，完成了忠烈祠安防第二期工程、绿化改造工程，在纪念堂内举办了《南岳与抗战》专题展览，对管理所办公用房进行了改造。

在原忠烈祠各建筑、公墓上，镌刻着蒋中正、林森、何应钦、覃振、孔祥熙、白崇禧等60多位国民党党政军要员的100余处题词、挽联、悼文等，其史料价值高，是研究我国抗战史，激励民族奋发精神宝贵的财富，惜所有碑文题刻除蒋中正先生"忠烈祠"匾额外，全部毁坏殆尽。目前，因相关资料缺失，铭刻、墓葬等大部尚未能完全修复。

5. 南岳忠烈祠的设计意匠

(1) 南岳忠烈祠建筑图案说明

南岳忠烈祠中轴线上依次矗立牌楼、"七七"纪念碑、纪念堂、致敬亭、享堂，墓葬区有12座将军墓、7座公墓，它们是忠烈祠共同的主体。"七七"纪念碑、致敬碑及墓葬为纯石结构，其余建筑以砖、木、石、钢等混合结构为主，石墙（或青砖墙外贴石材，以节约石材）绿瓦。整个建筑群尺度和谐、比例严谨、施工精谌，体型组合、色彩运用、材料表现和细部处理上，均表达出庄重、宁静的氛围，完美地体现出英烈们永垂不朽的精神。

大门：通称牌坊，实际是由传统三间四柱、柱不出头、三楼牌楼形式变化而来，主要结构为石木、局部用青砖，淡暖灰色花岗岩墙身，绿色琉璃瓦庑殿顶，冷灰色水泥粉刷脊（内部青砖砌筑），端部脊饰为简化的几何回纹。每间一个半圆形壶门，半圆形门额上雕饰简化的惹草纹。明间较两次间高大，正中壶门上竖立祁阳白石额，镌"南岳忠烈祠"五字，原国民党第九战区司令长官兼湖南省政府主席薛岳题写。

石质墙身下部须弥座式，上部模拟大、小额枋两层木构，额枋表面浮雕出简洁的彩画样式；明间墙面突出，其端部又再向两侧凸出，擎顶伟构，庄重、雄伟；加以中央匾额的点睛之笔，构筑出完美的纪念建筑氛围。屋顶木构，石质墙身之上是三角形木架屋顶，水平向木梁底部采用"四分厘檐璜板及封檐板"封闭；其上"10厘米×10厘米椽子中距10厘米"，现状有椽子、飞子（原图纸有椽子、无飞子），角部撒网椽，屋顶举折适度，效果凝重。牌坊体量适当，主次分明，手法简练，色彩庄重，是相当成功之作。（图4）

图4. 忠烈祠牌坊

次间西侧，有近年新建的管理房一间，造型、做法、材料均模仿牌楼大门而得，唯采用低一等级的歇山屋顶。管理房离开牌坊单独设立，距离较远，体量低矮，比例恰当，对原牌坊影响甚微，较为成功。

可惜的是，牌坊外近年来修筑的山路地坪远超牌坊，走下坡，入大门，相当不便，更改变了历史环境，极大地破坏了纪念性氛围，应早日复原。

"七七"纪念碑：入牌坊，石道如砥，总宽七米，"七七"纪念碑在中轴线上、广场正中，立于三层方形台基之上的是五颗指向苍穹的炮弹，中间一颗尤为巨大，直指蓝天；在碑的正前方、东、西三侧的青石碑上，均用汉白玉镶嵌"七七"两字，象征1937年7月7日芦沟桥事变日本全面侵华，与此同时，全体中国人民携手抗日，共赴国难。（图5）

碑后面是薛岳题写的碑铭如下。

图5. "七七"纪念碑

"七七"纪念碑铭

寇犯芦沟，大波轩起；捐躯卫国，忠勇将士；正气浩然，彪炳青史；汉族复兴，永湔国耻！

纪念碑通体采用一种花岗岩（当地通称麻石）砌筑，比例精当，施工精致，造型象征我国四面八方的民众，汉、满、蒙、回、藏等各族人民，必须永远牢记“七·七”国耻，团结一心、保家卫国，凝聚武力、痛击敌寇的深刻寓意。

纪念堂：“七七”纪念碑正对纪念堂，依顺山势，二层台基之上，体量不大，但气势伟岸。堂三开间，明间又有三个半圆形壶门，门额浅雕简化的惹草纹，正中与两侧纹饰略有不同，明间实墙面较少；次间墙身开腰窗（“三交六椀”格子，半圆形窗额浅浮雕惹草纹，与明间两边壶门同），实墙面较多、且前凸，较好地突出了中间主体。

图6. 纪念堂

墙体通体石质，下部简饰须弥座，刻出腰线；上部额枋上雕刻出简化的彩画，枋心无雕饰，明间大小两层额枋，次间仅单层大额枋，主次分明。纪念堂满堂天花藻井，50厘米×50厘米方格（板条宽13厘米），素白灰顶，除石膏线外无任何雕饰，肃穆、庄严。歇山顶收山较大（约稍间的五分之二），颇具元以前古建风格，45°等边直角三角形钢木混合屋架。屋顶山面简单的排山沟滴，山面板外灰塑山花蕉叶。（图6）

与牌坊一样，水平向木梁底部采用“四分厘檐璜板及封檐板”封闭；其上“12厘米×12厘米椽子中距12厘米”，现状有椽子、飞子（原图纸有椽子、无飞子），角部撒网椽。纪念堂同样采用淡暖灰色花岗岩墙身，绿色琉璃瓦顶，冷灰色水泥粉刷脊（内部青砖砌筑），端部脊饰为简化的几何回纹。

纪念堂明间正中木质鎏金堂额“纪念堂”本为国民政府主席林森所书，1953年被毁，现为前民革中央副主席屈武题写。

图7. 纪念堂碑记

明间中立巨碑。石质圭脚上为须弥基座、碑身、碑首三部，碑首卷云纹饰。上刻薛岳书撰的《南岳忠烈纪念堂碑记》，扼要介绍了建祠的历史背景、经过。（图7）

南岳忠烈纪念堂碑记

中华民国二十六年七月七日，我中华民族崛起抗倭之神圣战争。在总裁领导之下，举国奋袂，人人效死。我前线将士，莫不忠义愤发，亿万一心，以与强寇相周旋。四载以还，五洲瞠视，三岛震骇，最后胜利之必得，已操左券。而我成仁将士，以大无畏之精神，保卫国土；以最宝贵之生命，换取光荣，开创亘古未有之伟绩，尤为万代所崇敬。余忝总戎，转战北东南各战场，目击成仁将士前仆后继、视死如归之忠勇，未尝不肃然动容！而一念及浴血糜骨之壮烈，则又未尝不沧然出涕！不有纪念，曷展素诚?乃请准中央，分颁巨帑，即就南岳辟地建墓，以安忠骸。而祠堂先后落成，永标大节，礼也。尔者，名山片石，作万丈之光芒；浩气雄风，历千秋而不朽，精灵所积，蔚为国魂；仰止之余、当起顽懦。斯又岂止崇德报功已哉。是为记。

堂东、西两稍间为《南岳与抗战》陈列展，用大量图片、文字及实物资料，详述抗战期间的四次南岳军事会议；国共第二次合作两党在这里举办三期“南岳游击干部训练班”等内容。

致敬碑： 过纪念堂为登山石阶，东、西两侧平行石磴共276级，分段而上，气势宏伟；中间草坪用白色大理石片镶嵌“民族忠烈千古”六个大字。致敬碑又称安亭战役纪念碑，是为纪念第十九集团军在上海淞沪会战最后一次战役——“安亭战役”中牺牲的将士而建。碑石构，二层石台阶，基座较高，四面束腰原均有碑刻，现为素面石板，留待未来；四角部有45° 斜置的涡卷，与我国传统的抱鼓石有相似之处。整体造型四柱亭式，顶部中起半球形穹窿，西洋风格显著。四角有球形石灯及低矮栏杆。碑的右侧竖立小石碑，碑顶刻国民党党徽及“游人到此，脱帽致敬”铭刻。（图8）

图8. 致敬碑，又称安亭战役纪念碑

享堂： 拾级而上，就是享堂，为祠宇最主要建筑，祭祀之所。享堂“十”字平面，歇山顶，钢木结构，立面南（正）面墙身整体分上、下两段，上虚下实，下部类基座，上部落地红窗、白色水泥立柱，近观尚显比例合适，然远观仰视时因前部台基的遮挡，下部基座几乎不见；同时上层立柱、红窗在绿树丛中过于轻盈、显目，效果略显秀丽而缺乏壮丽，殊为可惜。无论从现状效果看，还是对比享堂正立面、侧立面设计图，都可以看出，享堂侧面图总神位部位，全部实墙，效果比南侧开窗显然要好，设想如果享堂上、下完全一体，均为厚重、高大的石质墙体，定当更为雄壮，更合于纪念建筑之个性！

明间凸出之歇山屋面朝前，与主体屋顶采用勾连搭做法。明间下部开三个半圆形壶门，门额浅雕简化的惹草纹，正中与两侧纹饰一致。上部五开间，完全开敞，立柱额枋下抽象的雀替，额枋表面浅浮雕简化的彩画，柱头模拟出跳的梁头，享堂门、窗格子均采用抽象的“三交六椀”，简朴、大气。明间正中悬挂“忠烈祠”匾，落款蒋中正。

墙体采用麻石、混凝土、青砖，45° 钢木混合屋架。与牌坊、纪念堂等做法一样，水平向木梁底部采用“四分厘檐璜板及封檐板”封闭；其上现状有椽子、飞子，角部撒网椽。享堂内部采用满堂天花藻井，白灰抹面，石膏线脚，其下柱间梁枋表面装饰简化的回纹，氛围素雅、庄重。（图9）

享堂中厅北部突出处为讲坛。坛后竖立巨牌，刻第一、第三、第九三大战区数十次战役阵亡将士神位，居中设“抗日阵亡将士总神位”，正对入口大门，通体汉白玉，中嵌三块黑色牌位。神位采用古代牌坊造型，柱出头、冲天柱式，并有简化的三“楼”。东、西两侧为办公、管理、储藏用房。总神位处为歇山屋顶，与中间大厅主体部分屋顶勾连搭。

现神位两侧竖立碑刻，包括孙中山先生遗训、国民党党政军要员题词及部分阵亡将领（如刘家麟、佟麟阁、赵登禹、张自忠、郝梦龄、冯安邦、寸性奇、赖传湘、王甲本、夏国璋等）简历。值得指出的是，祠内所有抗日阵亡将士均已被各级人民政府追认为革命烈士。（图10）

图9. 纪念堂享堂

图10.纪念堂享堂内景—抗日阵亡将士总神位

墓葬区：祠宇周围为墓葬区，原设东、西两区，可安葬将级27座、校级60座、尉级192座，士兵墓地另定之。其造型，按军阶分甲、乙、丙、丁、戊五种，任烈士家属、亲人选择。因抗战进入第二期，湘北会战开始，战事频繁，又因空袭、交通不便等，建成的墓园未达规划规模，入祠墓者以第九战区殉国将士为主。其中：东墓区自上而下依次为章亮基、赵绍宗、胡鹤云、第一四零师阵亡将士、郑作民、廖龄奇、陈烈浩、陈炳炽等8座墓；西墓区从上至下为第六十师阵亡将士、罗启疆、第七十四军阵亡将士三座墓；祠宇左前方为孙明瑾墓。华严湖旁有第五十四军阵亡将士、第五十三师阵亡将士和陈石经墓等。可痛惜者，忠烈祠现存20座墓葬都遭到程度不同的破坏，今已部分恢复[27]。（图11）

图11-1. 忠烈祠周边之七十四军公墓纪念碑图

图11-2. 孙明瑾将军墓

[27] 南岳文化局.忠烈祠（全）

（2）忠烈祠建筑设计意匠

关于忠烈祠筹建缘起、梗概、经过等，民国时《大公报》以《南岳忠烈祠建筑工程全貌》为题，于1943年7月18日至20日，进行了较详细的连载：

南岳忠烈祠建筑工程全貌

湘省南岳忠烈祠，面积约二三五市亩，建筑费120余万元（按：应为187万余元）。二十九年九月兴工，本年七月全部建筑完成。七·七抗战六周年纪念日，举行落成典礼。所有全部工程，建筑工程处编有"纪略"一种，作为简明报告。兹采志如次：

南岳忠烈祠建筑工程纪略

一 缘起

溯自芦沟桥变起，抗战军兴，全国人民，抱誓死不屈之决心，为争民族自由而浴血，为谋人类和平而捐躯。死事将士，忠昭日月，义薄云霄。各地宜建专祠奉祀，以彰先烈，而励来兹。中央固已早有明令第九战区司令长官兼湖南省政府主席薛，以南岳为全国名山，三湘砥柱，最高领袖于兹数策军谟（按：指蒋介石在南岳召开过四次军事会议），屡决胜算。似此举世瞩目之重地，尤应建立祠宇，俾忠魂得所凭依，共垂不朽。爰于二十九年三月，成立建筑南岳忠烈祠筹备委员会，聘赵议长恒惕为主任委员，余厅长籍传为副主任委员，李前秘书长杨敬，廖前书记长维藩，曾高级参谋举宜为委员（按：委员尚有民政厅厅长陶履谦和财政厅厅长胡善恒二人）。并于四月成立建筑南岳忠烈祠工程处，以余副主任委员兼处长。是年六至七月，经各筹备委员之几度勘察，择定南岳香炉峰下罗家圫附近为建筑地址，约计二百三十五市亩。即由南岳林垦局会同衡山县政府征购土地，由工程处测绘祠址地形，并设计全部建筑图样章则，呈奉核定分期施工。

二 设计

全部建筑计划，由牌坊为全忠烈祠正门，经大广场而达纪念堂。广场满覆草地，界以交通道。道路中建七·七纪念碑，作炮弹形，以象征武力御侮之意。纪念堂中厅，竖立忠烈祠纪念碑，两侧辟战利品陈列室，并于壁间嵌列各

军政长官之题词石刻。纪念堂以上接建平行纵列石级两道，直达厅堂——礼堂，即忠烈祠正殿，奉抗日烈士神位，内可容五百座位，作集会之用。四角各有休息室，以供休憩。又安亭战役，牺牲壮烈，关系抗战前途至巨，特于石级间广场中建亭，以资纪念。至祠之两旁山地，则辟为烈士公墓区。墓区就自然坡形，划阶级式墓地，而连以墓道，分将、校、尉官三级，约可入葬三百人。墓道长约五公里。此外，木石桥梁、园地沟深（渠）、道路等杂项工程，为环境布置及泄水、交通设备（施），皆按实际需要而设置。全部祠址及墓道内树木花草，则由前南岳林垦局即现南岳管理局设计种植。至主要建筑物，系仿宫殿式，并就地尽量采用国产材料，以简朴庄严为主。

三 施工

整个工程，因经费所需过巨，系分期进行。第一期，包括牌坊、纪念堂、七·七纪念碑及烈士墓道土基等工程，于二十九年九月开工，次年十月全部完成。第二期，包括礼堂、阶栏、石级、广场等工程，于三十年十二月开工（按：工程处其他资料均为十一月五日开工），本年七月完竣。在工程进行期间，牌坊、七·七纪念碑及纪念堂之基脚，或于五公尺深之地下起砌石脚。又纪念堂通礼堂之石级，亦因土质过松，且依山势倾斜。屡为大雨冲毁。他如石墙石拱、神座门窗，类皆雕细琢工，不免材料工多；加之半山，冬季风雪较多，工作不易，故施工颇感困难。又第二期工程举行之初，因虑物价之波动，曾将全部工人所需食谷及主要材料加钢筋、水泥、砖瓦等，统筹预购，以期减少包商（们）对于包价所受物价之影响，使工程得以顺利进行。不意开工后，叠团湘北会战，工人屡散屡聚，浪费时日甚多。又因近一年来，物价高涨更甚，工人要求增加工资，迭次发生怠工情事，致工程进度，难如预计。又烈士公墓墓道，因经费有限，仅完成土基工程，将来尚须加修路面，俾臻完善。礼堂及石级间之树木花草，及两侧数处庭园布置，因建筑工程甫竣，春令已过，待今岁秋冬，方可补植。兹将各项工程承包商及工程进行期间已列之表（下略）。

四 经费

全部工程经费，拟分二期拨发。第一期预算二二二，一三O.O九元（按：原为20万元），除由第六战区司令长官陈捐款1万元及第九战区司令长官部拨款10万元外，余由湖南省政府筹拨。第二期原预算三六七，四九六.OO元，由第九战区司令长官部及湖南省政府各拨半数，另由公路局拨用钢筋、水泥八吨，作值三四，二九八.六O元。旅因工程开标结果，超出预算，追加一二四，九一八.一二元。施工期内，先后奉准增加工资米贴一四九，六OO.五O元，工程包价一八九，OOO.OO元。此外，增加零星工程及植树费九一，二四八.O五元，工程事务费四四，五七一.OO元，合计“一，O二二，六四三.三七元。两项共计一，二三四，七四八.四六元。除安亭（战役）纪念亭由第九战区司令长官部直接拨款外，兹将本处经办各项工程经费分配有所列表，兹不赘述。

南岳忠烈祠的规划设计思想与南京中山陵颇多相似之处，故众多学人都将忠烈祠视作“小中山陵”。

总体规划而言，南岳忠烈祠主体建筑中轴对称，依据山势，层层而上，墓葬区环绕在享堂周围，确与中山陵规划布局相似。

单体建筑来说，南岳忠烈祠大量采用同一石材、屋顶用同一种琉璃瓦，色彩纯净；石材表面有抽象的浮雕、简洁的彩画；门窗简化的“三交六椀”格子，立面开门窗较少、实墙面多等，亦与中山陵单体手法类同。唯牌坊造型更近于广州中山纪念堂大门而非中山陵博爱坊，愈显凝重，更合于抗战忠烈之祭祀性格；屋顶是绿色而非蓝色，以寓英烈长青之意。忠烈祠总体规划、单体建筑设计颇为成功，可圈可采之处甚多。

当然，南岳忠烈祠享堂设计亦有遗憾。譬如，其所有单体雕饰比较起中山陵更为简单，用材质量亦稍次；屋顶构架与墙身之间的过渡属权宜之计，稍显粗糙；尤其是享堂主立面秀丽有余，而庄重不够等。主要原因还在于战时情境，财力、人力所限；也是战事紧迫，无法统筹全国之人力、物力，而偏于地方一隅之故。

（二）杭州钱塘江大桥

1. 概述

钱塘江大桥是浙江省南北铁路、公路交通要冲，直至今天仍担负着繁重的运输任务。大桥位于杭州西南闸口月轮山边，临近钱塘江北岸月轮山上的六和塔，古朴高耸的宝塔与现代彩虹般横跨的大桥相映成趣，风景优美。

该大桥是我国第一座自行设计、自行建造的公路铁路两用桥，为浙赣铁路的重要桥梁，属现代大型工业项目，也是中国开始走向工业化的标志之一。大桥的建成，在我国桥梁工程史上树立了一座不朽的丰碑。

2005年，钱塘江大桥与国民革命军陆军第八十八师淞沪抗日阵亡将士纪念坊、淞沪抗战国军阵亡将士纪念碑等一批优秀的近现代重要史迹一起，被公布为浙江省级重点文物保护单位[28]。（图12）

[28] 陈炜，葛婷婷.钱塘江大桥名列其中.杭州日报，2005-5-12（1）

图12. 钱塘江大桥全景（现状）

2. 建设缘起

钱塘江横亘浙中，分浙江省为浙东、浙西两部分。波涛汹涌的钱江潮因壮丽景观名闻遐迩，也确是交通的一大障碍，古称天堑。在钱塘江上架桥，千百年来一直是人们的梦想。

1909年，沪甬杭铁路上海至杭州闸口贯通。1914年，曹娥江至宁波段通车。1929年，浙江省筹建杭江（杭州至江山）铁路。1932年12月，萧山西兴至金华段开通。由于钱塘江天堑，铁路、公路无法衔接，单凭轮渡的运送能力，无法满足浙江及周边省市的经济发展，钱塘江架桥势在必行。

1932年冬，时任浙江省建设厅长的曾养甫（1925年取得美国匹兹堡大学工学士学位）目睹民众渡江之艰辛，更坚定了建桥设想[29]，经轮渡、隧道、桥梁三方案比较，一致认为建桥最经济，运行安全可靠，适合国情，也符合战略要求[30]。

有关钱塘江大桥的建设缘起，杭州浙赣铁路局局长杜镇远对茅以升的邀请函有简洁的说明："浙赣铁路已由杭州通至玉山，一两年后就可通到南昌。全省公路已达1 500公里，正向邻近各省联接。钱塘江一水，将浙省分成东西，铁路、公路无法贯通，不但一省的交通受了限制，而且对全国的国防与经济文化也大有妨碍。建设厅厅长曾养甫想推动各方，在钱塘江兴建大桥，现在时机成熟，拟将此重任，寄诸足下，务望即日来抗，而商一切……"[31]。

浙江公路局局长陈体诚的信，富于激情："我国钱路桥梁，过去都是外国人包办的，现在我们自己有造桥机会，千万不可错过！"

曾养甫更明言："钱塘江上造桥，是全体浙江人多年的愿望"；"一定要把桥造好，作为我们对国家的贡献！"[32]

[29] 谢晖.曾养甫与钱塘江大桥.文史春秋.1999（3）：71.

[30] 钟光明.中国桥魂茅以升与钱塘江大桥.交通建设与管理.2009（6）：3

[31] 茅玉磷，孙士庆.中国桥魂——茅以升.北京：科学普及出版社，1991.

[32] 孟宪明.华人十大科学家.郑州：大象出版社，2001.

3. 建设历程

1931年12月，曾养甫出任浙江省建设厅厅长。他依据浙省实际，以发展交通为重点，知难而进，计划建造钱塘江大桥。为掌握第一手材料，他先在建设厅内组建专门委员会，延揽专家，从事研究及钻探。历时6个月，收集了大量的水文、气象和地质等资料，经多次论证，通过了建桥的可行性报告[33]。

1933年3月，任教于北洋大学的茅以升收到胞弟茅以新的电报，说浙江省建设厅厅长曾养甫请其速去杭州约谈钱塘江建桥事；杜镇远（唐山路矿学堂同学）、陈体诚（留美同学）来信尽力劝说，促其接手建桥。

茅以升立即赴杭，面见曾养甫，相谈甚欢，并实地勘察、研究资料，结论建桥可行。约定回津后辞去北洋大学工学院教职，学期结束来杭。同年8月，茅以升就任钱塘江桥工委员会主任委员，筹备建桥[34]。接着浙江省政府又成立钱塘江桥工程处，茅以升任处长。

桥工处着手组织建桥的领导和技术班子。聘请罗英任总工程师，梅旸春、李学海、李文骥、卜如默等四名资深工程师各负其职。随即展开大桥工程设计。稍后变更为铁道部与浙江省合作建桥，桥工处改双方共管，铁道部与浙江省各派代表一人。

大桥公开招标承建商，四家公司中标，正桥钢梁，英国的道门朗公司中标；正桥桥墩，丹麦人康益的康益洋行中标；北岸引桥和南岸引桥的中标者分别是中国的东亚建筑公司和新亨营造厂。

1934年11月11日上午9时，“钱塘江大桥开工兴建。由浙江省政府与铁道部合建，本日，在沪杭路终点闸口举行开工典礼。京沪杭各界千余人参加典礼。曾养甫任主席主持，他致词称，‘此桥完成，非特贯通浙东、浙西与贯通沪杭甬路，即东南各省铁路公路之交通均将以此为枢纽，其在经济、国防、文化上之意义，重大可知’（南京《中央日报》1934年11月12日）。钱塘江铁桥为大桥工程处处长茅以升等设计，采铁路公路并用之双承式，下层行驶火车，上层为公路与人行道，全长1 322米，正桥16孔，南北引桥4孔，在本国桥梁建筑中尚属首创。需经费500万元，由铁道部与浙江省政府各半承担。铁道部向中英庚款及中国建设银公司借贷。浙江省府则借用中英庚款”[35]。

实际上，直到1935年4月6日，大桥才正式开工[36]（或云：1935年1月正式动工兴建[37]）。

1937年9月26日清晨4时，第一列火车缓缓驶过钱塘江大桥。“中国在杭州建成由本国工程师茅以升设计监造的第一座大型公路、铁路两用桥——钱塘江大桥，全长1 453米。”[38]

因沪淞战事趋紧，日寇逼近杭州，钱塘江桥是唯一的撤退后路，为抗战立下了不可磨灭的功勋[39]。1937年12月23日午后5时左右，大桥被茅以升亲手炸毁；抗战胜利后，又经茅以升亲自修复。

抗战胜利后的1946年9月，开始初步修桥施工。1947年3月1日，公路通车，恢复了大桥双层桥功能，但火车限速10公里、汽车15公里内，且火车与汽车不能同时过桥。其后的正式修复设计与施工，由中国桥梁公司上海分公司承办，总工程师汪菊潜。但因时局变幻，内战正酣，修桥经费时断时续，进展十分缓慢。而大桥全面修复通车，时在中华人民共和国成立后的1953年。

茅以升几十年来一直精心保存着14箱钱塘江大桥的水文、地质、气象、设计、施工、器材及竣工图纸等资料。这些资料分三部分：①工程报告。②专刊、汇稿。③工程摄影，经茅以升亲自分类编目装订成册，连照片、底版全用玻璃纸包好，配上彩色封底、封面。1975年9月6日，茅以升先生将资料献出[40]。这些珍贵档案和信件，几经辗转，于1978年经省交通厅转到浙江省档案馆[41]，重新整理成13卷（也有研究者云，这些资料解放后先交给了上海铁路局档案管理科保管[42]，茅以升回忆亦如此）。这些档案不仅在经济、科技建设中发挥了宝贵作用，更是一笔无与伦比的精神财富。2001年，浙江省档案馆将《钱塘江大桥工程档案》申报中国档案文献遗产[43]。

1997年10月7－8日，纪念钱塘江大桥通车60周年暨茅以升建桥纪念碑揭牌仪式举行，并开展了座谈会、茅以升遗作《桥话》首发式、茅以升展览等一系列纪念活动。

[33] 谢晖.曾养甫力主建钱塘江大桥.民国春秋.2001（1）：40.

[34] 茅青.茅以升：亲手炸毁钱塘江大桥.新阅读.2009（11）：24.

[35] 蔡翔，孔一龙.11月11日钱塘江大桥开工兴建.中国二十世纪通鉴（1901—2000），第二册，第七卷（1931—1935）.线装书局，2002.

[36] 茅玉磷，孙士庆.中国桥魂——茅以升.北京：科学普及出版社.1991

[37] 钟光明.中国桥魂茅以升与钱塘江大桥.交通建设与管理.2009（6）.

[38] 曹世文.20世纪大事记.北京：国际文化出版公司，1991.

[39] 孟远.茅以升与钱塘江大桥的故事.世纪风采.2008（3）：43.

[40] 胡晓阳，李军.茅以升和钱塘江大桥档案.中国档案.1996（9）.

[41] 国家档案局.档案工作情况.1981（11）.

[42] 陆锦章.钱塘江大桥档案的整理工作.档案学通讯.1982（4）.

[43] 徐华美.茅以升与钱塘江大桥工程档案.浙江档案.2001（12）：35.

[44] 韩杰.我国大跨径桥梁建设已拥有世界先进技术.中国交通报.2002-9-27.

[45] 延宏.纪念钱塘江大桥通车70周年大会在杭州举行.科技日报.2007-11-1.

2002年9月26日，钱塘江大桥通车65周年纪念大会暨“21世纪桥梁技术发展论坛”，在浙江省杭州市隆重召开[44]。

2007年9月26日，纪念钱塘江大桥通车70周年大会，在浙江省人民大会堂举行[45]。

4. 钱塘江大桥的设计意匠

(1) 建筑图案说明

钱塘江大桥全长1 453米，高71米。江中16孔正桥，每孔跨距67米，计长1 072米。6个桥墩在岸边，9个在江心石层很深、流沙40多米厚处。北岸引桥288米，南岸引桥93米。

大桥采用双层联合桥型，下层是单线铁路桥，上层是双线公路桥和人行道。全桥各部比例协调，方、圆配合，色彩调和，主次分明，浑然一体。北岸引桥背山面水，附近有六和塔胜迹。桥头两侧绿化，辟为钱塘公园。大桥完工后决算540万元，合美金163万元[46]。（图13）

[46] 茅玉磷，孙士庆.中国桥魂——茅以升.北京：科学普及出版社，1991.

图13-1.杭州钱塘江大桥之南岸引桥

图13-2.杭州钱塘江大桥之北岸引桥局部

图13-3.杭州钱塘江大桥之北岸引桥局部

图13-4.杭州钱塘江大桥之桥墩局部

图13-5.杭州钱塘江大桥之桥墩局部

(2) 建筑设计意匠

清光绪初年（19世纪70年代），我国开始修建铁路，至钱塘江大桥修建，历时约60年。在中国大地上，没有一座现代化的大桥是由中国人自行设计和主持修建[47]。

[47] 郭梅尼.生当作人桥——桥梁专家茅以升.沈阳：辽宁教育出版社，2000.

钱塘江水文地质条件复杂，乃著名险恶之江，不仅受上游山洪暴发影响，还受下游海潮涨落的制约，若遇台风，江面常逞汹涌翻腾之势。江底流沙厚达41米，变迁莫测。因此，民谚“钱塘江上架桥——办不到”、“两脚走过钱塘江”等，工程技术界也认为钱塘江架桥十分困难。曾养甫发起，茅以升、罗英等技术人员寝馈于斯，志在必得，巧妙采用“射水法”打桩、“高压沉箱法”、“浮运法”等多种技术方法，在规定工期内高质量完成大桥施工。

大桥建成后，为抗战做出了杰出贡献。建桥纪念碑文记录了这段悲壮的史实：

“时值抗日战争爆发，在敌机轰炸下昼夜赶工，铁路公路相继通车。支援淞沪抗战、抢运撤退物资车辆无算，候渡百姓，安全过江，数以数十万计。当施工后期，知战局不利，因在最难修复之桥墩上预留空孔，连同五孔钢梁埋放炸药，直至杭州不守，敌骑将临，始断然引爆，时一九三七年十二月二十三日。当时先生留下‘不复原桥不丈夫’之誓言，自携图纸资料，辗转后方。”

钱塘江大桥是我国桥梁建筑史上的一座里程碑，又是我国桥梁工程师的摇篮。大桥向全世界展示了中国科技工作者的聪明才智，展现了中华民族自立于世界民族之林的能力。以茅以升先生为首的我国桥梁工程界先驱显示出伟大的爱国主义精神，排除一切艰难险阻、勇往直前、敢为人先的科技创新精神，永远激励我们为祖国的繁荣富强而不懈奋斗[48]。

[48] 张化本.茅以升与钱塘江大桥.光明日报.2002-8-22.

中国自古以来就以善造桥梁闻名于世，无论古今中外，稍有建筑史常识的人，有谁不知道赵州桥、卢沟桥的鼎鼎大名呢？不过，时代在发展，世界在进步，随着社会环境的变迁，中国的石拱桥、索桥等等，远远不能满足时代的需要了。在这个意义上，钱塘江大桥即是学习西方现代文明的产物，也是续写桥梁大国的变革篇章。之后的岁月里，武汉长江大桥、南京长江大桥等，莫不以其为开时代先河的楷模。

（三）重庆黄山抗战建筑群

1. 概述

重庆是我国著名山城和重要历史文化名城。1937年12月至1946年5月，重庆是国民政府与国民党中央的所在地，共8年零5个月。因此，作为全面抗战时期的陪都，在我国近代史上占有特殊的历史地位，并形成“爱国”、“战斗”、“奉献”、“乐观”、“合作”的四川精神。

抗日时期的陪都重庆，是大后方政治、经济、文化中心，又是第二次国共合作和抗日民族统一战线的重要政治舞台，抗日战争正面战场的军事指挥中心，也是世界反法西斯同盟国远东重要指挥中心。1940年9月6日，国民政府颁令“明定重庆为陪都”[49]，“定为陪都是给重庆以久远的地位”[50]。

抗战胜利后1946年4月30日，国民政府颁布《还都令》，定于5月5日还都南京[51]。蒋介石代表国民政府公开声明“还都以后，重庆将永久成为中国之陪都且需特设机构，推进建设”[52]。由此，重庆留下了大量的抗战的历史遗迹，黄山抗战建筑群可为代表。

[49] 新华日报.1940-9-7.

[50] 彭伯通.抗日战争时期国民政府移驻重庆有关文献.重庆市中区史志通讯创刊号.1985-7..

[51] 档案史料与研究编辑部.国民政府明定重庆为陪都史料一组.档案史料与研究，1989（1）：18.

[52] 中央日报.1946-2-6.

黄山与涂山、汪山共同组成重庆南岸区南山风景区，区内文物古迹众多，地势隐蔽险要，森林茂密，景色秀丽，为避暑胜地。黄山位于风景区东端，平均海拔540米，有多处制高点俯瞰山城及两江（长江、嘉陵江）交汇。

陪都黄山遗址为战时国民政府的政治活动中心。蒋介石等国民党军政要员在黄山设官邸，国民政府的一些重要机构（空军司令部，中央秘密国际电台）及苏、美、英、法、德、比、荷等国使领馆也分散在黄山、汪山一带。抗战时，日本帝国主义对重庆进行了长达数年的轰炸。布置于多个山头的防空炮兵，在反击日寇的空袭中发挥了重要作用。

黄山建筑遗址是重庆陪都历史文化的重要组成部分，遗址建筑较集中，保存基本完好，含云岫楼、松厅、松籁阁（宋庆龄准备的住处）、云峰楼（何应钦住宅）、孔园、草亭、莲青楼、黄山小学、空军司令宅、侍从室及望江亭（已毁）、长亭（已毁）、半月亭（已毁）、六角亭（已修复）；尚有供蒋介石及高级要员使用的防空洞、发电房和沿山脊布置的防空炮兵阵地等[53]（表3）。

2000年9月，黄山陪都遗址公布为重庆市级重点文物保护单位。【图14】

[53] 黄光宇，李和平.山地历史文化遗产的保护观念——论重庆黄山陪都遗址的保护与开发.城市规划.1998（3）：43—45.

2. 建设缘起

1937年8月13日9时30分，淞沪抗战爆发。至11月22日，所有国防工事沿线的重要据点，全部沦入敌手，国民政府军向浙江、江苏、安徽等地撤退，日军兼程合围，直逼南京[54]，首都南京危如累卵。

[54] 张同新.陪都风雨——重庆时期的国民政府.哈尔滨：黑龙江人民出版社，1993.

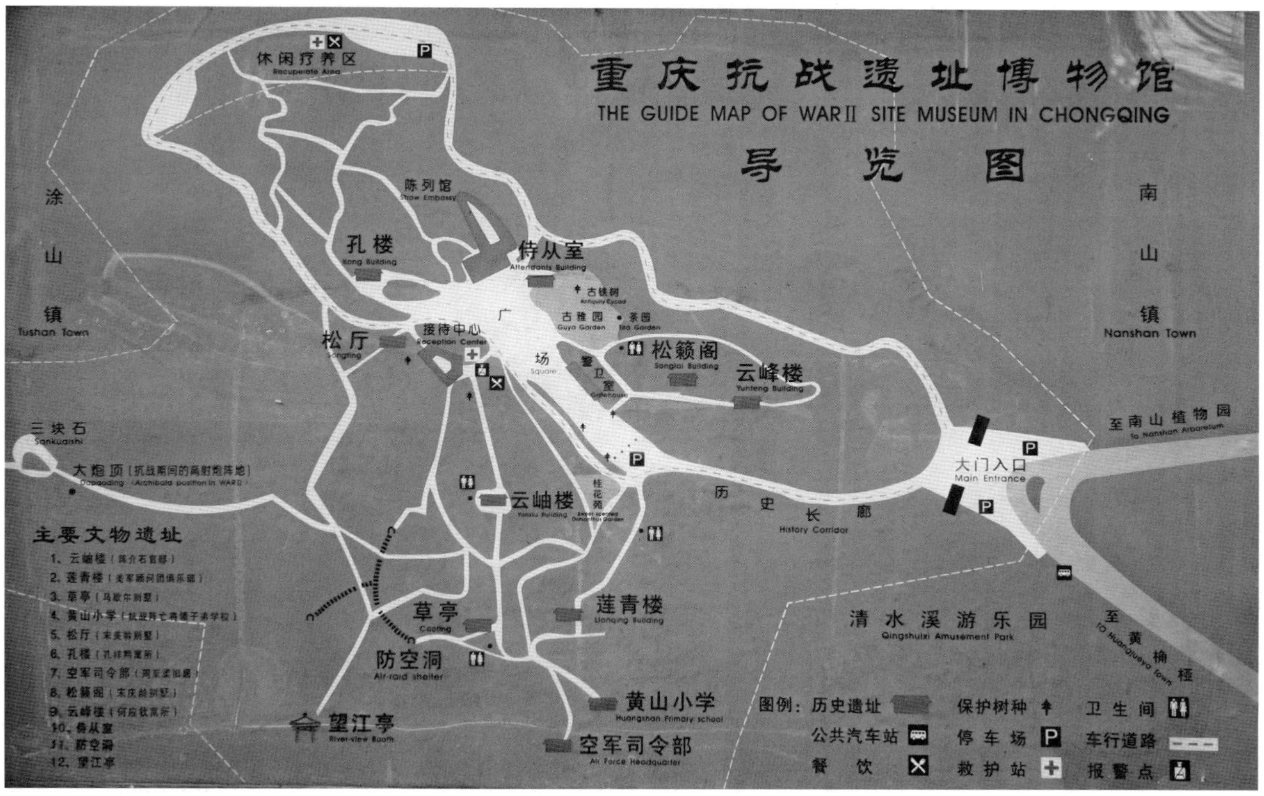

图14. 黄山区抗战遗址分布图

此前的1936年10月29日，蒋介石在南京主持召开国防最高会议，以预作全局退却部署，并作了题为《国府迁渝与抗战前途》的讲话[55]，提出“四川为抗日战争的大后方”，择定“重庆为国民政府驻地”[56]。实际上，为利于抗战早在1935年10月8日，蒋介石在成都讲演：“只要我们四川能够稳定，国家必可复兴。”因此，“国府迁渝并非此时才决定的，而是三年前奠定四川根据地时早已预定的，不过今天实现而已”[57]。

1937年11月16日，国民政府主席林森漏夜登船，先行离京而赴渝，以70岁高龄“只身入蜀，义无反顾”。1943年8月1日下午7时，林森主席在重庆双河桥官邸四号楼卧室逝世。林森主席曾“立下遗嘱，对未能见到中国抗日战争的胜利十分遗憾，希望全国人民精诚团结，同心御侮”[58]。毛泽东曾云“林公领导抗战，功在国家”[59]，予以高度评价。

1937年11月20日，战局不利，国民政府即日移驻重庆，并于当天发布《国民政府移驻重庆宣言》[60]。当然，除直接迁移重庆外，在国民政府西迁重庆过程中，一些主要职能部门，如军政、外交、财政、交通等部门都曾暂驻武汉、长沙等地，武汉战事吃紧后，再迁重庆[61]。

大批中央、地方机构、厂矿企业避敌入川，重庆市民、团体纷纷让房、让地，搬迁转移，切实支持。国民政府选址于省立重庆高级工业职业学校。在八年抗战、十年陪都的岁月，重庆是国民党执政并获得国际承认的合法所在，成为中华民国岿然不屈的象征。

1938年初，先期抵渝的国民政府即着手为日后蒋介石率领的军委会机构，觅设办公场所。“为避免日机轰炸，比较安全，侍从室选中了黄山这块地方，从乡绅黄云陔手中购来为蒋介石修建官邸。”据此，形成以蒋介石住址云岫楼为首的国民政府高官居住、办公区，驻华外交使团视之为“指挥中国战区的真正中心”[62]。

黄山一带，也就必然成为日寇轰炸之最重要目标，倭寇视之为“蒋介石的作战本部”，要空袭该地一切“重要的政治、经济、产业等中枢机关”，甚至“直接空袭市民”，“特别要捕捉、消灭敌最高统帅和最高政治机关”，以此“给敌国民造成极大的恐怖”[63]。

黄山蒋介石宫邸频遭空袭。如1940年7月29日，日寇空军轰炸，时值爱国侨领陈嘉庚作客黄山官邸[64]。1941年8月

[55] 李守孔.八年对日抗战真相.台北：正中书局，1979.

[56] 重庆地方志总编室.重庆大事记.重庆：重庆出版社，1989.

[57] 刘绍唐.民国大事日记，第1册.台北：台湾传记文学出版社，1979.

[58] 杨耀健，李宗杰.陪都人物纪事.重庆：重庆出版社，1995.

[59] 曾可平.抗战时期林森倡导的国民精神.福建史志，2009(4).

[60] 曹聚仁，舒宗侨.第二次世界大战画史.联合画报社，1946.

[61] 张根福.抗战时期国民政府迁移对抗战局势的影响.浙江师范大学学报（社会科学版），2007(5)：75.

[62] 张弓，牟之先.国民政府重庆陪都史.重庆：西南师范大学出版社，1993.

[63] [日]前田哲男.重庆大轰炸.成都：成都科技大学出版社，1989.

[67] 陈嘉庚.南侨回忆录.南洋印刷社，1946.

30日，“日机200架，分十批空袭四川及重庆。正在举行军事会议的黄山蒋介石官邸被炸。佛图关下的国民政府礼堂被炸毁”[65]。此为日寇侦得蒋介石在黄山召开军事会议，制定的直指黄山官邸的空袭计划。

3. 建设历程

黄山素有“南陲屏障”、“山城花冠”之誉。原系玄坛庙夏家的产业，1913年卖于黄家[66]（重庆布匹巨商——白礼洋行买办黄云陔），修建招揽游客上山休闲的花园，故名“黄山”[67]。

云岫楼修建于1925年。1938年夏，蒋氏官邸在此修建之初，即将黄家花园划作禁区。（图15）

图15-1.云岫楼外景

1938年12月8日，南岳军事会议后，蒋介石夫妇由桂林飞往重庆，正式常驻重庆，直至1946年4月30日还都离渝。黄山官邸以蒋介石办公住地云岫楼和宋美龄住宅松厅为中心，包括侍从室、医院、警卫、勤务等用房、相关军政机构，及各国驻华外交使节，接踵建房于此（先后有美、英、苏、法、比、荷、德的使馆别墅），毗邻左右，冠盖云集，占地共约400亩。

图15-2.云岫楼内景

1949年以后，为川东行署所在。1951年，为“黄山干部疗养院”[68]。疗养院陆续在遗址中心地带修建了一系列新建筑，混杂于遗址环境中，对遗址历史环境造成一定影响，因缺乏维护与管理，遗址已遭到不同程度损坏。

1993年5月，正式对外开放。2004年底，重庆市南岸区南山生态带管理委员会对13处陪都建筑遗址进行了修复，并对外展出。

4. 重庆黄山抗战建筑群的设计意匠

（1）建筑图案说明（表3）

表3. 黄山抗战建筑群主要建筑图案说明

序号	名称	内容	重要资料来源	房主
1	云岫楼	两楼一底砖木结构，雄踞黄山主峰，占地167平方米，面积321平方米。蒋的卧室在二楼右角。房间宽敞，三面安有大玻璃窗，居高临下，视野开阔。底层为大客室，兼作会议厅，房间置有活动板壁可随时拆装以调剂客厅面积增减容量。主楼侧有一木柱平房，供蒋介石礼拜基督之用。主楼顶侧建有阁楼一间约14平方米，室内空无一物，三面大壁皆有窗户开合。蒋时去登楼远眺，或休息散心，或离群孤处，尤其多在阴雨泥泞时来此小憩	张弓，牟之先.国民政府重庆陪都史.重庆：西南师范大学出版社，1993-9：81.	蒋介石
2	松厅	现南山镇黄山12号，占地317平方米，面积347平方米。松厅也是黄姓富商的旧屋，位于黄山较平坦的山凹间，右邻孔令俊别墅，是一幢砖木结构的中西式围廊平房。门上书匾“松厅”，为蒋介石亲笔，笔力雅健。松厅下面当路，花圃错落有致，四季杂花生树，芳菲不断，桂、梅、桃、杏花开花谢，纷纷纭纭。沿大路前方右侧，岔进一条三合土羊肠小径，掩入山中密林，约200余米外，拾级攀登，独立秀峰之上，即是蒋介石别墅云岫楼	冯开文.陪都遗址寻踪.重庆：重庆出版社，1995.	宋美龄

[65] 重庆市地方志编辑委员会总编辑室.重庆大事记.重庆：科学技术文献出版社重庆分社，1989.

[66] 蓝锡麟.探寻陪都名人旧居.重庆：重庆出版社，2005.

[67] 张弓，牟之先.国民政府南京陪都史.重庆：西南师范大学出版社，1993.

[68] 杨菁.孔祥熙家事.南昌：江西人民出版社，2007.

（续表）

序号	名称	内容	重要资料来源	房主
3	松籁阁	又名“国母楼”，是抗战期间蒋介石为孙中山夫人宋庆龄准备寓所。位于黄山陪都遗迹东南侧的小山坡上，与云岫楼遥相对望，可鸟瞰黄山浅谷全景。建于20世纪30年代，占地269平方米，面积296平方米，一楼一底，土木结构，融合了传统的亭、台、楼、阁建筑艺术和风格，是典型的中西合璧式建筑。其亭台，可观东方日出，西方落日，览黄山浅谷胜景，心旷神怡。虽为宋庆龄寓所，但她一天也未曾住过，即使与妹妹宋美龄相聚，也是当天返回两路口新村寓所居住	王心富.我们的家园·重庆.济南：山东画报出版，1998.	宋庆龄
4	云峰楼	又称何府，是何应钦的寓所，位于黄山主峰东南侧的小山顶上，地势较高可鸟瞰黄山浅谷全景，眺望汪山。该楼与松籁阁相对（松籁阁西面）。建于20世纪30年代，占地285平方米，面积363.8平方米，为中西合璧式砖木结构。建筑外墙初为黄色，1937年为防高空轰炸，改为黑色墙面	杨菁.孔祥熙家事.南昌：江西人民出版社，2007	何应钦
5	孔园	松厅对面，有正房26间，面积达1135平方米，黄山陪都遗址别墅群中最大的一处，最为豪华。由主楼与附属建筑构成，占地690平方米，总面积713平方米。主楼建于20世纪30年代，为一楼一底砖木结构中西结合式楼房，三面环山，前对坳口，底层面阔七间、楼上五间，通高13米，面积528平方米。室内生活配套设施齐全，装饰考究、典雅。附属建筑为座东朝西的平房，主楼5.6米处，面积185平方米，原为侍卫和服务人员所住。别墅建筑在高大的桂花树群中，又称“桂园”	中国人民政治协商会议四川省重庆市委员会文史资料研究委员会.重庆：《重庆抗战纪事》，重庆出版社1985：148.	孔祥熙 孔二小姐
6	草亭	现南岸黄山24号，占地504平方米。1945年12月25日，马歇尔作为美国总统杜鲁门的特使，来华调停国共争端，留旅寓今重庆南郊黄山24号——草亭。草亭随北朝南、为一排围廊式中西平房，土木结构、面阔3间，通高6米，建筑面积209平方米，因屋顶盖的是茅草，故名草亭，有保温隔热功能，冬暖夏凉。如今，草亭已修复，并陈列有《陪都史迹文物资料展览》，正式对海内外宾朋开放	冯开文：《陪都遗址寻踪》，重庆出版社1995-8：101.	张治中 蒋经国 马歇尔
7	莲青楼	建于20世纪30年代，因门前有一莲池而得名。经常出入这里的美国高级官员，有蒋介石私人顾问威廉亨利·端纳、参谋长史迪威将军、美国总统特使威尔基、美军顾问团成员飞虎队上校陈纳德等	《重庆晨报》2008年3月25日第014版：重庆新闻都市	美军顾问团
8	空军司令宅	始建于20世纪30年代，原为重庆富豪蒋葵住宅。1938年周至柔随同国民政府军事委员会迁渝后，就此居住，直到1946年5月离开重庆	《中国空军创始人周至柔官邸五一首次开放》，《重庆晨报》2006年4月30日	周至柔
9	黄山小学	由一栋两坡顶单层主体与两栋附属建筑组成，融合东西方近现代建筑风格，占地约385平方米，坐东朝西，土坯垒砌墙体。由一条宽敞的内走廊紧凑地连缀教室、办公室等各功能空间，是国内较早的以民居建筑形式组合公共集群空间的佳例。其室内门洞边墙抹成圆角，既保护土坯墙体，又增添了空间使用的人性化与流畅性	《重庆晨报》2009年3月26日第037版：晨报副刊城记	抗战阵亡将领子弟校
10	侍从室	现存两幢，占地441平方米，面积267平方米，为中西结合形式土木结构平房，均建于20世纪30年代。其位于黄山中心的一幢结构独特，周围柱廊，屋前方塘水池，小桥穿过，颇有新意。另一幢位于莲青楼右侧，条石为基，砖木结构，悬山顶	《重庆晨报》2009年3月26日第037版：晨报副刊城记	蒋介石秘书机构
11	防空洞	云岫楼所在山头的侧后方50米处，建有钢筋混凝土的新式防空洞一座（约20来米长）。该洞深入山岩腹内，有两个出口，并配有钢铁栅栏；洞内高大、宽敞，路径曲折往复，设有照明及桌椅。顶部拱形，洞高2.65米，内有通风口、休息室。休息室尽端设一砖结构壁炉，四壁均有灯台	蓝锡麟.《陪都溯踪》，重庆出版社2005:144	蒋介石及高级要员
12	防空 炮兵阵地	云岫楼正北800米的山头上，当年驻有防空炮兵阵地，近护官邸，远护市区，至今乡里老农还称该地名“大炮顶”	同上	

黄山抗战建筑群除云岫楼为三层外，大部分建筑为一二层砖木混合结构别墅，多属于20世纪30年代折衷主义风格，灰青瓦、坡屋顶、清水墙面，简朴素雅，结合地形布置灵活。

（2）**建筑设计意匠**

黄山抗战建筑群之单体建筑设计，各具特色。其风格以中西合璧为主，坡顶、小瓦、清水砖墙；设计手法多顺应山势，巧于因借；多利用当地材料（土、砖、瓦、石）、结合现代建材（钢筋水泥）等，创造出比例和谐，形体简朴，造型优美、大方，外直内秀的优秀建筑。（图16、图17、图18、图19）

图16. 松厅

图17. 孔香园

图18. 草亭

图19. 莲青楼

譬如，云岫楼是蒋介石防空、避暑、办公的常住之所。下为门厅、耳房，供下人和卫兵居住。其上二楼、三楼，仅蒋氏夫妇出入及一位贴身保姆随侍。其功能分明，适于战时环境。室内空间较低矮（与同时期房屋比较），落窗距地仅一尺，视线开阔，利于观景。全木制地板（有壁炉），淡紫红色地毯，白色墙面，深色线脚，木质家具，整体氛围素雅恬静。盖因考虑山居环境，山色过青，令人生寒。故空间低矮，色彩偏暖，可减却外部令人生畏的自然威势，油然而生温暖舒适、亲切闲逸之感。三楼是一间10多平方米的玻璃小阁（现下部改为夹壁墙），三面透空，翠意染帘，山景空濛，令人居之如置身松桧之间，栖于幽邃乔木之上，洒然绝尘，产生动人的非现实感和隔绝感，意趣卓绝[69]。

又如，松厅是一幢富有日本风味、风格雅逸的建筑，依顺山势，前低后高，一、二层错落。其四面除背山一面外，余三面宽敞廊院，条石筑基，青砖墙体，青瓦两坡顶，色彩素雅。其室内同样采用全木地板、淡紫红色地毯、白色内墙、木质家具、暖色灯光等，洁净轩亮。时闻空山鸟喧，啾啾鸣叫，愈显幽寂。

云岫楼和松厅均为20世纪20年代建筑，带有明显日式风格。当年日本现代建筑文化进入我国内陆，获得如此典型幽雅的纯粹范式，其交流可见一斑。本应相互扶持、取长补短的中、日两国近邻，却由于日本法西斯集团的贪婪、残暴而兵戎相见。令日本当局所始料不及的是，居住在此的主人也曾留学日本。也正是这位有着留学日本履历的人，在此义无反顾地团结各界力量，领导着中华民族反抗日寇之暴虐，并取得了最终胜利。

[69] 冯开文.《陪都遗址寻踪》. 重庆：重庆出版社，1995.

（四）湖南长沙岳麓山忠烈祠

1. 概述

岳麓山为南岳七十二峰之一，据《南岳记》云，“南岳周围八百里，回雁为首，岳麓为足”，因其为南岳之足，故名

图20-1. 长沙岳麓山忠烈祠正立面

岳麓山。

"直登云麓三千尺，来看长沙百万家"（周世钊：《七律·从毛主席登岳麓山至云麓宫》）。岳麓山位于长沙河西，与长沙隔湘江相望，清幽的山林和喧嚣的城市互为辉映。全区约八平方公里，天马、凤凰、玉屏诸山拱前，桃花、绿峨、金牛众岭垫后，层峦耸翠，峡谷流泉、古木参天[70]。

[70] 郑国铨.岳麓山文化，湖南师范大学社会科学学报1992:118页

长沙岳麓山忠烈祠1939年建成，正式的名称为"第四路军阵亡将士麓山忠烈祠"，位于岳麓山赫石坡岳王亭下，坐西向东。背靠岳王亭和七十三军墓区，占地5 500平方米。（图20）

2004年，修缮后对外开放。

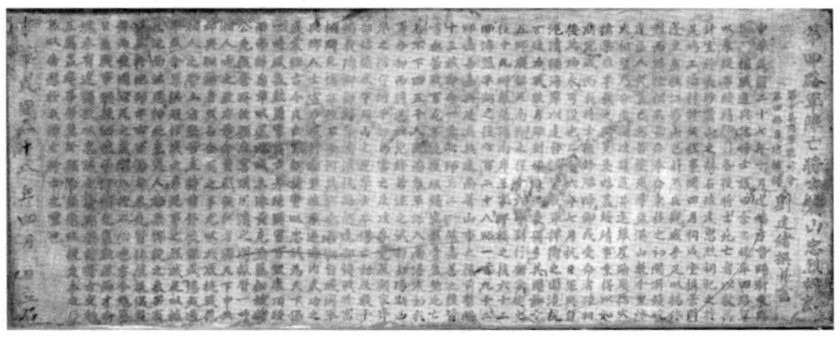

图20-2. 第四路军阵亡将士岳麓山忠烈祠记

2. **建设缘起**

长沙岳麓山忠烈祠为纪念国民革命军第四路军抗战阵亡将士而建，原为岳王庙。祠内墙壁之上镶嵌的碑刻，记述了修建缘起，原文多有凿毁、改动处，殊为可惜（缺字处以"□"代）。

第四路军阵亡将士麓山忠烈祠记

第十集团军总司令 第四路军总指挥刘建绪撰并书

中华民国二十七年十月，建绪方督师浙东与□□拒战，遂与诸将士议曰：余自统率四路军以来，从事绥靖□□各役，将士死亡者以数万计，宜于长沙麓山之赫石坡，建忠烈祠祀之。于是鸠工治材，计日程事。阅四月祠成，堂构崇闳，边豆有秩，江影山色，蔚然巨观。庶几足以扬□烈而昭礼□□矣。当余奉命东移之初，闽浙赣皖边区人民盖已久苦涂炭，群盗满山，数千里烽火相望，乃分区图攻，诸道并进，攀岩踰岭，捣穴擒渠，虽半载之间，艾夷略尽，绥靖事业，得以如期完成。而我将士催锋临阵、即戎受命者蹈相接，其功未可没也！二十六年七月，抗日军兴自沪渎、循海岸，以达台温，皆我军捍卫之图。沪杭一线，力战数月，虽创玩寇，洞丧独多。其间如十福及南翔之役；十六师刘行顾家宅之役；十九师蕴藻滨南岸王家牌楼之役；六十二师海盐平湖之役；一百二十八师、一百九十二师嘉善、嘉

兴及吴兴、迤南菁山市之役；前暂编十三旅，即今一零七师三二一旅嘉善之役；皆喋血苦战，百死不饶，□□弥空，骸骨盈埜，死亡各不下四五千人。既而寇军深入南浔，震动我军，分部西援，迭挫凶锋。若汪之斌部，鄱阳湖西岸之防守何平部，马当之反攻李觉及顾家齐部，站塘及牛头山之迎击，士卒伤亡动及数千。而我陶柳部游击于沪杭路，胡达部搏战于富桐间，死伤亦复不少，何其壮也！吾湘自咸同军兴，湘人士宣力戎行，湘军旌旗遍海内，武功之盛，震铄古今。良由曾胡诸贤，以忠诚为天下倡，一时风气鼓盪，皆能亡身殉国，冒百艰、糜顶踵而弗辞，鼎华以还，此风未沬。黄克强、蔡松坡诸公，先后奋迹于蕲春，宵汉川滇之间，振臂一呼，湘人士之致力，华命负战，从征者满天下。中央卹典湘籍者，殒占全国之半，尤以此次抗战，我湘人之守土者坚苦支持，前赴后继，或伤夷过半，或全军俱殒，作战之勇，死事之烈，诚足以撼天地而泣鬼神，此岂楚人雄筑悍锐之气，果有□英于他帮，亦由百余年来，先贤往烈提倡孝声而爱国卫民之义，深入于人心也。方今□□日蒸，战事□□，缅怀吾湘诸先辈勋烈而才力媿未有远，独叹以忠诚之义与我诸将士，交勉互历，尽瘁毕劳。翼于驱除强寇，收复失土之日，再以告慰于我阵亡将士之灵也。

中华民国二十八年四月□日立石

3. 建设历程

目前，有关长沙岳麓山忠烈祠的建设资料较为欠缺。从刘建绪将军《第四路军阵亡将士麓山忠烈祠记》碑文可知，动议于1938年10月，1939年2月建成。

图21. 重修岳麓山忠烈祠碑记

新中国成立后，由于众所周知的原因，忠烈祠毁坏甚巨。可欣慰者，其历史文化价值已逐渐被社会各界所识，2004年9月忠烈祠重修。（图21）

重修岳麓山忠烈祠碑记

夫忠于国家、忠于民族，人之大节也。溯自抗日军兴，国难孔殷，我中华健儿奋起御敌，保家卫国，浴血苦战，成仁取义，视死如归，壮烈牺牲者，不可胜数。大节昭然、英风常在，呜呼！何其壮也！有识者叹慰英灵而励后人，乃于岳麓山下之赫石坡，建忠烈祠以祀之，时在公元一九三九年，迄今六十有五年矣。代易时移，沧桑多变，风催雪压，柱折碑残，祠址以无复故貌，几不为人所知。吾校诸领导见之，皆有憾焉。于是，乃群策群力，多方运作，鸠工庀材，重加整治，复其旧制，扩其地基，历时期年，耗资巨万。终见黄瓦红棂，崇梁宏宇，青山环抱，芳草如茵，松柏长春，绿荫掩映，涣然大观矣。然工竣之日，尚有说焉：吾校乃培养人才之摇篮也，德才兼备是其主旨，而爱国精神、民族气节，乃诸多品德中之最为要者。诸生于瞻仰之余，缅怀先烈之高风亮节，并以之砥砺志行、敬修德业，则异日报效国家，庶几可望大成矣。故重修此祠，非徒为学校增一景点，供人游憩而已也。特为之志并击之以铭。铭曰：麓山苍苍，湘水泱泱；忠烈之光，地久天长！

湖南师范大学立，吴荣甫文，颜家龙书

公元二零零四年九月吉日

4. 湖南长沙岳麓山忠烈祠的设计意匠

（1）建筑图案说明

忠烈祠占地303.5平方米（或云[71]：忠烈祠占地面积7 000平方米，主体建筑面积700平方米。恐有误）。长方形平面，面阔三间、进深两间，面积206平方米。祠内单（后）槽石质金柱二根，柱间木板壁，上撰“勿忘国耻，警钟长鸣”，

[71] 胡滔滔.岳麓山抗战遗迹. 档案时空（史料版）.2006(5)：10.

[72] 陈先枢，金豫北.长沙地名古迹揽胜.北京：中国文联出版社，2002.

其上存刘建绪将军题“久武且仁”额[72]。

忠烈祠采用花岗条石台基，黄色琉璃瓦，亮花脊，正脊中立宝瓶、两端鸱吻。明间抬梁式构架，次间硬山搁檩，周围廊（即宋《营造法式》之副阶周匝），构成单檐歇山顶。祠内外均采用花岗石柱，柱头之间额枋，至角部不出头，额下雕花雀替。檐柱上部额枋与檐口遮椽板等结合在一起，为湖南、四川等地传统做法。整体建筑规制考究，落落大方。

正面檐柱镌刻挽联“凭栏望七二峰峦，慷慨念同胞，浩气长存，岳湘增色；此地瘗三千组练，登临来赫石，忠魂不朽，申甫重生。”旁边挽联：“江水滔滔，共一片斜阳，长写出壮士当年血泪；赫石璐璐，添几椽庙貌，好留与后人终古馨香”。祠内及祠外左右侧石柱上，也都有对联“马革裹尸，千载岳云留浩气；羊碑堕泪，万年湘水吊忠魂”，“碧血染黄沙，取义成仁应垂不朽；精英辉赫石，贪生怕死莫到此间”等[73]。

[73] 姚仁隽、孙陆、殷春元.中华现代英烈丰碑大典.北京：解放军出版社，1994.

图22-1. 长沙岳麓山忠烈祠正立面檐柱楹联

图22-2. 长沙岳麓山忠烈祠正立面室内

（2）**建筑设计意匠**

长沙岳麓山忠烈祠采用传统石、木材料，规模、跨度较大，然用料较小，结构精巧。前檐次间减去两柱，使得稍间面阔远较明间为大，颇为少见。现复建的忠烈祠，采用大玻璃格子槛窗、落地门同样如此，应不属民国时原样，颇为可惜。

忠烈祠建筑形体匀称，各部比例协调，造型较为优美，且加工精细、手法简练，是具有相当高的文化价值的建筑艺术精品。

尤可贵者，岳麓山风景名胜区为一处地点集中、规模巨大、保存较好的抗日战争纪念地。现存长沙会战碑、战壕、炮台、薛岳指挥部、战时指挥所、陆军第七十三军抗战阵亡将士公墓、抗战阵亡将士名录石栏、岳王亭、陆军第十军三次长沙会战阵亡将士墓、齐学启将军墓等[74]抗战遗迹，是难得的抗战历史文化遗产，理应永远保护、铭记、弘扬。

[74] 胡滔滔.岳麓山的抗战遗迹.湘潮，2005(11)：55.

（五）湖南武冈黄埔军校第二分校旧址及云南富源中山礼堂

1. 概述

1938年3月，黄埔军校武汉分校奉命南迁武冈，改名为中央陆军军官学校第二分校（习称“武冈分校”），旧址位于湖南省武冈市辕门口街道办事处洞庭村。其时，国共第二次合作，同御外辱，军校是培养抗战军事干部的摇篮，也是国共两党携手抗日的历史见证。

至1945年10月，第二分校在武冈分别招收了第14期至19期学员，共训练十个总队，另设军官训练班、校官训练班、技术训练班、战术训练班及补训总队等，共毕业学员23 052人。在黄埔系列中，其办学时间之长，毕业学员之多，为仅次于黄埔本校和西安七分校的第三大军事学府。在我国抗日战争史上和当代军事史上，占有重要地位。

旧址由中山堂、李明灏故居和法相岩溶洞等三部分组成，总占地90 706平方米。现存主要建筑中山堂、李明灏将军（第二分校领导人、军事教育家）故居等保存完整，弥足珍贵。此外尚有分校教官宿舍、弹药库、印刷厂及防空的"法相岩"自然溶洞等。

1959年1月和1996年1月，旧址法相岩石刻和中山堂先后被公布为湖南省重点文物保护单位。

2006年10月，中山堂被评为湖南省百景之一。

2. 建设缘起

1937年7月7日，全面抗战，急需将才。8月，蒋介石委任成都分校主任李明灏，接替刘绍先任黄埔军校武汉分校中将主任，后因战局急转，11—12月间武汉分校被迫迁往湖南邵阳，不久又因校舍、给养等难以解决，而武冈祠堂、庙宇、大宅院多，适合要求，1938年5—6月间决定迁移武冈，改名中央军校第二分校[75]。军校初到武冈时，校本部驻在城南陆家大院子，紧邻张家花园作职工宿舍，直到新房建成，校本部迁至法相岩[76]。

李明灏接任分校主任后，为适应抗战大量、快速培养下级军官所需，按照中央军校本校期别，决定从第14期起，招收青年学生实施培养初级军官的正规教育。他在该校一直执教至1943年2月，亲自训练了第14期到第18期约万余学员。这些学生主要分配到第六、九战区所辖部队，及新一、新六军、第七十一、第七十三军等美式装备的部队，充任中、下级军官。在抗日战场上，表现都比较出色，因此时有第二分校训练学生最多、最好之说，李明灏"军事教育家"声誉愈著。

李明灏在武冈还创办了和平小学、洞庭中学，以招收二分校工作人员子弟和当地贫苦儿童免费入学[77]。他聘请了一些思想进步、业务高超的教师执教，如留学日本东京帝国大学的刘侃元担任校长兼国史教员，使洞庭中学很快发展成湖南名校，两次会考均列全省第一。洞庭中学校风朴实、严肃活泼、积极向上，桃李遍及海内外[78]。

3. 建设历程

法相岩位于武冈东郊二里许，为武冈十景之一，曰"法相洞天"。佛经《大乘义章》云"一切世谛，有为无为，通名法相"，岩取名于此。

1939年，武冈分校迁至法相岩。当年热血男儿书在太保洞书写的标语"好男儿杀敌去"，色如血殷，至今尚存。此时军校教官学员约数千人，加以后勤、眷属，为数众多。学生总队、学员大队驻地于祠堂、宗庙，遍布山门、洞口、高沙、黄桥等乡镇。校本部、政治部、经理处、印刷所、修械所等首脑服务部门，则散处茅坪里、张家花园、法相岩、林家湾、南厂里等城厢各处[79]。

法相岩原仅有宝方山寺、二邓先生祠，军校校本部在寺左荒山上修建，主要建筑有中山堂、中正楼、应钦楼、崇禧楼等，分校管理机构如办公处、教育处、总务处、管理科、经理处、会计处、无线电台均设于本部[80]。

中山堂1941年3月动工，1943年7月建成，为旧址核心，现属武冈二中校园内。

李明灏故居又称"洞庭别墅"、"将军别墅"，是李明灏将军在武冈任中央军校二分校主任时，与军校同期所建。1943年，他调任重庆时捐给洞庭中学[81]。故居现为武冈市安乐乡乡政府办公用房。20世纪80年代初，故居中的营房改建为砖木结构小平房，仅存主体前堂及部分厢房。

1944年8月，日军南下，衡、邵沦陷，形势紧急。军校在8月5日上午于中正楼前大坪召集全体官兵，宣布立即分三路疏散。是年冬，倭寇攻势暂停，军校部分迁返。校本部迁至城西磨石村斜道张家，教育处迁至高矛头王家，总务处迁至踏踏岭，马家桥至曹家巷均驻有军二分校官兵。

[75] 李明灏.大革命以后解放以前我的历史概况.姚思奇编.李明灏将军.上海：上海人民出版社，1997.

[76] 刘公武.我在黄埔分校第二分校的时候.中国人民政治协商会议武冈县委员会文史资料研究委员会.武冈文史资料.（第1辑）.该文云："国民党中央陆军军官学校武汉分校是1938年秋撤迁到武冈的。"

[77] 高士振，谭定远.风雨见真情——记党的挚友李明灏.姚思奇.李明灏将军.上海：上海人民出版，社1997.

[78] 李左黄.忆洞庭.中国人民政治协商会议武冈县委员会文史资料研究委员会.武冈文史资料（第3辑）.1988.

[79] 张楚材.抗日战争时期武冈的文化教育事业.中国人民政治协商会议武冈县委员会文史资料研究委员会.武冈文史资料（第5—6辑）.湖北省武冈市人民印刷厂，1995.

[80] 吴启仁.国民党中央陆军军官学校第二分校在武冈.中国人民政治协商会议武冈县委员会文史资料研究委员会.武冈文史资料.（第1辑）.1986年.

[81] 李光棣，李铁生.忆伯父（一）.姚思奇.李明灏将军.上海：上海人民出版社，1997.

1945年春，日军大举侵犯湘西，4月17日起军二分校再次由武冈向湘黔边境疏散。5月4日，三个大队都平安到达会同。时值湘西会战大胜，抗战胜利奠定基础。国家准备复员，全国各分校撤并，所有学生都拨归成都本校，军二分校奉令迁移成都。8月1日，成都本校桂乃磐来会同接收。10月4日，军二分校官兵自会同向成都进发，途经31个县、市，行程3 000余里，历时7月多，于11月23日抵达成都本校[82]。至此，中央陆军军官学校第二分校完成历史使命。

[82] 中国人民政治协商会议武冈县委员会文史资料研究委员会.武冈文史资料（1）.1986-12：27

4. 湖南武冈黄埔军校第二分校旧址的设计意匠

（1）建筑图案说明

军二分校旧址现存主要建筑有中山堂、李明灏故居、教官宿舍，法相岩主洞太保洞为军校地下印刷厂，栖真洞为地下弹药库，其他洞穴亦建有多项军事设施。

中山堂属“中西合璧”单檐庑殿顶、四角带四个攒尖顶角楼的砖木结构建筑，“亚”字形平面，坐北朝南，由正厅、左右厢房、花园等组成，建筑占地435平方米，连院落共占地1 300多平方米。

地势南高北低，故正面二层，背面三层，黑瓦顶。青砖墙身，底层实砌，二、三层空斗，与传统楼阁建筑砌法相类。中间三开间、加以两端突出的“塔楼”，形成五开间立面效果。中间三间有半封闭外廊，廊外侧开半圆拱形窗，窗下做透空栏杆；两端“塔楼”开圆弧形窗，较中间小而简单，很好地衬托出中央。

正面明间顶部做三角形山花门楼，正中嵌碑额一方，碑内阴刻楷书“中山堂”，右端落款“中华民国三十二年夏七月立”，左端落款“罗毅敬书”。明间两端各置一通顶的砖柱，山花两侧砖柱出头。这些手法的综合运用，使中山堂显得高大，也将人的视线巧妙地吸引至中部。正面设计简洁、庄重大方。（图23）

图23-1. 武冈中山堂外景

图23-2. 武冈中山堂正面局部——山花

图23-3. 武冈中山堂青砖墙身

图23-4. 武冈中山堂背立面

中山堂正、背面各层均开长方形直棂木格窗，砖券过梁。背面正中央三间后廊开敞，木构架，明间立两根砖砌方柱，穿插枋上置旋作栏杆。底层设相对的单跑木楼梯直通二层，二层又设单跑梯直至三层。前后、左右、上下，四面通畅。

三楼室内后墙正中嵌《中山堂记》石碑一方，楷书阴刻，记述二分校情况及中山堂修建始末，周用吾撰额、军校办公室少校秘书郭池孙书丹。现碑体保存较差，尤其是绝大部字体“文革”中被毁，难以识辨。

正厅为抬梁与穿斗混合屋架。横跨两侧砖墙之大梁上，支立穿插枋木构架，五柱三瓜，人字斜梁之上密排檩条，屋顶盖老青瓦。堂东、西两侧对称建单层、单檐三开间厢房，较小的体量更烘托出中山堂的高大。

中山堂东侧平房为重要教官住宅，联排式平面，青砖墙、黑瓦悬山顶，木框平板玻璃长方形窗，中西结合（图24）。距中山堂约200米处的二分校作训处长王檄鳌居所旧貌依然，保存较好（图25）。

图23-5. 武冈中山堂西侧厢房

图24-1. 武冈二分校教官联排式住宅局部

图24-2. 武冈二分校教官宿舍之一

图25. 武冈二分校王檄鳌居所过厅走廊砌清水砖墙

李明灏故居坐东北朝西南，由前堂、左右厢房、后房组成的四合院，原系两进两横，北侧为营房。庭院四周有一圈内廊将所有单体建筑串联起来。故居占地3 600平方米，建筑1 172.58平方米。单跑梯分别位于背面厢房两侧，并有下到最底层的半跑梯。中央前堂三开间带前廊，两端前凸，通面阔五间；明间、次间进深一间，两侧梢间前凸，各进深二间。单间面积前堂最大、厢房次之，后部营房又次。

图26-1. 武冈二分校主任李明灏将军故居

故居单檐庑殿顶，土木混合结构。正面明间为宽大的砖砌单跑踏步，直达二层，其下为封闭的最底层（堆放杂物），仅两端开一板门，外观二层，实为三层。建筑采用块石筑基，夯土板筑墙体，仅过厅走廊砌清水砖墙。屋架为穿斗架，硬山搁檩，串枋外挑支撑檐口，转角处45° 斜出。明间室内入口处上方有木构过道，便于内部两侧次间之联系。（图26）

图26-2. 李明灏将军故居木结构过道，便于内部两侧联系

（2）建筑设计意匠

军二分校旧址核心建筑中山堂，是黄埔军校本校和十二所分校中现存唯一完整保留的纪念孙中山先生的建筑，为李明灏先生当年亲自带领师生精心设计和施工。

中山堂采用传统材料木、砖、石、瓦，运用传统砌筑方法（条石筑基，最下层墙体实砌、上部空斗）。兼以西式立面造型艺术，如两端突出的“塔楼”、前后外廊、开窗、三角形山花等，比例匀称、手法简洁、色彩素雅、形体庄重，是因时、因地、因材制宜之作，集我国传统建筑与欧式城堡建筑艺术于一体。

李明灏故居依地势而建，屋顶中间高，四周低，稍间庑殿顶山面朝前。外墙用红、白、黑三色抹灰粉饰，以突出地域建筑特色。整体建筑以前堂为主体，中轴对称，后出厢房，布局开敞自由，造型简朴大方，主次分明，颇具匠心。

故居就地取材，土坯砌筑，楼上的地板已被墙上震落的泥土覆盖。知情者云：“这就是将军别墅。当年，李老与家人在这里住了六年。解放后，为纪念李老对武冈的贡献，这座别墅，我们一直保留。只可惜房子的基础太差了，土坯垒成的。手一摸，墙皮就往下掉”[83]……这些均印证着李明灏先生廉洁自守的高风亮节。

[83] 思奇.一个爱国将领的人生情怀——记李明灏先生.姚思奇.李明灏将军.上海：上海人民出版社，1997.

值得注意的是，在抗战期间，其他地方也建立了一些以孙中山命名的建筑物。这些建筑，至今已存世不多。其中较著名者，除武冈中山堂外，云南省富源县的中山礼堂也是一个值得重视的建筑遗存。

富源中山礼堂位于富源县中安镇平街中段的北侧，民国三十二年（1943年）7月7日奠基开工兴建，1945年3月竣工。中山礼堂坐北朝南，梁架的木结构技术为“抬梁式”和“穿逗式”相结合，材料是砖、石、木、陶瓦等，内为回廊式厅堂，外观为二层楼的重檐庑殿顶建筑，高13.3米，进深35.6米，占地面积660 米。遗憾的是，建造之初，本为三层楼宇，至20世纪60年代，被人为地改建为现今的状况。此礼堂大门之上的门楼上建有观阅台，门楼为四角攒尖式顶。大门的拱形门楣正中铭刻着孙中山先生半身肖像，肖像的左边铭刻着“忠孝仁爱”，右边铭刻着“信誉和平”八个大字。

图27-1. 富源中山礼堂外景

图27-2. 富源中山礼堂外景局部

由于中山礼堂木结构的梁架各衔接处采用中国古建筑上的榫、卯技术，具有墙倒屋不塌的良好抗震功能，故历经风雨的侵蚀及雷电和地震等自然灾害，至今大体完好[84]。（图27）

武冈中山堂与富源中山礼堂等抗战期间建造的中山纪念建筑，以建筑的形式说明：在国难当头之际，国人是以中山先生的历史功勋、建国理想和人格伟力为坚持抗战的精神力量的。

[84] 殷力欣，周学鹰.中山纪念建筑概说.建筑文化考察组.中山纪念建筑.天津：天津大学出版社，2009.

（六）延安中共七大会址

1. 概述

杨家岭坐落在延安市西北约3公里处，原是一处十几户农家的小山村。1938年11月，中共中央机关由城内凤凰山麓陆续迁驻于此，如中央书记处、办公厅、组织部、宣传部、政治研究室、财经委员会、职工委员会、青年工作委员会及妇女工作委员会等。（图28）

1943年10年，中共中央书记处迁往枣园。中央办公厅、组织部、宣传部、统战部等留驻，直至1947年3月撤离延安。其间，中共中央先后领导解放区军民开展大生产、整风运动，并筹备召开中共第七次全国代表大会。

中央大礼堂七大会议旧址，位于杨家岭南侧山坡下的小院内，其对面是毛泽东等中共中央领导人的故居和中共中央机构驻地旧址。（图29）

1961年3月4日，杨家岭革命旧址被列为第一批全国重点文物保护单位。

图28. 抗战期间的古城延安

图29. 延安大礼堂旧影

2. 建设缘起

通观现有史料，中央大礼堂是为迎接中国共产党第七次代表大会的召开而兴建。

为筹备七大召开，中共中央最早考虑在安塞县修建开会礼堂，经任弼时、李富春实地考察后，认为安塞离延安较远，交通不便，不宜做会址。

随后，选址在枣园后沟，并在那里打窑洞、盖礼堂。建成后发现，地方太小，条件较差，容不下那么多的代表，且水质欠佳。

最后，确定会址杨家岭。“这里比较平坦，地势开阔，两边山坡不是太陡，已建有多处窑洞，其中中央党校的校舍就可以直接作为代表们的住处，只须建一座礼堂。”[85]

[85] 哈战荣.七大召开前的物质准备.党史纵览，2005（6）.

3. 建设历程

目前，关于中央大礼堂的修建时间，笔者所见有三种推测：

图30. 延安大礼堂现状

其一，1939年开始修建，1942年竣工落成[86]。

其二，1941年开始动工修建[87]。施工开始时，从当地请来一些建筑工人，警卫连战士也轮流参加劳动，因军民合力奋战，礼堂建设速度很快。历经一年多的开山炸石，紧张施工，大礼堂于1942年建成[88]。

其三，"中央大礼堂"兴工于1942年春天，工期半年，1942年秋完成，任务十分紧迫[89]。

这一问题，有必要澄清。任弼时、李富春二人负责七大选址，其中任弼时1940年4月25日回到延安，自1940年5月开始，任弼时即集中精力筹备党的"七大"的召开。筹备工作，首先是准备会场。5月间，任弼时和李富春先后去安塞县的真武洞、延安枣园后沟勘查选址，最后选定的会址是中共中央所在地杨家岭。"1940年5月，主管这一工作的任弼时和李富春亲自到安塞县的真武洞实地考察"[90]。又如，1940年3月，任弼时结束在共产国际的工作之后，回到延安[91]。可见，第一种时间首先排除。

从任弼时1940年5月着手大礼堂选址工作推断，先后经历三次选址，方才确定下来；同时，必须先拟定设计方案，方案确定后，尚须进行施工图设计等。结合大礼堂工程较大的规模及当时施工材料、技术分析，半年的施工时间也是不够的，故第三种也可排除。故大礼堂1941年兴工的可能较大。

杨家岭原有一个砖木结构礼堂，可容三四百人，1941年冬天不慎被烧毁。第三天，中央副秘书长李富春请来了自然科学院的建筑学家杨作材，请他设计修建方案。杨作材很快就做出了两个方案，第一个规模较大，可容纳所有中央机关。这个方案没有被采纳，最终采用了方案二[92]。

建筑师杨作材开始设计工作时，把平面图、正立面图、侧面图和剖面图都画在一大张图纸上，放在办公室里，供领导阅览。至于细部详图，则是在施工现场临时画一张正式样子钉在木板上，供工人观看，以利全面施工[93]。

中共中央机关工作人员协助修建，民工就地打石头，运砖瓦和石灰，历经一年多开山炸石，紧张施工，大礼堂于1942年建成。（图30）

1943年11月，马得志在大礼堂接见和招待了出席陕甘宁边区第一届劳动英雄代表大会的全体代表，并作了《组织

[86] 延安市志编纂委员会.延安市志.西安：陕西人民出版社，1994.

[87] 延安中央大礼堂的来历.党史博采，2001(8).

[88] 哈战荣.七大召开前的物质准备.党史纵览，2005(6).

[89] 刘春宇.延安"中央大礼堂".建筑，1994(7)：38.

[90] 哈战荣. .一波三折的七大筹备工作.党史纵览，2005(5).

[91] 李淑荣.任弼时对中共七大的贡献.北京党史，2004年(3)：43.

[92] 延安中央大礼堂的来历.党史博采，2001(8).

[93] 刘春宇.延安"中央大礼堂".建筑，1994(7)：38.

起来》的重要讲话。

1944年11月，毛泽东在此接见八路军三五九旅南下的全体干部，教育大家学会两种本领：一种是松树原则性，无论生长在何处都是挺拔的；一种是柳树灵活性，插到哪里都能活。

1945年4月20日，中共中央扩大的六届七中全会在大礼堂舞厅召开，讨论并通过了《关于若干历史问题的决议》。

1945年4月23日至6月11日，在大礼堂举行了中国共产党第七次全国代表大会，会期50天[94]。6月19日中共中央举行七届一中全会，选举毛泽东为中央委员会兼中央政治局主席，毛泽东、朱德、刘少奇、周恩来、任弼时为中央书记处书记。

1946年11月30日，中共中央在大礼堂为朱德总司令举行60祝寿。

1947年3月，大礼堂被胡宗南部破坏，延安光复后修复。现在仍保持"七大"时的会场情景。主席台上面书有环形标语："在毛泽东的旗帜下胜利前进"，主席台上有六面党旗，正中有毛泽东、朱德侧面画像各一幅。礼堂大厅两面标语是"坚持真理，修整错误"；后面是"同心同德"。大厅两边挂24面党旗，代表共产党从成立已走过24年历程，三角"V"字木座以示胜利[95]。

[94] 延安市志编纂委员会.延安市志.西安：陕西人民出版社，1994.

[95] 延安市志编纂委员会.延安市志.西安：陕西人民出版社，1994.

4.延安中共七大会址的设计意匠

（1）七大会址建筑图案说明

中央大礼堂分大厅、舞厅、休息室三部，进深35、面阔30、高13米。大厅内可容千人，采用四个半圆形大石拱为主梁，无遮挡视线的立柱。采用这种结构是源于延安石料丰富，且陕北石匠砌拱技术高超[96]。大石拱与拱之间用木料连结，其上铺木板盖顶，木、石结构。

[96] 延安中央大礼堂的来历.党史博采，2001(8).

中央大礼堂主厅大拱为半圆拱，理论上半圆拱受力可直接传递到地，无侧推力。为谨慎起见，在大厅东边修建小会议室（周末常举行舞会，称"小舞厅"），两边三个房间，分作阅览、游艺室，以抵御半圆拱侧推力。为提高大拱承载力，依据隋代赵州桥结构，在其上又修建几孔小型砖拱，然后用单砖墙砌平，既能承重，外观又显平整。

因为舞台面比观众席地面高，舞台上方做椭圆拱，以免拱过高或影响台口宽度，椭圆拱技术要求更高，施工精确。舞合东侧楼上、楼下，各有一化妆室。

图31. 延安中共中央大礼堂内景

大礼堂正厅共四个出入口，对称布置，然四门均不尽相同。如主门（西边塔楼下）上的横架选用一整块优质石料，其上再砌一砖拱，使过梁只受自重，上面的重量则通过砖拱直接传递到墙体上。与主门对称的东北面大门，弱于主门，又须较其余门突出，在进门处用石料砌小台阶，用横直两根石过梁修小方亭，过梁一头砌在砖墙上，另一头架于整根石柱，石柱用希腊雅典爱奥尼克柱式。

1945年4月23日至6月11日，毛泽东在这里主持了著名的中国共产党第七次全国代表大会。

（2）七大会址建筑设计意匠

大礼堂值得研究之处众多。其平面仅有供开会之主厅、主席就坐之舞台、演出之化妆间及为防止石拱侧推力而建的小会议、阅览、游艺室等，几无任何多余之设，平面简洁明了。

大礼堂立面采用灰色瓦顶，砖、石墙身，色彩柔和、协调。外表装饰，如檐口采用线脚、东厅门外采用一根整石雕琢的希腊爱奥尼克柱式；大礼堂前有一塔楼，塔楼顶部立旗杆。整体立面比例精当、效果庄重大气，材料、结构、功能等达到高度和谐统一，形成美观大方的外观效果。

抗战时的延安没有钢筋水泥等现代建筑材料，设计者巧妙运用当地丰富的石材、黄土等自然资源，加以历代传承的优良石工，建设出体量较大的礼堂，较好地满足了七大开会所需，体现了因地制宜、艰苦朴素、中西结合的时代特征。

毫不夸张地说，延安中央大礼堂设计思想明确、手法简洁，诚为因地制宜、因陋就简之典范之作，值得我们珍视、仿效并时刻警醒。如同延安艰苦朴素之革命精神一样，中央大礼堂之设计匠心永远值得我们学习。

（七）湘西会战阵亡将士陵园及滇西国殇墓园

1. 概述

湘西会战阵亡将士陵园，位于湖南溆浦县南端龙潭镇东郊弓形山，与隆回、洞口、洪江、中方等县（市）交界，占地23 345平方米。

陵园1945年8月建成，包括牌、坊、塔、碑、亭、墓等主要建筑，并有蒋中正、何应钦、王耀武、冷欣、施中城、周志道等数十位国民政府军政要员题词，钱基博撰写碑文。文革间，大部分建筑被毁。（表4）

表4 国民政府军政要员题词

建筑	题词者	内容	备注
纪念塔		陆军第四方面军第七十四军五十一师 湘西会战龙潭战役阵亡将士纪念塔	
	蒋中正	精忠贯日月	时为中国战区司令
	何应钦	将军之助仁成 犄欤休者千秋	时为陆军总司令
	冷 欣	抗日将士 永垂不朽	时为陆军总参谋长
	王耀武	碧血丹心	时为第四方面军司令
	施中诚	克敌制胜 开天辟地	时为第七十四军军长
碑墙	周志道	先烈血 主义花 洗清了民族耻辱 奠定了世界和平	时为五十一师师长
	陈传钧	民族英雄 永垂不朽	时为五十一师副师长
	王奎昌	为国捐躯	时为一五一团团长
	谢恺堂	为国而生 为国而死	时为一五二团团长
	王梦庚	碧血丹心 永垂不朽	时为一五三团团长
	佚 名	忠骨英烈 永垂不朽	
	张春、刘志、王克己	忠魂英魄 长响人间	方框内字迹残缺难考证
	谢恺堂、吴志谦、周映湖	烈士们安息吧 你们尽到了责任 奠定了和平 我们感谢 我们将跟踪你们的血迹 再奋斗 再创造	
	李文光、李东阳、张芳桐	为公理而战 为正义而战 白骨为笔 赤血为墨 写下了龙潭空前胜利的史诗 我们从此永远有光有势有力	
	傅本务、陈适涛、邵先仁	东洋日寇　残毒成性　沐猴人冠　鼓腹称雄　蹂我国土　戮我人民 青年志士　义愤填胸　毁家抒难　保家卫国　精忠无至　敌骑潜踪 龙潭重镇　湘西屏封　胜利转捩　万众一心　苦战匝月　鸟兽无声 浴血身亡　宇宙澄清　壮哉烈士　民族忠魂　龙潭河畔　浩气长存	
	任民初、王周	气震河岳	
	皮临庄、吴志谦、周映湖	名垂宇宙 气壮山河	

1993年4月，第一期工程修复竣工，并对外开放。

2008年，进入湖南省爱国主义教育示范基地申报及全国革命文物试点名列。

2. 建设缘起

1945年4月9日，侵华日军发动以夺取芷江空军基地，打击中国野战军，破坏我国军队调换美械、待机反攻的部署，打通大西南战略通道，以集中力量对付沿海登陆的美军为目标的攻略战[97]（史称“湘西会战”、“雪峰山会战”、

[97] 王宣仁.抗日战争中国民党战场的最后一次战役——湘西会战.湖南党史月刊，1988年(8).

"芷江战役")。日军发动芷江作战，是在其已经开始丧失军事优势的情况下发动的一次孤注一掷的进犯。

1945年6月7日，会战以我国军队完胜告捷[98]。湘西会战的胜利，产生了多方面积极成果，它揭开了国民党正面战场反攻的序幕，是正面战场由防御而进攻的转折[99]。正如美国纽约时报评论所言：湘西会战胜利的佳音，"可视为中日战争转折之暗示"[100]。

湘西会战，我国军队占天时、地利、人和之优势。从1945年4月中旬至5月底历时一个半月，共组织梅口阻击战、江口阻击战、茶山歼灭战、马颈骨歼灭战、青山界战斗、龙潭司战斗、芙蓉山战斗、武冈守城战、收复山门、武阳大捷等十次战役[101]。其中，龙潭战役开湘西会战胜利之先声。

龙潭位于沅水支流溆水河西岸，左挑隆回，右掣洞口，背倚溆浦，侧临安江，是通往安江、芷江的重要门户，是日军进犯的重要目标之一[102]。战役中，我军数千将士为国捐躯，长眠龙潭。

1945年4月中旬，日步兵一一六师团、偕同一零九、一二零、一三三联队一部及辎重、炮兵等共1.5万余人窜犯龙潭，占领圭洞以东的大黄沙、小黄沙、车岩岭、红岩岭、木鳌洞（即放洞）、青山界等及其制高点。国军第四方面军第七十四军第五十一师及第一零零军第十九师、六十三师等将士奋起狙击。

战役于4月17日打响，包括青山界肉搏战、鹰形山争夺战、松山高地肉搏战、大小黄沙围歼战、马颈骨歼灭战等主要战斗[103]。是役，国军将士浴血奋战，芷江空军大力支援（为提高命中率并防止误伤，特在龙潭设对空联络台），爱国军民同仇敌忾，地方游击队积极配合，在鹰形山、牛形山、车岩岭、青山界、黄连江等各战场给日寇以致命痛击。至5月14日，日军在龙潭溃败向洞口县桃林、蒲板溪一带溃逃，且再遭痛歼。5月19日，战役胜利结束，仅第五十一师就歼敌3 500余（十九师、六十三师因公墓、石碑被毁，史料无存。或有资料云：共毙敌1 196人，击伤2 112人[104]，此应有误）[105]。

抗战胜利后，龙潭人民为纪念在龙潭战役中牺牲的英勇将士，择地龙潭镇附近的弓形山，修建陵园，安葬为国捐躯的勇士，立碑纪念[106]。

钱基博先生的碑记，记叙了龙潭战役经过及修建陵园缘起。

陆军第五十一师保卫龙潭司阵亡将士公墓碑文

钱基博

唯中华民国纪元卅四年五月，实为我中华人民抗日之七年又十月，陆军第五十一师周师长XX以所部大败日人于龙潭司。龙潭司者，溆浦县之南鄙，而湘黔之咽喉也；西行百里抵安江，则我陆军第四方面军总司令部之所驻也；又西行少北二百里抵芷江，我空军基地之所在也。自去年六月，长沙不戒，日人尽掩有粤汉湘桂两铁路，以逞志于我，纵横驰突，南沿湘桂路以窜扰桂黔，而西占邵阳以掩护湘桂路。亦既顿兵挫锐，再衰三竭，深入无继。穷而思返。而我陆军第四方面军总司令王公耀武承命危难，抚定湘西，整齐其民人，训练其士卒，军民辑睦，日夜厉戎讲武以图反攻。日人大惧，而伺我整军之未成，先发以制，悉锐西犯；以其一一六师团偕同一零九联队、一二零联队、一三三联队之一部，及炮工辎重各种兵，自邵阳循大路以进窜龙潭司。周师长以五十一师隶王公之日久，而习知其号令，以四月十七日受命阻击，而大战以起。然五十一师百战之余，创残仅补；而日人以精卒五百推锋而前，先占红岩、木敖洞等岭，得地据险，锐不可当；师长指挥若定，将士再接再厉；而我一五一团第四连连长刘鹤龄以其众率先冲入红岩，而陷敌团，死焉。敌势亦少挫，而敌援大至；有众六千人，炮十二门，以二十三日大举进攻，霆震星流。我军无炮，而有空军之助，弹亦雨坠，顾日人昼伏夜动，以避空袭，而抵隙蹈瑕，狡焉思逞。师长以寡御众，在险弥亮；将士奋不顾身以争效命，与日人连战十有六日，斩杀过半当；虏救死扶伤不给。至五月八日而大溃。师长率领所

[98] 张同新.芷江日军受降纪念坊与湘西会战.民国春秋.2001(4).

[99] 罗玉明.湘西会战与芷江洽降.怀化师专学报，1995(3).

[100] 大公报(渝).1945-5-11.

[101] 曾长秋.论湘西会战和芷江受降的历史地位.文史博览.2007(3).

[102] 吴传仪，林顺万.抗日最后一战——湘西会战.湖南档案.1995(10).

[103] 杨吉兴.龙潭战役述略.怀化师专学报.1997(2).

[104] 吴传仪.湘西会战重要战役简介.怀化师专学报，1995(3)：8.

[105] 韩赛君.龙潭战役.溆浦县关心下一代工作委员会.内部资料.2010.-4

[106] 谌许业.抗日最后一战——湘西会战的龙潭战役.档案时空(史料版)，2005(9)：7.

部，追奔逐北，以贾余勇，及十四日而后收兵。此一役也，延二十八日，歼敌大队长奥居熊吉以下三千五百余人，俘敌分队长奥村春夫等三十四名，获敌战马二十五匹，步枪一百五十九枝，轻重机关枪十挺，掷弹筒十六具，无线电两具，以及其他弹药器材不可胜数，而我五十一师之官佐七十九员，士兵一千九百人，咸以身殉焉。呜呼！精贯白日，猛烈秋隼，杀身为国，亦云烈已！然能忠骸交撑，毅魄长往，殁而犹视，生何以安！于是其地父老惊魂甫定，指溪山以无恙，赖将士之忠勇，致命遂志，哀思弥深。而裹尸无骏马之革，树冢象祁连之山。为之倡者谌君祖镜；而向风慕义，实繁有徒；佥谓："不有所记，幽光何发？表墓旌善，长留人思，匪惟以昭我武，抑亦以见遗惠。"而介龚君励初、何君观洲以命基博曰："窃有讲也，顾不敢以遽。"基博则瞿然应曰："将士流血，人民流汗；顾仆庸朽，敢不呕心乎？"于是濡毫载绩而文于碑，以慰父老之思，而彰战阵之勇。棱威可厉，懦夫克壮，俾国人者咸知所式。而系之铭曰：

彼狡者寇，堕我百城。百城可堕，众志不倾！龙潭寸隘，屹莫我争。非隘之严，而气愤盈。成师以出，誓死无生。刈寇如草，曾不闻声。寇血以沥，我尸亦横。敛骸巍冢，化魄长庚。千秋万岁，仰莫与京[107]！

[107]湖南日报.1945-8-27，8-28，8-29.

3. 建设历程

1945年8月15日，日本天皇发布"终战诏书"，无条件投降。国民政府旋即拨款，乡民募义，参战部队施工，分别于弓形山、青山界（位于龙庄湾乡青山界。"文革"中，大部建筑被毁，仅存公墓[108]，尚未完全修复）两地，修建阵亡将士战地公墓，有碑、坊、亭、塔等纪念建筑，后改称抗日阵亡将士陵园。

[108] 张一民.溆浦县抗日战争湘西会战龙潭战役阵亡将士陵园修复竣工.怀化年鉴，1998.

陆军第五十一师阵亡将士陵园原占地23 345平方米，是标志我国抗日战争取得全面胜利的重要纪念建筑之一，承载着中国军人的英雄史实和牺牲精神。

1989年8月，湘西会战阵亡将士陵园公布为溆浦第一批县级重点文物保护单位。

1991年，溆浦首届中学生"学革命先辈，爱祖国文物"夏令营到龙潭悼念抗日阵亡将士，并发起修复陵园之倡议。

1992年，溆浦人民政府对弓形山抗日阵亡将士陵园公墓、浩气门、纪念塔、千秋亭、碑墙及297级台阶等一期工程修复，占地8 318平方米，1993年4月17日竣工。

1993年12月，成立"溆浦县龙潭弓形山抗日阵亡将士陵园管理所"。

1994年7月，溆浦人民政府公布保护范围及建控地带。

1999年3月，公布为怀化市第一批市级重点文物保护单位

2002年5月19日，湖南省人民政府公布其为省级重点文物保护单位。

4. 湘西会战阵亡将士陵园的设计意匠

（1）建筑图案说明

陵园依山而建，坐东朝西，以林荫石阶为轴，从山脚顺山岭往东而上，依次将大门、浩气门、警钟壁、纪念塔、碑墙、千秋亭、英烈墓等连为一体，雄伟壮观；衬以倭寇冢，对比鲜明。（图32）

大门：大门是由传统三间四柱、柱不出头三楼牌楼形式而来的新建筑。大门宽15.7米、高8.05米，黄色琉璃瓦顶，正中门额上书"抗日阵亡将士陵园"，两侧外墙分嵌保护标志碑、说明碑，两边为附属、值班用房。

浩气门：拾级而上70级，浩气门耸立眼前，整体造型为我国传统三间四柱、柱出头式牌坊，唯上层额枋之上采用西式圆弧形山花、下层额枋下有圆弧形拱门。台基长15.4米、宽9.2米，牌坊高10.58、宽10米，中间两柱高10米，外侧两柱高8

图32-1. 溆浦龙潭第七十四军公墓牌坊

图32-2. 溆浦龙潭第七十四军公墓纪念塔

图32-3. 溆浦龙潭第七十四军公墓墓

图32-4. 溆浦龙潭第七十四军公墓题刻

米，台阶花岗石铺地。明间宽3米、高6米；两侧次间宽1.7米、高4米；拱门上书“国民革命军陆军第四方面军第七十四军第五十一师湘西会战龙潭战役阵亡将士公墓”，半圆形山面绘国民党蓝色党徽；蒋中正题词“浩气长存”，分书于两侧次间额枋之间；坊柱石刻楹联分别为“养天地正气，法古今完人”（蒋中正）；“志决身歼一片丹心昭日月，功成人远千秋碧血壮山河”（第一零零军军长李天霞）。正背两面题刻相同。由此而上195级台阶，即达纪念塔，塔前为警钟壁。

警钟壁：高3米，石刻“长鸣警钟，不忘国耻”八字。壁前用常绿植物（四季葱绿，秋季白花）组成“奠”字，庄严肃穆。

纪念塔：整体花岗岩结构，高6.75米。基座三层，正六角形，塔身直径2.4米，弹头圆柱部位镶嵌碑文6块，碑高1.5米、宽0.55米。正面“陆军第四方面军第七十四军第五十一师湘西会战龙潭战役阵亡将士纪念塔”，逆时针方向依次为：蒋中正、何应钦、冷欣、王耀武、施中诚等题词。

碑墙：塔后为碑墙，高1.5米，嵌碑十余方，镌刻着龙潭战役直接指挥官第五十一师长周志道将军等主要将领题写的挽词（表4），由此再上12级达千秋亭。

千秋亭：具有地方建筑风格新建筑，六角形，小青瓦顶。高5.25米，中径4.2米。亭内立碑，正面刻阵亡将士英名（原碑大部已毁，修复时从残碑中觅得100余名英烈），背面为著名学者钱基搏教授撰写的碑文。亭后为英烈公墓。

英烈墓：由四层花岗岩砌成，基部圆型，直径12.5米、高1.32米，正面有鼎状花岗岩祭案。顶部封土圆弧形，高1.5米。封土表层为青天白日旗徽图案。十字形墓道宽3.5米，对称而设。近两千名为国捐躯的英灵，长眠于此。

将浩气门、纪念塔、千秋亭、英烈墓等连为一体的是条石路，花岗岩铺就。条石宽40厘米，踏步高15厘米，自大门至公墓共297级，长213米。路面自下而上由宽而窄，共分五部（第一、二为中单道，第三、四、五为双侧道），构成中轴线。

陵园东面为英雄山（原名鹰形山，战后更名）、牛形山、车岩岭等战场遗址，与英烈忠魂遥遥相望。西面龙潭古镇尽收眼底。侵华日军的"倭寇冢在英烈墓南面山脚处(尚未修复),相距50余米。一南一北,一善一恶。一为保国忠魂,一属侵略冤鬼。

(2)建筑设计意匠

陵园建筑设计颇具一定匠心。譬如,浩气门中西结合,造型简洁、庄重典雅。尤其是纪念塔全部采用花岗岩石材,整体造型为台基之上子弹状塔身,直指苍穹,象征胜利之艰辛与和平之不易,震撼人心。

陵园与其周边保存相对完好的鹰形山等战场遗址、阳雀坡等军事驻地旧址、湾潭野战医院旧址及莲河张家塘前线指挥所旧址群等遥相呼应,保存丰富的抗战文化。当地文物部门收藏有战时敌我双方用过的兵器、生活用品、符号、奖状、照片等实物百余件,珍贵的文字50余万字,及近百幅影像资料,包括七张战地记者在龙潭战地拍摄的纪实照片[109]。

另外,圭洞村村民韩槐生家墙壁上还留存抗战时书写的"军民要防止汉奸的活动"标语原迹,战时设立在龙潭的野战医院旧址(湾潭王氏宗祠),旧址里珍藏有多件当时的医疗器械及因救治无效身亡英烈的灵位牌、英烈墓等。更可贵的是陵园附近山头(当年战场)至今保留原始战场遗迹及关于抗战的多处石刻碑记,是一处为数不多的近代史战场遗址[110]。

湘西会战阵亡将士陵园是重要的爱国主义教育基地。作为重要的涉台文物,对加强国共合作,维护祖国统一,提高民族凝聚力等诸方面均具有深远的历史意义。

值得提出的是,1942年2月16日入缅作战的中国远征军,创造了彪炳史册、可歌可泣的战绩,留下了众多抗战历史建筑遗产、遗迹,著名者如滇缅公路遗迹、腾冲国殇墓园等。腾冲国殇墓园"是1945年我国为纪念腾冲收复战阵亡将士而建立的第一座烈士陵园,包括英烈祠、墓地"小团坡"、"盟军阵亡将士纪念碑"、"远征军第二十集团军抗日阵亡将士纪念塔"、墓林以及"倭冢"等。陵园题刻众多,具有珍贵的历史文化价值。其设计颇多创意,与湘西会战阵亡将士一起陵园可称双璧。(图33、表5)

[109] 肖军.溆浦发现龙潭战役战地照.湖南日报,2009-3-20(4).

[110] 湖南省文物局.第七批全国重点文物保护单位推荐材料——抗日战争湘西会战阵亡将士陵园.(价值评估),2009:26.

图33-1. 腾冲国殇墓园纪念塔

图33-2. 腾冲国殇墓园忠烈祠

图33-3. 腾冲国殇墓园之墓地

表5 腾冲国殇墓园部分题刻

建筑	题刻者	内容	备注
墓园正门	李根源	国殇墓园	原云贵监察使
英烈祠	蒋中正题、李根源隶书	碧血千秋	殿基，民国三十四年四月
	蒋中正	河岳英灵	民国三十四年四月
	于右任	忠烈祠	民国三十四年四月
	陈诚	冲锋陷阵慷慨成仁，光复汉物万民欢腾	—
	何应钦	气壮山河成仁取义，光昭日月生荣死衰	—
小团坡	于右任	天地正气	坡前正中
纪念塔	霍揆彰	远征军第二十集团军光复腾冲阵亡将士纪念塔	陆军上将第二十集团军总司令
	李根源	民族英雄	
倭冢	李根源	倭冢	

1996年11月20日，国务院公布滇西腾冲“国殇墓园”为全国重点文物保护单位。

（八）昆明胜利堂

1. 概述

胜利堂原名“中山纪念堂”（有说法初名“致公堂”[111]；又云初拟命名“志公堂”，因龙云字志舟[112]），总占地约2万平方米，建筑面积3 996平方米。

胜利堂位于昆明市中心老城区，五华区光华街中段，云瑞西路、云瑞东路之间，与云瑞公园[113]、光华街、景星街等历史街道一起，成为老昆明的标志建筑之一。

近年来，胜利堂周边环境得到治理，形成以大礼堂为主的建筑群。其南面为人民英雄纪念碑，北面是胜利广场，胜利堂居中。

胜利堂主要由前厅、观众厅及舞台三部分组成，为钢筋混凝土、砖砌体及木结构混合而成的结构形式[114]。

1983年，胜利堂被列为昆明市级重点文物保护单位；1998年升为云南省保单位；2006年列为第六批全国重点文物保护单位。

2. 建设缘起

近代以来，尤其甲午战争始，日本军国主义充当了侵略中国的主要角色，发动了一次又一次侵华战争，给我国人民造成了巨大灾难[115]。

1937年7月7日，日本法西斯全面侵华。抗战初期，日寇气焰十分嚣张，短期内我国大片国土沦丧，北平、天津、上海、南京、广州、武汉、长沙等众多大城市相继沦陷，中华民族坠入亡国灭种的边缘。

大批全国各地的财团、商帮、学者、政界人士等纷纷涌入大西南——昆明。昆明一度成为我国政治、经济和文化中心之一，短期经济得到畸形发展，此时的胜利堂工程（本名“志公纪念堂”）原作为政界场所而建[116]。

1945年8月，中国人民全面抗日取得完胜。云南民众与全国各族人民一样，献出了无数优秀儿女的鲜血和生命。为“纪念吾滇抗战军民”，云南省政府决定将正在修建的云瑞公园内的至公堂改为抗日战争胜利纪念堂[117]。

时任云南省政府主席的卢汉撰写了“抗战胜利堂碑记”，追述了三迤儿女自护国、护法至抗战以来，为国家独立、民族解放所作出的巨大牺牲，记述了抗战胜利堂修建的原因、经过及其巨大意义。

抗战胜利堂碑记[118]

坐芸窗以讽遗编，登兰阁而稽往史，燕然建碣，振大汉之天声，语溪摩崖；彰有唐之盛烈，苟武成乎九伐，必文

[111] 昆明市志地方志编纂委员会.昆明市志（九，文物）.北京：人民出版社，1997：742.

[112] 昆明市志地方志编纂委员会.昆明市志（二，建筑）.北京：人民出版社，2002： 284.

[113] 原为清代云贵总督府的照壁，1935年曾建云瑞中学，1946年改建为云瑞花园，占地1466平方米。学校及改建的公园皆以“天开云瑞”坊得名。吴光范.昆明地名博览辞典.昆明：云南人民出版社，2004.

[114] 高秀珍.昆明人民胜利堂结构抗震改造设计研究.世界地震工程.2007年(3)：147.

[115] 王晓秋.近代中日关系史研究.北京：中国社会科学出版社，1997.

[116] 希波.胜利堂你不该这般落寂.云南经济日报.1992-10-30.

[117] 吴光范.昆明古今地名考释.昆明：云南人民出版社，2005：59.

[118] 黄燕玲.抗战胜利堂碑记与昆明抗战胜利堂.云南档案.2002(4)：33—34.

著于千秋。况八载艰贞，超乎万古，百年耻辱，雪于一朝。奋亿兆以同仇，迈三五而启运者哉！我中华之积弱也久矣，颓然破屋，早惊虎啸于西风，苦矣漏舟，更撼鲸波于东海。盖日本与我，本同种同文，相关若唇齿，乃多虞多诈，为患于腹心，谬假亲善之美名，横施虔刘之毒计。因甲午之幸胜，入晚近而弥乖，我已蠖屈宜伸，彼则鸱张愈甚。迨芦沟告警，衅启无端，沪渎鏖兵，战开全面，四海之波涛糜沸，九天之日月尘昏。彼以为江上投鞭，早无建业，梦中伸脚，踏破长安矣。于时军民忠愤之情，固已腾于霄汉；而敌我坚瑕之势，则犹判若天渊也。夫非常之原，凡民所惧，先几之务，睿断乃成。我最高领袖，神机默运，灵橐大包，聚米殿前，如覩丸泥之状；借箸阃内，预知沃雪之功。果也，众志成城，不惜痛捐血肉；同盟共垒，何妨互倚金汤。遂乃再造丕基，重开景运，断鳌足以奠三灵，挽银河而清八表。晖台鼎返，大历钟还，玉弩不惊，金瓯无恙，四亿姓歌声齐起，五千年史页新开。播之管弦，铭之金石，不其懿欤！然非寒木不能傲劲阴，非长林无以支酷暑。吾滇本素称贫瘠，此役亦共饱艰难，回朔决战鲁南，乃至受降越北，中经缅境会师，继以滇西驱敌，再接再厉，可泣可歌。行者既糜顶踵于沙场，居者复竭脂膏于部屋，唯驰驱之恐后，斯胜利之空前，邦人君子，谓不可无以纪念也！适辟云瑞公园，乃于园中特建斯堂。仰轮奂于重霄，齐光辉于六曜。计经始于民国三十五年一月，落成于是年月，费法币（若干）圆，功既竣，为述崖略，勒之贞珉，并缀词曰：

襄钟纪伐，悝鼎铭勋；前型未泯，往籍常闻；一姓效劝，一身邀宠；万代千龄，尚仪忠勇；矧用休戚，远关国族；河山并寿，云月同矗。我国我族，肇自羲黄，棱威远播，唯汉与唐；自余各代，每多外侮；微管之叹，岂唯尼父。东瀛三岛，与我比邻；背弃信义，毒张鲸鳞；七七事变，志欲灭我；匪我召侮，彼实贾祸；既入我堂，欲毁我室；凡有血气，不共天日。八年抗战，亿兆一心；光复故物，烁古震今。滇人好义，不自今始；护国护法，照耀前纪；遘兹国难，深钜空前；剑及履及，踊跃争先。俄闻受降，欢腾遐迩；三迤髦覵，额手狂喜。欣逢旷局，讵能淡忘；共择爽垲，为构华堂；峥嵘高栋，迢递修椽；卿云画聚，璧月宵悬；壮业巍巍，众兹宏伟。历千万年，崇基不毁；既完杰构，更表丰碑；螭珉麟阁，今古争辉。

中华民国三十五年　月　日

云南省政府主席　卢　汉 撰

1950年，胜利堂改称“人民胜利堂”[119]。2006年正式更名为“抗战胜利纪念堂”。

[119] 吴光范.昆明古今地名考释.昆明：云南人民出版社，2005：94.

3. 建设历程

明初，胜利堂原址是黔宁王沐英的国公府[120]，后为广南卫旧署。清顺治十六年（1659年）改云贵总督府，也称“制台衙门”。有清一代，200多年间数次修缮、扩建，云贵总督府衙门比现在的胜利堂占地几乎大一倍。

[120] 王定明.昆明风景名胜传说.昆明：云南民族出版社，1999.

1911年辛亥革命，次年改建为“云南省高级师范学校”，并有附属中学。蔡锷领导反袁斗争时，朱德曾率军攻进总督府[121]。

[121] 山令、禹羽、小方编.中华爱国先辈故事4上海：少年儿童出版社，1988.

1917年改为省立第一师范学校，聂耳曾在此读书。

1933年，又改为省立昆华师范学校，后迁潘家湾胜因寺内。抗日战争初期，改建为云南省立“云瑞中学”等。

1938年10月至1939年1月间，我国建筑史学科两位奠基人之一的刘敦桢先生曾有如下详尽考述。

昆明市　旧总督署大堂[122]

[122] 刘敦桢.刘敦桢文集（3）.北京：中国建筑工业出版社，1987：389-390.

旧云贵总督署，位于三牌坊之西，光华街路北，南向。其外为大门，面阔三间，单据挑山造。次仪门，门后设屏门一座。再北，有广庭，周围绕以廊屋。院北正中建月台，台上大堂五间，规模颇巨。其创建经过，见光绪《续云南通志稿》卷二十六·地理志·衙署项内：“云贵总督署在城内正中三牌坊西。顺治十六年（公元1659年），滇入版图，始设云贵总督。即前广南卫旧署，改建行台大东门内绿水河东。……康熙……二十年，吴逆荡平。……总督蔡毓荣改建今署。总督范承勳复加修葺。康熙三十四年，总督王继文重修”。据此，则现存云贵总督署，乃平息吴三桂后，迁移今处者。经蔡毓荣、范承勳、王继文诸人迭事增华，始有今日规模，故此堂鼎建年代，当在康熙二十年至三十四年之间也。大堂面阔五间，进深八架，上覆单檐挑山顶。因檐下未施斗栱，在清式建筑中，属于大木小式一类。但其明间面阔，广七米半，总面阔则达二十七米余，竟较前述三殿更为雄阔。

在平面上，此堂面阔与进深之比，达10：6.4。堂内配置，因使用需要，略去明间二缝之前金柱及中柱，使堂内中央形成较大空间。但次间缝与梢间缝则各具中柱、前后金柱、老檐柱及檐柱，故山面成为“显六间”。此次调查时，此堂已改为中学礼堂，并在内部建内墙、讲台等，若干门窗亦非原状。

堂内明间缝之梁架，在前老檐柱与后金柱之间，施七架梁一道。其上再置五架梁，后端直接搁于后金柱上，前端则承以瓜柱，贯以驼峰。此五架梁上置瓜柱二根，以承三架梁。但瓜柱外侧施驼峰，而柱内侧代以雀替，托于三架梁之下。三架梁上中点立脊瓜柱，支脊檩于其上。

以上诸梁，两端均刻简单之麻叶云，并于金柱与瓜柱内侧刻斜项如月梁形状。但由材料所限，其梁底皆平直如矢。梁背之卷杀，亦仅三架梁与五架梁向上微曲。故严格言之，非正规之月梁也。驼峰表面镂刻卷草纹，与北平内阁大堂几无区别。而雀替式样，亦与清康熙二十四年(公元1685年)所建昆明圆通寺大殿大体吻合。足证此建筑确成于清代初期也。

次间缝与梢间缝之梁架，因脊檩前、后之柱适成对称，故仅施单步梁、双步梁及搭牵等，较为简单。

上述梁架皆香楠缔构，坚美异常，疑非兵燹后所能罗致，殆利用沐氏或吴氏旧物成此巨构也。

梁、柱表面所施彩绘虽大部剥落，但其构图犹存明末之法度。

同期，梁思成先生依据相关调查资料，编写的《调查录》中亦有论述：

“旧总督府大门大堂　在光华街北。清康熙二十年（公元1681年）建。大门面阔三间；大堂面阔五间，进深八架，俱单檐挑山造。大堂梁架彩画，犹存明式矩矱。现改宪政人员训练所及云瑞中学礼堂。前后窗门胥经修改，非原状矣”[123]。

可惜，因此时认识所限，旧总督署大堂被拆除，而在原址[124]建设“抗日战争胜利堂”（原大堂无存），交由云南省参议会使用。

1943年，筹建中山纪念堂，具体负责建设的昆明市工务局提出设计意向及要求，并在全国范围内征集设计方案。共征集到20多个方案，不少出自名家之手，且具较高质量。经多次严格评选，李华建筑师的设计方案被评为首奖。

抗战胜利堂的修建，得到了云南全省民众的支持，各界人士纷纷捐资助建。1944年11月纪念堂兴工(也有资料云：奠基日期是中华民国三十四年十二月二十二日，落成时间为中华民国三十五年十二月二十八日，现“卢汉碑”藏于胜利堂地下室内[125])，上海建筑商陈春华任经理的陆根记营造厂承建的“抗战胜利堂”工程，受到昆明人民的普遍赞誉[126]。建设资金由省财政负责人缪云台、陆宗仁等筹措。所使用建材为海口华兴水泥厂生产的水泥，昆明小钢厂供应钢筋。

胜利堂1946年5月完工，正值抗战胜利，省主席卢汉定名为“抗战胜利纪念堂”，“以资纪念吾滇抗战军民”。装修及零星扫尾工程一直延续到1949年。可惜的是，相关研究表明关于早期的胜利堂工程档案，“一无所有，给胜利堂的维修带来很多困难”[127]。

1950年12月，经云南省第一次各族各界代表大会决定，改名“人民胜利堂”在广场安设了“人民英雄纪念碑”奠基石。“胜利堂”一直是云南省人代会、省政府、省政协举行重大会议的场所，由云南省人大办公厅管理[128]。“文革”期间改名“政协礼堂”。

1995年2月24日，、云南省、昆明市人民政府在胜利堂前广场中央建立“人民英雄纪念碑”，碑体通高26米，正面镌

[123] 梁思成.梁思成全集(3).北京：中国建筑工业出版社，2001：254.

[124] 吴光范.昆明古今地名考释.昆明：云南人民出版社，2005

[125] 李晓丹.昆明市人民胜利堂建筑研究.天津城市建设学院学报.2002(1).

[126] 李岱传、马体正、姜一鹏.陆根记营造厂在昆明.昆明市政协文史资料和学习委员会.风雨忆当年：昆明市政协文史资料集粹 .昆明：云南美术出版社，1989.

[127] 刘仁良.胜利堂工程档案今何在.云南档案.1990(2)：29.

[128] 邱宣充，张瑛华.云南文物古迹大全.昆明：云南人民出版社，1992.

刻邓小平题写的"人民英雄永垂不朽"。

建成至今，曾四次维修，前两次资料不详。舞台音响效果较差，1952年经市建设局组织人员研究后改进，略有改善[129]。第三次在1978年，进行了全面翻修，包括木屋架、瓦屋面、油漆工程等。1990年再次修复，改造及抗震加固。

[129] 昆明市志地方志编纂委员会.昆明市志（二，建筑）.北京：人民出版社，2002：283.

4. 胜利堂的设计意匠

（1）胜利堂建筑图案说明

胜利堂造型以我国传统建筑艺术形式为主，又吸收了近代西方建筑大空间、便于使用的优点，是中西结合的佳作。

胜利堂是当时少见的规模较大的单体建筑，平面分三部：前厅（包括门厅及左右厅）、观众厅（座位数1300多）及附属用房，构思以二战时美军战斗机为模型，完全对称布局，充分利用当时的地形条件，布局紧凑。

总平面图中的胜利堂又与云瑞公园连为一体，成一只高脚酒杯形状，以示庆祝抗战最终胜利。

立面"中西合璧"。地下一层，地上两层。南立面通体分三段，与我国西南地区传统大门建筑划分为三部，颇为切合。中央前凸，高亦突出于两侧，三段屋顶均为单檐歇山顶，蓝灰色琉璃瓦，有鸱吻；檐口有檐椽、飞子；檐下施斗栱（单翘单昂，五踩）、彩画、栱眼壁等，柱头科、平身科做法一致，斗栱间距均等排列，木构架，纯为我国传统做法。墙身窗为西式平开窗、贯通上下二层的长窗，部分窗上部带半圆券，上有放射状的亮子，为西方传统窗式之简体。墙身面层为现代涂料，下部为简化的清式须弥座台基、栏杆。入口凸出半圆形阳台，传统汉白玉材质。整个南立面实墙面多而开门窗较少且小，造型厚重、坚实、有力。

图34-1. 昆明胜利堂正立面

图34-2. 昆明胜利堂局部

图34-3. 昆明胜利堂大门

侧立面观众厅部分之外立面造型，采用圆弧形屋面以充分反映内部现代构架（钢钢筋混凝土拱、框架结构，局部砖混），带半圆券的竖向长窗更突出其现代气息，然曲线形的山墙面与我国传统的观音兜山墙之间，有着内在的神似。

诚如研究者所言，胜利堂在造型与布局上都采用了我国传统建筑形式，既考虑到与现代拱形屋面相结合，又渗入了部分地方古建筑做法，如屋面的曲线和入口的半圆形阳台等。虽未必完善，但能考虑地方特色是可贵的[130]。（图34）

[130] 沈长泰.从城市发展看昆明建筑特色.四川建筑.1990年（1）：35.

（2）胜利堂建筑设计意匠

抗战胜利纪念堂构思巧妙，寓意深刻。主体建筑平面为战斗机造型，“是一架待命起飞的飞虎队飞机。陈纳德将军率飞虎队在云南开辟的驼峰航线，在抗战中起到举足轻重的作用”，寓意抗日战争时以“驼峰航线”为代表的战略空运所取得的辉煌业绩。

与此同时，八年抗战最终胜利，人们的爱国主义、民族主义情绪高涨。尤其是遭受百年凌辱之后，我国人民渴望国家强盛，“美式战斗机”是一种高技术的象征，符合人们的“求强”心理。从某种程度而言，这是李华建筑师方案获首奖的原因之一。

胜利堂总平面为一庆功的酒杯。“环抱胜利堂的云瑞东路和云瑞西路恰似一个中式酒杯的外沿，那两栋火车头的黄房子恰似酒杯的底托，将胜利堂托举在酒杯中。胜利堂前面的椭圆形的云瑞公园和长长的甬道街是一个酒杯的造型，恰似一个西式高脚杯。……俯视呈现‘中轴线上叠两杯，举酒双杯庆胜利’的美学造型，中美两国同饮庆功酒，共庆抗战胜利。”[131]较好地表达出抗战胜利国人的喜庆之情，具有浓郁的时代特征，可谓昆明近代建筑的典范。

胜利堂是近代昆明市第一座纪念性大型会堂建筑，也是昆明最重要的纪念性会堂建筑，在云南人民心目中有着特别的地位。在其诞生之日起，就寄托了云南人民深厚的爱国主义、民族主义情感，其建筑技艺有着历史必然性，表现人们立足传统、吸纳世界的自信、求强的胸怀！其平面布局、立面造型、使用材料等均中西合璧，相得益彰。抗战胜利纪念堂的深刻寓意，理应为中华儿女永远铭记！

[131] 谭爱芊.见证现代新昆明（报告文学、散文选）。昆明：云南民族出版社，2008.

（九）芷江机场及受降旧址等遗迹

1. 概述

芷江之名，源于屈原《湘夫人》“沅有芷兮澧有兰”之句。《东方胜览》亦云：“舞水两岸生杜衡白城芷，故曰芷江”。芷江处湘西边睡，群山怀抱，舞水奔流，森林茂密，地势险峻，素有“滇黔门户，全楚咽喉”（清同治八年《芷江县志》卷十八）之称，为兵家必争之地。

中国人民全面抗战八年，始于河北宛平卢沟桥，终于湘西芷江七里桥。“八年烽火起卢沟，一纸降书出芷江”。1945—1946年，英美诸国出版的地图中，凡有中国略图者，湖南均有芷江而无长沙[132]，可见一斑。

1951年8月，中央人民政府政务院通告，规定每年9月3日为中国人民抗日战争胜利纪念日。

[132] 顾鹏.芷江：日本投降第一站.南通日报.2007-5-25（A03）.

（1）机场

机场占地4 000余亩，位于芷江县城东郊一公里处，原为一片开阔而低矮的丘陵，古时因小丘上多生楠木，故名楠木坪。芷江机场是第二次世界大战时盟军远东第二大军用机场，曾经“远征日本，轰炸东京”[133]，为我国人民反抗日寇侵略，世界人民反抗法西斯暴政，夺取对日战争全面胜利发挥了极其重要的作用，影响深远。

[133] 牟永刚.震颤东京的芷江飞虎——远东最大的盟军机群参战大曝光.时代风采.1995（3）：41.

机场南端的空军指挥台（航站楼）为二层小楼房，局部瞭望塔三层。美援华陆军第十四航空队少将司令、中国战区盟军空军司令、“飞虎”将军陈纳德曾在此创办中国第一所航空学校——芷江航空学校，并在此指挥对日空战，取得辉煌战绩，迫使日军“白昼均停止活动而不得不仅靠夜间强行作战”[134]。

图35-1. 维修中的芷江机场指挥塔

[134] [日]服部卓四郎.大东亚战史.台北：台湾军事译粹社，1978.

图35-2. 芷江机场飞虎队纪念馆

图35-3. 芷江机场中美空军联队俱乐部

机场指挥台西侧新建“飞虎队纪念馆”，2005年9月6日——“芷江第二届国际和平文化节”时举行了揭幕式[135]。

机场林荫深处是建于1944年4月的中美空军联队俱乐部（现移建于指挥台北侧），为一幢工字型平面、中西结合的简易砖木小别墅，450平方米。两端是酒吧间、中间为大厅，南端进口右下侧镌刻中英文奠基青石碑，芷江受降时曾在此举行月夜鸡尾酒盛宴。

1994年5月，著名美籍华人陈香梅女士故地重游，并挥毫赋诗。（图35）

（2）受降旧址等

受降旧址呈“品”字形布局。左、前、右分别由三栋风格独特的黑色鱼鳞板双层木构平房排列而成，建于1938年。

前栋为受降会场，又名受降堂；左栋为陆军总司令、中国受降全权代表何应钦的办公室及会议室，何曾在此部署作战、召见降使、处理全国受降事宜20天；右栋为中国陆军总司令部。每栋平房长44.1米、宽8.1米，总面积1 071.63平方米，原为中国空军第五大队十四中队营房（或云：议定腾让空军俱乐部作洽降会议场所[136]）。受降旧址房屋、室内陈列用具均属原物，刻有“参加受降典礼纪念”字样，烙上火印编号，已列为国家一级、二级文物，是抗战胜利接受日军投降的千古见证。（图36）

[135] 张彦.和平的胜利——记第二届芷江国际和平文化节.今日中国，2005(11).

[136] 吕国庆，李铜马.往事漫忆——原国民党军官王志廉回忆芷江洽降.党史文汇.1995(1)

图36-1. 芷江受降堂

图36-2. 芷江受降堂内景

1945年8月21日接收无条件投降的日本，前来芷江洽降时，受降堂平房左右两边的马路上，各扎有木板牌楼一座，牌楼中部有一个大型的“V”字，上首扎“和平之神”四字[137]。

[137] 杨序凯.侵华日军在芷江向中国投降纪要（上）.中州今古.1995(9).

表6 受降纪念坊题铭

正背面	题铭者	内容	备注
正面	蒋中正	震古铄今	正面中门上端
	杨化育	受降纪念坊	正面中门下端
	于右任	布昭神武	东拱额联
	孙科	武德长照	西拱额联
	蒋中正	克敌受降威加万里，名城揽胜地重千秋	中柱题联
	李宗仁	得道胜强权百万敌军齐解甲，受降行大典千秋战史记名城	侧柱题联
背面	王东原	万古流芳	中间首额
	何应钦	名城首受降实可知扶桑试剑富士扬鞭还输一着，胜地倍生色应推倒铜柱记功燕然勒石独有千秋	中柱题联
	居正	名垂青史	东拱额联
	王云武	气贯长虹	西拱额联
	白崇禧	我武自维扬苍海依然归禹贡，受降昭盛典神州从此靖烟尘	侧柱题联

图37. 中国人民抗日战争胜利受降纪念馆

"受降纪念坊" 在芷江机场南端，芷江镇东3.5公里处的七里桥村磨溪口。坊正背面满布题铭。(表6) 坊背面中间拱额为青石镌刻的215字铭文[138]，言简意赅。(图37)

[138] 张自元.抗战胜利受降芷江纪事.江县志办公室抗战文化研究所(内部资料).2002：231

芷江受降纪念坊记

我国崛起东亚，巍然五千年矣！立国精神，原在大同。睦邻柔远，扶弱继绝，斯为帜志。清季甲午以还，东邻日本，肆蚕食野心，强揃我台湾、琉球，而东北数省亦寝假雯铚见告。二十六年七月七日卢沟桥肇衅，我最高统帅国府主席蒋公曾宣示："和平未到绝望，绝不放弃和平；牺牲未到最后关头，绝不轻言牺牲"，忍让为国，于兹可观。然敌未悔祸，憍逞其兵，以三月即可亡我。我为所迫，遂起全面抗战，顾敌侈志，欲争霸寰球，微仅在我一国已也。既美英苏各友邦与我同盟，德意瓦解，敌又以湘西之战失利。本土为美弹所震，乃诅服请降。

时中华民国三十四年

"文革" 期间纪念坊遭毁。1985年8月抗战胜利40周年时，复修落成。

1993年8月，芷江县委、县政府决定，在受降纪念坊基础上扩建受降城，占地21公顷，设受降纪念区、抗日战争战役展示区、抗战文物陈列馆、中美空军联队活动室、抗战胜利纪念碑等。

目前，芷江受降旧址暨中国人民抗日胜利受降纪念园已成为全国重点文物保护单位，主要包括受降纪念园坊、受降大院、展览馆、兵器陈列馆、中美空军联队俱乐部等五部分，是我国现存唯一的纪念抗日战争胜利受降建筑[139]。

2. 建设缘起

(1) 机场

芷江居云贵高原东缘和雪峰山西脉之间，其交通西南为诸省之孔道。著名军事家蒋百里先生认为"中日战争爆发后，中国空军基地宜设在云南昆明，战时大本营宜设在湘西芷江、洪江一带"[140]。

1934年12月1日，蒋介石电谕湖南省政府主席何健"为将来绥靖川湘黔三省边境计"，令在芷江修建机场[141]。

1935年，县政府集中2 000多人修机场，但很快就因故停工[142]。

抗战全面爆发后，国民政府迁都重庆。芷江对大西南后方军事地位更显重要，大批中国及同盟国军队、军事机构陆续迁入。外军有苏、英、美空军，尤其是美军地、空人员，最多时达6 000余人[143]。竹坪铺、七里桥等处的低冈、田垅间鱼鳞板似的黑色营房、仓库、商店连成一片，人流如织，形成了"美国街"。原不足3万人的县城，骤增至10余万人[144]。时人称芷江镇为"小南京"[145]。

[139] 湖南省旅游局.导游员速查手册.长沙：湖南科学技术出版社，2007.

[140] 吴阳湘.蒋百里御日国防思想初探.军事历史.1993(3)：23.

[141] 大公报(湘版).1934-12-4(6)

[142] 向国双.芷江受降.长沙：岳麓书社，199.

[143] 湖南日报.1946-10-8(6)

[144] 向国双.概述抗日战争中的芷江机场.抗日战争研究.2004(3)：33.

[145] 蒋国经、唐召军、蔡新萍鲜为人知的《中央日报》芷江版.文史博览.2007(11)：39.

机场经多次扩建，成为重要的军事基地。尤其是在衡阳机场沦陷后，芷江机场成为中美空军最重要的前进机场、训练基地[146]，常年驻守着数百架各型战机，且囤积大批物资，轰炸日本本土的飞机可由此直飞。正是基于芷江机场的巨大战略意义，1945年4月中旬中日之间正面战场最后一次战役——湘西会战（日人称“芷江攻略战”），其“第一个目的就是捣毁芷江机场，占据这一战略要地”[147]。日人出版的《大东亚战争全史》明确记载：“芷江攻略战，在中国派遣军方面，历来视为对四川方面挺进作战之一部分，早已进行研究，此次暂以覆灭芷江机场为目的。”

（2）受降旧址等

芷江受降举世瞩目，国内外众多报刊头版头条予以报道，无数人主张以各种形式对其作永久纪念。“芷江这一个僻处山丛的小城，因8月21日日军降使速来洽降，忽已名闻世界，在历史上留下水不磨灭的光荣一页”[148]。1946年，更有人提出以芷江为中心，划出相邻31县，设立和平省[149]。

1946年冬，时任湖南省主席王东原视察芷江，指出洽降地房屋、签字用的桌椅用具等，均应原状保留，以警示后人。并在省府会议动议，于芷江修建受降城，获各界赞同[150]。

1947年6月，《芷江受降城的规划原则》公报发布，强调受降城建设要突出“受降纪念意义”，指出“一个在八年苦战中争得最后胜利的受降城市，如果只让他炫耀于一时，而不加以规划建设，永留纪念，那就未免太辜负它的存在了”[151]。随即，湖南省设计委员陈誉膺与芷江县长杨化育拟定了《芷江受降城设计草案》，计划分两部分建设：一是城市建设；二是其他公共事业建设，规模宏大，整个城区扩大为17.5平方公里，城市居民拟增至10—15万人左右，预计总经费286亿零200万元（法币）。这份草案一直完整地保存在芷江县档案馆，虽经几十年风雨，纸色发黄，但字迹清晰如昨[152]。

芷江受降城建设方案，经民国湖南省政府建设厅朱皆平、李荣梦等人员通过[153]，报请南京国民政府获准，但仅得拨得款285万元，与所需经费相差甚巨。

作为八年苦战争取到最后胜利的受降城，如不搞些永久性的纪念设施，将愧对抗战中长眠九泉的英灵和子孙后代。时任芷江县长的杨代育召集县府官员开会，挥泪发誓“扒城墙砖也要建一座受降纪念坊”[154]。

3. 建设历程

（1）机场

1934年12月1日，蒋介石电令湖南省主席何健于全省各地修筑十处800米见方机场，芷江首当其冲。何健特电芷江县府，令其以教场为基础，迅即扩修机场。此为机场的修建之始[155]。

1935年，县府组织人员对机场地形、范围进行勘察。因技术力量薄弱，进展迟缓，到10月底，总体勘察方案均未落实，又因故暂停。

1936年7月，勘察重新开始；10月机场兴建方案已定。县府抽调民工2 000余人，开始施工[156]。初建规模约800米见方。

1937年“七七”事变后，民族危亡迫在眉睫，南京失守，国民政府迁都重庆。芷江对捍卫大西南后方具有重要军事价值，蒋介石以国民党中央航空委员会的名义电令湖南省府扩建芷江机场，并要求将由原来的800米见方扩大为1 200米见方[157]。

湖南省府电令第四行政区专员公署（驻黔阳），着芷江、黔阳、晃县、会同及附近行政区的麻阳、辰溪两县征集民工再次扩修芷江机场，要求1938年底竣工。1937年12月，国民政府航空委员会征调芷江、麻阳、会同、黔阳、溆浦、沅陵、辰溪、凤凰等11个县的民工1.9万余人，修建机场[158]。航空委员会指派工程师林泽群负责机场规划、设计、勘察、

[146] 唐成云.飞虎队在芷江.北京：民族出版社，2003.

[147] 杨伯涛.湘西会战纪实.中国人民政治协商会议湖南省委员会文史资料研究委员会.湖南文史资料（26）.1987-8.

[148] 何应钦.何应钦在芷江各界祝胜大会上的演说词.中央日报（重庆）.1945-9-5（3）.

[149] 西南日报.1946-11-2.

[150] 中央日报（湘版）.1946-10-12；湖南省政府公报1947-6-7.

[151] 湖南省政府公报（52.1947-6-7.

[152] 黄禹康.凯旋门沧桑——湖南省芷江抗日受降园.党史纵览. 2004（12）：42.

[153] 国民日报（湘版）.1947-7-28（4）.

[154] 杨东顺、姚驰.天下第一“血”——芷江修建抗战胜利受降城纪实. 炎黄春秋.1995（5）：55.

[155] 杨云驰.芷江机场史话.湖南档案.1993（4）：69.

[156] 邱云桂.抗战中神秘的芷江机场.文史博览.2004（11）：50.

[157] 县政府工作报告.芷江县档案馆馆藏民国档案，第45卷. 1937-11.

[158] 芷江县志.1933-12.江伯永.芷江飞机场.中国人民政治协商会议芷江侗族自治县委员会文史资料研究委员.芷江文史（4）.

组织施工等全面技术工作，后又派武汉大学工学院土木工程系刚毕业的实习工程师黄彰任协助工作[159]。1939年夏秋之交，工程师林泽群奉命调离芷江，黄彰任继任设计重担，直至1945年秋奉调南京[160]。

1938年10月，机场竣工投人使用。机场东面加长400米，南面加长340米，北面加长60米，并修建长达1 100米，宽15米，深0.3米卵石垫底跑道一条。

1940年再次调集民工，对机场加固扩修，又修建一条长1 100米，宽15米，深0.3米卵石垫底的副跑道，并相继修建导航、信号、掩体、飞机疏散道等设施，可供轰炸日寇本土的远程飞机起降[161]。

1941年12月7日，日本海、空军偷袭珍珠港，美国政府对日宣战。1944年，为起降美军重型轰炸机，蒋介石下令再次扩修、加固芷江机场，是为机场第三次扩修。工程由国民党军事委员会第二十二工程处承建，全面负责工程技术和概算管理，土石方全部分摊到附近各县民工负担，由他们扩修机场朝大垅坪方向起降用的跑道，并加固重型轰炸机跑道底层岩石。第十行政区（七区改十区）芷江、黔阳、怀化、晃县、靖县、会同等六县，征集民工参与工程。因战事紧迫，边用边修，这是芷江机场最后一次修建。需要提出的是，据官方统计，在几次扩修机场中，因患霍乱或劳累而死亡的民工不下5 000人[162]，现存的16个人力石滚便是沥血的佐证。

从1938年冬到1945年10月，先后有苏联志愿空军中队（苏联志愿空军大队的部分轰炸机和驱逐机及空、地勤人员，苏德战争爆发后撤回国内），英国飞机5架（英本土战事爆发后撤回），美空军第十四航空队战斗机队、运输机队，国民党空军第四大队、第五大队（中美空军混合大队）、第一大队等空军部队进驻芷江机场。尤其是1944年至1945年8月，中美空军一大批先进的战斗机、侦察机、轰炸机、运输机聚集芷江机场，最多时达400多架[163]，仅美军空地勤人员就多达6 000余人。

其时的芷江机场是军事保密重点，凡涉及该机场空军作战及战果报道，都以“红岩机场”、“湘西某地”、“湘西基地”、“湘西盆地机场”等代号称呼，给芷江机场蒙上了神秘的色彩[164]。

1949年10月，芷江机场由中国人民解放军管理，战备机场[165]。

2001年12月，机场改扩建工程经国务院、中央军委批准正式立项。

2002年7月，通过工程可行性研究报告。

2003年1月，正式开工，同年纳入湖南省重点工程。

2005年9月，芷江机场正式复航[166]。目前，机场正在筹划新一轮扩建，预计总投资5.6亿元，包括延长跑道，扩建停机坪、候机楼等三大主体工程。

（2）受降旧址等

1947年2月，“受降纪念坊”兴工；8月30日建成[167]。青砖砌筑，外敷水泥，嵌紫色明山石。

1966年“文革”中，纪念坊与其它抗日纪念设施均被毁坏[168]。

1982年8月15日。日本举国上下大规模祭祀在华阵亡将士，并修建一座阵亡将士纪念碑。邓小平获悉后，立即指示有关部门：日本修建侵略之碑，我们要修反侵略之碑[169]。

1983年5月，湖南省人民政府批准：依据历史原貌修复受降纪念坊和受降会场。受降会场是从木油坡五四厂内搬迁而来，人字架、鱼鳞板外壁，上盖小青瓦，系原空军统一格调的营房。1985年8月落成开放。受降堂内陈设原样恢复，“厅内布置简洁，正面悬挂党国旗暨国父遗像，上置中、美、英、苏国徽及一巨形V字”[170]。“中墙上是一张很大的孙中山半身遗像，像的前面是排成弧形的几张桌子，上面仅仅铺着一张洁白的桌布，好象是法官的案台。在案台前不到两米的地方，面对着摆有四张黑漆的椅子，这是为投降代表而设的。在会议室的另一端还有为新闻记者预备的一张大

[159] 黄彰任，林泽群.芷江旧事.湖南省政协文史资料委员会.芷江受降.长沙：岳麓书社，1997.

[160] 杨顺东，张自元.一位美国国会顾问割不断的芷江情.海内与海外.2003（5）.

[161] 蒋国经.芷江机场修建始末. 档案时空（史料版）.2005（11）

[162] 湖南档案.1993（23）：70.

[163] 盛星辉.抗日时期的芷江机场.航空史研究.1999（2）.

[164] 蒋镇巍.芷江机场的历史变迁.中国档案报.2009-12-11（3）.

[165] 芷江侗族自治县县志编纂委员会.芷江县志.北京：三联书店，1993.

[166] 钱德喜，杨宗锡.受降一日落芷江.中国统一战线.2005（10）：57

[167] 蒋国经.国内首次发现芷江“受降纪念坊”落成照.文史博览.2008（8）：61.

[168] 黄海.中国凯旋门——寻访芷江抗战胜利受降园.传承.2008（6）.

[169] 杨东顺，姚驰.天下第一“血”——芷江修建抗战胜利受降城纪实. 炎黄春秋.1995（5）.

[170] 冷欣.湘西会战始末及乞降代表飞芷洽降记.向国双.二十世纪湖南文史资料文库 芷江受降.长沙：岳麓书社，1997.

[171] 李万青.半个世纪倒记时——抗战胜利芷江洽降纪实.党史博览.1995（2）.

[172] 向国双.芷江受降.长沙：岳麓书社，1997.

餐桌，靠墙还有一圈椅子和凳子。这种异常简单的陈设。明显地表示这是一个接见投降代表的地点”[171]。

1992年11月，芷江县委、县政府决定：在芷江七里桥修建抗日战争胜利纪念馆暨受降园，并分步扩建受降城，参考了1946年制定的“芷江受降城设计草案”，同时在现有城区基础上扩建和改建。新制定的受降城修建方案，主要分三部分：受降纪念、受降城纪念性建筑、旅游景观等，以“坊——园——城——带”联成一体，再现抗战胜利受降名城。为筹措建设资金，1993年2月，芷江县委、政府发出了《关于筹资修建受降园的意见》，地、县人大发出倡议，开展捐助活动，至1995年8月止，全国8省市、26县市、460个单位以及港台同胞、海外侨4人为受降城建设捐赠212万元，美金1 370元，台币31 000元。上级部门拨专款268万元[172]。

1993年8月21日，举行“庆祝抗战胜利48周年暨修建受降城奠基典礼”。首期工程，即主建筑受降园纪念区建设至1995年竣工，历时两年，耗资369万元。新建纪念抗日战争胜利展览馆，面积1 500平方米，“不忘过去，展望未来，振奋民族精神”是其立意，也是建筑要告诉人们的主题思想。

2005年9月6日，第二届中国芷江国际和平文化节隆重举行，来自美国、俄罗斯等6个国家的100多名中外二战老战士或其遗属及30多个国家的驻华使节，不少“飞虎队”队员出席，并参与“和平文化标志献土仪式”。

4. 芷江机场及受降旧址的设计意匠

（1）建筑图案说明

机场指挥台采用中式黑瓦顶、青砖墙，西式平开窗、水泥窗台、室内木楼梯、板条抹灰吊顶等，简洁实用，中西合璧。

移建而来的中美空军联队俱乐部与之相似，唯单层无楼梯，其余用材、手法等与指挥台类同。

受降旧址品字形布局三栋全木构平房，四坡黑瓦顶。墙身外观为块块相叠的木板——鱼鳞板，表面刷黑，顶部密排木板吊顶，木地板，木柱单廊。建筑简朴、实用，利于战时隐藏。芷江是侗族聚居区，木板为墙、青瓦为顶、黑色墙身等建筑风格，也是侗族民居建筑常用之法。

受降纪念坊为传统三间四柱柱出头冲天式牌坊造型而来，钢筋混凝土结构，通面阔10.64米，厚1.16米，顶高8米。方柱之间三拱门，明间拱门高大，中拱宽3米、高3.5米，门基为水泥筑石墩，上砌砖柱，柱面各宽1.16米，水泥敷表。前、后坊身，满布题铭（图38）。

图38. 芷江受降纪念坊

（2）建筑设计意匠

芷江机场对我国取得抗战的最后胜利居功至伟，日军洽降代表今井武夫哀叹：“这座机场给予我们以毁灭性的打击”[173]。选择芷江作受降城，原因较多。这里是对日最后一次会战胜利地，对日军有心理压力；会战后国民党第十八、二十六、七十三、七十四、一零零军和新编第六军等，均驻在芷江及其附近；芷江机场又是当时保存最完好的一个军用机场，有展示中国军队实力之意。

[173] 牟永刚.震颤东京的芷江飞虎——远东最大的盟军机群参战大曝光.时代风采.1995（3）.

[174] 罗玉明.湘西会战与芷江洽降.怀化师专学报.1995（3）.

与此同时，蒋介石为交通、安全等多方面的考虑，也认为在芷江进行洽降是十分便利的[174]。

“芷江为新生武力核心之一，机场银翼相接，极为壮观，城郊新车奔驰，新装备的战士荷枪站立，一派朝气。日人见此，必凛于中国实力，有所戒惧。”[175] 日军降使今井武夫看到机场飞机“每天冒着季节性的浓雾，日夜不停地起飞降落，与日本空军简陋的现状相比较，不得不惊叹敌方空军实力之雄厚”[176]。毕竟，日本投降时，侵华日军全部飞机只389架，完好者仅289架[177]。芷江受降顺利进行，其背后隐含着深厚的中华民族传统和平文化内涵。

纪念坊座被称作全世界8座“凯旋门”之一，其造型如一个大大的“血”字，意为中华民族的血肉组合，也是“1840年鸦片战争以来中国抗击外侮唯一的胜利纪念碑，是全世界反法西斯胜利的伟大历史丰碑”[178]。

从当年“凯旋门”设计图纸看，整体造型仿佛是一个大写的“血”字。知情者云，将“凯旋门”设计成“血”字形有深刻的寓意。陈誉膺、杨化育等规划设计纪念坊，纪念为国家、民族的利益而流尽鲜血的英烈们，同时要让子孙世代铭记：胜利不易，战争残酷。3 500万以上遇难同胞的鲜血，永远不会白流。

抗战期间的芷江，是我国重要的空军基地。“八年抗战的伟大句号，在芷江戛然而止”[179]，芷江受降“震古铄今”。“名城首受降实可知扶桑试剑富士扬鞭还输一着，胜地倍生色应推倒铜柱记功燕然勒石独有千秋”，何应钦先生的妙联概括了芷江受降的崇高历史地位[180]，其波澜壮阔的历史必将永载史册。

二、重要抗战历史建筑的设计启示

（一）因时制宜

近代以来的中国，确属多灾多难，专治腐败、民众贫弱、国力落后，加以列强虎视、强邻鲸吞，中华民族逐渐沦入亡国灭种的边缘。尤其是近代以降的日本军国主义，侵略成性，不想更不愿中华崛起，时刻梦想吞灭中国。诚如郭廷以先生所云：“近代中国所遭受的苦痛，虽然不能说全部来自日本，但实际上以日本所给予的最多最巨。”

1874年5月7日，日军在台湾琅乔登陆，侵台战争爆发，此为日寇侵华之始[181]。

甲午战争以降的日寇，给中华民族带来了永远的伤痛。1927年6月，日本内阁首相田中义一在东京主持“东方会议”，制订了狂妄的侵略扩张计划，向天皇“密奏”：“唯欲征服支那（中国），必先征服满蒙（中国东北）；如欲征服世界，必先征服支那。倘支那完全可被我国征服，其他如小中亚、西亚及印度、南洋等异服之民族，必畏我敬我而降于我，使世界知东亚为我国之东亚。”

1928年，国民政府形式上完成全国统一，我国进入现代化的“黄金十年”，其间我国工业增长率保持在9%左右，就在我国逐渐治愈内战、外辱之创伤，步入现代化正轨之时，日本帝国主义者认为不能给中国以和平发展之机，侵略中国是日本军部长久计划，天皇的基本国策。于是关东军提前行动，1931年9月18日，日寇占我东北，抗战与兹肇始。

1932年1月28日，“一·二八”事变爆发。其后签定的《淞沪停战协定》是国民政府对日妥协、退让的产物。规定中国不得在交战区驻兵，是对我国主权的出卖；规定日军可留驻上海，为日后日本发动全面侵华提供了方便[182]。

1936年，日本法西斯上台。广田弘毅内阁制订《国策大纲》：“帝国当前应该确立的根本国策在于外交和国防互相配合，一方面确保帝国在东亚大陆的地位，另一方面向南方海洋发展”，形成全面侵华、占领亚洲和太平洋地区，最后称霸世界的侵略方案。日本是第二次世界大战的东方策源地，中国人民反抗日本帝国主义侵略的抗日战争，是反侵略的正义之战，是世界反法西斯战争的重要组成部分[183]。

1936年12月，西安事变和平解决，对推动国共重新合作、团结抗日，唤起全体民众抗日信心等，起了重大的历史作用。

1937年7月7日。日寇制造芦沟桥事变，发动蓄谋已久的全面侵华战争。此时的中国，不论经济、科技、军事实力

[175] 时集锦.芷江受降记》.时代精神.1945年（4、5、6）.

[176] 今井武夫.今井武夫回忆录.上海：上海译文出版社，1978：256.

[177] 陈应明，廖新华.胜利日：从豫湘桂到芷江.国际展望.（半月刊）.2003（476）

[178] 吴建宏.芷江抗战受降遗址.抗日战争研究.1994年（6）：249.

[179] 任智：《芷江受降城“黑太阳”在此落下》，《军营文化天地》2004年第7期。

[180] 钱青文，瞿春林：《抗战胜利受降城在湖南芷江奠基》，《国防》1994年第3期第35页。

[181] 朱宗玉.从甲午战争到天皇访华——近代以来的中日关系.福州：福建人民出版社，1996.

[182] 胡德坤.中日战争史1931—1945（修订本）.武汉：武汉大学出版社，2005.

[183] 罗传勖.重庆抗战大事记.重庆：重庆出版社，1995.

[184] 中国第二历史档案馆.抗日战争正面战争（上册）凤凰出版社，2005.

[185] 原口俊道.中日经济、社会、文化比较研究.上海：华东师范大学出版社，2001.

[186] 王晓秋.近代中日关系史研究.北京：中国社会科学出版社，1997.

[187] [日]柚木学.中日经济及其比较研究.长春：吉林大学出版社，1992.

[188] 罗兹曼.中国的现代化.上海：上海人民出版社，1989.

[189] 胡绳.中国共产党的七十年.北京：中共党史出版，社1991.

等，均与已经工业化的日本，存在着巨大差距。"敌国之军备及一切物质上，均较我优势"[184]。

近代以来的日本，最早开创了东亚经济发展的先河[185]。虽然"近代历史的开端，中日两国基本上是站在同一起跑线上的。然而，1868年日本就不失时机地、成功地进行了明治维新；而中国的洋务运动、戊戌维新却遭到了失败。1895年甲午战争的胜败结局无情地宣告：日本已经一跃成为亚洲唯一的资本主义强国，而中国却仍然在半殖民地深渊中苦苦挣扎，甚至濒临被瓜分亡国的危险"[186]。中日甲午之战，日本获得了我国巨额战争赔款（无偿外资），国力急剧增强。第一次世界大战中日本大发横财，一举偿清全部债务，并成世界最大债权国之一[187]。同期的我国，则坠入深渊！对中国资本主义现代化来说，"最严重的打击是日本入侵。这使中国的现代化大受挫折。物质损失、人员死亡和混乱局势一起形成了障碍。"[188]

由此，7月8日，中共中央立即发布《中国共产党为日军进攻芦沟桥通电》："平津危急，华北危急，中华民族危急！只有全民族实行抗战，才是我们的出路！""全中国同胞、政府与军队团结起来，筑成民族统一战线的坚固长城，抵抗日寇的侵掠！"确实，在以我弱敌强的现实情况下，民族团结，集中一切力量一致对外，是求得生存之唯一法则。

1937年8月14日，国民政府发表《自卫抗战声明书》："中国为日本无止境之侵略所逼迫，兹已不得不实行自卫，抵抗暴力。"在中华民族的危急时刻，开创了国共两党重新合作、团结抗日的新局面。在由邓小平题写书名、胡绳主编、中共中央党史研究室新近出版的历史论著中，就称道当时的"国民党最高领导人，承认第二次国共合作，实行抗日战争，是对国家民族立了一个大功。"[189]

诚如冯宪光教授所言，研究抗战文史，当首先明瞭国共合作的思想基础与民族基础。前者是"三民主义"，后者是全民抗战。国共之间虽有矛盾与斗争，但更有团结与合作；唯如此，"一个中国"的现实诉求才有坚实的历史基础。当然，抗战爆发前，我国普通民众的对日情绪也已由积淀到升温。

因此，集中一切人力、物力、财力，以达成"持久战"之基本主旨，以期抗战之最后胜利，是所有工作之出发点。故而，此时期之建设工程，其经费、材料，甚或建设时间等均相对有限，此为切实之时代背景。（图39）

图39-1. 战时重庆的工厂建设

图39-2. 战时北方敌后根据地建造大量的窑洞

图39-2. 战时南方的农村水利工程

例如，南岳忠烈祠1939年动工，1943年6月二期竣工，前后四年，总造价仅1 863 075元，这个款项还是由国民政府中央、第六、九战区与原湖南省政府四方共同负担，加以部分军政要员私人捐助，才得以最终完成。

又如，杭州钱塘江大桥依据茅以升的设计方案，全部经费需510万元，完工后决算540万元，合美金163万元。如若依据美国桥梁专家华德尔的设计，需要758万元[190]。这笔钱对今天来讲，似乎微不足道，而对于财政窘迫的南京政府来说，堪称一笔大负担。幸乃曾养甫先生多方筹措，方得以成功[191]。

[190] 孟宪明.华人十大科学家.郑州：大象出版，社 2001.

[191] 谢晖.曾养甫力主建钱塘江大桥.民国春秋.2001（1）：43.

（二）因地制宜

不论总体规划构思，还是单体建筑设计，因地制宜一直是我国人民的优良传统，至今更应发扬。我国古代风水文化，无论形势宗、理气宗，其实质均属于人造环境与自然环境间之内在关系。具体到建筑学领域而言，就是人工建筑的形体或围合之空间，与自然山水大小、宽窄及空间场所之尺度关系。

地理环境对古代聚落选址至关重要，聚落生活首先必须依赖自然环境。诚如蔡达峰先生所言：“抽去风水的世俗价值成分来看，它是一门关于使用空间评价和选择的学说，其中涉及空间方位和构成形象两部分。”[192]

[192] 蔡达峰.历史上的风水术（前言）.上海：上海科学教育出版社，1994.

譬如，南岳忠烈祠依据山势左右对称，错落有致，层层递进。从山腰入口牌楼大门起，越过“七七”纪念碑，纪念堂、致敬碑、享堂等，空间封闭—开敞—封闭—开敞—封闭，开合有致，富于韵律。其单体建筑体量与周围地形、山体大小等，相得益彰。

又如，杭州钱塘江大桥之选址，可谓科学技术与环境景观艺术结合之完美杰作。

从技术角度而言，“杭州为铁路公路集中之处，建桥地点，自应在其附近，以便衔接沪杭甬铁路、杭江铁路及两岸之各公路，虽地处钱江下游，水面辽阔，但若求其狭窄，绕至上游，则桥工固省，而路线延长，不仅筑路费款，将来长期绕越，财力时间，亦不经济。就杭州地形而论，南星桥距城市最近，且为渡江码头，若可建桥，自属便利；惜两岸相距甚远，江流无定，且潮水影响较巨，建筑经费，恐嫌过巨。其地各处，经多次勘验，似以闸口之沪杭铁路终点为最宜。其地江面较狭（仅一公里），河身稳定，北岸沙滩亦少. 且正对虎跑山谷，于联络各项路线，比较便利。从经济上观察，实非他处可及。故本计划以间口为钱江北岸之建桥地址，横越河身，以达南岸”[193]。

[193] 茅以升科技文选——纪念茅以升诞辰一百周年.北京：中国铁道出版社，1995：23.

就景观环境而论，大桥自身比例优美，其形体高矮、跨距大小与两岸山丘体量、江面宽度等颇为协调。尤其是大桥北岸引桥背山面水，附近有六和塔胜迹，不论是自塔上观桥，还是由桥上观塔，均景色秀美。在领略现代科技之时，感受到钱

图40. 钱塘江大桥选址示意

塘江大桥之厚重的历史文化氛围，匠心独具。(图60)

（三）因材制宜

日寇占领东三省，我国丧失了30%的煤炭、71%的铁、28%的电力和47%的水泥。

全面抗战初期，我国不但经济颇为紧张，刚刚起步的现代工业更遭受重创，尤其是对我国本就薄弱的制造业影响甚巨。集中在沿海、沿江和铁路沿线的重要工业区相继沦陷，日本对沦陷区工矿业的掠夺，使我国民族资本主义陷入绝境[194]。例如，“七·七事变”仅一年多，在工业资产方面，上海损失52%、南京损失80%、杭州损失28%、广州损失31%。近一个世纪以来，中国人民辛勤积累的财富大半丧失，现代化进程被彻底打断！

虽然，由于多方努力，不少企业内迁，但恢复生产仍是相当艰巨的任务，且众多企业根本来不及搬迁就已经落入敌手，国民政府损失了95%以上的工业[195]。在这种情况之下，后方现代建筑材料之产能较为有限。而国民政府对沦陷区经济从断绝交通到为我所用的政策变化，就缘于大后方物资极为匮乏[196]。

抗战爆发，中国转入战时经济状态，通货膨胀，物价上涨，生产供给能力大幅度下降。1936—1949年期间，国民收入年平均增长率为-2.35%，人均国民收入为-3.74%[197]。国民经济遭受严重破坏。我国是在前现代化的经济状况下从事一场大规模的现代战争，自身的经济实力难以支撑旷日持久的消耗[198]。我国经济遭受了空前浩劫，国民政府不得不推行举借外债的政策[199]。这些外债支持了我国的抗战和世界反法西斯战争，但也削弱了国民政府的生产和贸易主权，使其财政金融进一步受制于英美，并对以后中国政治产生了不良影响[200]。

与此同时，抗战持续进行，有限的钢铁、水泥等建材，自然优先满足前线对敌，或后方防御之上，如修建阵地、碉堡、防空洞等设施。故能用于后方办公、居住建筑上的现代建材，微乎其微。譬如，全部南岳忠烈祠工程仅拟用8吨钢材，就需层层报批，直至建设厅厅长[201]。这在今天是无法想象的。因此，抗战期间的后方建设活动，往往依据建筑功能、结构所需，因材制宜地运用当地材料，即使是在这种情况下，不少建筑依然取得了令人称道的成就。

譬如，延安中共七大会址大礼堂，为满足开会大空间所需，依据延安石料丰富、陕北石匠砌筑技术高超的有利条件，采用四个半圆形石砌拱券作主梁，室内无一内柱，视线宽敞。其舞台上方为避免拱过高或影响台口宽度，做椭圆形拱，技术要求高，且须施工精确，结构设计、用材、施工等诚属因地制宜之典范。对照我们当前、未来的建筑设计，其构思值得我们珍视。(图41)

又如，南岳当地盛产木材、石材。建造忠烈祠为节省钢材，其屋顶结合传统建筑造型，采用等腰直角三角形木构人字梁，以钢件联接节点，使用钢材较少，而很好地满足了较快建设大体量建筑、创造大空间的要求。其墙体采用石材，既为满足纪念建筑须庄重肃穆的特性所需，也是因地制宜之举。(图42)

再如，李明灏将军旧居颇为简朴，为完全利用当地传统材料

图41. 延安中共中央大礼堂细部

[194] 沈绍根，杨育华.抗战时期日本帝国主义对沦陷区工矿业的掠夺.湘潭师范学院学报(社会科学版).2004年(6).

[195] 余杰.铁与犁：百年中日关系深思录.长江文艺出版社，2004.

[196] 齐春风.抗战时期国民政府对沦陷区经济策略的演变》.辽宁师范大学学报(社会科学版).2008年(6).

[197] 王玉茹.论两次世界大战期间中国经济的发展.中国经济史研究.1987(2)

[198] 齐春风.中日经济战中的走私活动：1937—1945.北京：人民出版社，2002.

[199] 曹均伟.抗战时期国民政府的利用外资政策及其措施.财经研究.2007(6).

[200] 苏黎明.抗战时期国民政府外债举借述评.中国社会经济史研究.2001(1).

[201] “厅长钧鉴敬肃者：奉本月十六日钧谕，以建筑南岳忠烈祠工程须从速赶办，饬借用钢条八吨，自应遵谕，在零陵存料内暂时照数拨借。敬恳转知该工程处，派员来局洽办为祷。肃复，恭叩。钧安。职戴嗣夏、石略谨肃，七月二十三日。”资料来自南岳市文化局复印件.湖

图42-1. 南岳忠烈祠纪念堂“三交六椀”格子门，采用当地石材

图42-2. 南岳忠烈祠享堂二层，就地取材而精心施工

建筑而成：块石筑基，夯土板筑墙体（仅过厅过廊青砖墙）；硬山搁檩屋架，穿斗架，串枋外挑支撑檐口；外墙用红、白、黑三色抹灰粉饰等，以突出地域建筑特色。其功能由将军家庭生活、保卫营房等组成，很好地满足了使用要求。

（四）因事制宜

建筑是生活的建筑，建筑艺术是生活中的艺术。它既是物质的，又是精神的。由此，建筑技艺是时代精神的客观反映，抗战历史建筑必然带有抗战的印迹。

譬如，湖南武冈黄埔军校第二分校旧址主要建筑中山堂，是为纪念伟大的革命先行者、黄埔军校创始人孙中山先生而建，又是抗战时期以孙先生伟大思想凝聚民族精神之生动体现。其造型匀称、手法简洁、色彩素雅、形体庄重，可谓因时、因地、因材、因事，中西合璧的优秀之作。

又如，昆明胜利堂平面构思，以二战时美军战斗机为模型，以示驼峰航线之险、云南人民抗战胜利之艰；而总平面图中的胜利堂又与云瑞公园一体，呈现一只高脚酒杯的形状，以示庆祝抗战的最后胜利。

再如，芷江机场受降纪念坊造型如大大的“血”字，意为中华民族抗战胜利，是无数先烈捐献血肉之躯而来，我们必须永远铭记为国家、民族利益而流尽鲜血的英烈们！

至于南岳忠烈祠、岳麓山忠烈祠、湘西会战纪念碑、腾冲国殇墓园等更是专为祭祀、纪念死难烈士而建，其建筑设计构思无疑为此而精心组织，造型既庄重又令人深思，引人遐想。

综上所述，抗战历史建筑是战时困难经济、时空条件下的设计创作，是各方人士（如组织、设计、施工、管理等）通力协作的结果，其建设经费筹措之不易、历程之艰辛，足令闻者动容。如笔者考察南岳忠烈祠，据文化局同志介绍：敌机来临，当时建设者们即上山躲避；敌机一走，立即下山建设，类似事例，举不胜举。大多数抗战历史建筑，设计思想之先进、构思之精巧，诚“天有时、地有气、材有美、工有巧……材美工巧”之谓也，令人赞叹。

客观而言，当前我国建筑领域惊人浪费。选用材料越贵、越新，似乎越能代表高科技、高水平之倾向愈演愈烈。与此同时，普通材料、传统材料之采用，多被归入落后、寒酸之表征而疏于运用，可谓舍本逐末！这与整体社会风气之浮躁、炫富之风盛行，倒是颇为切合。这样的高消费仍具有传统的权贵腐败、奢侈的消费性质，暗含着鲜明等级性和强烈的政治色彩，为“挥霍社会财富，抑制社会进步和经济发展”[202]。由此，抗战历史建筑因时、因地、因材、因事之制宜，永远值得后人深思，尽管外在物质条件有可能好到足敷奢华之欲。

[202] 张东刚.消费需求的变动与近代中日经济增长.北京：人民出版社，2001.

结语

历史充分证明，中华民族遭受外来侵略苦难之时，每每就是我国专制横行、吏治腐败、政令不畅、裙带特权跋扈、社会正义难以伸张、民不聊生之日，抗战时期亦莫能外。“打铁需要自身硬”，如果我们本着为中华民族子孙后代谋划未来的高度出发，真正创造公开、公正、公平的法治社会环境，政治开明、吏治清明、人尽其才，这样的悲剧就永远不会重演！

历史同样证明，团结起来的中华民族终究是不可战胜的！抗日战争的胜利，就是中华民族团结奋发、自强不息的伟大胜利！日本法西斯认为他们大和民族是优等民族，可任意侵略中华，那时的日寇到处书写，“吃的鱼肉鸡，睡的嫩娇妻；烧的背时屋，杀的蠢东西”[203]，意思是在我国可以随意抢掠、奸淫；我国历史建筑遗产是落后的该烧；中国人属“蠢东西”，该杀！……由此，我国各地遗留的数不胜数的抗战历史建筑遗产、遗址，不仅是对不屈先烈们丰功伟绩的永远纪念，对无数爱国华侨华人的深切缅怀，对汉奸傀儡的永久唾弃，更是时刻警醒国人奋发图强的无与伦比的宝贵财富，理应得到永久的保护和传承！

[203] 长沙市郊区部分乡场村民口述、长沙市郊区政协文史委记录整理：《日军在长暴行实录》，中国人民政治协商会议长沙市文员会文史资料研究委员会等编：《长沙抗战——文史史料专辑》第280页，湖南省政协机关印刷厂1995年7月。

更何况，历史建筑以及众多历史建筑组成的历史街区，创造出一个个空间，提供人们休闲、生活、工作、交往、游嬉的场所，是保持一个国家、民族文化生态的根基。置身这些场所，能潜移默化地影响人们的生理、心理，尤其是心理，这是历史建筑遗产独具的文化意义。名列世界文化遗产90%以上都是建筑或建筑遗址，人类创造的最大量、最重要的物质财富是建筑。更多时候，建筑甚或成为国家、民族文化的象征和精神寄托，如北京天安门、韩国崇礼门、莫斯科红场、美国白宫、法国巴黎圣母院、澳大利亚悉尼歌剧院等。

要想毁灭一个国家、民族的传统文化，摧毁其历史建筑遗产，实际是最直观、最简单的方法。这在我国历代改朝换代中几乎不间断地上演，如项籍之焚毁秦宫室、董卓之焚东汉洛阳，隋平陈的宫室、社稷，直至明之焚元大都等皆然。

因此，日本侵略者自“九一八事变”后，在长达十四年的侵华战争中，对我国各类古建筑肆意摧残，竭力毁坏，我国名胜古迹遭到空前劫难[204]。

[204] 戴雄：《侵华日军对中国古建筑的毁损》，《民国档案》2000年 第3期第89页。

仅以湖南衡阳战役而言，“市内房屋，原有53 200余栋，现仅存完整的五栋，破坏堪住的不上60栋……”衡阳“全县完全被毁之学校、公所、祠堂、民宅约35 800余栋”[205]。

[205] 中国人民政治协商会议长沙市委员会等：《文史资料专辑长沙抗战》第186页，（内部资料）1995年7月。

又如，日寇为加强对东北农民统治与压榨，将大批农民圈入集团部落（实际就是集中营），对中国人原有的住宅田园一律摧毁。

再如，1941年8月，日军5万余人对晋察冀边区进行扫荡，仅在北岳区烧房15万间；抗战八年，仅晋绥、晋察冀、冀热辽、晋冀鲁豫、山东、苏皖、中原七个根据地，就有1 952万间房屋被烧毁。日寇在抗战中，占领我城市930多座（80%大城市被占），被破坏工厂共 3 840家；日寇对广州、上海、重庆、苏州、兰州、贵阳、成都、西宁等城市狂轰滥炸，对象多为学校、医院、名胜古迹、居民住宅、商业区等非军事目标[206]……因此，全中国被毁之古建筑数量或以亿万计！

[206] 王友：《抗战时期日军对我国的经济侵略》，《政工学刊》2005年第8期第17—19页。

抗战历史建筑是我国历史文化之重要组成部分，是极其宝贵的历史文化遗产、重要的精神财富。包括抗战历史建筑在内、我国历代遗留的优秀历史文化遗产，必将世代珍视并永远铭记和传承！

本文得以完成，与相关各地党政军部门、尤其是文物部门的鼎力协助密不可分，谨表深切谢忱！

参考文献

[1] 张宪文.中华民国史.南京：南京大学出版社，2005.
[2] 中国大百科全书·建筑、园林、城市规划.北京：中国大百科全书出版社，1988.
[3] 吴光祖主编.中国现代美术全集，建筑艺术1.北京：中国建筑工业出版社，1998.
[4] 孟国祥.大劫难:日本侵华对中国文化的破坏.北京：中国社会科学出版社，2005.
[5] 曹世文.20世纪大事记.北京：国际文化出版公司，1991.
[6] 李守孔.八年对日抗战真相.台北：正中书局，1979.
[7] 刘绍唐.民国大事日记，第1册.台北：台湾传记文学出版社，1979.
[8] 曹聚仁，舒宗侨.第二次世界大战画史.联合画报社，1947.北京：中国书店出版社重新刊行，1988.
[9] 建筑文化考察组.中山纪念建筑.天津：天津大学出版社，2009.
[10] 刘敦桢.刘敦桢文集.北京：中国建筑工业出版社，1987.
[11] 梁思成.梁思成全集.北京：中国建筑工业出版社，2001.

抗战建筑考察随笔

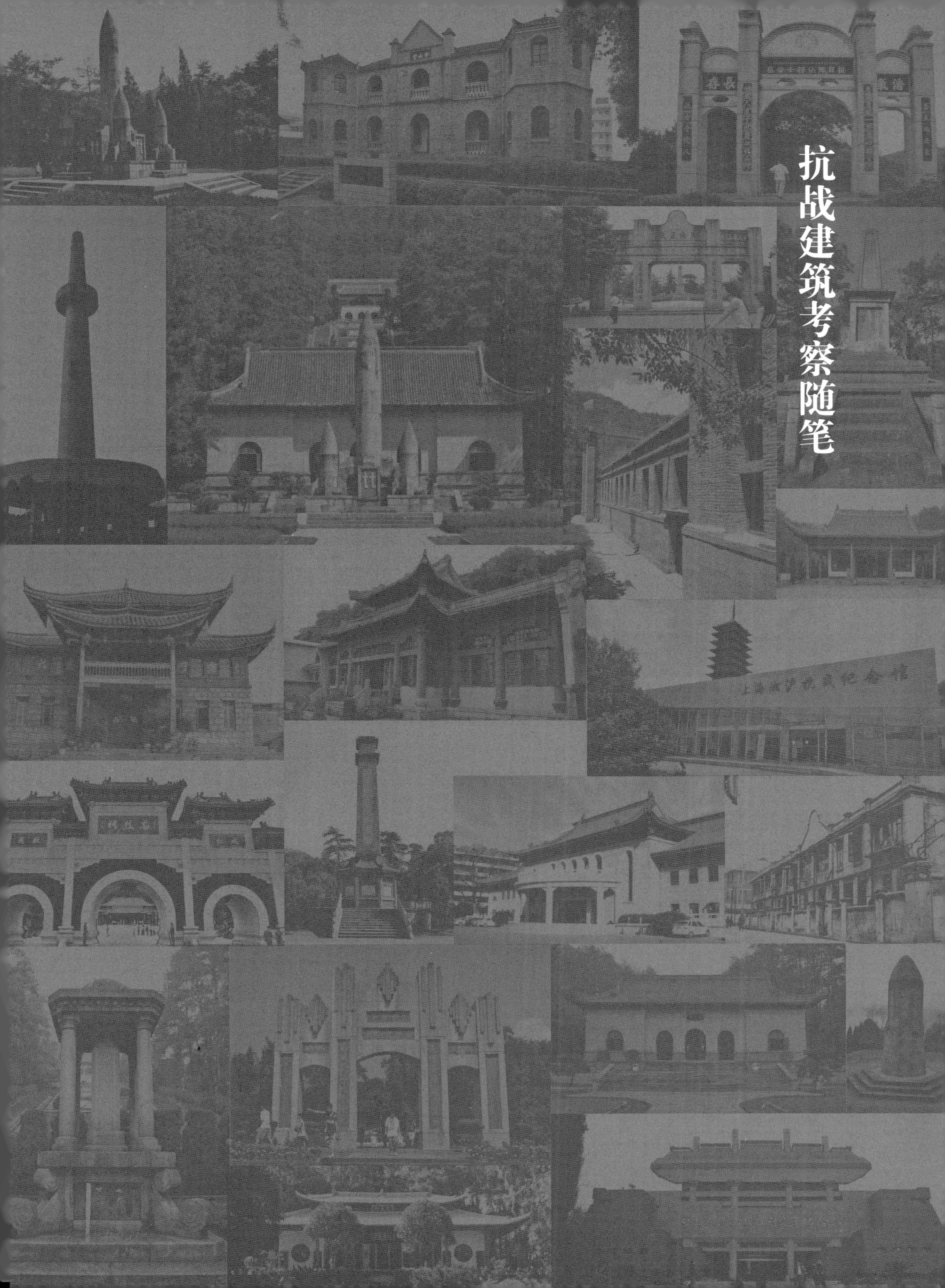

这就是湖南
——湖湘抗战史记建筑寻访记略

2005年5月7日至10月10日，本文作者邹容与摄影师周志刚等《潇湘晨报·湖湘地理周刊》同人组成了一个考察团队，开始追寻抗日战争期间的中国军民在湖南浴血奋战的足迹。我们遍访了三湘大地（并涉及湘籍将士在云南腾冲的事迹）约40处抗战史迹，并采访幸存者约20人。之后，查阅相关文献资料，撰写文稿十数篇。《潇湘晨报》副刊"湖湘地理"陆续刊载了这些文稿，后结集出版为《发现另一个湖南·抗战记》[1]。

[1] 邹容.发现另一个湖南·抗战记.长沙：湖南科技出版社，2009.

这是一段漫长的旅程——寻访史迹的路途是漫长的，思绪也随空间的延伸而进入时间的上溯，不仅漫长，而且日益沉重。（图1）

图1. 2005年5月8日，考察途中，雨后。南岳忠烈祠西侧，据原貌复建的第七十四军公墓。公墓中所葬将士皆阵亡于湖南抗日战场

五年前，在几欲令人崩溃的烈日下，我们一遍一遍寻找衡阳旧战场残迹。南岳峰顶自然是没有那座大铁十字架的（据说，当时中国战区统帅蒋介石在1944年7月28日曾写日记"愿主赐我衡阳战事顺利，当在南岳峰顶建立大铁十字架一座，以酬主恩也"）[2]。那一战，中日士兵尸积如山，最后整座城都发臭了。迄今65年了，谁还记得衡阳曾经的尸臭味，谁还知道衡阳曾有过的尸臭味？

[2] 黄仁宇.从大历史角度看蒋介石日记. 北京：九州出版社，2008.

这就是湖南。1937—1945。抗战。国殇。

2009年深秋，有一位素昧生平的朋友来访，他叫殷力欣，中国文化史、建筑史学者，是北京市建筑设计研究院所属"建筑文化考察组"的成员。他对我说："为纪念抗战胜利65周年，建筑文化考察组正在着手编撰《抗日战争建筑》，希望您以您的湖南抗战史迹考察记加盟合作。"

我认为，这个选题是以建筑为主题的，而我并不精通建筑，恐怕帮不上什么忙。但殷先生说："建筑背后的故事本身就是建筑文化内涵所不可或缺的组成部分。同样是围绕建筑，我们可以采用不同的视角去见证历史、纪念历史。"

于是，我将旧作做了相应的删改，加入到这个以建筑铭记抗日战争历史的祭奠者的行列。希望我的工作有助于广大读者（无论是否是建筑专业人士）了解这些历史建筑，进而了解与这些历史建筑相关的历史，从这段沉重得令人窒息的历史中进入某种思考，获得某种启示。

一、南岳：一处积淀着五千年民族热血的圣地

建筑遗迹1：南岳忠烈祠

地点：衡阳市南岳区南岳风景区罗家圪

建造时间：1940年9月10日至1943年7月7日

说明：此系中国现存有关抗战最大的纪念建筑群，也是当年唯一以国民政府名义建造的抗战烈士纪念陵园。由建筑师尚其煦、王汝良等设计。其主体建筑为风格和规制均仿效南京中山陵的忠烈祠，中轴线沿山势向上，依次分布着拱门牌坊、七七纪念碑、纪念堂、安亭战役纪念亭和享堂等五个主体建筑，其周边山地分布着20座阵亡将士或个人或合葬的墓葬。墓葬均于“文革”期间被毁，今已修复4座。

建筑遗迹2：南岳军事会议旧址

地点：衡阳市南岳区衡山磨镜台景区

建成时间：20世纪30年代

说明：此系民国时期典型的西式别墅建筑。原为何键私宅，1938年11月，中国战区统帅蒋介石在此多次召开最高军事会议预备会（正式会议后定在圣经学校），预备会中途曾遭日机空袭，移至宅后防空洞继续进行。何公馆还曾是蒋介石、宋美龄夫妇南岳之旅的下榻处。因南岳军事会议实际召开地圣经学校后被划为军事禁区，且未修复，今在此楼内恢复国民党军事会议会议室，存有各类相关历史图片。

建筑遗迹3：国民政府军事委员会南岳游击干部训练班旧址

地点：衡山风景区集贤峰侧白龙潭畔的圣经学校（基督教学校）

建成时间：20世纪20年代

说明：此系美国美孚石油公司出资，长沙基督教会于1920年修建，用于培养神职人员。1937年曾被移作长沙临时大学（北大、清华、南开三校联合南迁）文学院，朱自清、闻一多等中国一流文史学者在此讲学、生活。1938年8月至1944年2月，蒋介石在这里召开了四次高规格军事会议，并辟有“委座官邸”，挖地下防空洞13条。1939年2月至1940年3月，还曾在此设立国共合作的游击干部训练班。蒋介石兼主任，白崇禧、陈诚兼副主任，汤恩伯、叶剑英二人任正副教育长。后改为甲种招待所，成了豪华迎宾馆。1944年10月9日，日军第六方面军司令官冈村宁次一度将指挥部“设于湖南省南岳山中的迎宾馆内”。

今闲置于军事禁区，原6栋建筑仅余1栋，且已凋败，千疮百孔。未列入任何一级文物保护名单。

[考察日记摘录（之一）]：“中国的悲怆永沉在我心底”

2005年5月7日。黄昏的南岳忠烈祠，雨，无语。

60年岁月呼啸而去。没有哪一种硝烟不会散尽。

5月8日。一早重来，依然是雨，依然无语。

在“安亭战役纪念亭”的周围，蹲着四处找寻残留的碑文痕迹时，一个在旁边开小商店的老人走过来，轻轻地说：“没有字了，都洗掉了。”这位姓刘的老人，世居忠烈祠外，生于1947年。他告诉我，“洗掉的字”是“大跃进”时期碑身上曾用红漆写下的“农业学大寨”，而之前更早的一次是被凿毁于1953年的“抗战碑刻”，当时6岁的他并没有留下任何记忆。

算一算，如今58岁的老人，距中国大地上那场惨烈战火，都还隔着两年的时光跨度。

历史，说它不曾远去，我有些恍惚。

但是，忠烈祠中立着的37块将军碑刻，都镶有年轻、俊朗的面容，有名有姓，有生卒年，有血战至死的描述；祭祀台上的牌位，有部队番号，有战死时的战役名称；祠外青山，有修复和尚未修复的20座坟茔；还有资料数字中，一以概之，统计的多达“300万”为抵御外侮而阵亡的所有将士。

返回到一种真相。返回到1937年—1945年的湖湘大地，那些大多不知姓名、籍贯的年轻官兵倒在我们这片熟悉的故土上，最后一刻的眼神、面貌。

也返回到一个激荡着民族热血、永不能忘却的历史时空。

查询资料时，在“9.18”网上祭奠堂里，看见有个中学生上香，点蜡烛，在留言栏中写了一句话：“没有你们，何来我们？”另一个年轻人，写下“想在中国找一个给英雄下跪的地方”的留言。

1943年，林徽因为在1941年3月14日对日空战中死去的三弟林恒写下悼诗，她忧伤而决绝地告诉这位23岁的空军上尉，对他和“同他一起去的兄弟”的怀念“历历在目”，而“中国的悲怆永沉在我心底”。

仍是2005年5月8日雨后的南岳。

第三十七军第六十师那座已成废墟的大墓。南岳文物管理处的工作人员刘向阳先生捧起一个骨灰坛，坛身有清晰的字——“陆军第六十师抗战烈士忠骸”。

我计算过手中所能搜索到的抗战阵亡将士的生卒年——最年轻的18岁，最大的也不过50来岁。出于对本土地理的贴近关注，我还悄悄数过哪些湖南人籍战死在外，哪些外省人又战死在湖南。

10万人。这是文史资料中显示的湖南战场阵亡将士概数[3]。10万个名字。10万张年轻的脸。

六十师残墓中的骨灰，全部收自湘北战场。对此，5月8日、5月8日以后，我都愧对无颜。

愧对是因为我们不曾祭奠，不曾怀想，甚至不曾了解。

“弟弟，我没有适合时代的语言/来哀悼你的死；/它是时代向你的要求，/简单的，你给了。/这冷酷简单的壮烈是时代的诗/这沉默的光荣是你。

……

啊，你别难过，难过了我给不出安慰。/我曾每日那样想过了几回；/你已给了你所有的，同你去的弟兄/也是一样，献出你们的生命；/ 今天你没有儿女牵挂需要抚恤同安慰，/而万千国人像已忘掉，/你死是为了谁！

……”

林徽因的《悼三弟》写于1943年。她的悲凉，而今犹是？

南岳文物管理处副处长周跃华说，很多领导人到忠烈祠，都自称或被称为“视察”、“参观”，对墓葬现状也无从了解，他心里很不是滋味，“南岳衡山每年游人如织。祭奠的少，朝拜的多，让人感叹不已”。

往事哪堪追。今天的浩渺长空下，谁还在叹息——“你死是为了谁？”

1. 忠烈祠为何选建于南岳？

相对于同处湘中南部南岳风景区内的大小庙宇，忠烈祠，无疑是寂寞的。其实，一进山门，沿景区东线盘山公路而上，不到4公里，就是忠烈祠之所在。其坐南朝北、开阔向阳的主体建筑，位于南岳香炉峰下，海拔约为700米，祠宇及附属公墓区皆属南岳罗家圮的地理范围。

时任南岳文物管理处副处长的周跃华先生说，他曾在网上搜索过“忠烈祠”，“四川有一条忠烈祠路，也有一些地方有地域性或单次战役、单个军队的抗战忠烈祠，规模很小，台北有座大的，除此之外，南岳忠烈祠可以说是建筑最早、规模最大的抗日战争纪念地之一，也是当年国民政府建造的唯一一处纪念抗战烈士的大型陵园”。他所称“唯一”，除了是对南岳忠烈祠“占地235亩”宽阔面积的表述，更缘于忠烈祠内那座独特的“抗日阵亡将士总神位”。

[3] 据战后统计，在湖南长达7年的争夺作战及6次激烈、反复的正面会战中，国民政府投入兵力200万，死伤30余万；日军投入兵力60万，死伤10余万。“湖南总计伤亡人数2 622 383人，其中伤1 702 298人，亡920 264人”。

这个当时规格最高的抗战纪念建筑1943年7月7日落成公祭时，除“准予第一批张自忠、郝梦龄等53名忠烈将士入祀”外，当时的主祭者——第九战区司令长官兼湖南省政府主席薛岳曾指着身后的“总神位”说：“抗战还在进行，牺牲在所难免。这总神位，特为今后为国捐躯忠灵而设，千秋万代，血食无替。”在今天，这座“总行一礼，大有余地”的牌位，也许可从另一个角度警醒我们：需要一种更广阔的胸襟，看待60多年前那一页全民族共同抗战的积血历史。

由于一直很少宣传，尽管南岳风景天下闻名，便捷的上山公路直穿忠烈祠与其东岗墓葬区之间，游客、香客却是过祠入少，更有大多数人根本不知道“忠烈祠”，尤其不知道它是“国民政府唯一纪念抗日阵亡将士的大型陵园”，不知道包括湖南6次会战在内的全国22次正面大型作战以及发生在中国大地上大大小小近4万次战斗——其所有抗日阵

图2.行人在忠烈祠前驻足张望

图3-1、图3-2.青山深处，忠魂几许？

亡将士的英魂曾被宣布在此地此祠“一体入祠祀享”。（图2、图3）

5月7日黄昏。南岳有雨。雨中的忠烈祠愈加肃穆、清冷。没有人能遇见那些60多年前就长眠于此的，寂静的魂灵。

76岁的唐未之是南岳本地人。他说自己“对忠烈祠太熟悉了”。他记得修忠烈祠是自1940年开始，由时任湖南省临时参议会议长的赵恒惕等踏勘选定，是“长沙来的设计师和石工，民工用的是本地人”。因为战乱，断断续续修了三年才竣工。而此前，修建忠烈祠的动议早在1938年就有了。

1938年10月底，武汉、广州失守，原处于大后方的湖南，因“可做西南陪都重庆的屏障，又能南控粤桂、北警鄂豫、东制浙赣”，为“指顾伸缩，皆足有为”之地，即成新的抗战大本营。南岳则凭借优越的水陆交通和“五岳独秀”的地理环境，成了大本营活动的核心。

自1938年至1945年，蒋介石在南岳主持召开过四次高级军事会议。“在南岳修建忠烈祠和烈士公墓”就是1938年11月25日第一次军事会议上提出的。此次会议同时邀请了周恩来和叶剑英参加。（图4）

据唐未之编写的文史资料《忠烈祠》记载，当时，参加会议的各战场主官几乎都谈到自己的阵亡官兵多“暴尸战场”而不能掩埋，“言者伤心，听者敛容”。

会议上，蒋介石“致训词”，也专门提及“暴尸”一事，“我军过去最遭敌人轻视的一点，即是我们阵亡官兵的忠骸，有许多不仅不能抬回安葬，而且任其遗弃阵地”，“这是我军最大的耻辱”，“我们忠勇将士为国捐躯，竟至死不得收骨，我们后死者如何能对得起他们，还有什么面目见人”，“死无葬身之地，是多么悲哀的一件事”。

图4-1. 蒋介石与薛岳在南岳合影

图4-2. 南岳游击干训班合影。前排居中者为叶剑英

会后，蒋介石又找来陈诚、薛岳，并说：“修公墓，战事不那么紧张，我看可以着手。地点吗，南岳很好，天下名山嘛。”后来，在薛岳的《南岳忠烈纪念堂碑记》中，就有“乃请准中央，分颁巨帑”和“以安忠魂”的记载。(图4)

当年历时3年，耗资1 887万余元修建而成的忠烈祠（ 据钟启河、刘松茂编著《湖南抗日战争日志》中称，当时，其费用由第六、九战区及湖南省政府三方承担，亦有部分私人捐款），其总工程设计师之一尚其煦先生，曾与周恩来一起赴法勤工俭学，参加过南京中山陵设计。所以，我们今天看到的忠烈祠“酷似中山陵”。

整座祠宇，划中轴线，按前低后高，依次为三孔拱门牌坊、“七七”纪念碑、纪念堂、安亭战役纪念亭和享堂五个部分。中辟草地，筑字“民族忠烈千古”。所有用材，皆就地取用“名山片石”(花岗岩，俗称麻石)。(图5、图6)

整个格局，享堂居祠宇最高处。内设祭坛，中置“抗日阵亡烈士总神位”，原拟左右分列22座，如“第三战区左翼军小南翔广福战役阵亡将士之神位”、“第九战区第二次长沙会战阵亡将士神位”等字样的第一、三、九战区各次战役阵亡将士神位，总计23座。不过，记录这些“入祀将士”名单的十册谱牒，在1947年以后遗散，至今不知所终。神位之下，四周则分布了37块殉国将军石碑。这37块灵碑，职位最高的是第五战区右翼兵团总司令兼三十三集团军总司令张自忠、三十六集团军总司令兼四十七军军长李家钰，均为陆军中将（追授陆军上将）。此外，中将11名、少将22名、上校2名；年龄过50岁的2人：唐淮源中将、李家钰中将；最年轻的方叔洪中将，第五十一军一一四师师长，年仅31岁（他在阵地陷入日军包围之下，“用自佩的六轮手枪，向已负重伤的头部补射一枪”）；40岁以下18人。37人中，只有15人在1949年以后被追封为“革命烈士”。

图5.“七七纪念碑”，一大四小五枚炮弹象征着汉满蒙回藏等各族人民坚决抗战

图6. 南岳忠烈祠享堂

根据原设计图纸，以祠宇为中心，东西两侧为公墓区，占地逾200亩，分将、校、尉及士兵墓葬区域，可入葬300座（1943年7月正式落成时，已有16座个人墓葬和集体墓葬）。设计中，所有墓葬都以墓道相连，有花坛凉亭。后“因几次长沙会战及经费原因”，除墓道草草沟通，“凉亭、花坛均未辟建”。

今天的南岳忠烈祠周围，有郑作民、孙明瑾、彭士量等将军个人墓葬13座，第七十四军第六十师(曾葬2128人)，第七十四军第一四零师(曾葬916人)等公墓7座。

5月8日，我们原本希望能拜谒所有这20座陵墓，却发现当年所辟墓道今已无迹可寻。其分布格局，除第七十四军公墓外有一块刻有国民党党徽及“游人到此，脱帽致敬”字样的石碑，其余墓葬，均无任何指示标识。

2. 谁祭忠烈魂

唐未之老先生至今还记得1943年7月7日抗战6周年时忠烈祠的落成大典，“那时我十三四岁，还是个小学生，学校组织我们去参加的公祭大会，《大公报》还报道过”。

此后，忠烈祠的公祭于每年“七七”纪念日举行。1947年抗战胜利后，国民政府颁布了《春秋二季致祭阵亡将士办法》。《办法》规定：每年的3月29日为春祭，9月30日为秋祭。

而1949年3月29日，是忠烈祠的最后一次政府祭祀。

此后，除民间、个人自发的一些扫墓活动，忠烈祠至今没有再举行过任何级别的政府公祭。[4]

[4] 本文初稿写于2004年。之后，南岳忠烈祠于2006年8月恢复过一次公祭，全国政协副主席、民革中央常务副主席周铁农担任主祭——编者注

20世纪50—60年代，忠烈祠还屡遭破坏，直至1983年，忠烈祠被湖南省人民政府列为省级重点文物保护单位。

1984年5月26日，当时的中共中央总书记胡耀邦，曾特来忠烈祠瞻仰。他看到享堂外悬挂了“蒋中正”题写，其“烈”字特意少写了一点(“歹”字少写一点，意为烈士牺牲少一点)的“忠烈祠”匾额，点头道：“挂得好。祖国统一是大家的工作嘛。有的人为国家、为民族生存而牺牲了，应该重视，应该纪念。”

之前，为了挂不挂“忠烈祠”匾额这件唯一幸存的原物，据说当时的区委书记谭岳生好几天没睡着觉，心里很矛盾，最后一咬牙，挂。

1996年12月，忠烈祠被核定为“国家重点文物保护单位”，列位于“近现代重要史迹及代表性建筑”一类，编号239，分类号41。

周跃华主管忠烈祠工作，一说起忠烈祠就动情。他不断跟我们重复地表达，从个人情感来讲，他“在任期间，也一定要将忠烈祠修复，要让英烈们安眠于九泉”。

周所指的“修复”，即针对1953年和1966年忠烈祠曾遭受的两次空前破坏。

1953年那次，忠烈祠祠宇建筑未损，但“碑身上所有的文字都凿掉了，一字不留”；1966年，“更惨，所有将士的墓都被挖了！”

3. 14座倾塌的坟茔，“入祀将士”谱牒消失

2005年5月8日。当我们冒雨在衡阳南岳小镇上找到84岁的宋曼君老人，她的丈夫曾经看护过南岳忠烈祠的郭罕，离世已整整50年。

神情沉静的老人，已无法给我们提供郭罕的任何生平、经历线索。她唯一的记忆就是“我们1933年结了婚，就到南岳来了。他守祠。1955年，在祠里被贼打了，当年就去世了”。那时，他们的女儿才七岁。

郭的外孙女肖平(音)告诉我们，到现在为止，包括外婆在内，没有人知道外公真正的身世，她父亲在世时，曾多方

搜寻过外公的档案，但也只弄清楚了外公是云南思茅人，而具体地方，家中是否还有亲人，则一概不知。肖平根据母亲的长相，推测外公有可能是少数民族，彝族，但并无证据。而外公的坟墓，因为年代久远，现在也不知所踪。

2004年南岳文物管理处修缮忠烈祠享堂时，曾在其厢房的墙缝间，发现了郭罕的5张旧照片及当时国民政府的委任状，据推测是郭罕"解放初期藏下的"。

5月8日，我们在文物处看到了这些翻拍的个人资料。

肖平也去看过。那是她第一次看到外公的照片，"我妈妈一直最想的就是找到外公的出生地，去看看，不过，可能没什么希望了"。

郭罕自抗战胜利后，还在这个世上活了十年。但今天，他除了自己的名字，除了那些藏在墙缝中的遗物，他来与去的踪迹，已彻底消失。

而他曾经看护过的忠烈祠，其间又有多少连名字都遗散了的烈士？又有多少至今未能入土为安的魂灵？

76岁的唐未之老人回忆，当年忠烈祠"入祀将士"谱牒共有十册："1947年南岳管理局派员接管忠烈祠时，载明当时的管祠僧有过移交。"遗憾的是，"此后，就不知去向了"。

20世纪90年代，唐未之为了撰写《忠烈祠》一书，曾辗转于湖南省、衡阳市以及衡山、衡东县的各级档案馆寻访。但是，"查遍省档案馆保存的原南岳管理局260余卷档案，都没有"；再查省建设厅存档，发现在1946年3月20日该厅呈省府505号代电中，有这样的记载，"本厅原有此类案卷，亦于（民国）一三十三年秋在蓝山呈报焚毁"。

南岳文物管理处的周跃华称："我们现在只没去台北的忠烈祠查这种档案了。"在他谨慎的揣测中，"台北忠烈祠可能会有一些线索"。

那十册消失的谱牒，所记应该就是享堂内22座第一、三、九分战区神位及七座公墓中的阵亡将士名录。谱牒既已消失，归葬于此的阵亡将士的确切人数以及他们的名字、籍贯、年龄，也就一律成为尘封的谜底。

不过，对于那些怀着必死决心而抵御外侮、血溅沙场的烈士而言，1947年的谱牒遗失，也许还不算是死后最惨痛的际遇。

据记载，1953年3月，湖南省有关主管单位曾"连下两道措词严厉的指令"，责成南岳管理局"迅速清除南岳各处所有的'反动遗迹'"。至当年6月，忠烈祠内100余处国民政府军政要员赞颂阵亡将士的题刻，全部凿毁。

在一份历史档案中，我们看到了这样的报告："……遵照你局……指示，销毁竣事，并达到凿得与原石面大致平匀，不碍观瞻，不影响建筑物坚固的要求。全部工程共计石工297.5个，小工10个，工资514万7千5百元……"报告还附送抄录"反动题刻原文一本备查"。

50年以后，也就是根据这份抄录原文，忠烈祠得以恢复部分题刻。不过，文是原文，刻上去的已不再可能是原迹了。

现在入忠烈祠牌坊，所看到的"南岳忠烈祠"匾额，原是薛岳书，今为当地一个书法家所题；"纪念堂"一额，原为国民党国民政府主席林森题，被毁后，现为前民革中央副主席屈武题；"七七"纪念碑背面"寇犯芦沟，大波轩起……"碑文，原是薛岳手写，现在亦非原迹。纪念堂后的"安亭战役"纪念碑，则被整体凿平，现在仍是四面光光，用手摸一摸，竟真的"与原石面大致平匀"。（图7、图8）

当时仅存的两个碑刻原物，一为蒋介石题的"忠烈祠"，据说是被老百姓取下当了剁猪菜的案板而幸免；另一块就是第六十师置于公墓里面的墓志铭碑。

第三十七军第六十师曾有"无敌军"的光荣称号。其墓志铭碑为该师师长董煜亲自撰写，记载所葬将士遗骸2128具，这也是忠烈祠整个墓葬区规模最大的一座公墓。

图7-1. 主持修建南岳忠烈祠的薛岳将军

图7-2. 忠烈祠牌坊题字

图8. 安亭战役纪念碑

不过，5月8日，当我们站在这座大墓前，眼前只是一片废墟。

除了一对华表，墓围、墓塔尽数折裂，倾覆。

董煜的碑文，记载第三十七军第六十师从1937年"八一三事变"淞沪会战就开始参战，先后抗敌于淞沪、浙东、鄂南、湘北等地，击溃日军近卫第九、第六各师团，牺牲将士达一万多人，"煜于本年五月得机收民国二十八年以来湘北战场本师阵亡将士忠骸2 128具，合葬于南岳忠烈祠西岗"，这位身经百战的师长在碑文中沉痛地自责："其已葬及遗散者未集其标识，欠明者姓名、里籍未详，呜呼！死者烈而主者过矣。"

南岳文物管理处的工作人员刘向阳先生告诉我们，第三十七军第六十师公墓是1966年"造反派"毁坏的。"里面的骨灰很多都被抛洒掉了。"他说，墓葬中现在还有一两百个骨灰坛，每一个上面都清晰地写着"陆军第六十师抗战烈士忠骸"。刘说："那场浩劫，忠烈祠墓葬区内，没有一座幸免。"

76岁的唐未之回忆此节，也唯有长声叹息。他告诉我们，1989年4月，他曾接到住在湖南花垣县罗启疆将军遗孀唐子麟写来的信。信中哀怨地质问她丈夫的墓“是否被炸毁？有无其事？原因何在？”她说曾托当时的贵州省省长去南岳时关心此事，“他也瞒着我，不告真情”。

罗启疆，贵州松桃人，国民党第八十二师师长，1940年在长沙会战中病逝于阵地，年仅37岁。安葬于衡山时，唐子麟曾在南岳陪伴了一年。1989年5月，急于想了解实情的唐子麟又让孙儿罗旭专赴南岳。结果，罗旭在当地老人的指点下，于墓穴旁浅土中找到祖父的几根尸骨，含泪重置于穴中。

在《忠烈祠》中，唐未之记录了当年挖墓的具体时间：1966年9月3日。他写道：“1966年9月3日,这个极具讽刺意味的日子，不知是否偶然的巧合：21年前的这一天，美国《纽约先驱论坛报》报道‘日本签字投降’。21年后的这一天，曾经为抗日而牺牲的先烈们长眠的陵墓竟被挖毁！……”（图9）

图9-1. 第一四零师公墓，位于南岳忠烈祠东岗

图9-2. 南岳忠烈祠工作人员寻找阵亡战士骨灰坛

图9-3. 第六十师墓墓道内存放的烈士遗骸

4. 魂兮归来

在周跃华的工作日程中，有着几项颇为紧迫的“计划”，一是他希望2005年的抗战60周年，能由政府组织在忠烈祠进行一次公祭；二是他想恢复忠烈祠的“祭祀”，在享堂常年摆上花圈、挽联，让南岳的游客可随时来祭奠；三是不断寻求各种渠道，如在网上发布信息，通过媒体呼吁，希望能尽量搜集更多的抗战阵亡将士名单，“包括共产党的阵亡将士”，“忠烈祠应该是我们所有抗战民族英灵的归宿”，对遭破坏的墓葬，他也期待能从阵亡将士后裔中寻找到一些个人资料及当年的墓葬照片。

周说，忠烈祠墓葬1966年被挖毁后，曾一度变成附近村民的私人墓穴。如今，政府虽极力着手恢复，但苦于缺乏图片资料，“对各墓葬的具体式样和规模无所知晓”，“只要有图片，我们怎么样也要想办法复原”。他认为，自己在任期间，做不好这件事，“心里会不安”。

至目前为止，忠烈祠20座烈士墓，已恢复5座，其中，唯一恢复的一座公墓——第七十四军公墓，就是搜集到了原墓照片，才得以重建。

事实上，自南岳忠烈祠开始修复，也越来越引起关注。很多烈士后裔、亲属、部下，或写信，或亲往南岳，纷纷询问。

5月8日，我们在南岳文物管理处还看到一封2005年2月寄自美国的信函。一位叫余芳华的女士“因朋友回国，到南岳旅游，见衡山香炉峰下有一纪念抗日阵亡将士的忠烈祠”，“特请负责首长帮忙查看有无先父余子武的名字”。余子武是第六十二军第一五一师少将副师长，1944年7月22日在衡阳会战外围战中阵亡，遗体被部下找到时仍“血手紧执指挥刀”。余芳华最后还问：“如果先父名录未在贵馆，请问中国国内有无其他地方出示抗日烈士或筹划建造抗日阵亡烈

[5] 中国“忠烈祠”分布：A、哈拉寨“忠烈祠”，陕西省府谷县哈拉寨镇，1942年由“打响全国抗战第一枪”的马占山将军为纪念黑龙江抗日阵亡将士而建造。B、岳麓山“忠烈祠”，长沙岳麓山赫石坡，1939年为纪念国民政府第四路军抗日阵亡将士而修。C、腾冲“忠烈祠”，云南腾冲县国殇墓园内，1945年葬中国远征军二十集团军腾冲收复战阵亡将士共9618人。D、台北“忠烈祠”，台湾台北市，1969年每年春秋致祭，有仪仗队守卫。E、南岳“忠烈祠”，衡阳市南岳风景区罗家圾，1943年建成，祠内设抗日阵亡将士总神位，为大陆规模最大的抗战纪念陵园。

士纪念碑？”[5]

岁月倏忽而逝。在1931年至1945年，整整14年，旷日持久、抵抗外侮的战火中，中国大地上300多万抗日阵亡将士及3 000多万无辜被屠杀的同胞，魂若有灵，可能归来、安息？

二、长沙：二战中受损最严重的千古名城

建筑遗迹4：陆军第七十三军抗战阵亡将士公墓

地点：长沙市岳麓山赫石坡

建成时间：1946年春

说明：岳麓山的抗战墓有55座，此墓规模最大，是为纪念抗日战争中三次“长沙会战”中的国民革命军陆军第七十三军暂编第五师、第五十师、第一九三师及军司令部直属部队殉国官兵。第七十三军是湖南地方部队，军中90%是三湘子弟。公墓原规模宏大，忠烈祠至纪念碑中轴线的两侧，曾分别建有长明灯、纪念亭，于“文革”期间被毁，石碑上蒋介石的署名也被削掉。今修复的公墓，在南北两翼山脊上分别有“纪忠亭”与“归宿亭”，其纪念碑是西式方尖碑的改良型，并有中国传统雕饰。

建筑遗迹5：齐学启之墓

地点：长沙市岳麓山桃花岭

建成时间：1946年（1989年重修）

说明：齐学启，宁乡人，清华大学毕业，曾留学美国，改学军事。后任远征军新三十八师副师长，1945年被害于仰光战俘营。遗骸原厝云南沾益，1946年以火车运回长沙，公葬岳麓山。“文革”期间，墓被毁坏，不知所踪。1989年，其同学、同僚孙立人将军捐资寻找重修并撰碑文，以“九载同窗同笔砚，十年共事共死生”的深情痛悼这位享有国际声誉的中国军人。今齐墓墓庐由麻石修葺，墓碑为花岗岩，有主副三块碑刻，中间书刻“陆军中将齐学启之墓”。

建筑遗迹6：长沙会战碑

地点：长沙市岳麓山响鼓岭

建成时间：1941年7月7日

说明：碑高2.35米，宽1米，原置于云麓宫前，记述1939年第一次长沙会战的经历及纪念会战阵亡官兵，其名单刻录于云麓宫围栏，共有13块，两面都有名字，约5 000人。今均存，但所有字迹已被风雨销蚀难以辨认。20世纪50—60年代，会战碑被移至响鼓岭。

建筑遗迹7：岳麓山忠烈祠

地点：长沙市岳麓山岳王亭下

建成时间：1939年

说明：建筑坐西向东，采用花岗条石台基，平面为长方形，面阔三间，进深两间，单檐歇山屋顶，建筑面积206平方米，花岗石柱，歇山顶上覆黄色琉璃瓦，有脊饰，正脊中立宝瓶，两端以兽吻收尾。祠内柱间木板壁上撰“勿忘国

耻，警钟长鸣"，其上有"久武且仁"匾额。此祠为纪念第四路军抗日阵亡将士而建，原有阵亡将士名录，今无存。2005年修复开放。

建筑遗迹8：天心阁崇烈亭

地点：长沙市中心

建成时间：1946年

说明：为纪念三次长沙会战阵亡将士修建。当时政府在1928年五卅惨案国耻纪念亭原址新建"抗日阵亡将士纪念亭"，因亭匾额为"崇烈"，故称崇烈亭。1984年，崇烈亭被更名为入胜亭。2008年恢复崇烈亭之名。

建筑遗迹9：第七十九军抗战纪念碑

地点：长沙朗梨陶公庙后山

建成时间：1946年

说明：此线索由传记《王甲本将军》一书而来。纪念碑高10米。红砖砌成，四面镶汉白玉石，正面镌刻《浏阳河战役经过》，字为阳刻填金。今不存。多方实地探询未果。

建筑遗迹10：第七十九军抗日阵亡官兵之陵。

地点：长沙市开福区霞凝乡戴家河村观音塘山麓

建成时间：不详

说明：长沙市北郊捞刀河，湘江一级支流，曾是长沙第三次会战的旧战场。1941年12月，王甲本率第七十九军第九十八师阻击日军。后阵亡官兵遗骨被掩埋在位于长沙市开福区霞凝乡戴家河村观音塘山麓，并修建"抗日阵亡官兵之陵"。陵园门楼有王甲本题"是为国殇"。今仅存遗址。

[考察日记摘录（之二）]：硝烟已冷

在一本1995年出版，仅印2 500册的文史资料《长沙抗战》中，有篇回忆录一口气列举了100个曾被日机轰炸的长沙街道名称：六堆子、学宫街、火车北站、司门口、坡子街……今天，当我们漫步在一派平和、繁华风光的都市，会有多少人知道，它曾是60多年前的烽火城池？

被烧死、被捅死、被活埋、被奸淫、被剜心，尸横遍野。80页几乎纯原生态的口述笔录，它们发生的地点就叫"黎托乡"、"雨花乡"、"岳麓山乡"、"东屯渡"、"捞刀河"……如果你路过这些地方，还能遇到80岁、90岁的老人，他(她)们一定还记得那些在60多年前悲惨死去的亲人、同乡的名字。

穿过湖南师大的校园。原共青团湖南省疗养院，一幢欧式老建筑前，倾覆着几块麻石断碑。"陆军中将侯旅"，余下文字被拦腰截断。领我们来看碑的老人，60来岁，他说，这些碑，躺在这里十多年了。距此数十米远，就是正在修缮的第七十三军抗日阵亡将士墓[6]。由此不难联想，断碑的隐约渊源。麻石孤寂，坚硬。比我们的遗忘更为执着。

硝烟已冷，痕迹模糊。经由某种角度的回溯、求证、梳理，以一些零散、断续的生动瞬间，拼接出这座城池的1938—1945：那一卷令人激荡又充满痛楚的历史底片……

而在60多年以后，我们终于醒悟，对于一段山河岁月而言，有些追述，有些感怀，显然太迟了。

2005年6月9日。明明知道89岁的老战士王维本，因中风而不可能再向我清晰地描述当年他和他的战友是如何拼死

[6] 岳麓山一带抗战遗址计有：忠烈祠(1939拟建)、陆军第七十三军抗战阵亡将士公墓(1945年建)、湖南省会抗日战争阵亡警察纪念堂(1945年建)、第九战区战时指挥所（爱晚亭旁）等，而湖南大学礼堂则见证过1945年9月15日的中国战区第四受降区日军投降仪式。

[7] 在整个14年的抗战史中，中日双方军队曾在正面战场有过22次的殊死交锋，其中有三次直接以"长沙"第一、二、三次命名；还有一次为"长衡会战"(1944年)。而在这四次会战之前，1938年11月，一场"文夕大火"，长沙几成焦土。一座千年名城，如此高频率笼罩于战火的反复肆虐中，似乎是绝无仅有的。战史资料显示：长沙与斯大林格勒、广岛、长崎等同为第二次世界大战中被损毁最严重的城市。

捍卫长沙城的[7]，我们依然来到长沙迎宾路桐荫里166号。他60多岁的儿子告诉我们："连日下雨，在家里闷坏了，他一定要出去走走，不听讲呐。"

出了小巷，一眼就看见白发苍苍的王维本，独坐在五一大道的花坛边。他儿子大声说："报社的，要给你拍张照。你是抗战老兵。"

不能言语的老人突然将腰杆一挺。

就这一个动作，喧嚣市声，车流人潮，蓦然远去！89岁的老人回到了他的战场。

事后，我意识到，他所坐的地方——韭菜园，就是他当年战斗过的地方……

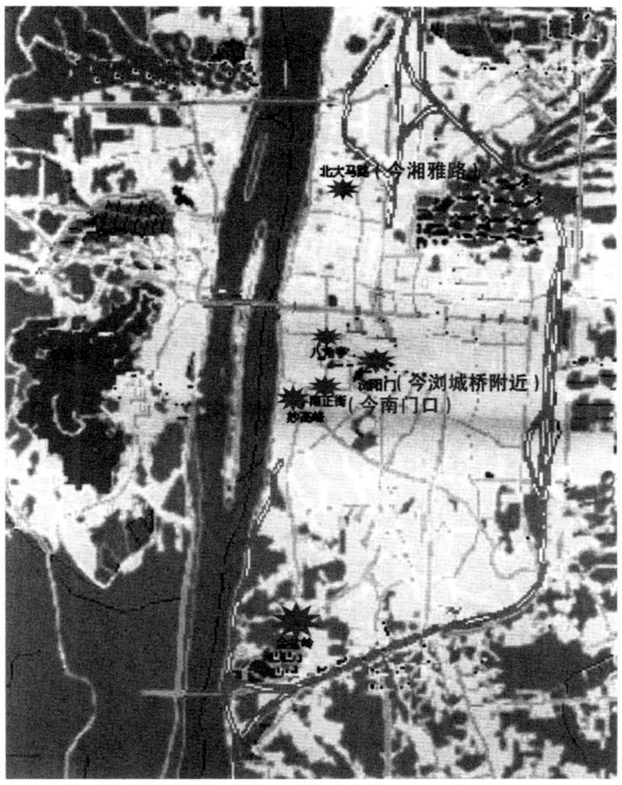

图10. 长沙市民罗君强绘制的长沙旧战场图

1. 一山，一城

岳麓山，由距今3.5亿年的泥盆系"岳麓山组"砂岩上升而成。南北朝刘宋时《南岳记》载："南岳周围八百里，回雁为首，岳麓为足。"濒临湘江西岸的岳麓山，属南岳衡山一脉，位列72峰之尾。

从地理角度而言，岳麓山应该是长沙最具象征意义的一个坐标。其主峰海拔300.8米。在它周围，还绵延分布着凤凰山、天马山、桃花岭等九个小山头，它们若连若离，横亘于长沙市区西面，仿如一列青翠屏障。

抗战时期，岳麓山"与长沙城隔江相望，对长沙有瞰制之利"的地形地势，使其成为长沙战场极其重要的一个军事制高点。（图10）

1941年第三次长沙会战期间，湖南第九战区长官部指挥所由长沙二里牌搬至岳麓山"爱晚亭附近几个房舍里"，以就近指挥。战斗中，岳麓山所布重炮旅，利用山顶"观测条件好，易于发现火力"的地理优势，俯瞰全城，多次给予东岸城区最密集的日军以摧毁性打击。

当时任第十军预十师政治部科长的杨正华，在《长沙保卫战始末》中回忆，"尤其我军在岳麓山的重炮手们(150毫米榴弹炮)，在平时早把长沙四郊的地形距离准确地测量过……当时我岳麓山的炮兵，只要有要求，不出一分钟，就可射出炮弹，准确性极高"。

对此，日方也曾有记载，"当天(1942年1月3日)，第三师团横田大队左侧面已暴露在岳麓山的重炮阵地之下，从正面又受到优势兵力的反攻，终日在反复地死斗中"，"……重庆军从湘江对岸的岳麓山，以重炮应战，猛死轰击，下午(第六师团)各部队虽继续在城墙外围，由于重炮的集中轰击，我方不断伤亡"。

此次会战，以中国军队的取胜告终，成为当时全球新闻焦点。蒋介石日记称："此次长沙胜利，实为七七以来最确实而得意之作。"

三年以后，日军发动长衡会战。当时，长沙指挥所也设于岳麓山爱晚亭上方的防空洞(今清风峡，建有纪念遗址)，但由于在布防问题上的分歧，最终仅以一师兵力驻守岳麓山。

厄运就此注定。

从湘北新墙河打到长沙，日军用了22天。而一进长沙，日军显然已吸取第三次会战时遭轰炸的教训，结集大部兵力在30余架飞机的协同轰炸扫射下，直扑岳麓后山。当时炮兵阵地及驻守第九十师均未布防后山，岳麓山很快被占领。“大炮未发生作用，破了炮栓，一齐丢掉。”

1944年6月18日，岳麓山失守，“日军夺得岳麓山之制高点向下俯射”，当天 “长沙即不保”，“未及出城部队，伤亡惨重”。事后薛岳叹道：“竟使我忠烈将士与名城俱殉，可哀也。”

自此，长沙沦陷，直至1945年8月15日。

一山，一城。在那段异常惨烈的战史中，曾如此唇亡齿寒，存亡相依。

2005年5月30日，岳麓山。岳麓山风景管理处的工作人员小刘领着我们拐入一条山道。山道不长，尽头处一小块砂岩平地就是抗战时期的炮台遗址。小刘说，岳麓山上视野高阔的位置，尤其是“对着湘江东岸那一边，都有这种炮台遗址，只是痕迹不明显了”。

后来，我们在穿石坡，发现了一条十多米长的战壕。战壕已被深草掩伏，轮廓依然清晰。据岳麓山风景处管理处办公室副主任胡滔滔介绍，“岳麓山遗存的战壕长达十余公里”。1995年，管理处还在仰天坪挖出了电话筒、手枪、子弹、印章等抗战遗物。“印章上刻了名字，但看不清了。”（图11）

图11. 岳麓山战壕遗迹

今年74岁的肖国华是岳麓山风景管理处的退休人员，“亲眼见过山上的部队”。肖国华自8岁就住在岳麓山上。“我叔叔原来是守黄兴墓的，我们从宁乡逃难过来，投奔他。”那一年大约就是1939年，正是第一次长沙会战时期。

对于岳麓山上的炮火，肖国华的记忆已有些模糊，“飞机来炸过，岳麓山有五个亭子嘛，炸了四个，就剩了响鼓岭那一个，还炸了云麓宫，以前的云麓宫那要大好多”，“看见过部队，不知道什么番号，好像来来往往，住一个月就走，再来的，又不同了”。

当年还是少年的肖国华印象最深刻的还是“死亡”，他记得父亲曾帮忙挑着尸体去掩埋，“山上死了蛮多人，士兵多”。

2. 烈士牺牲在长沙

当年，为长沙而战死的将士多葬于岳麓山。

《长沙文史资料》第四辑记录过参加第三次长沙会战（1941年12月至1942年1月）的第七十九军九十八师军人的回忆，这支军委会直辖部队当时奉命由衡阳北上驰援，部分在浏阳河下游长沙县一个叫磨盘洲的阵地，阻击从市区逃退的日军，战后清扫战场，他们曾与当地百姓一起“找到260多具士兵的遗体，用船运到长沙市河西埋葬在岳麓山”。

在岳麓山响鼓岭石亭北侧，还矗立着一块高2.35米、宽1米，记述第一次长沙会战经历的“长沙会战碑”，其正、背两面字刻都已斑驳模糊。据记载，“会战碑”建于民国三十七年(1948年)，原置于云麓宫前，周边有阵亡将士名录碑栏。20世纪50—60年代，“会战碑”移至响鼓岭。移来时，正、背面位置还放错了。而现在仍留在云麓宫的阵亡将士名录碑栏，因年深日久，其字迹已风蚀难辨。胡滔滔说，名录碑一共有13块，两面都有名字，每块四五百人，大约有5 000人左右。

岳麓山的抗战墓有55座。其中，规模最大、保存较完整的是第七十三军公墓。（图12、图13）

第七十三军是湖南地方部队。这个军的建制未划属集团军，是机动部队，归军事委员会直接指挥，哪个战区情况

图12-1. 长沙会战纪念碑

图12-2. 铭刻着5000多名阵亡将士姓名的云麓宫平台护栏

图13. 岳麓山第七十三军公墓及纪念碑

紧急便往哪个战区调动。因此，第七十三军在第六、九两战区的对日作战中，“几乎无役不从”。

1941年12月，当时驻扎在第六战区湖北的第七十三军第七十七师，“在烂泥深坑里，两天两夜走了三百多华里”，抵达长沙岳麓山附近，参加守备长沙作战。七十七师官兵几乎全是湖南人，本土抗战，尤其英勇。

5月30日下午。岳麓山赫石坡。第七十三军公墓右上方的墓碑区。七层，每层依序排列着墓或石碑。最上面一层，是15块碑。那些碑上的名字已经模糊，仔细辨认清楚的一块写着——“陆军工兵上校杨公季啁墓”，其部队番号就是七十七师，湖南衡山人。

第七十三军公墓下方，还有为第四路军阵亡将士修建的麓山忠烈祠。距今湖南师范大学老校门二里半处，原有第十军公墓，现已不存。

据称，第三次长沙会战时，负责守备长沙城的第十军，从军长到士兵，均于战前预立遗嘱，“成则以功勋报祖国，死则以长沙为坟墓”。杨正华在《长沙保卫战始末》中回忆此节：“1942年1月1日，师长方先觉在战前写下遗书，派人送到后方家眷手中，遗书称‘蕴华吾妻：长沙的存亡，关系抗战全局的成败，我决心以死殉国，设若战死，你与五子的生活，政府自有照顾。……希吾妻勿悲’。”

第二天，遗嘱全文在当时的《长沙日报》头版登出。全城唏嘘。

同日，预十师第二十八团官兵，在长沙城今东瓜山一带与敌激战，“肉搏，白刃拉锯11次，最后七人守住南端小东瓜山阵地”。该团大部官兵壮烈殉国，仅50余人生还。

3. 1942：地图上的96小时——回忆录中的战地轮廓

在一幅1949年的《长沙市略图》上，当时的粤汉铁路(1918年建成，1938年拆毁，1945年修复)，沿长沙城墙直贯城区南北。

这条铁路线的地理方位相当于今天的芙蓉路西侧。

在60多年以前，这个位置已经是整个长沙主城区的边缘了，东城门、浏阳门、南城门均在此铁路线以内。

史载，长沙地名最早见于《周逸王·王会篇》。秦设长沙郡。辛亥革命以后，长沙省、县两级设治(湖南省，省会长沙县)。1933年，成立湖南省直辖市——长沙市，市区“东抵东屯渡，西达麓山背，北濒捞刀河，南包豹子岭”。

在1939年至1945年，长沙成为中国抗战的前沿“门户”。当时，长沙城的区划与1933年大致相同。

此间，日军以空袭的方式，大肆轰炸过长沙城几乎所有的街道区域，大规模的地面进犯有四次。根据相关文史资料记载，湖南第一次遭日军侵袭是在1937年11月24日。日军四架飞机在长沙上空“投弹六枚，炸死炸伤民众300余人”，“当国民党空军飞机起飞时，日机已扬长而去”。而后，不到半年时间，1938年4月10日，27架日机再次轰炸岳麓山湖南大学、清华大学(临时南迁)校园，“死伤民众100余人，湖南大学校舍设备精华付之一炬”，当日，日机还在长沙市其他地方“投弹120余枚，死伤民众800余人，炸毁民房、商店300余栋”。(图14)

图14. 原湖南大学图书馆遗址(1938年4月10日，此馆遭日军毁灭性轰炸)

在1944年6月18日长沙沦陷(长衡会战)前，日军三犯长沙，曾妄言“一个星期拿下长沙”(第一次长沙会战)、“打到长沙过中秋”(第二次长沙会战)、“打进长沙过新年”(第三次长沙会战)，均成梦呓。

第三次长沙会战期间。1942年1月1—4日。整整四个昼夜，96小时。中日双方军队对峙于长沙城内，巷战、肉搏、血拼，攻与守，反复“拉锯”。(图15)

60多年以后，我们从各种战地历史资料及回忆录中，细心检索、比对，一幅惨烈的战争图景慢慢浮现。当年血肉横飞的地方如今已是繁华妩媚。只有那些地名，至今仍在沿用。

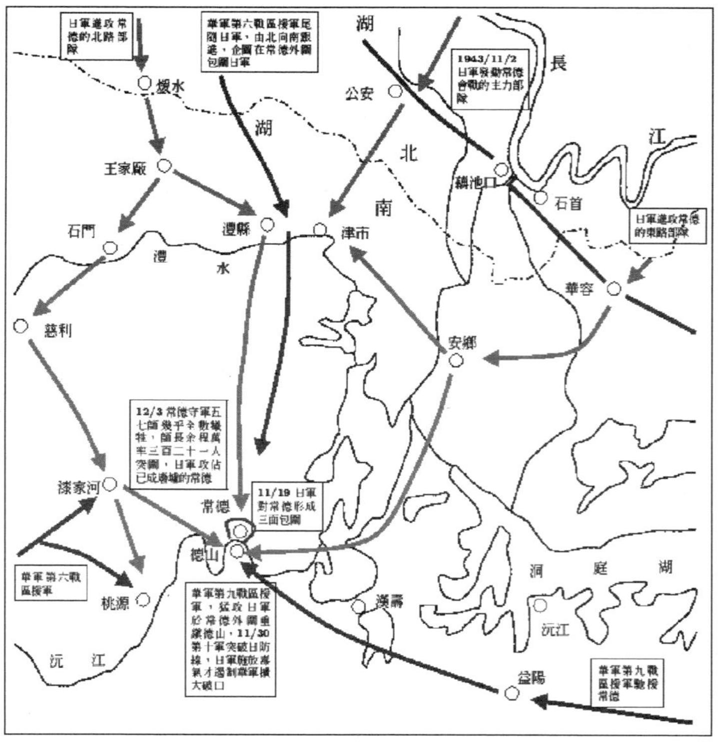

图15-1. 长沙会战示意图

图15-2. 日军用火焰炮攻打长沙城门

图15-3. 顽强抵抗的中国守军

1942年1月，奉命死守长沙城的中国军队是隶属于第九战区的国民政府军第十军。

之前三个多月，第十军军长李玉堂在第二次长沙会战时，曾奉命阻挡湘北来犯日军，与之“遭遇于金井、福临铺一线，血战一昼夜，不支而撤退”，任务没完成。此次，李是“以戴罪之身”，被紧急调回，“再兼重任”。

因两次会战时隔太近，其受损兵力未及补充，故当时防守长沙城内的第一九零师、第三师、预十师，三个师兵力仅2万人。而突破湘北战线、直扑长沙的日军第六师团、第三师团及第四十师团，已于1941年12月31日抵达长沙城外围浏阳河北岸，其兵力约6万。

曾任第九战区司令长官司令部参谋处副处长的赵子立，1964年7月撰写回忆录时称，第三次长沙会战打响以后，“第十军军长李玉堂整天在阵地上修正地堡的位置和射击孔的方向，规定火网的编成，饿了就在阵地上啃馒头，喝点水”。

“工事采取地堡式，西面依托湘江，对北、东、南三面成一个半圆形，工事的外围由麻园岭、朱家花园、杜家山、二里牌、黄土岭、妙高峰、猴子石等防线，一层一层向里构筑，愈向内强度愈增加，约以中山路西段、黄兴路、八角亭、南正街、坡子街以南概略线上的核心工事为最密最强。由南向北的街道口都有铁丝网拒马封锁，各街道上都有由地堡和建筑物发射出的火力封锁。”

关于第十军的布防，该军原司令部参谋处三科参谋贺昌时在事隔43年后仍很清楚地记得，“第一九零师防守北起湘雅医院，沿城至小吴门一线；第三师守小吴门至天心阁；预备第十师守天心阁至城南灵官渡”。倘若日军突破这一防线，基本就是进入了整个主城区。(图16)

图16. 激战长沙天心阁

在多篇回忆资料中，都有过这样类似的描述：第十军预十师原奉命防守岳麓山，后临时接防长沙城。其人马渡江时，战区司令长官薛岳曾向第十军参谋长打电话问缘由，答“增援城内两个师，长沙可确保”。据说当时薛岳停了片刻没有吭声，最后说了一句“你小心你的脑袋”。而预十师过湘江后，把船只全部调往薛岳指挥部所在的西岸，“连一只通信用的船都不要了”，“要死全军一起死”。

1942年1月1日。集结于浏阳河北岸廖家渡、洪山庙、黑石渡的日军突然作势强渡。第十军东、北门防线的守军立即专注以待。但在上午9时左右，最先发生战事的地方却是表面并无敌情的南郊赤岗冲。

一时间，日军分别在南门、东屯渡和北郊，炮击冬瓜山、扫把塘、五里牌、杨家山、阿弥岭、开福寺、伍家岭、周家嘴、黑石渡。

当年，这都是远离长沙主城区范围之地。

当时才26岁的王维本，是预十师二十九团中尉排长。他记得二十九团防守的是南门第一线，即左自南大十字路至左家塘、阿弥岭，右自枫树山至侯家塘，然后延伸至雨花亭、金盆岭、涂家冲、冬瓜山线。当时的团指挥部就设在黄土岭中央无线电机厂(今政治学院内)。

“阿弥岭”是二十九团第一营的前哨阵地，在1月1日通宵达旦的激战中，就有一名副团长、一名营长、一名代连长阵亡。而驻守南门外左家塘据点的曹健生营，共500多人，从中午至薄暮，全部战死。

此日，日军攻占了长沙东郊、北郊和南郊的全部前沿阵地。

1月2日。天刚亮，厮杀继续。

"上午约10时，敌一侦察机藐视我无高射武器低空飞行，能目见敌驾驶员面目"。随后，这架飞机被王维本冒险在扫把塘大道边大石牌坊下用枪榴筒击伤逃跑。后飞机坠落，驾驶员跳伞被俘。

同时，日军派出骑兵冲击七里庙高地(现省气象台和省精神病医院)。王率团部指挥所仅剩的13名警卫退守仰天湖附近的古坟堆，直至次日晨。王还记得，当时就在他守的阵地一侧的水塘边，三十团一营营长蒋新作因指挥不力被师指挥所枪毙。

城北与城东，日军也步步逼近城区。

北面开福寺、上潘家坪、上大垅，东面袁家岭、窑岭、长岭，自凌晨开始，均遭炮击。

原第十军第一九零师作战科长黄钟，在1985年所写《守卫长沙纪实》一文中，称"下午2时，各路日军白刃冲阵，北门开福寺、东门袁家岭、南门冬瓜山皆失守，旋又被我军夺回"，从白天到黄昏，"继以夜战"，"彼攻我拒"，双方死伤甚众，在"修械所仅200米的阵地，敌我双方的尸体达四五百具之多"。

这一天，"因城郊阵地已参差不齐，我军退守油铺街、湘雅医院、清水塘、韭菜园、识字岭、白沙井、沙河街等一带"。

第三天。南门口、回龙山、大小冬瓜山激战愈烈。

王维本曾在战后回到被预十师二十九团五连接防的仰天湖高地，"只见满山枯草翻转，漫地灰军服和棉花及碎布片，到处是血染山头，可见五连损失之重"。

而北面湘雅医院、南面南门口、识字岭，频频告急。三个防守师师长皆往一线督战。第三师师长周庆祥督战天心阁，对表示与识字岭阵地共存亡的团长张振国说："我陪着你干。"

当天下午4时，日军第三师团工兵营于"韭菜园穿墙凿洞"，爬入市区，接近核心阵地。

1月4日。日军突进市区。在八角亭至天心阁附近，双方发生了逐街、逐堡、逐屋的争夺战。(图17)

在赵子立的回忆录中，当时"以八角亭、南正街方面为最激烈，几度发生白刃战，最后第十军的炊事兵、司号兵都自动拿起武器参加战斗"。

就是在这样"反复地死斗"中，日军自始至终被阻挡在长沙城的核心阵地以外。

当天下午，第十军预十师政治部科长杨正华"在望远镜里看到敌后方人员忽前忽后，慌乱不堪"，"我们判断其情况必然有变化"。

1月5日。天明。长沙城及四野尽归沉寂，敌踪全无。

图17-1. 长沙黄兴路司门口——当年血肉横飞的战场

17-2.长沙中山亭——侥幸躲过"四战一火"的标志性建筑

4. “在历次会战中都是罕见的”

已遭受重创的日军，是在经历了96小时血战后，发现中国军队外线援兵接近长沙，不得不乘夜仓皇撤退。

据赵子立回忆：“当时正值隆冬，他们把大衣、军毯撂了许多；带不了的武器也没来得及破坏；日军非万不得已是不会在战场遗弃尸体的，这次却未及烧完。”此前，1月3日，日军还夜袭杏花园高地，抢运过阵亡尸体，后“集中于金盆岭石牌群下进行焚化时，因火力猛和时间久，竟使石牌坊开裂倒坍压死士兵”。

1月5日早上，赵子立同薛岳等由岳麓山回长沙二里牌驻地，车过八角亭，看见日军遗弃尸体很多，二里牌也有少数尸体和死马。

杨正华在日军临时野战医院(前长沙县府所在地莲花池)还发现：“一窖被烧残的敌尸约数十具，都用黄呢子大衣裹着，有的怀里揣着太阳旗，旗上满布着千人针和密密麻麻的签名，有的怀里还揣着别人的断手，还有的头上仍戴着钢盔，钢盔里嵌着小木佛像。”后有评价说，日军的这种情形 “在历次会战中都是罕见的”。

多种史料记载，各处日军未焚烬的尸体后均被第九战区参谋长吴逸志令人集中到黄土岭牛婆塘合埋，堆一个高台子，并勒石留念——“倭寇万人冢”[8]，旁书“陆军中将吴逸志题”。

[8] 外围战线还有300多名阵亡日军被第七十九军九十八师埋在今长沙县黄兴镇桂花村的磨盘洲。九十八师师长王甲本(后升任第七十九军军长，一年后在衡阳会战中牺牲)请石匠凿了一块石碑，也刻字“倭寇万人冢”。据当地老人称，当年“埋日军的大坑还有好几个”，均在浏阳河堤两旁，当地人叫它“尸坑”。40年后，日本诗人悻子、加贺之千代、高桑渡边等写诗思念当年战死中国战场的亲人，提及此节，则称“甲本葬敌，德感日本”。

战后统计，此役第九战区的伤亡约2.8万，其中第十军预十师7 000官兵仅剩2 000人，日军伤亡人数则超过5万(日防卫厅统室自称伤亡6 003人)。此役大捷之后，1943年1月李玉堂升任第二十七集团军副司令，3月预十师师长方先觉升任第十军代理军长，4月被任命为第十军军长。

当时，英国伦敦《每日电讯报》、《观察报》，美国《纽约时报》、《华盛顿邮报》均盛赞中国军队此役的表现。《纽约时报》刊载宋美龄文《我为寻求中美友谊而来，我相信上帝不会让两个伟大的民族彼此隔膜》，引文也直接称其是“长沙大捷之后，作为蒋介石特使第一次出访美国”。第三次长沙会战是被世界公认的，由中国军队取得的一场名副其实的胜利，使当时整个太平洋反法西斯战场的低迷士气为之大振。日军在战后报告中，也沮丧地承认“当时完全陷入了重庆军的圈套中”，“这次作战，动摇了一部分官兵的必胜信念，经过一年多的时间才得以恢复”。

战后22天，美国总统罗斯福向蒋介石发来贺电，并宣布再次向中国提供5亿美元的贷款。当时的第九战区司令长官薛岳则获得一枚美国勋章。

长沙，这个名字，从此被永久地刻入了世界抗战史的丰碑。

三、常德：从版图上被抹去六天

建筑遗迹11：常德会战阵亡将士公墓及纪念碑

地点：常德市青年路东侧文化公园

建成时间：1945年11月23日

说明：公墓占地面积30 000平方米，葬1943年冬保卫常德的第七十四军第五十七师阵亡将士2 200余人，由南京政府设计。今墓无存，纪念陵园已修复。

原公墓正门是一座高大的三门纪念牌坊，上方是第七十四军军长王耀武所题“常德会战阵亡将士纪念坊”的横匾。纪念坊的四根水泥钢筋方柱之间的上方架有三块横匾：正中是蒋介石所题“天地正气”，左侧为陈诚所题的“碧血丹心”，右侧是白崇禧题写的“旗常炳耀”。公墓正门有一座8米高的纪念塔，基座四方为刻碑。据称，公墓落成当天，数十匹驰骋疆场的白马也参加了这次集会。(图18)

图18. 常德第七十四军阵亡将士公墓

常德会战在中国抗战史上具有相当重要的地位。作家张恨水先生据此于1945年写成《虎贲万岁》，这也是中国第一部现代战史小说。

建筑遗迹12：常德防御工事

地点：常德市外围、旧城墙、常德第二中学等地

建成时间：抗战时期

说明：1943年冬常德保卫战遗物。当时在常德城内及周边的“河洑山、黄土山、德山、南坪岗、落路口、长生桥、岩包等处修筑了由大量碉堡、地堡、掩蔽部、覆廓、战壕、铁丝网组成的三道防御工事。这些工事许多是砖木石结构，只有作为重要支撑的堡垒是使用美国援华军事战略物资——水泥(洋灰)修筑的”。今多被拆毁，有部分保存。

[考察日记摘录(之三)]：一座能为历史落泪的城市

2005年6月26日。上海。与湖南隔着1 000多公里的距离。20来分钟的时间。62岁的孙瑞星在电话里始终泣不成声。

这位出生在衡阳抗战阵地上的将军之子，记忆里没有父亲孙明瑾的样子。62，是他的年龄，也是父亲的阵亡忌年。

“我家里其实很苦，几乎就是家破人亡”。父亲1943年在常德阵亡后，母亲“辛苦抚育六个孩子”，辗转于重庆、綦江，生活十分困苦。孙瑞星说他很小的时候就去“背砖，用背篓。”(图19)

母亲1953年在綦江去世。生前，她几乎不向子女说父亲的事。只是在后来整理母亲遗诗时，孙瑞星才体会到父母之

图19. 常德会战中壮烈殉国的孙明瑾将军一家

间的炽烈情感："十余年恩爱就此弃！！春闺梦，五更钟，孤灯萤，愁寸肠，杜鹃啼血月明中！"

他真正去了解父亲是在1983年，"慢慢开始谈正面战场的抗日了"，"很有军事素养"，"对士兵很好，很受尊敬"……《大公报》甚至称其为"布衣'圣人'"——今天他脑海中那个38岁的父亲形象，都来自于图书馆当年的书籍、报刊资料和父亲一些部下的描述。

他也听祖父回忆过父亲，"孝顺，毛笔字写得很好"，在军队里，每个月都会将练习的字寄给祖父修改。第三次长沙会战后，父亲给祖父寄回一面他在战场上缴获的日军旗。"文革"时期，红卫兵抄家，曾大声质问"为什么家里藏着日本旗子"。老人伤心回答"是我儿子打日本缴获的"。

而1945年建成的抗日烈士公墓、纪念塔，无疑是常德历史上最悲壮的一个战争纪念地标了。

最早接触常德抗战史是四年前。当时，因采访"常德侵华日军细菌战受害者民间诉讼案"，与几位不拿任何报酬并以志愿者形式从事"受害者调查"的常德人接触，他们的激情曾给予我很深的震动。其中，一位叫刘体云的老人送了我一本《八千男儿血》，他说，看看保卫过我们常德的热血男儿吧。

四年以后，那场中国民间对日本政府的漫长诉讼依旧在坚持着。还是那群人，还是那句话，"这场官司要子子孙孙打下去，我们要让整个世界都了解这场战争的真相"。

2001年7月，来常德为受害者原告拍照的权田茂，我们采访过他。四年以后，发现这位沉默敬业的日本摄影师竟已选择留居常德教书，广交常德朋友。而他的父亲，曾经入征中国派遣军。

2003年12月8日。"常德会战60周年公祭"在常德抗日烈士公墓举行。祭文念到一半，风雪突至。

近80岁的顾华江从贵州赶来，一下火车就直奔公墓，跪地大哭。当周围的常德市民知道他是60年前参加"常德保卫战"的五十七师抗战老兵，纷纷抓住他的手不放。后来，顾华江在"公祭"大会上，说自己已认不出眼前这座美丽的城市就是当年的常德。他颤声问："常德人民，你们好吗？"台下2000多个声音齐答："你好！"据说，"当时台上坐的一大排政府官员，在这样惊天动地的问答声中，全都哭了"。

一座能为历史落泪的城市。一座能让漫天大雪为60年前的烈士魂魄飘洒的城市。一座懂得化解仇恨的城市。一座坚持让世界倾听自己的城市。我想，它拥有的不仅仅是一个战争纪念地标，它也许更有可能深刻地拥有着良心、尊严的尺度，拥有着对历史的承担、反省以及面对未来的从容胸襟。

1. 日本人盯上了常德

"常德抗战史"专家叶荣开家的墙壁上，挂着一幅毛笔绘制的"中日常德会战示意简图"。当年日军进犯常德的线路，常德守军外围及核心阵地布防，关键的军事制高点，在这幅地图上都一目了然。(图20)

图20-1.《常德市志》编辑叶荣开先生

1943年的常德，对于已经胶着、相持在湖南战场五年之久的日本侵略军而言，极具"诱惑力"。当时，太平洋和欧洲战场，法西斯阵营开始显露"败相"，而拼死坚持了六年抗战的中国，逐渐在世界反法西斯联盟中取得重要地位，并准备"抽出七个军转用云南、印度"，协同盟军反攻缅甸。因此，在日防卫厅战史记载中，"牵制中国军把兵力转用到缅甸方面，以策应南方作战"，即成为东京日本大本营"批准中国派遣军进行常德作战"的重要原因。

而在实施进攻的日军第十一军司令官横山勇心中，他早就打好了“另外的算盘”。

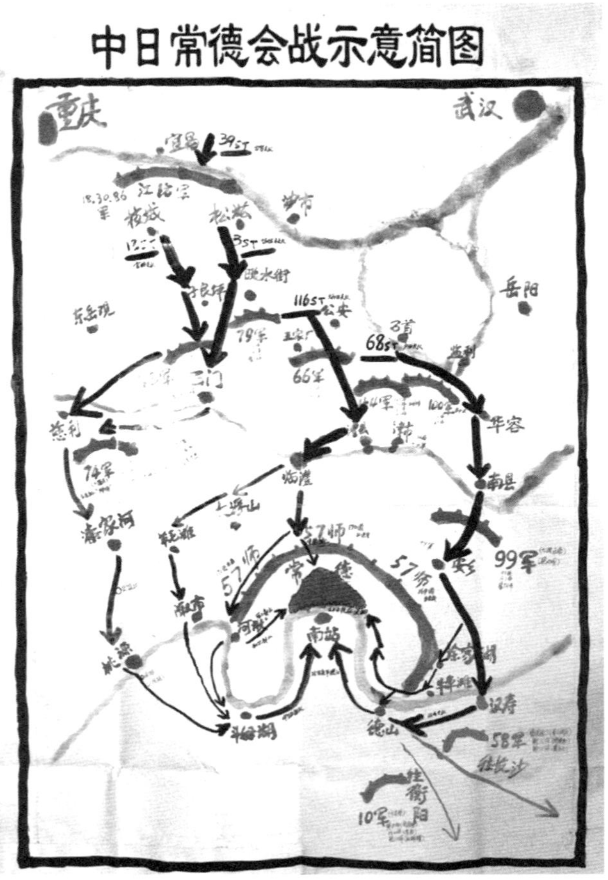

图20-2. 叶荣开所绘《中日常德会战示意简图》

当时的湖南，在国际上被称为“中国的乌克兰”(粮仓之意)，是湘鄂粤赣近百万部队军粮和鄂西、川东、贵州、两广数千万人口粮食、棉花的重要供应基地，这也是中日双方必争的粮食等战略物资基地。常德位于滨湖地区，具备一系列优越的农业生产条件，历来物产丰富，是“中国的谷仓”。当时，它也是国民政府沅陵后勤部“湘谷转运处”湘谷转运中心，“为重庆军补给命脉所在”。横山勇“觊觎重庆、长沙，掠夺米粮”的用心极为明显。在中国的一些战史回忆录中，有记载“常德沦陷后，日军车运频繁”，空车进城，满载出城，“都是运输伤亡人员及抢夺的物资”。

战后，遭日侵袭的常德九个县统计损失，除了10余万百姓生命、8万多栋房屋被毁，国民政府湖南省田赋粮食管理处的调查报告称，“仅稻谷一项共损失16 589 484石”。一英国媒体《新闻纪事报》，甚至直称日军的这次进犯为“中国饭碗之战”。

图20-3. 当年的常德战场

据日本防卫厅战史记载，进攻常德的日军五个师团、一个支队，从“1943年10月中旬开始，在长江北岸秘密集结”，其兵力部署主要分东、中、西三路，以此对常德形成钳制、合围态势。日战史资料称，这10余万兵力的集结均在“彻底实行夜行军，严格隐蔽作战企图”的状态下完成。

当时，中国抗战进入相持阶段的中后期，湖南全境仍分属第六、九战区。以临资口为界，包括常德在内的湘西地境，属第六战区，司令长官为陈诚。事实上，第六战区并非没有发现日军的异常之举，“船舰、汽艇、坦克车、汽车骤增，运输频繁”，“似有弯弓待发之势”。但是，对于日军真正的进攻方向，第六战区难以判断。(图21)

图21. 中美双方商谈作战部署

由于第六战区的主要职责是巩卫陪都重庆，会战开始四天，他们都还怀疑日军对常德是佯攻，生怕其虚晃一枪，回过头沿长江指向重庆。直到11月18日，大部突破澧水第一防线和洞庭湖的各路日军，均不加掩饰，朝常德狂奔而去，其“常德企图”才为第六战区司令长官部深信不疑。

那一天，战史记载“慈利、石门一线大雪纷飞”。

而基于此前的迟疑判断，在会战第一阶段，常德外围的兵力部署相对虚乏，各部队被动应战，伤亡惨重。

俯瞰常德城、位于武陵山脉线上几个重要的外围据点，如石门、慈利及桃源陬市、常德德山、河洑山等地，两军血战尤为惨烈。

2. 德山南岸四十里范围尽为血迹

德山，隔沅水，位于常德城东南面，据说就是屈原九歌中“朝发枉渚，夕宿辰阳”中的“枉渚”。在日战史资料中，它被称为常德的“望城坡”。位于常德西北面的河洑山，曾做过五十七师师部。它与德山分别是常德西郊、东郊的两个制高点，“俯视常德一目了然”。

在日防卫厅战史室“日常德作战构想图”、中国常德会战军事图及叶荣开先生自制的“中日常德会战示意简图”上，均清晰表明，不论是日军攻常德，还是第十军援救常德，此两处是双方必先拼抢的要害。

2005年6月21日，我们在这两座山头上，看到了当年留下的碉堡、战壕。原五十七师一六九团文书吴荣凯告诉我们，当年据守河洑山的是五十七师一七一团袁自强营。“被五六千日军包围，敌人有炮，有骑兵，还放毒气。全营500多人战死，一个都没剩，最后重伤者都是自己朝胸口开的枪”，“河洑山是11月23日失守的”。吴战后听说，“袁的遗体，遍布十几个弹孔，牺牲前曾大声呼喊‘师长，自力竭矣’”。1944年常德市修建七十四军公墓时，河洑山将士均未入葬，“当时尸体已经有些腐烂了，只能就地掩埋”。

一些战史资料中，还记载日军盘踞河洑山下河洑市时，在墙上涂画着这样的无耻呓语：吃的剥皮鸡，睡的美貌妻，烧的背时屋，杀的蠢东西。

如今的河伏洑山是国家级森林公园。在一座碉堡遗址前，我们意外看到了一片樱花林，还有一块“中日友好”的纪念碑。数年前，一些日本人来此凭吊。一座碉堡，一片樱花，一地战死的魂魄。我不知道，这样的场景，是否可以平息人类最残酷的战争狂想。

距河伏洑山2公里，即常德桃源交界处的陬市，是一五零师师长许国璋殉国处。

东郊德山的碉堡则在常德二中的后山上。离此不远即乾明寺，是“湘西地区历史最久远的古刹之一”。有记载，1943年，日军曾在此焚烧过他们的阵亡士兵尸体3000多具。（图22）

图22. 常德二中校园内遗留的中国守军碉堡

乾明寺旁边是孤峰岭，站在岭上孤峰塔的顶端，隔江（沅水）十里，一座雾气朦胧的城就是常德。孤峰岭下，四面地势极为开阔，日军从汉寿或桃源进逼常德，此为必经之地。其瞰制地形，类似岳麓山与长沙的关系。

后来在德山失陷九天以后，从第九战区驰援常德的第十军第三师，为救援五十七师，曾与日军反复争夺这个制高点。

当时，第三师在日军的优势炮火下伤亡惨重，来不及修建工事，以至于直接将战友遗体堆为掩体。战后清扫德山战场，“各要道尸体均堆栈成墙”。当年德山南岸四十里范围大片松林区，亦为激战区，“孤峰岭四周草林，均为炮火烧光”。对此，战后有报刊描述，“只见树枝或折或摧，一片荒凉景象。在松林战壕之内，敌尸三五具合葬之坟堆颇多，我忠烈遗尸俯仰其间者，亦为数甚多。当时战地上我敌战斗之血迹，尚殷然可见”。

1943年12月1日，第十军奉命“掩护第三师攻占德山”的预十师官兵，也曾在距德山30里的赵家桥一带与日军血战，预十师师长孙明瑾即于此役牺牲。

此前，在阻挡日军进犯常德的外围战中，已有暂五师师长彭士量、一五零师师长许国璋分别阵亡于石门、陬市前线。

3. “大丈夫能为国尽忠，死又何恨”

在日军战史记载中，1943年，驻扎武汉的日军第十一军“进攻常德作战计划”被分为三期。除了在最后狼狈“返转”以及与常德城五十七师血战的经历，使其哀叹“兵力大损”之外，在第一期外围作战和阻截第九战区救援军的过程中，日军同样付出了惨重代价。

1944年在南岳军事会议上，《第六战区的战斗要报》也曾指出“常德会战，使敌每一寸土地之进展，必付予同等血肉之代价”。战后，日军各高级指挥官不得不承认，彭士量所率第七十三军暂五师是“不可轻侮之师”，孙明瑾所率第十军预十师是“不要命的师”，他们在“常德意外地遇到了敌人（中国军队）顽强抵抗”。 日防卫厅战史室还曾记载，其步兵第一零四联队1943年11月13日向慈利推进时，苦恼于“这个地区仍是群山峻岭，加上地图极不正确，甚至地名也有出入，进军颇为困难”。（图23）

1943年11月2日。最早与进犯日军“接火”的是第十集团军第九十八师。

11月13日。一直在煖水街（湘、鄂两省交界处，原辖属于湖北松滋，今位于澧县境内）与第十集团军胶着激战了12天的日军，突然将主力转向第二十九集团军防守的石门。

图23-1. 向常德城疯狂进犯的日军

图23-2. 常德保卫战中的中国官兵

此时，防守石门的第七十三军，两天前才受命占据石门，且它在当年5月鄂西会战时伤亡过万，战斗力尚未复原，根本难以抵挡有飞机、大炮相协的优势日军。14日，第七十三军在“连工事都来不及构筑”的情形下，“被日军打得千疮百孔”，不得不强行突围。暂五师师长彭士量自告奋勇，接下掩护全军撤退的任务，“独立与敌格斗”。战至15日黄昏，暂五师最后撤出石门。部队在渡河时遭围攻，彭士量亲自指挥，奋力冲突，在南岩门口被敌机扫射命中。据警卫人员回忆，彭中弹倒地后，慨然叹道“大丈夫能为国尽忠，死又何恨”。后在装殓彭时，于其胸前口袋发现一份遗嘱（此遗嘱的拓本，今藏于南岳忠烈祠）：“余献身革命，念年于兹，早具牺牲决心……”

2005年6月28日，我们联系到远在北京的彭士量将军之子彭纪俊。他告诉我们，其实“父亲牺牲前半个月，曾于石门前线返回当时部队司令部行营所在地桃源，在随军的家中住了一晚”。第二天天未亮，父亲离开时“心情沉重地对欲挽留他的母亲说‘倭寇不除，国无宁日，家无宁日’”。这是彭士量生前对妻子说的最后一句话。

彭士量是常德会战中牺牲的第一位将军。仅仅六天以后，第四十四军第一五零师师长许国璋（四川成都人）又在桃源陬市殉国。

当时，许国璋奉“不得退过沅江”之严令，率部“死据陬市”，但日军以两个师团、一个联队加上伞兵，在飞机、大炮的协力下，排山倒海般扑来。不到半天，一五零师几乎全军覆没。部队受重挫，许部署主力转移太浮山，自己则率一个连的兵力边打边退，吸引敌人视线，结果被日军盯上，紧跟不舍。原五十七师一六九团文书吴荣凯回忆，紧跟着许的日军首先“还以为有埋伏，不敢乱来，最后发现火力不强”，即以1 000余人的兵力猛击许部。曾为“湘西著名木材大市场”的陬市，立即成了一片瓦砾。据称，许国璋当时激励士兵“多打死一个敌人，就多为常德城守军增加一份力量，尽了军人天职”，并说，“我们已经三面被围，背后就是沅水，冬天水深，又冷，又没有渡船，与其当俘虏或落水淹死，不如战死光荣的多”。随后，许国璋在激战中重伤晕厥，被警卫误为阵亡，抬上渡船后撤。11月21日凌晨4时，许醒来见自己已渡过沅江，部队大部溃散，联络中断，“大为震撼，在担架上痛斥左右误己，身为师长怎么可以丢下部队只身后退”，“我是军人，应该战死沙场”，悲愤之下，再度休克。当日，许再次苏醒后夺过身边卫士佩枪，饮弹自尽。

4.“打到一兵一卒亦向德山方向突进”

1943年11月24日，日军完成了对常德城的三路合围。此前，军令部已于五天前急电与第六战区辖界相接的第九战区紧急驰援。远在开罗出席四国首脑会议的蒋介石于11月29日严电：倘若常德失守，责任由第七十四军、第十军、第七十九军承担。在多年后解密的蒋介石日记中，那几天不断出现“本日几乎终日为常德状况不明所困，繁虑无已”，“忧惶莫名”，“感谢上帝保障中华之恩德使我常德失而复得”等字样。

自11月19日起，第九战区薛岳所辖第十军三个师（第三师、第十预备师、第一九零师）均以两倍于平常的急行军速度，昼夜兼程，仅用七天，即从驻地衡山抵达常德以南马迹塘（今桃江境内）。因沿途丛林池沼，地形复杂，从11月26日起，奉命“掩护第三师攻占常德东郊制高点德山”的预十师连遭强敌伏击。血战至30日，“敌我双方尸横漫野”，但预十师师长孙明瑾（江苏宿迁人，黄埔六期毕业）复电战区司令长官，坚称“打到一兵一卒亦向德山方向突进”。

当时与之交战的日军第三师团山本三男师团长，对“预十师这种引火烧身、自寻牺牲的打法，震撼莫名”，不得不投入第三十四、第六十八两个联队迎战，以求阻挡“这个不要命的师”。

12月1日，在距德山东南尚有30里的益家冲、赵家桥一带，预十师再遭猛烈炮火袭击。在战况极端危急的情况下，“孙明瑾持枪亲自督队冲杀”，拒绝部下掩护他突围的请求，“端着机枪向日军猛射，机枪弹打完，又用手枪、步枪，最后用刺刀与日军搏斗，刺刀折断”。

此后，预十师副师长葛先才、师参谋长何竹本继续领队冲锋，均身负重伤，师参谋主任陈飞龙在同日军肉搏中牺牲。“迂回冲杀中，全师8 000余名将士，最后仅剩伤残病员600余名，突围生还者仅300余名。”

后据日军战史记载，日军一联队12月4日在赵家桥清扫战场时，曾“寻获一具着高级将官制服的遗体，一半泡在水里”。当拭去其军服领章上的血污后，只见一颗将星闪光夺目。于是，令一名负伤被俘的上尉指认。“上尉一见即称不认得此人，但已泪水盈眶。正要再问，上尉已扑身向前，痛哭失声。”后该日军联队长户田义直以军礼礼葬，并树木牌“中国将军孙明瑾”。

孙瑞星说，收复常德后，“第十军军长方先觉曾陪同母亲姜文珍来到赵家桥，在父亲墓旁临时搭了一个木棚，为父亲重新洗身更衣”。日军收敛孙明瑾的棺木为杉木，冬季天寒，时间又不长，故遗体尚完好。当孙明瑾的遗体从棺木内移出时，只见“满身血污，遍体弹洞，头部还有同日军搏斗所遗累累刀痕”，姜文珍顿时昏厥。1943年12月15日孙明瑾灵柩运抵长沙，长沙各界及民众万人到码头迎灵。21日运南岳忠烈祠安葬。他的上司第十军军长方先觉亲自手拉绳索，将灵柩放到井下，并在其灵柩前宣誓“杀尽日寇为死难军民报仇”。1956年，毛泽东签署证书，追认孙明瑾将军为“革命烈士”。

仅一座中等城市的外围战就痛失三位师长，这在整个抗战史记载中，颇为罕见。而与之一水相隔的常德，同时发生的惨烈守城战，更是震惊了整个世界。[9]（图24）

[9] 在《湖南抗日战争日志》一书中记载，1943年12月3日英国伦敦《新闻纪实报》电称："华军第五十七师保卫常德的故事，是战史上的一个最光荣、最惊险的插曲。"

图24.常德会战中殉国的彭士量、许国璋、孙明瑾三位师长

5. 死守在"不等边的五角形"里

"根据实地弹痕、战斗遗迹及余程万部伤亡情况综合研究"，余"确已到了弹尽粮绝，无兵可守，无地可退的境地"。

——这是1943年12月29日，由当时重庆军令部所组织的考察团（包括盟军武官及中外记者共38人），在"40平方华里，四处都是焦柱残墙、血肉斑斑"的常德城区战场考察后的结论。

战史记载，整个常德会战始于1943年11月2日，结束于当年12月24日，历时52天。其中，第七十四军余程万率五十七师死守常德16天（11月18日–12月3日，城郊八天，城垣、巷战八天）。

——67年前的那个冬天，常德，不仅一度成为一座死城，一片废墟，还曾沦于日军手中，从我军事控制地域版图上，消失了整整六天（12月3日–12月9日）。

沅水蜿蜒自西而来，接近常德，突然随心恣意流成一个倒"V"字的大弧形。在弓背处的江中仰首，"傍水绵延5华里的区域，排列着高低参差的屋宇"，尽在"四周堤垸交错，地势低洼"之处——这就是67年前的常德城。那时候，在人们眼中它是一个"古色古香的水上城市"，因水运而为西南各省货物集散重地，商业繁华。

1943年冬奉命据守这座城池的五十七师官兵，则习惯称它是一个"不等边的五角形"的核心。这颗"核心"曾有自唐代开始修筑的完整城垣。1938年冬，据说全国城垣多"敌来即破"，与其被日军占而利用，"不若拆毁"，所以，常德"从西门经北门以迄东门"，均自拆城垣，仅剩墙基。此前，常德已自毁境内三条（常德至长沙，常德至桃源，常德至澧县）共计100余公里与外界相连的公路。当时任常德县政府建设科长的岳其霖，在回忆录中描述，这些公路"每隔30米，横断面上挖成10米宽、5米深的深坑"。后统计，湖南3 500公里的公路里程，至1944年能通车者只有200余公里。

1943年11月18日，日军拼力突破澧水、洞庭湖等外围防线，向着倒"V"字顶部，沅水北岸的常德城狂奔而来时，第七十四军五十七师师长余程万早已率部疏散了全城百姓，并在这座"自断后路"的城池专门向全师8 000余官兵发表了一篇长达3 563字的《保卫常德文告》。

原五十七师一六九团文书吴荣凯，60多年以后仍记得当中慷慨激昂的话语："试在常德外围画成一个不等边的五角形……常德城区，就在这个南北直径40余里的不等边形的核心里。我们不能走出这个设防的圈子，活要在这个圈子里忠勇的活，死也要在这圈子里壮烈的死，无论敌寇对我们施以如何大的压力，我们唯一的答复，是血，是死，是光荣！”

据称，当时余程万甚至向部下“指定了常德城一处高地为他战死后葬身之地”。

1943年11月26日。这是“不等边五角形”的核心——常德城区被日军合围以后惨烈城垣战和巷战开始的时间。此前，常德城郊如涂家湖、牛鼻滩等外围阵地，自11月18日“一场大雨过后”，五十七师第一线守军以劣势装备及血肉之躯，与日军的飞机、大炮、骑兵、步兵以及毒气，已血战七昼夜。反复拉锯中，一线大部守军整营、整连阵亡，仅余部分退回城区防线圈。

“水星楼”，则是常德城垣战的第一个交战阵地。

2005年6月21日，我们辗转找到今常德下南门（临沅水），现称“乔家巷”处。此地还保留了常德城一小截见证过当年战火的南城墙。距此100米左右，是正在大兴土木的“金泰利商业广场”工地，“那就是原来的水星楼”。

有近千年历史的“水星楼”高约15米，当年的位置是在常德南城墙上。为“防水患，镇洪魔”取名“水星”，同时，它是全城最高点，配置铜钟，用来监测全城火警，并“荡钟警报”。会战中，此楼是制高点，日军多次以凶猛火力拼抢都未得逞，反在楼下城墙送掉不少性命。直至1943年11月29日，“水星楼”毁于日军的密集排炮。据称，当时在“水星楼”坍塌声中，最后还传来楼内守军“中国万岁”无比悲壮的歌声和呼声。（图25）

图25-1. 激战中的水星楼

图25-2. 水星楼遗址，如今只存一株玉兰

除“水星楼”外，以城墙为线，常德北门、大小西门、东门，均属攻守焦点。

其中，北门自城垣战开始，就被日军日夜不停地以飞机、大炮轰炸，守军几乎全部阵亡。11月29日凌晨，在北门与东门之间的西围墙最早被日军攻破。大、小西门距五十七师师部指挥所（兴街口中央银行金库，今常德华天大酒店处）“不过250米”，为日军进攻重点，守军拼死抵挡，双方拉锯，至肉搏白刃，尸积如山。

吴荣凯说：“五十七师有个狠处，都不怕死，我们有个机枪连连长，在掩体里搞得不耐烦，手一捋，就带一个排去搞肉搏。日本鬼子怕跟我们拼刺刀，有时候，要拼了，他们转身就跑，还摇手，不拼不拼。”

12月1日。在日军飞机、大炮协攻之下，四座城门都被突破。

2月2日晚。微雨。五十七师在已成火海的常德城步步撤守，最后剩下师部指挥所“仅300米左右”的弹丸之地。

6. 常德城仅剩五幢房

85岁的吴荣凯还记得五十七师当时参战的准确人数，“8 529人，名义上是一个师，实际还不止，还要加上配给我们的军部炮兵团第三营，500多人”。

战后曾有数据统计，称五十七师“打到11月28日，还有2 440人，到11月30日，已不足1 800人，到12月2日晚，城内守军仅剩300多”，“而敌又增加7 000余人，用炮30余门，飞机21架”。但五十七师剩余官兵仍聚守“最后300来米”的核心阵地。

有回忆录描述，当时，日军与守军最近的距离就是隔着一扇薄薄的墙。双方作战指挥部，“彼此相距仅100米，其短兵相接的程度，为世界战争史上空前未有”。

第五十七师番号代字“虎贲”，英勇善战。吴荣凯说，“打常德的第三师团、一一六师团，都曾败在五十七师手下”，战前，一些老兵就深不以为然地称这批日军为“纸老虎”。遗憾的是，这次这些“纸老虎”兵力、火力都过于强大，五十七师是以8 000官兵孤独对决3万日军，而战前军令部所承诺的外围援军，竟苦盼不至。12月3日凌晨，自愿留守阵地，决意赴死的一六九团团长柴意新[10]，率队冲入敌阵，在府坪街（今武陵区政府大门口）头部中弹，壮烈殉国。

[10] 1944年2月2日，柴意新由国民政府追赠为陆军少将，并被誉为“坚守八勇士”之一。柴意新将军阵亡以后，七十四军通知在长沙的柴夫人“柴团长受伤，速来常德”。陪同她前往常德的人就是后来的整编七十四师师长张灵甫。柴意新将军的烈士身份，在1985年被四川省人民政府承认。

当日，常德悲壮陷落。

日军以“减员1万”的代价，终于占据了一座瓦砾无存的血城。

图26-1. 倭冢遗址

图26-2. “倭寇冢碑”

原五十七师一七零团卫生兵顾华江参加常德守城战时才17岁，他说，最后城陷时，整个常德街道，没有一块青石板上没有尸体，没有一块青石板上没有血迹，被俘的守军，没有一个不是伤员。另外一些没有被俘的守军，或藏在地窖，藏在夹墙、枯井，或混在尸体堆里，一直捱到12月9日——先期突围的师长余程万在毛湾（德山西南4公里处）迎来援军（第五十八军）攻入常德。至此，常德城被日军占据仅六天。

据称，进攻常德的日军主将横山勇震骇于“部队被重挫，伤亡惨重”，根本不敢在常德城久留，他甚至连战场都未清理，就将主力急撤出城。后日本大本营曾严电“重新占领常德”，他不惜抗命，也不愿再来，称“这次战争人员牺牲很大，要占常德，必须等到来年”。其惨烈战况，可见一斑。后据统计，常德北城门曾埋葬日寇尸体988具。城外另有五处“倭寇冢”，研究者推测应分别在攻守最激烈的各个城门外，但具体位置今均不详。（图26）

而在当年一些战地报道中，均称“曾有5 000余所建筑物”的常德城，战火之后，仅剩五幢完整的房屋，街道遍布双方阵亡士兵的尸体，尸臭弥漫，行人不得不以橘皮掩鼻。原常德石公桥警所办事员陈光圻老人回忆，会战结束后十天，他曾亲眼目睹“昔日繁华的南门十字街被尸体阻塞，大高山巷口子（华晶玻璃厂附近）的碉堡，整个被尸体覆盖了。有的是刺刀相互捅着胸腹，倒在一起，有的被战刀砍得支离破碎，有的被炸弹炸得脑浆迸裂，肢体不全……”

图27-1. 第五十七师余程万师长

当时负责守卫常德的五十七师师长余程万为蒋介石爱将。在这场战役中，因“弹尽，援绝，人无，城已破”，他在“最后5分钟”率少数官兵突围求援，后被蒋介石训斥“你是怎样当人家长官的，竟然弃自己的伤员不顾私自逃走”，扬言“余程万必交军法审判”，要枪毙他。后有赖于常德百姓极力具保，得以不死。1943年，余程万率五十七师在常德城血拼日寇，是年41岁。12年以后，1955年8月27日，他在香港寓所遭遇盗匪，警察冲进来时，又发生枪战，混乱中中弹身亡。终年53岁。（图27、图28、图29）

图27-2.常德会战结束后的追悼大会

图28. 常德建筑废墟

图29. 常德会战残留的一小段南城墙

四、衡阳：四十七昼夜惨烈、悲壮的殊死抵抗

建筑遗迹13：陆军第十军衡阳保卫战阵亡将士墓遗址

地点：衡阳市张家山气象台

建成时间：1946年2月

说明：此地曾是衡阳保卫战城南的一处战略高地，是当时殊死搏斗的旧战场。战后，参加衡阳之战的预十师师长葛先才曾带人拾拣阵亡将士骨骸，共得3000余具，予以合葬，并树碑“陆军第十军衡阳保卫战阵亡将士之墓”。毁于1958年左右。今不存。

建筑遗迹14: 衡阳抗战纪念城

地点: 衡阳市岳屏公园

建成时间: 1947年8月10日

说明: 1944年的衡阳保卫战是抗战后期最为惨烈的孤城保卫战。战役是在以方先觉为军长的国民革命军第十军与日军第十一军之间进行的。抗战胜利后, 1946年衡阳市参议会倡议“要把衡阳建成‘抗战纪念城’”, 并向南京国民政府正式呈文。但直至1947年7月, 衡阳仅获得2亿元费用, 100吨“工赈物资”。如此经费, 不可能“建城”。衡阳便选择城中主要阵地之一——岳屏山, “先期修建牌坊亭阁”, 并于当年8月10日, 以15.16米高的纪念碑为“抗战纪念城”命名奠基。纪念碑碑名原为蒋介石题, 后毁。1984年重修。

建筑遗迹15: 陆家新屋

地点: 衡阳市郊高新区新桥管理处第七组

建成时间: 晚清时期1887年

说明: 坐北朝南, 砖木结构, 两进四厢, 占地面积2 640平方米。整个建筑装饰十分讲究, 木雕、彩绘、堆塑精美, 是典型的湘南民居风格古建筑群。1944年抗日战期间, 这座建筑被占为进攻衡阳的日军黑濑联队指挥部。后被国军发现, 并在此爆发了激烈战斗。如今南向墙面还留有当年的弹痕、弹洞。今建衡阳保卫战纪念馆。

[考察日记摘录(之四)]: “但愿他们原谅我没有看到一切”

2005年7月18日。衡阳。酷暑。

61年前, 日本战史资料也曾反复提到1944年6月23日至8月8日的衡阳保卫战“暑热持续不断”, “蛰居在交通壕或闷热的碉堡里, 鼹鼠式的生活痛苦难言”。

原第十军预十师第二十八团三营营长李若栋撰文回忆, “7月中下旬天气酷热, 敌我都改在夜间战斗。双方像默订一个战斗时间表: 下午6时许, 可能双方都用过晚饭, 于是向对方高喊‘我们开始吧’(阵地相距不过数十米), 接着全阵线枪炮声不绝, 直至第二日上午9时”。

2005年7月18日是我们在衡阳寻访抗日旧战场的第四天。根据气象台高温橙色警报提示, 这四天气温均在36℃-38℃——已接近户外活动所能忍受的极限值。而61年前, 就在同样的烈日炙烤中, 伴随着炮火、硝烟, 流血、死亡以及对援军望眼欲穿的期待, 第十军孤守衡阳, 整整坚持了47天。

两天前, 7月16日, 采访衡阳市两路口84岁的彭华英及住在株洲市81岁的王才栋。彭是老百姓, 王是士兵, 但他们对1944年的衡阳最深的印象一模一样——“好臭。”

据记载, 当时“战况惨烈, 双方阵亡士兵的尸体来不及掩埋, 暴晒在烈日下, 腐臭满城”。

我曾问过如今住在岳阳县新墙镇的刘湛霖: “您后来去过衡阳吗? 想去看看吗? ”

老先生不回答我的追问, 他自言自语、反复说: “衡阳那一仗打得最苦。打得最苦。”

刘参加衡阳保卫战时, 任第十军第一九零师五六八团上尉文书。他所在的团最后仅有三人突围生还。

我终于明白, 这位85岁的老人, 61年前所经历的那个夏天, 我永远也不可能真正接近——虽然我如此努力地寻找、记录、求证、感受。

“没有生存下来的诸君/要叙述此事他们已无能为力/但愿他们原谅我/没有看到一切/没有想到一切/没有猜到

一切。”

这是当年写作《落日孤城——中日衡阳会战纪实》的张和平先生引用在扉页上的话。此刻，这也是我唯一能说的。

当我们在衡阳深入寻访“3 174”（参加修筑工事牺牲的衡阳百姓）、“7 600”（阵亡的第十军官兵）这些数字背后的名字及故事，却发现那些曾经无比清晰、鲜活的线索，大多已经被一段并不漫长的岁月轻而易举地割断。

“傻兵余奇烈，生性迟钝而笑口常开，有憨态。打到一个人时犹不自知，看见援军竟大骂‘可耻，可耻，你们怕死，都逃走，现在才回来’，后发现全连皆战死，倒地大哭，‘连上的人都拼死光了，我也不走了’，拉响手榴弹冲入敌阵战死。”

“浙江上尉戴楚威，被火烧伤后无药可医，栖身断垣残壁之下，脓血斑斑。战友发现其头上未被包扎的孔隙，竟有无数盈寸之蛆蠕动，状至吓人而落泪，戴忍痛说‘我是死定了，各位要继续杀敌，为我报仇，为国效命，哭什么呢？哭有什么用？’”

当我们不断地使用那些残酷的词语：“尸横遍野”、“骨岳血渊”……来形容战事之惨烈的时候，是否真的意识到，他们，也是“父母的爱子、春闺的梦里人、孩子们最最崇拜的英雄？”

2005年第2期《文史拾遗》上刊登了一篇题为《两张文书藏品见证“衡阳保卫战”的血雨腥风》的文章。文中所指的“藏品”，是国民党第四十六军新十九师签发的“出征抗敌军人家属证明书”及国民政府军事委员会签发的“恤亡给予令”。前者证明“民国三十二年（1943年）元月贵州省黎平县地青乡仁里村青年黄松有参军出征抗日”，后者证明“黄松有于民国三十三年（1944年）8月5日在衡阳保卫战中阵亡，时年33岁”。作者张才军考证，“按当时陆军战时抚恤条例规定，黄第一次应享有130元恤金，以后每年享受70元恤金，时间为20年”，“给予令上未见黄亲人领到抚恤金的签名”。

这是我第一次看到一个最普通的抗战士兵的原始阵亡记载。

2005年的炎夏。烈日无声。60年。恍若隔世。（图30）

图30. 衡阳来雁塔下，湘江依旧

1.“衡阳比长沙更为重要”。

1944年8月12日。这句话两度出现在延安《解放日报》的社论《衡阳失守以后国民党将如何》中。此前四天，位于湘江中游西岸，深陷日军炮火围困中的孤城—衡阳，在经历了47天惨烈、悲壮的抵抗之后，已黯然陷落。

这篇由毛泽东亲自批改的社论，极为简洁地论述——衡阳是“粤汉、湘桂两条铁路的联结点，又是西南公路网的中心，它的失守就意味着东南与西南的隔断，和西南大后方受到直接的军事威胁”。

2005年7月2日，我们在衡阳市西南“胜利山”（原张家山）下看见一幢白色、两层、砖木结构的欧式老建筑，那就是“衡阳西站”。据称，当年奉命防守衡阳的方先觉第十军，在1944年6月18日“长沙失守”的当天，利用这条铁路线及粤汉线昼夜不停“铁运”四天，将衡阳城30万百姓中尚未逃离的部分人员疏散。6月23日，衡阳保卫战正式打响。

图31-1. 当年曾是第十军江防阵地——衡阳潇湘门码头

图31-2. 当年激战惨烈之地——衡阳陆家新屋

图31-3. 当年激战惨烈之地——衡阳火车站

如今的衡阳，依然分火车“东站”（位于湘江东岸的京广铁路线）、“西站”，衡阳城仍是湘桂线与京广线的“联结点”，蒸水、耒水、湘江在此回环、贯穿，一如亘古。而透过这座湖南第二大城市日新月异的面貌，我们发现，1944年的痕迹，战火与血的踪影，并未真正消失。（图31）

2. “3.9平方公里”的地理要塞

在两幅衡阳旧地图——清宣统元年衡阳城区图、民国时期衡阳市区图上，衡阳均呈半片心肺状。就整个湖南版图而言，它位于全省凹形面的轴带部分，属盆地。其北依蒸水，东临湘江，湘江上有耒河自东向西注入，而蒸水与湘江在东北石鼓交汇。

1944年夏，日军由长沙长驱直入衡阳境，就企图将守城的第十军最终“逼入蒸水、湘江相交的三角地带，予以歼灭”。

衡阳西北面及西面遍布莲池、荷塘、水田，当时被第十军以水填注，看去仿如一片汪洋沼泽；西南及南郊，排列着连绵起伏的丘陵或水田，丘陵均为相隔不远、绝对高度为三四十米的小高地。当年日军对衡阳城正面进攻，选择的就是城西南及南郊。

有资料记载，衡阳地区“历来是湘江上游，耒水流域各县盛产木材的集散地和转运口”。1944年5月，“衡阳市竹木板片业同业公会”曾将120余万株木材，“悉数供应部队”。第十军利用这些木材，“在城区街头巷尾和郊外四周，修筑重重叠叠密密麻麻的城防工事”。其中，就包括与日军进攻面“不谋而合”的城防重点工事——西南及南郊的丘陵阵地。

根据1947年绘制的《衡阳市区图》，可推算出当时衡阳整个作战区域为“3.9平方公里”（东西宽约1 500米，南北长约2 600米，其中原城墙内主城区0.8平方公里）。

“3.9平方公里”的坚固要塞——这是第十军18 000多名将士除血肉、性命及决死的意志之外，所能凭借的另一种地理意义上的抵挡了。

“停兵山”与“高岭”是第十军城南阵地中的两个前进据点。在1947年的图绘上，此处尽为小森林、水田的标识，位于湘桂铁路南面，离城约2公里。1944年6月28日，据守“停兵山”的预十师三十团七连全部阵亡，但同时“令敌伤亡在我10倍以上”。

2005年7月15日下午，跟随衡阳本土抗战史研究学者萧培，我们来到衡阳市北塘村。

隔一口水塘，肖指着一小块仍有少量树木的高坡，说“那就是停兵山”。视线中，有一些烟囱、陈旧厂房，是衡阳市锅炉厂。

——当年的外围警戒点，如今已属城区范围。

自“停兵山”、“高岭”往北缩进，是第二线阵地——张家山、虎形巢、枫树山、五桂岭南部，它们均已跨过湘桂铁路，居铁路之北；第三线为西禅寺、张飞山、杏花村、萧家山；接近当时城区边缘的则为天马山、苏仙井、五显庙、岳屏山、揭龙山、五桂岭北部。

战前，第十军在构筑工事时，曾将这些山头的主坡全部削为断崖（70－90度），阵地两侧还专门有手榴弹投掷掩体，对仰攻之敌，以“国造木柄手榴弹”近距离掷射。日军每次冲锋，都先用重炮、飞机将第十军阵地反复轰炸、横扫，但哪怕“山头守军伤亡至最后一人”，日军必被甩下来的手榴弹炸得血肉横飞。后有亲历衡阳战役的日本兵写回忆录，都描述过第十军这种“令人惊叹不已”的防御工事，并对其手榴弹威力惊骇犹存，“第六十八及一一六师团各步兵连之兵力，平均减至20名官兵，如此巨大伤亡，敌手榴弹为一主因”。

61年后，萧培将我们带到当年军事会战地图上所标注的各个阵地——今沿江路的江西会馆，城中心的虎形巢、萧家山、杏花村、张飞山、天马山、西禅寺。

据说，西禅寺四周原有80余株古樟树几乎全部毁于炮火。如今，宽阔的蒸湘南路边仅剩古樟一株，苍然孑立。只是满城繁华，已没有人知道它曾经的惨烈与悲凉。同时，我们惊讶地发现，大多数阵地被纳入城区中心，在经历了60余年的城市改造和建设后，竟仍保留了同样的特征——陡峭崖面。（图32）

图32. 今日的繁华街市，昔日的天马山阵地

3. 最后的“Y”高地，应该就是“苏仙井”

日防卫厅战史曾以大量篇幅记载过一个“Y”高地。

其资料描述“Y”高地位于“杏家（花）村附近铁路以北”、“天马山东300米”、“岳屏山西北300米。”反复比对当时的军事示意图，这个“Y”高地，应该就是位于衡阳外城的“苏仙井”。日军觊觎这个制高点足有半月之久，认为“不夺取这个高地，衡阳是攻不破的”。

据记载，为避开日军重炮压制，削成断崖的“苏仙井”阵地最前线 “降低到与贮水池边沿同一水平线，上面再覆盖铺路的石头，并用木栅巧妙隐蔽”，断崖前则挖深沟。日军进攻时，以为跃进沟壕是躲避山头射击的“安全死角”，不料深沟半腰处已布铁丝网，日军跳下即被缠夹，动弹不得，反被手榴弹炸死。自1944年8月4日开始，日军一一六师团“黑濑联队”对此高地“连续、反复发起五次冲锋”，徒然付出“战死五个大队长”的代价。8月7日，日军又以五门野战重炮一齐轰炸，致使其“阵地掩体飞散”，“大多守军被打得不知去向”。但是，直至8月8日傍晚衡阳城陷，“Y”高地也不曾被日军真正夺占。

战后，日军专门到“苏仙井”实地查看，竟发现“战壕内积水及腰”——“守军始终是浸在水中战斗的”。而当时令日军“尸满外壕，血流遍地，其伤亡简直无法估计”的“Y”高地守军，也只是由军部工兵营、炮兵营及二十九团第二营残存官兵混合编成。

4. 一个伤亡七万人的城市战场

在整个抗战期间，湖南，从来就不是日军敢轻视的战场。

1944年，日军第六方面军参谋长宫崎周一在阅读《湖南省要揽》后，曾慨叹"湖南人自尊心强，排外思想旺盛"。[11]对主要在湖南战场作战的第十军，日本战史分析其"具有与第三、第六十八师团交战的经验"，言辞谨慎，颇为顾忌。

60多年前的衡阳之战，也是日军在中国战场上所实施"一号作战计划"中的魏一环，其目的在于打通包括平汉、粤汉、湘桂等铁路在内的大陆交通线，以"使日本本土与南洋占领区能够联结"。在日军实施此作战计划的1944年6月，曾多次挫败日军第十一军并具有良好防备工事及兵力的长沙城，仅三天就告失陷。

意外与狂喜之下，日军立即宣称"三天拿下衡阳"。

驻防衡阳的第十军"实力比守长沙的第四军差得多"（1943年冬参加常德解围战后，休整不足四个月，兵力未复原，四个师的番号仅18 000人），故蒋介石仅要求其"守十天，最多守两周"。

当时，中日双方均未曾预料，衡阳一战，既非"三天能拿下"，也远不是"三天守成"，极其残酷的战局，竟胶着了整整47天。[12]

1944年6月29日，战斗刚打响六天，日军第十一军高级参谋贯岛大佐就在日记中写道："衡阳敌军抵抗意外顽强。"47天的攻城战，日军分三次集中强势进攻。每次强攻，双方都尸横遍野，血流成河。[13]"萧家山高地，经过往返几十次厮杀，我们两个营七个连全部牺牲在这里，一个绿的山变成了红的山"——不独此处，据称当年衡阳的几个主要山头阵地，如张家山、虎形巢、天马山等，血水"都渗不进泥土里了"，山头均被染成黑色。

原第十军预十师二十八团三营营长李若栋战后40年仍记得，好友黄化仁（预十师工兵连连长）在湘江泰梓码头牺牲，部下在废墟中找了一口棺材将他收殓，第二日夜被敌人重炮击中，"棺材和尸体都飞散烧毁"，部下还是拾回部分尸骨，用瓦罐装好，"不料当晚又遭炮击，尸骨一点也找不到了"。第三师第七团第二营营长侯树德（安徽人），则始终将同乡、第三营营长王金鼎的骨灰拴在腰间，与敌死战。

作为进攻方，据日战史资料显示，其伤亡人数"至少在29 000人以上"。后日本投降，在长沙受降区，日军高级将领证实其伤亡有"48 000余人，第六十八、第一一六师团遭毁灭性打击"。（图33）

当时，每隔两三天，衡阳湘江东岸飞机场就会飘来"令人作呕的臭味"，"那是日军在焚烧他们的阵亡士兵"。

图33-1. 在衡阳废墟中搜索的日本侵略军

图33-2. 殊死抵抗48天的衡阳保卫战-巷战

5. 苦等援军，"把眼睛都望穿了"

衡阳的最后失守至今仍是众说纷纭的谜团。据记载，当日军以40余天的大炮、飞机、毒气及后期"五个师团10余万主力"，全力围困衡阳这座孤城、死城时，即使蒋介石自7月12日就开始三番五次"严督解围"，大部援军即使已接近衡阳

[11] 2005年8月24日，从长沙英才园小区一位收藏了大量抗战文物的刘昌年先生处，我们还看到了一本民国二十九年（1940年）的出版物，其中有篇短文，题目是《日本人怕湖南人》，指日军1939年在湘北会战时印发一种阵中要览，曾评价湖南人"……湖南人中学问好、思想进步的热血男子很多，排外的思想很盛。而且中央军驻在那边很久，尽力宣传抗日意识，因此敌忾心根深蒂固，极为猛烈，和别地方的中国人不同。他们即使无赏可得，一有机会，也会替本国着想，或偷盗军机文件，或行暗杀，所以此后用苦力的时候，监视督促不可不严，叫他们搬运重要物资，要谨防他们拐带潜逃。兵士如果拉捕中国人挑运兵器等，湖南人特别危险"。

[12] 1944年6月23日至8月8日，"衡阳保卫战"成为中国抗战史上"坚守时间最长，伤亡日军人数最多，战况最惨烈的一次城市防御战"。

[13] 战后统计，第十军"第一线的第三十团幸存8人，二十九团幸存20人，二十八团幸存30余人，第七团幸存40余人；第二线的第八团幸存70余人，第九团幸存90余人。伤亡率达90％"。其中，坚守五桂岭阵地的第八团，有半日之内临阵"升迁5个营长都壮烈牺牲"之记录。

西南郊战区外，也仍然无法达到营救的目的，如第六十二军、第七十九军一度分别距衡阳西南西北仅七八公里。[14]

当时，方先觉不断急电求援，称“衡阳危在旦夕，请无论如何派一团兵力冲进，我们自有办法”。他甚至私下对幕僚及属下称，不管是哪个部队，只要能派一队人马冲进衡阳解围，“我一定给他磕头，请求蒋委员长给他颁青天白日旗”。

战后，原第九战区派往第十军的督战官兼炮兵指挥官蔡汝霖回忆此种“把眼睛都望穿了”的困境，仍有椎心之痛，“最后两旬，我们每夜均在中央银行防空洞上面听援军的枪声”，“听得近了，大家都兴奋欲狂，枪声远了，内心里也不知是怨是恨，抑是希望，乃是一种说不出的酸楚滋味”。

7月23日，终于接到电称六十二军一部已“到西南郊五里亭”，方振奋不已，不惜派出他最后的“本钱”——军部特务营，“精选官兵150人，组成五个突击排”，严嘱营长曹华亭率领冲出重围，进行接应。当特务营冒死抵达约定地点，援军却踪影全无（后有回忆录记载，其自称所携粮食太少，已紧急撤离）。而当时美国《时代》周刊记者白修德（美汉学家费正清弟子）曾记录了他在前线所看到的六十二军反攻情形。地点时间未写明，只说距火车东站约45公里。他所见“中国兵三个，有一个扛步枪，其余肩着给养、电话线、机关枪零件等，每人有两颗手榴弹，攻击前进之师有两门七五野炮，乃第一次大战之遗物。附有炮弹二百发，攻击起来，有如守财奴算着金币样吝啬”，他看了三天，一直是“机关枪与步枪在热夏之空气中长久间隔之后喋喋着，全战线没有一个人在行动”。

有回忆资料称，当年未接应到援军的曹华亭含泪对部下说，虽然援军没有接到，但大家已成功突围，有愿意离开战场的可以离开，他自己决心打回衡阳城，与第十军共存亡。结果，150人的接应部队，没有一个离开，他们重新冲回“死地”衡阳城时，仅剩30余人。

8月6日，衡阳防守兵力最薄弱的北门阵地，终于被新增援的日军第五十八师团突破。

当时，衡阳城已被炸得瓦砾遍地，城中残垣、巷角遍布无药救治的伤兵，天气炎热，“他们的创口爬着蛆，拿掉了又生出来”。为瓦解守军意志，日军对已成废墟的衡阳城仍以重炮轰击，日夜不停，伤兵“被炸得骨肉横飞”，“衡阳西南半壁约4 500米正面，全为硝烟弹雨所笼罩，莫辨东西”。

这一天，方先觉向蒋介石拍发了那封著名的“最后一电”——“敌人今晨由北城突入以后，即在城内展开巷战，我官兵伤亡殆尽，刻再已无兵可资堵击”，“此电恐系最后一电，来生再见”（各种版本的回忆录，都曾描述在城破之际，“方大哭，拔枪自尽，为部下所阻”。对于日本记录“投降”说，1973年方先觉，在台北接受编撰《蒋介石秘录》的古屋奎二采访时，回应，“我以军人的名誉发誓没有那回事”）[15]。据专门的蒋介石行踪史料《大事长编》中记载，蒋接此电之前刚电告方先觉“援军明日必到衡阳，决不延误”。接此电后，“忧心如焚”，晚上“起床祷告凡三次几未入眠”，8月8日“凌晨4时即起默祷能转危为安”，“10时接空军侦察报告‘衡阳城内已不见人迹’”，蒋的反应是，“悲痛之切实为从来所未有”。

其时，军指挥所200米以外，巷战正烈。

而衡阳城第十军的抵抗枪声，一直延续到8月8日黄昏。

后有回忆录描述，“衡阳陷落之日，我官兵仍各自为战，满城尽是枪声，处处狙击敌人。此时仍有7 000余伤患员官兵，于颓壁中痛苦呻吟，或举枪自杀，或跳井投江，或悬梁而亡；重伤不能行动者，争求补他一枪，以了残生，其惨状非笔墨所能形容！”

6. “一炮军”全军覆没之痛

放下武器的第十军官兵，方先觉等高级将领被囚禁在衡阳城郊的一座天主教堂，其余官兵分别被关押至湘江中

[14] 衡阳于8月8日失陷后，9月7日，奉命增援的第七十九军军长王甲本与军部手枪排正面遭遇大部日军，王及部下均战死。王时年43岁。七十九军作战参谋钟旭、潘茂后来回忆在战场上寻找王的情形，“他仰着身子，面向右倾斜，两个手掌，被刀锋绞得血肉模糊，我们判断是他抓住敌人刀口，拼死肉搏所致，面部、头部被戳了两刀，右边面孔被砍了一刀，胸部中了几弹”。王甲本是抗战期间直接与日军肉搏而牺牲的级别最高的中国军官。王甲本墓今仍存于东安县山口铺井头圩芭蕉村的后山坡上，未曾迁回故乡云南富源，“一个普普通通的土堆，只有两块不大的石头立于墓前，裸露的部分只有几寸，上面没有一个字”。1986年10月18日，王甲本被追认为革命烈士。

[15] 1944年苦夏，被战火烧成废墟的衡阳城，第10军18000将士，约7600人阵亡，约7000人受伤，方先觉决意“不做余程万，决不扔下伤兵突围，要死死在一起”，并发出“来生再见”的最后一电。

心的东洲船山书院、耒河口等处。据记载，当时被俘伤兵，有的甚至仍有呼吸，就被日军活埋。而被关押的士兵，被逼修路挖洞，“每人每天只发一碗谷，一匙盐。”

1945年日军投降后，国民党部队曾在衡阳成立第十军脱险官兵收容所，分为四个大队，但最后“每个大队收容的不足100人，其余的都或死或逃了”。

1944年6月23日至8月8日的“衡阳保卫战”成为中国抗战史上“坚守时间最长，伤亡日军人数最多，战况最惨烈的一次城市防御战”。

第十军，这支曾转战湖南，创造过轰动世界的“长沙第三次大捷”，在湖南百姓口中被亲热称作“一炮军”（土语）的番号，自此消失。这也是整个抗战史上唯一遭遇覆没命运的军级建制。

第十军军长方先觉被日军所俘后，一直被囚禁在一所意大利天主教堂的二楼。那也曾是当时最激烈的前线阵地，即今衡阳城西南郊外罗家湾小学一带。原衡阳市郊区政协副主席罗济曾居此附近，他记得“方是高大的个子，很魁梧，左脸上还有一道小伤疤”，“曾与叔父交谈，说对不起衡阳的老百姓，使你们吃了不少苦”。后来，“11月间”，就“再也没见到他了”。据一个日本兵偷偷说，“你们中国的大大太君‘开罗、开罗’（逃跑）了”。方先觉确于当年11月18日“风雨交加之夜”，趁日军守卫松懈，在国民党军统局湖南站的营救下，“从欧家町天主堂的二楼窗口坠绳而出”，由此逃脱。2005年7月5日，当我们找到罗家湾小学时，教堂残址的最后一面墙正在拆除，施工队称，他们正在进行学校扩建。(图34)

图34-1.第十军军长方先觉将军

图34-2.当年日军囚禁方先觉将军的欧家町教堂

图34-3.教堂旧址

1944年至1945年的《大公报》、《扫荡报》、《大刚报》等，对方先觉的脱困都称为“欢迎抗战的灵魂归来”，当时在延安出版的《新华日报》，也盛赞第十军的英勇。

1944年9月14日《大公报》社论曾称，如果中国多有几个第十军，多有几个衡阳这样的47天，“处处同他打47天”，试问“日寇的命运还有几个47天？”遗憾的是，衡阳失守以后，“……柳州、宜山、怀远、独山……均一攻即破”，日军最终打通了其作战计划中的“大陆交通线”。

“把眼光射在衡阳。”这是《扫荡报》1944年8月7日社论的标题。当年这篇充满激情的社论认为，作为湖南76县中的一县，衡阳的47昼夜“真是抗战以来最有声色的一个守城战”——“把眼光射在衡阳”，世界就能“进一步了解中国是怎样一个国家”，“中华民族是怎样一个民族”。

衡阳保卫战，成为中国抗战后期最为凄厉、惨烈的一声绝响。

7. 在牺牲最惨烈的阵地挖筑大墓，3000多具遗骨，头骨全部摆中间

E112° 22′，N26° 54′，海拔104.8米。

60多年后，“张家山”被如此精确地标注。

图35-1.衡阳老市民指认当年的张家山阵亡将士墓地

只不过，如此标注的原因跟1944年那场惨烈战役已没有任何关系。它的名称也早已改变。在今天的衡阳地图上，此处属于“衡阳市气象观测站”，其周边小区被称作“胜利山”。

如今住在岳屏村两路口的老人王芳德与彭华英，都已有七八十岁的年纪。他们现在的房子，“以前就是张家山后面。”当时，山上并没有人住，全部是草，“山下路边有座庙，路是石板路，清朝修的古道，通两广”。

1944年6月，日本人打进来的时候，20来岁的彭华英已逃出衡阳城，“我7月28日偷偷回来的，想看看田里的稻子”。但是，返回张家山所看见的情形让彭惊呆了，“到处是死人。路上，山坡上，横一个，直一个，摆满了。有的尸体都已经干了”。

彭华英不知道，就在半个月前，她所居住的地方曾在战火中沦为“焦灼的地狱”。战后一年半，这里还耸立起一座营葬了3000多具抗日阵亡将士骨骸的大墓。(图35)

而60余年后，凡此种种，已了无痕迹。

图35-2.日军拍摄并标注的我军张家山阵地

图35-3.张家山抗战烈士墓地今已移作气象台

图35-4.第十军衡阳保卫战阵亡将士忠骸之一部

1944年的张家山，距衡阳城西南一公里，属当时防守衡阳的第一线阵地。它与第三线阵地、衡阳街市西南边缘的岳屏山，构成“比附近的丘陵更高的保卫衡阳的堡垒”。

在日本相关的战史记载中，“张家山”为红土秃山，“崖高约15公尺(米)”，崖边生有结实灌木，是衡阳“主要抵抗阵地最前线上最高的一座孤立的山”。当时，山上以钢筋混凝土构筑的洞穴掩体只有一座，能容100人左右，其余都是临时修的野战阵地。

自1944年6月28日至7月2日，日军对张家山的冲锋进攻，五天之内有20余次，守军对此阵地失而复得达13次之多。战后双方的回忆录，每与张家山相关的描述，都极其残酷——

其一，《1号作战之湖南会战(下)》(日防卫厅战史室著)“张家山高地上所用的碉堡是工兵中队在旧坟上挖掘构筑的，坟的侧壁塞满了白灰，埋在里面的棺椁的形状像壁画一样清晰可见。在重庆军构筑的碉堡里，无一例外都有重庆兵遗弃的尸体，而且已经腐烂，未等运出就在上面盖上土使用起来。一到夜间臭味难闻，有些地方脚一踩噗嗤噗嗤响，走起来直打趔趄。有的碉堡里，甚至爬出蛆来……”

其二，《衡阳保卫战战斗概要》（原第十军迫击炮连连长白天霖著）“6月30日夜，张家山阵地守军与突入之敌混战一起。我官兵以手摸抚，穿棉布衣者是自己人，穿光滑咔叽布军衣者为敌人，发现敌人即以刺刀刺杀。枪支碰撞声，被刺惨叫声，时起时寂。”

“在张家山阵地，伏尸没胫，敌我双方均在尸体纵横中你来我往地拉锯，常被地面之死伤者绊倒。”

对张家山的反复争夺，一直持续了20余天。日军在此损失两个联队，其中133联队3 000人，“生存者只有250人”，守军预十师30团及师直属部队五个连与第三师九团一个营，也都牺牲在“此三角形的高地上”。

1946年2月，当预十师师长葛先才怀揣蒋介石所拨2 000万元，重回衡阳收集第十军将士骨骸时，他选择了张家山——这个自己曾亲自率队冲锋、牺牲最为惨烈的阵地，作为第十军阵亡袍泽的埋骨之地。

葛先才在事后著文回忆，战后一年半的衡阳旧阵地，“草长得最高最茂盛的地方，也必然是骨骸最多的地方”。与他一起搜寻骨骸的是“前第十军劫后滞留在衡阳附近的60余名官兵”。他们闻讯而来，不要求任何报酬，“愿为死难战友做最后的服务”。当时，有些尸体“埋葬比较深，尚未完全腐烂，奇臭难当”，葛令人备办纱布口罩，遍洒香水（据说当时衡阳城的香水因此被买光）。

葛先才曾听附近老百姓说，衡阳之战结束后，“邻近地区的官兵亲属，有很多到这里来，哭哭啼啼地寻找其亲人遗体”，部分已运回原籍安葬。还有些“被好心人埋得极深的忠骸，军服、子弹带都还完好如初”，“实在无法也不忍为他拆骨迁葬，只好又掩埋起来”。另一部分“无标记，埋葬地点不明，无从收集”，而在战争中头骨破碎的死者，拼不成一具完整的骨骸。最后用四个多月时间收集起来的骨骸共有3000余具，“已经够多了”。

衡阳一战实际的阵亡数字，葛认为“应在6000人以上”。日战史资料也对第十军的伤亡作过统计，“至8月10日，有遗尸4 100具，另有多数在战时已被掩埋”。

葛先才于1997年病逝于台北。据称，当时拍摄抗战纪录片《一寸山河一寸血》的摄制组在台北“荣民总医院”找到他时，他全身插满管子，已不能言语。

葛是第十军师级将官中唯一的湖南人，鳏居半生，并无子女。1946年6月，他在衡阳张家山亲手埋葬了自己的3 000士兵，并树碑题称“陆军第十军衡阳保卫战阵亡将士之墓。”此后，葛再未踏上衡阳这块令他百感交集的土地。

张家山的墓葬毁于1958年左右。

日本战史曾称，“第十军官兵，皆以必死之心负隅顽抗，寸土必争，其孤城奋战的精神，实在令人敬仰”。20世纪80年代初，距那场惨烈战事近40年以后，曾服役于日军第十一军六十八师团一一六大队的迫矢熊雄，“对于战争期间日军的非人道行为深感愧疚”，他所在的“第十一军战友会”也折服于“方将军和他所率领的第十军的苦战精神”，多次邀请方先觉到日本演讲、游览，但遭方拒绝。1983年3月，方先觉病逝于台北。第二年，这些日本兵竟从中国衡阳“特别携回湘江之水”，专程赴台湾祭奉于方的墓前，立誓“同文同种两国之不幸战争，绝对不容再度发生”。

而在惨烈的衡阳战役两年后的1946年冬，经衡阳市参议会参议长杨晓麓等人 “几经奔走”之后，鉴于“衡阳为抗战而贡献，不惮毁灭之惨声”，“为纪念、警醒”，国民政府批准衡阳建设“抗战纪念城”。1947年7月，衡阳选择城中主要阵地之一——岳屏山，“先期修建牌坊亭阁”，并于当年8月10日为“抗战纪念城”命名奠基。

2005年7月5日。在衡阳市岳屏公园山头，我们看见了这块15.16米高的长碑。碑上镌字“衡阳抗战纪念城”原为蒋介石所题，后被毁，1984年重修时由程星龄题写，也已呈斑驳痕迹。直到今天，这仍是“衡阳抗战纪念城仅有的一点标志”。（图36）

图36. 衡阳抗战纪念城第十军战阵亡将士纪念碑

五、武冈：黄埔军校二分校战时23 052名毕业生[16]

[16] 此节由何捷女士补撰，朱辉峰先生摄影。——邹容注

建筑遗迹16：武冈中山堂

地点：武冈第二中学校园内（黄埔二分校旧址）

建成时间： 1943年7月

说明：武冈中山堂由分校主任李明灏亲自带领师生精心设计和施工。单檐庑殿顶、四角带四个攒尖顶角楼的砖木结构建筑，“亚”字形平面，坐北朝南，由正厅、左右厢房、花园等组成，建筑占地435平方米。一楼中厅设中山先生画像，两侧四排木条凹槽，当年曾嵌满阵亡将士遗像、牌位。

建筑遗迹17：李明灏旧居

地点：武冈市安乐乡

建成时间：1939年

说明：分校主任李明灏宅与校本部同期修建，占地3 600平方米，原是三进两横土木结构四合院，北侧为营房，现仅存主体建筑前堂及部分厢房。

[考察日记摘录（之五）]：“从今天起立一个志愿”

2010年5月28日，小雨。

据不完全统计，在抗日战争中阵亡的黄埔军校毕业生，超过2万人。然而，与此同时，有远远超过这个数目的学弟们手持军校文凭，走上疆场，继续着前辈校友的事业。

仅黄埔军校第二分校（武冈），即在战争期间毕业23 052名学生。办学时间之长和毕业学员之多，仅次于黄埔本校和西安七分校。这些黄埔毕业生都曾读过那个著名的演说——“从今天起立一个志愿，一生一世都不存升官发财的心理，只知救国救民的事业”。

1. 1938–1945，湖南武冈曾有一所黄埔军校二分校

出武冈老城向东，走任意一座桥跨过资水，再穿过武冈二中的庞大校区，见到一栋67年前建成，至今仍美得让人惊叹的建筑——武冈中山堂。作为黄埔军校曾在武冈设立分校的明证，它的内部其实很脆弱。

中山堂三楼后墙正中，嵌一块初看光秃秃的石碑，走进才发现它表面被一个字一个字地凿平了。资料显示，这楷书阴刻的石碑，记述的是“二分校情况及中山堂修建始末”，“由周用吾撰额，军校办公室少校秘书郭池孙书丹”。

曾经拉起警戒网，有烈士陵园、办公楼、练兵场，整个占地约60亩的“陆军军官军校第二分校本部”，如今，除曾经作为地下印刷厂和军火库的天然岩溶洞穴，以及校长、军训处长两处居所，只剩下最后这1 300多平方米。

1938–1945，雪峰山下，武冈，位于中国抗战最后的山河阻挡线上的这座城池，曾经迎来坐着轿子视察的白崇禧，也迎来了23 052名“一生一世都不存升官发财的心理，只知救国救民的事业”的黄埔军校学生。

2. 从武昌到武冈，从南湖边到雪峰山下

2 200多年前，屈原离开后来被秦将白起攻陷的楚都郢（今湖北沙市西北），来到雪峰山北麓溆水之滨的路线，是渡长江，过洞庭，溯沅水而上。

1938年秋，南京、南昌相继沦陷，日军分两路进逼武汉，黄埔军校第二分校由湖北武汉南湖（武昌西南部，仅次于东湖的第二大湖）迁至湖南武冈，据第二分校少将政治部主任刘公武回忆，他“带着从武汉招考的第15期部分学生，是从武昌搭火车到湘潭易家湾，然后徒步到的武冈”。

而据武冈市文物管理局局长肖时高所述，当时的军训部长白崇禧后来视察这座崇山峻岭间的军校时，最后一程是坐着轿子进去的。

武冈，属湘南丘陵地区向云贵高原隆起的过渡地带，位于雪峰山天险的东南麓，北距湘西会战最后一仗的主战场，邵洞公路西尽头的洞口，大约60公里。（图37）

作为军校，武冈并非当时的第一选择。奉命后撤的武汉分校首先计划到邵阳，后来发现武冈祠堂、庙宇、院子多且容量大，才决定继续向这个西南方向、不通公路的县城后撤。（图38）

图37. 武冈城旧貌

图38. 黄埔军校第二分校武冈总部旧照

2010年5月28日，从长沙去武冈，3小时车程。城内，不仅祠堂庙宇早已被拆除，就连多年前在原址上建起来的木材公司、机械厂也快要被商业街遮挡不可寻。

图39-1. 李明灏将军时任二分校主任

明显的老城痕迹，仅剩我们开车几次穿过的都梁路上的老城门洞。1938年秋，军校初迁武冈时，应也是由此北门入城，分校长中将主任李明灏带着众教官逡巡一番，最后决定驻扎在城南的陆家大院，并借近邻张家花园为职工宿舍，直到1939年，武冈城东的校舍新房落成。（图39）

3. 地上有60亩校舍，地下有作为弹药库、印刷厂的巨大溶洞

新房建在县城以东，隔资水相望，以玉龙路相连，属今天的“武冈市辕门口街道办事处洞庭村”。

地面上的校区，是被土墙围护圈出的约60亩土地，两重校门，四道岗哨。地下，则是四通八达的法相岩溶洞，地下印刷厂由校门外“太保”洞口入，军火弹药库的入口则在校内“花乳洞”。

中心位置的主要建筑布局为：一字排开的中正楼（居中）、应钦楼（居西）、崇禧楼，这是校长李明灏将军及校本部将校的办公楼；

应钦、崇禧两楼前面对称分布的各平列三幢、共六幢平房，为灰土板筑墙、内贯竹片拉结筋建筑，是子弟学校“和平小学”的教室；

中正楼后走“约200步”可到中山堂，中山堂前有两个八角亭子，亭子前面空旷处建有第二分校公墓。整个建筑群以西的宝方山上建有碉堡。

除了“大庑顶外带四个攒尖顶角楼的砖木构建筑”中山堂——这是正在申请“国保”的“黄埔军校本校和全国所有分校中现存最完整的纪念孙中山的旧址建筑”——其余的平房、楼房、公墓、亭子，我都只不过是在一张复原图上看到的。

曾经的世界四大军校之一，从一片荒芜上建起的肃穆与森严，23 052名“黄埔生”毕业的地方，在1945年10月以后，不仅随战事结束而撤销了警戒，而且在随后的数十年里，无论建筑还是任何看得见的记忆，都被逐渐推翻、铲除掉了。

自1949年以后，占据并使用这座军校的，是校长李明灏创办的洞庭中学（1953年改名武冈二中）。

图39-2. 李明灏故居

4. 武冈中山堂，黄埔军校中现存最完整的中山纪念建筑

1999年，武冈二中校庆时曾将中山堂辟为洞庭中学校史陈列馆。2007年，校史陈列馆迁出，武冈市文物管理局将其改辟为李明灏将军陈列馆。

中山堂坐北朝南，由正厅、左右厢房、花园等组成。占地面积1 300多平方米。楼分三层，因地势南高北低，故正面只外露二层，背面可见三层。

图40-1. 武冈中山堂外景

在一个雨天，踩着青石板走进这座中西合璧的建筑，摄影师则从对面的新建筑——武钢二中图书馆顶楼俯瞰那被百年老樟树掩映的“穿插枋木构架”老青瓦屋顶，至少在那第一眼时，我们都认为，70年风貌依然。

1941年3月，中山堂破土动工，1943年7月竣工。一楼中厅，有在门外就能看到的孙中山画像，也有必须要走到墙边，抬手抚摸，凹槽明显的四排木条。当年，这里曾嵌满烈士遗像、牌位。（图40）

沿屋后木梯上三楼，正厅后墙中有一块镶嵌在墙壁里的石碑，“据说”是记述这段经过的《中山堂记》，因为字迹全被凿毁，仅艰难可辨“二分校”、“逼窄”、“为纪念”等几个楷书阴刻的字。

这是触手可及的伤痕，相比中山堂正前方，已被移走、铲平、了无痕迹的抗战烈士公墓，曾经“很大”，“面积肯定超过中山堂”。武冈市文物管理局局长肖时高说，抗战烈士公墓的出现“应该在中山堂建成后”。如今，公墓原址上竖起的是武冈二中新图书馆；此前，是武冈二中老图书馆；再早，就查无实据了。

图40-2. 武冈中山堂内景

1996年，武冈县文物管理所曾建立中山堂记录档案，但三卷里却找不到任何资料记录，究竟是谁，何时，被埋葬在了这里；又于何时，被怎样干脆地抹去。

只能辗转从其他资料中猜测——

其一，中山堂落成时（其时公墓尚未建成），在校生为第18期7总队的975人，当时二分校已有2万余名毕业生奔赴战场；

其二，距武冈最近的一场大战役，是起于1945年4月9日，止于6月7日的湘西会战（雪峰山战役），国军阵亡7 817人，其中军官823人。

5. 学校分部曾散驻于武冈周围的祠堂、庙宇、公馆、民居

2005年，抗战胜利60周年，《湖湘地理》同仁祭扫南岳忠烈祠时，发现它在如今香火鼎盛的大小庙宇中，实在寂寞得很。

1937－1945年，很多与庙宇、祠堂，却与发生在这块土地上的战事密不可分。

1925年，黄埔军校第一所分校潮州分校，本部就设在湘太马路李氏公祠，公祠旁搭草棚作为学生教室和寝室；后因军队送来的编余人员太多，又增加李氏公祠后的郭家祠，对面的黄氏公祠。

1939年，湖北武当山下的第八分校，曾使用道观、庵堂作为校舍。

1938年，武冈城内有陆家大院、张家花园曾作为二分校初到武冈时的校本部。还有许家大院、邓家大院、张家祠堂，均驻扎过学员总队。据第17期21总队学员杨廷伦回忆，在一年半的学制内，逢假日，学员们常从祠堂、大院里出来，到城内大街小巷的茶楼酒馆打牙祭。

出武冈城，高沙的曾八支祠、竹山的杨氏宗祠分别驻扎的是第16期两个总队；山门的尹氏宗祠驻扎的是27总队；到第17期，学制由一年半改为两年，这是武冈分校历史上人数最多的一期，5000余学员将高沙、山门、石羊桥、公堂上的各姓祠堂征用一空。

至今，在武冈以北、邵怀高速附近的洞口竹山镇曲塘村杨氏宗祠，墙上仍保留当年的军事教学地图，用红土书写着字迹模糊但尚能辨识的“至大至刚，至高至上”。

1938－1945年，在武冈地区，这些散布在祠堂庙宇里以“总队”为单位的学员班、军官训练班、校官训练班、技术训练班、战术研究班等，共计23 052人毕业，其中官佐2 839名。

他们与1938年秋，二分校还设在武昌南湖时期，“强烈请战”、“提前结业”的2000余名国民党整编师军官和军士相同又不同，他们是为适应抗日战争需要而参军，他们也都在结业后纷纷奔赴战场。

刊于《武冈月刊》的“第二分校部分师生参加抗战名录”显示，15期、16期、17期的二分校师生曾参加过以下战役：福州战役、湖北通城战役、湘北会战、湘北二次会战、长沙会战、大云山战役、宜昌反攻战、宜昌袭敌战、莲蓬山袭敌战、店铺街之战、沙市保卫战、宁波作战、赣东之役……（图41）

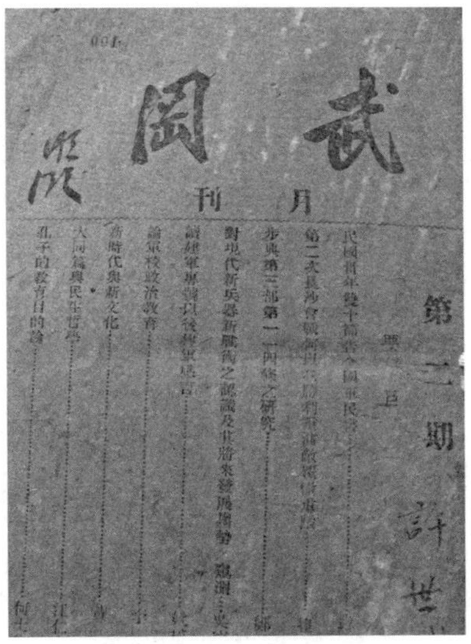

图41. 李明灏将军创办《武冈月刊》书影

在这仅一页显然不完全的35人参战名单中，2人牺牲：邓滋生，17期6总队，湘北会战阵亡；戴超胜，17期27总队，长沙会战阵亡。

他们应读到过这个著名的开学演说词——

1924年6月16日，广州黄埔军校开学典礼上，面对第1期470名学生，孙中山先生足足讲了一个多小时，他号召全体黄埔师生：“从今天起立一个志愿，一生一世都不存升官发财的心理，只知救国救民的事业。”

另有资料统计，从黄埔各分校毕业的各种学生、学员、军官，人数远远超过了总校毕业生的数量，约为8万余人（也有资料称实际应远大于这个数字），牺牲在抗日战场上的黄埔生超过2万人。

现附黄埔军校简史如下。

黄埔军校，即中央陆军军官学校（R.O.C. Military Academy），由孙中山创立于1924年，目的是“创造革命军，求挽救中国的危亡”。黄埔军校与美国西点军校（1802年）、英国桑赫斯特皇家军事学院（1802年）以及俄罗斯伏龙芝军事学院（1918年），并称世界“四大军校”。

校庆：6月16日。

校训：亲爱精诚。

校歌：怒潮澎湃，党旗飞舞，这是革命的黄埔。主义须贯澈，纪律莫放松，预备作奋斗的先锋。打条血路，引导被压迫民众，携着手，向前行。路不远，莫要惊，亲爱精诚，继续永守。发扬吾校精神，发扬吾校精神！

1924年（主校） 在广州市黄埔区长洲岛，原广东陆军学堂和广东海军学校的旧址上创校，目的是为国民革命军训练军官。

1927年（主校） 迁校至武汉，后又迁至南京。

1925—1935年 大革命时期设立分校：潮州分校（1925.3–1926.12），武汉分校（1926.10），南宁分校（1926.5），广州分校（1927初），长沙分校（1927.2–1928.5，校址设在长沙小吴门外教场坪），南昌分校（1928.5–1929.7），昆明分校（1935.9）；洛阳分校(1933.8–1945)。

1937年（主校） 抗战爆发，南京失陷，成立于1936年4月的成都分校成为主校，至1949年12月，黄埔军校共办23期。

1937—1945年 抗日战争时期设立分校：

第一分校为原洛阳分校改名（毕业学生7 385名，短期学员7 413名）；

第二分校1937年冬成立于武昌南湖，1938年秋迁往湖南武冈（毕业学生15 004名，短期学员9 513名）；

第三分校成立于江西瑞金（1938.9 毕业学生7 430名，短期学员5 961名）；

第四分校为原广州分校改名（毕业学生15 373名，短期学员5 079名）；

第五分校为原昆明分校改名（毕业学生6 540名，短期学员2 480名）；

第六分校为原南宁分校改名（毕业学生10 813名，短期学员7 081名）；

第七分校成立于西安（1937.12 毕业学生25 015名，短期学员10 927名）；

第八分校成立于湖北武当山下的均县（1939.10 毕业学生2 289名，短期学员3 442名）；

第九分校成立于新疆迪化（1942.3 毕业学生1 044名）。

1947年 台湾高雄建凤山分校，至今。

六、雪峰山芷江：铭记卢沟桥之悲怆，赢得七里桥之荣光

建筑遗迹18：第七十四军五十一师湘西会战阵亡将士公墓及纪念碑

地点：溆浦龙潭镇弓形山

建成时间：1945年秋

说明：收殓龙潭之役阵亡将士遗体400余具，碑刻姓名776人。墓于1968年冬被毁，陵园现已修复。

建筑遗迹19：第一百军抗战阵亡将士陵园

地点：溆浦龙庄湾乡青山界

建造时间：1945年后

说明：碑、坊于1958年左右毁，今尚存墓葬。

建筑遗迹20：第七十四军湘西会战阵亡将士纪念碑

地点：洞口县江口镇

建成时间：1945年秋

说明：此碑名为蒋介石亲题。今墓已毁，碑于1985年修复。

建筑遗迹21：第十八军第十一师抗日阵亡将士纪念坊

地点：洞口县山门镇

建成时间：1945年秋

说明：墓残存，牌坊、碑刻等已毁。

建筑遗迹22：六亭岭抗战阵亡将士公墓、抗战胜利纪念碑

地点：邵阳市六亭岭

建成时间：1938年秋始建、1945年秋增建

说明：原由邵阳各界人士捐建阵亡将士公墓，后增建抗战胜利纪念碑

建筑遗迹23：芷江机场

地点：怀化市芷江侗族自治县

建成时间：1942年

说明：该机场始建于1936年10月，建成于1942年，抗战时期为中美空军重要军事基地，有"远东第二大军用机场"之称。陈纳德及其所组织的美国志愿航空队"飞虎队"曾以此为基地迎击日寇，为支援中国抗战做出了重大贡献。1945年，中日双方曾在此举行了举世瞩目的"洽降会议"，宣告侵华日军的最后失败。后为空军保留机场。现存指挥塔、俱乐部和跑道等遗迹。

建筑遗迹24：芷江洽降会场与胜利纪念坊

地点：芷江县七里桥村磨溪口

建成时间：1933—1946年2月

说明：七里桥"距（芷江）县城七里"，地因桥名。桥是石拱桥，跨度不到100米，始建年代待考。七里桥对面，隔着湘黔公路（今320国道），是世界上唯一一座二战胜利纪念标志建筑（也是中国唯一的纪念抗日战争胜利的建筑物）——被称为"中国凯旋门"的"芷江受降纪念坊"，建于1946年2月。原有洽降会场，抗战胜利纪念坊等。1966年10月被毁，修复于1983年。

[考察日记摘录（之六）]：如此山河，如此人民

2005年7月30日，黄昏。

我们的采访车开进"溆浦县龙潭镇镇政府"小院时，吴潮正端着一个大饭碗，站在屋檐下。

事后证明，了解龙潭抗战，吴很可能是在当地能找到的最好人选。这不仅仅表现为当天晚上，他就帮我们送来一大

叠所收集到的资料，也不仅仅因为他的老家大华乡就是中日战史反复提到的“木鳌洞”，更让我们念念不忘的是，他当时完全是自告奋勇，第二天冒着酷暑陪我们一路认寻抗日旧战场。

“英雄山”、“青山界”、“红岩岭”、“车岩岭”，如今都是新修的穿山公路两旁的制高山岭，晨光雾气中，青翠苍莽。“打仗的时候，这些山上的树木全被炸弹烧光了，成了秃土山。”在当年拉锯战最激烈的“英雄山”下，我们看见60年前的岩板路尚保存了部分，青山界也有类似的小道。此前，这种路面也出现在雪峰山东麓的洞口县马颈村。而事实上，它们连为一体，是当年由雪峰山东麓往西的一条古道，日军一零九联队曾沿此线狼狈进退。据说，现在赶集的山民有的还在走这条故道。

“英雄山”原称“鹰形山”，“打完日本鬼子后改的”。20世纪80年代，不断有日本老兵及战死者亲属来此追祭。“日本人在这里什么便宜都没占到”，吴湖说，当年在龙潭阻击日军的主要是第七十四军第五十一师，“打得英勇、壮烈”，“老百姓也很霸蛮”。

吴氏家族有个“二爷”，“是卖肉的”，曾与两个日军迎面相遇，“二爷没躲，也来不及躲，操起肉刀就拼命”。最后，“二爷的脚挨了枪，仗着水性，跳到深潭逃脱”。虽然二爷后半生是条瘸腿，腰板却永远是直的。吴还告诉我们，当年他们这里“有山土匪，也打日本鬼子”，“国民党军队要他们去领赏”，他们“从来不去见面”。

各种文献皆记载，“湘西多山，民风强悍”。

——如此山河，如此人民，日军受挫于此，实在不足为奇。

据记载，1936年9月20日，日本在长春秘密召开“日本驻华侦察会议”，其中有份《松室孝良少将对支那问题报告书》，曾作为日本政府侵略中国的重要参考。文中称“帝国最感愉快的，是支那官吏普遍的慑于‘恐日病’”，“以华人民而言，更是意志薄弱、易于利诱威胁”，“爱国不过5分钟。”

可以肯定的是，松室孝良，这个轻狂的“特务异人”，一定从来不知道，也不懂得中国还有湖南，湖南还有湘西。

1. 一幅“没有止境”的天然屏障

60余年，山河依旧。

2005年7月，我们来到雪峰山脚下，寻找“湘西会战”[17]的遗迹。

以雪峰山为阻挡线，其东麓的武冈、隆回、洞口、新化等，均为当年中日军队的激烈战场[18]。山门、江口、龙潭、青山界，这些曾修建过抗日阵亡将士墓（此役中国军队阵亡7 737人）的地方[19]，对照战史记载，无一例外是“湘西会战”最关键的决战地。西麓则坐落着当时“令东京大本营寝食难安的心头大患”——中美航空重要基地芷江城。

对“中国南部湘鄂赣境内山地”，侵华日军总司令冈村宁茨曾在日记中称“长江南岸地区山连山的地形，使人烦恼”。他给幕僚写条幅，甚至用了一句这样的话——“敌非敌，地形是敌，征战我不爱山水”。冈村宁茨认为他的军队“不怕300米以下的丘陵地带”，但“300米以上的山地，令人痛苦”。湘西雪峰山，峰岭山脊海拔1 000米以上，主峰苏宝顶海拔1934米——是冈村宁茨“300米”心理承受底线的6倍多。(图42)

这里是中国第二级阶梯地势（大兴安岭－太行山－巫山－雪峰山）的南端转折带。1945年6月，它最终成为数

图42-1. 320国道洞口县地段—当年雪峰山保卫战至为激烈之地

[17] 1945年4月9日至6月7日的激战，又称“雪峰山会战”、“芷江保卫战”。

[18] 雪峰山与大兴安岭、太行山、巫山，同为我国第二、三级阶梯地势的分界线。作为湖南境内沅水、资水两条大河的分水岭，雪峰山造就了湘境东西两部截然不同的地理景观。雪峰山沟谷切割深、断层发育，以至“岭壑交替起伏”，山脉均系南北走向，“东坡陡峻”，且愈向西进地势愈险愈高，“正是孙子兵法中所说的死地”。萧栋梁、余应彬合著的《湖南抗日战争史》中，指日军“从1938年11月入侵湘北至1945年8月投降，6年零9个月，先后侵占了湖南78个县市中的55个”，其中，44县曾完全沦陷，被敌扰者11县，仅被轰炸有9县，只有地处湘西的14县，靠着雪峰山这座天然屏障，才免遭践踏。

[19] 如今，雪峰山下的这些墓、碑，有的残存，有的毁后又修复。

图42-2.洞口县第七十四军湘西会战阵亡将士公墓

图42-3.溆浦县龙潭镇第七十四军第五十一师阵亡将士公墓牌坊

万日军万劫不复之地，是中国抗战最后的山河阻挡线。

而雪峰山“死地”的地理特征，对于1945年的日军一一六师团一零九联队而言，一定是刻骨铭心的。

这支在“湘西会战”中“进攻得最远”，且唯一越过雪峰山主脉，突进到雪峰山西麓龙潭（溆浦境内）的先头部队，后在中国军队势若长虹般的围追堵截中，由西往东狼狈逃退，最后就是在雪峰山的“陡峻东麓”——龙潭至山门之间，几乎被全歼。

“山门”，就是“进入雪峰山的门”。它是洞口境内、雪峰山东侧的一个小镇，当年“一条长隘路曲折通向山脊”，可连接雪峰山西麓溆浦县边贸集镇龙潭镇。

60多年前，企图进攻芷江的日军一零九联队为避空袭，放弃经过洞口县城的邵榆公路，而选择了这条崇山峻岭间“宽不足1米”的岩板山道偷越雪峰。

日本人没有想到的是，在成功偷越雪峰之后不久，他们还要被迫从这条原路退回，并被死死封锁在龙潭至山门的“漫长窄路内”，遭遇第18军第11师等中国军队梦魇般的围歼。

1945年5月14日，从龙潭之战中溃退的日军一零九联队在洞口马颈骨（在洞口山门镇西3公里，雪峰山中段主脉地带）“遭到空中和地面的攻击，陷入最坏状态。”今天我们很难想像，1945年4月25日，“挺进到马颈骨”的日军一零九联队，突然发现“越前进山越高谷越深”时的心情。

日本战史记载，在“这座负有盛名的山岳地”，隔绝、分散的日军始终陷于“地图不准确”、“地形险峻”、“梅雨下个不停”的极度恐慌中。他们“只好依靠指南针和水流，昼夜行军”。 大约20天以后，还是在“这幅没有止境的雪峰山岳地带”，从龙潭溃逃回来的日军狼奔豕突，“狭窄的峡谷塞满人马”，“在暗淡的月光下，听到滑落在谷底的驮马在哀嘶”，加之不断受到芷江战斗机空袭，“各队只能以杂草和水充饥”，“疲惫达到极点，伤亡与日俱增”。战后，日军副官生沼逸郎回忆，“四周皆敌，联队已准备‘玉碎’”，当时“各中队能进行白刃战的人员不超过20名（按编制为194名）”，由担架护送的伤员纷纷绝望自杀，一些重伤员也被“堆放在民房内付之一炬”。至5月16日，该联队仅在马颈骨沿路就丢下1 300多具日军士兵尸体，仓皇逃离雪峰山。

2005年7月30日，由当地百姓带路，我们爬上山门镇一座被称为“骨骸岭”的山头。“第十八军第十一师抗日阵亡将士纪念坊”的牌坊、纪念碑以及墓地围碑均已不存，仅有一片茂密青草，覆盖着一个占地几十平方米的圆形墓堆——那里，曾埋葬抗日官兵400余人。（图43）

75岁的申昆庭告诉我们，“骨骸岭”原来叫“鸡公山”，墓碑有5块，1958年以后慢慢都不见了，“有一块被拿去架桥，现在埋在水泥底下，还挖得出来”。纪念坊下面还曾有“倭寇冢”，现在也不存了。老人说，“1993年安江县修抗战烈士墓，去北京找杨伯涛”，杨还问起过山门镇，说“山门怎么没来人呀，那个墓也应该修修”。当时已84岁高龄的杨伯涛（曾任全国政协委员），就是1945年5月在山门镇阻击日军的第十八军第十一师师长。杨是芷江人，当年，他的士兵誓言要“保卫师长的家乡”，而在雪峰山口慷慨赴死。

图43.溆浦青山界散落田间的第一百军公墓遗物

尤值一提的是，洞口山门镇是蔡锷家乡，距“骨骸岭”不远，蔡锷公馆正在修缮；与山门镇“东北相邻”的隆回县司门前，是魏源出生地。蔡曾留学日本，魏源则是“睁眼看世界第一人”。

日本人最后折戟雪峰山之“山门”，颇有意味。

2. 一个机场与一座受降城

当年，“湘西会战” 中日军的作战目的直指位于雪峰山西麓的中美航空重要基地芷江。但截至1945年6月7日湘西会战结束，日军伤亡达“29 940人”，其作战目标芷江仍静卧“山之西”，安然无恙。两个月后，曾下令“中止芷江作战”的冈村宁茨再派代表踏上芷江土地，其身份已沦为乞降者。

1945年8月21日上午11时15分，今井武夫终于越过雪峰山。这个日军降使从空中第一眼看到芷江机场时，发现它“只有一条单方向的跑道，并未加以很好地铺装”。他难以相信，这个曾频频派出飞机出击日本本土，并反复在湖南、江西、广东等地进行近、远程空袭，令日军交通枢纽陷于瘫痪，被称为“湘西某机场”的神秘航空基地，“只不过是群山中一个极平常的临时机场”。此前数分钟，他所乘坐的、为乞降而借用总司令冈村宁茨的MC专机，甚至一度将“洪江”误认为“芷江”，最后是在中国空军三架野马式战斗机的领航下，才得以在芷江机场着陆。

抗战以前的芷江，是㵲水河边有古老城墙和一座风雨桥，人口不足3万的湘西小城，因“居云贵高原东缘和雪峰山西脉之间，素有‘滇黔门户，全楚咽喉’之称”。1939年，为“免资敌用”，芷江古城墙被拆除。此前，在1937年12月，芷江已受命扩建机场。[20]自国民政府迁都重庆，芷江以其“咽喉”、“孔道”特征，更凸显出捍卫大西南后方的军事意义。

后有资料统计，从1937年7月至1945年9月，陆续迁入芷江的军队及军事机构多达220个，其中空军部队就有17个。如今，芷江城内还随处可发现当年各机构原址的痕迹。[21]战后一些回忆文章，甚至记载 “在1944年英美作战地图上，有芷江而无长沙”，“1947年至1948年的我国中学地理课本中，湘西境内重镇，仅芷江入教材”。在1945年，这座始终笼罩着层层雾霭的湘西小城则一直“令东京大本营寝食难安”。

图44-1.曾主持修建芷江机场的黄彰任工程师

芷江机场的正式修建是在1938年1月12日。此前，1933年，就曾有双翼飞机在城东门外一公里的“教场坪”（为清代训练士兵、选拔武举人的地方）起落过。机场所在地原为大片低矮山坡，因多生楠木，又称楠木坪，当时遍布2500多座坟墓，周围有少量农户。1938－1939年，从芷江、麻阳、会同、溆浦、凤凰、沅陵等湘西11个县征集而来的19000多名民工，用了整整1年时间，将这

[20] 早在1934年，著名军事家蒋百里就极力主张“中日战争爆发后，中国空军基地宜设在云南昆明，战时大本营宜设在湘西芷江、洪江一带”。十年以后，当抗战进入第八年，芷江机场果然成为二战期间“盟军第二大军用机场”。当时，芷江西临㵲水，东靠雪峰屏障，没有铁路，公路穿山凿洞而过，极为崎岖简陋，然而正是这种并不便利的交通条件，在很长时间内使芷江机场处于一种良好的隐蔽状态。

[21] 根据一些战史资料提供的线索，我们在今芷江北街、河西路、柳树坪村等地，找到了如陆军军政部第三补训处、海军陆战独立第一旅团、空军第一路司令部等原机构的具体位置。有数据表明，抗战时期，芷江县城人口比抗战前增加了7万，美军人数最多时超过了6000人。

里修建为机场。(图44)

83岁的孙正炳老人一直住在芷江七里桥村。他记得当时修飞机场，像挖土、运土、滚压等都得靠手工，“几千亩的大机坪，都是人工拉大石滚碾轧”。建机场的民工“饭有吃饱，工钱也有点，但卫生、医药条件差”。据说当时曾发生霍乱，一天死30余人，麻阳、辰溪一带甚至流传“人到芷江，九死一伤”的俗语。孙正炳并不是建机场的民工，他是1942年“考进去的”，当时的正式身份是“空军机械师机械兵”，辖属空军第九总站。其工作主要是“加油、装子弹、炸弹”。他亲眼看见芷江机场停飞机最多的时候有200多架，机场内最多的机型是一种战斗机，“一边三挺机枪，下面每边一个炸弹，一架飞机上只有一个人，用电控制按钮，一次可以飞两个小时”；“空军分成中队，一个中队九架飞机，一出去就是两个中队，飞机不休息，回来又走，换人”。(图45)

44-2.战时繁忙的芷江机场

图45.芷江机场遗址——指挥塔

孙没见过当时的飞虎将军陈纳德，“就是碰见了也认不得”，但见过美国飞行员，大多是年轻小伙子，性格都还好，“出战的时候表情总是不太高兴，能回来就很高兴”。1944年下半年，“8月份吧，有种八个人的大轰炸机，四个发动机，一个轮子有一人多高”，发生了故障迫降芷江。但升降机伸不出去，在跑道上起火了，后来“将机身劈开一个窟窿，抱出七个人，已经死了，还有一个卡在里面，是打了两枪打死的，都是美国人”。

“飞虎队”陈纳德将军曾向蒋介石提出，“美国空军的超级堡垒B29型轰炸机已经进入贵国，有两处前进机场，希望得到中国盟军的保护，一处在衡阳，一处在芷江”。孙正炳老人提到的失事的“大轰炸机”，很可能就是B29。

当年的驻芷空军，主要担负“粤汉、湘桂等铁路、公路运输线，长江、湘江、洞庭湖等水路运输线轰炸、封锁任务”。

1945年“芷江保卫战”(即“湘西会战”)期间，从4月10日至5月23日的43天内，“仅驻芷江机场的第五大队就出动P-40、P-51式战斗机2500架次(在战事最紧张时，一天最多曾出动250架次)，投弹100万余磅，发射机枪弹80多万发”，令日军“吃了决定性的败仗”，“成了中国军队案板上的肥肉”。日军战史有这样的描述：“(4月)26日8时至12时有美机约40架次连续飞来，执拗而大胆地反复扫射轰炸”，“美机的猖狂，震撼山间，其势恰似南洋海上的急风骤雨”。

历史自有其细密而自然的潜则——正是这场痛快淋漓的“芷江保卫战”，成就了芷江这座偏僻小城，两个多月后，一个“震古烁今”的荣耀归属于它。(图46)

图46. 芷江七里桥(中国的抗战流血始于卢沟桥，止于七里桥)

图47. 1945年8月，获悉胜利消息的王耀武、萧毅肃、张发奎、卢汉等高级将领在芷江弹冠相庆

1945年8月15日，日本天皇昭令投降。8月15－18日，中日军队统帅反复交流受降投降地点。鉴于“芷江处于昆明、重庆、南京之中心地带，连最远的南京乘飞机到芷江也不超过4小时”，“机场跑道保持完好，可供各种飞机安全起降”，而此前两个多月，日本还曾大举进攻雪峰山，企望“拔掉芷江这颗钉子”。8月18日晚，中方作出一个意味深长的决定：“既然日本人那么想夺占芷江，那就让他到芷江来吧。”（图47）

日本降使今井武夫在芷江度过了“沉痛地陷入伤感之中”的三天共52小时。在回忆录中他写，“逗留期间内看到它们（飞机）每天冒着季节性的浓雾，日夜不停地起飞降落，不得不惊叹敌方空军实力之雄厚”；在与北平记者陈应庄谈话中他哀叹，“命运，命运，日本再复兴要三十年”；另一个有意思的细节是，日本降机驾驶员杜原喜八因看到中国飞机“雾天、晚上都能飞行”，而日本飞机的性能较差，而且自己的飞机一降落，挂在机尾上标志投降的4米红布就被中美官兵撕碎留作纪念，感到羞耻难当，以致很少进食。当时芷江“厚重的军事背景”，的确给了日本方面一种军事上的压力。

1945年8月21日—23日，芷江三天，今井武夫代表日本派遣军总司令冈村宁茨交出了日军在华兵力部署图，接受了中国陆军总司令部对冈村宁茨下达的关于中国各战区日军投降详细规定的五件备忘录。除了正式签字，实质意义上的所有受降工作，均在芷江完成。

1945年9月4日，国民政府陆军总司令何应钦在芷江县城中心体育场发表庆祝抗战胜利演说，称：“芷江这一个僻处山丛的小城，因8月21日日军降使的速来洽降，忽已闻名世界。”（图48）

结语

再次翻检2005年的寻访资料。三湘四水烽火地。

图48-1. 日军洽降使专机在芷江机场降落图

48-2. 日军洽降使被引导至洽降会场图

48-3. 日本洽降使步入洽降会场图

48-4. 日本洽降使向中国受降代表递交军事部布署图

一条惨烈战线，曾贯穿湖湘大地南北，最后延至滇缅。当时笔记，历历在目，依旧烧灼人心——

我们应该要永远记得65年前挂在长沙岳麓山湖南大学礼堂大门上的那副对联：“雪百年耻辱，复万里河山，秦汉无此雄，宋明无此壮”，“集三楚文章，吊九原将士，风雨为之泣，草木为之悲”；

要记得2005年5月7日，潇潇细雨中的南岳忠烈祠，六十师那座倾覆的大墓和断碑丛中残存的200余坛“抗战烈士忠骸”；

要记得在衡阳天马山一家小面馆，60岁的研究者萧培突然哽咽失声——因为这一部民族的抗战史，沉重得令人近乎窒息；

要记得那些从时光深渊中打捞上来，仍带有血气、敲痛人心的细节；

要记得“10余万”、“92万”，这样冰冷数字背后的怆痛以及我们所能找到的、那些消逝在战火中的容颜和名字。

感谢人世间这看来最为坚硬冰冷的建筑，它们在记忆选择离席的一刻，保留了历史不能被抹去的最后痕迹。（图49）

（邹容撰文）

图49. 呈“血”字形的受降坊（1947年建）

参考文献

[1] 钟启河，刘松茂.湖南抗日战争日志.北京：国防科技大学，2005.

[2] 萧栋梁，余应彬. 湖南抗日战争史.长沙：湖南教育出版社，1995.

[3] 湖南四大会战.北京：中国文史出版社，1995.

[4] 湖南文史，第47辑.长沙：湖南教育出版社，1992.

[5] 长沙市政协.长沙抗战，文史资料专辑.长沙：湖南省政协机关印刷厂，1995.

[6] 叶荣开.中日常德之战.长沙：湖南省政协机关出版社，1995.

[7] 抗战时期常德会战. 北京：中国文史出版社，1992.

[8] 唐未之，旷顺年.忠烈祠.海口：海南出版社，1995.

[9] 衡阳市地方志编纂委员会. 衡阳市志.长沙：湖南人民出版社，1992.

[10] 政协衡阳市委员会.衡阳抗战铸名城.北京：中国文史出版社，2005.

[11] 芷江县志办公室.抗战胜利受降芷江纪事. 内部资料，2002.

[12] 中国第二档案馆.抗日战争时期国民党军机密作战日记（上中下）.北京.档案出版社，2000.

[13] 郭汝瑰.中国抗日战争正面战场作战记（上下）.南京：江苏人民出版社，2002.

[14] 白天霖. 抗日圣战中的衡阳保卫战.台北：天天书局，2000.

[15] 袁旭.第二次中日战争纪事.北京：档案出版社.1988.

[16] 日防卫厅战史室.昭和十七、八（1942、1943）年的中国派遣军（上下）.北京：中华书局，1984.

[17] 日防卫厅战史室.昭和二十年的中国派遣军（第二卷）.北京：中华书局，1983.

[18] 日防卫厅战史室.1号作战之湖南会战（上下）.北京：中华书局，1982.

[19] 李占才、张劲.超载——抗战与交通.南宁：广西师范大学出版社，1996.

[20] 黄仁宇.从大历史的角度读蒋介石日记. 北京：九州出版社，2008.

[21] 秦风.抗战一瞬间.南宁：广西师范大学出版社，2005.

重庆市抗战历史建筑考察报告

1937年11月20日，中华民国国民政府在南京发布《国民政府移驻重庆宣言》，地处西南一隅的山城重庆代替南京成为中国战时首都，历时八年零五个半月，直到1946年5月5日还都南京。在此期间，国民政府于1940年9月6日颁布《国民政府令》，明定重庆为永久陪都，直到中华人民共和国成立后的1949年11月30日，陪都地位方告终止。（图1、图2）

抗战八年，重庆既是大后方又是政治中心、军事指挥中心、经济中心、文化中心，1942年后进一步成为国际反法西斯战争的远东战区指挥中心，五大中心集于一城，短短几年中重庆为争取中国民族独立、谋求世界和平所发挥的作用、贡献是其他城市难以比肩的。这座经历了几千年历史的巴渝古城，以抗战的悲壮与惨烈书写了城市近代发展史上最为辉煌的一页，其深远影响超过任何时代，长存青史。

一寸山河一寸血，抗战八年的艰苦时光，磨砺了这座以山为骨骼、江为魂魄的血性之城，不屈不挠的抗争精神成为中国人意志与决心的象征。“抗战陪都文化”的精神融于山城文脉之中，更在无数迄今犹在的抗战陪都建筑遗迹中浩气长存。

抗战期间随着国民政府西迁，大批优秀的建筑师、技术人员迁至重庆（附录1、附录2），他们从事陪都建设，也开展建筑技术教育，揭开了重庆现代城市建设的新篇章。八年时间，留下了大批具有时代特色与独特风格的抗战陪都建筑，密集分布在城市的每个角落，分别纪录和见证了山城特殊时期的风雨苍茫。

建筑文化考察组于2009年夏天开始编撰《抗战纪念建筑》一书，曾来渝考察相关建筑遗迹，并邀笔者加盟。满怀对这座英雄之城的崇敬和对往昔国难当头时期全国人民团结一心、抗敌御侮的民族气节的追寻，我们从主城到区县，对重庆抗战时期具有代表性的建筑遗存情况进行了实地考察，也对目前重庆抗战建筑现状、维护和发展进行了直观了解。

图1. 山城长江边的吊脚楼：简易木穿逗、土墙和竹木捆绑的棚房是抗战时期山城留给“下江人”最深刻的城市记忆，也是重庆百姓长期以来苦难生活的见证，而简单的材料，快速的修建方式，也成为抗战时期遭到残酷的轰炸之后迅速解决栖身之所的最常见方式。没有留下姓名的贫苦大众就是自己家园的设计师。

图2. 国民政府旧址：国民政府迁都重庆办公大楼旧影。原为重庆高级工业职业学校，1937年12月1日重庆市政府仅用七天时间完成初步改建即交付国民政府使用，后经六次空袭损坏，又加以整修，由杨廷宝设计、馥记营造厂施工，在大楼入口处增设三开间歇山顶抱阁和门廊。1979年建筑未经慎重考虑被遗憾的拆除。

一、远东反法西斯战争指挥中枢遗迹

1941年12月7日太平洋战争爆发，12月9日中国政府在重庆正式对日宣战，同时宣布对德国、意大利两个法西斯轴心国处于战争状态。1942年1月1日，美、英、苏、中四国代表正式签署《联合国家共同宣言》，中国同其他三国并列于宣言之首，成为全球反法西斯战争同盟国五强之一。1月2日，同盟国中国战区统帅部在重庆成立，负责指挥中国、越南、缅甸、马来西亚等国家的同盟军作战，重庆由此成为世界反法西斯战争同盟国在远东的指挥中枢。

1、渝中区上清寺国民政府行政院旧址

国民政府1937年12月1日正式在重庆开始办公。抗战八年，政府所属中央各行政部门的主要办公机构集中迁建于新市区上清寺、曾家岩一带。国民政府行政院、军委侍从室、国际问题研究所等机关均建于此，成为国民政府机关核心所在。此外，蒋介石、戴笠、汪精卫、张治中官邸及周恩来公馆、抗战时期各民主党派大本营聚于斯地，政界要人云集，车驾如云，呈现一派庄重肃穆的氛围。

此地属于今上清寺中山四路，位于渝中半岛西北角。沿袭国民政府机关选址之便，这一地段在1949年以后亦作为重庆市级机关所在地使用，目前仍是新兴直辖市的政治中心。大量抗战时期国民政府建筑保留下来以墙围合，合称市委大院。内部最富纪念价值的是蒋介石尧庐官邸（军委侍从室）、宋美龄旧居和行政院旧址等建筑。

蒋介石尧庐官邸（委员长侍从室）。原德安里101号，砖木结构建筑，建于20世纪初。它是一座灰色中西合璧式一楼一底建筑，浓荫遮蔽右侧，左侧为古色古香的八角形攒尖顶阁楼，正中门廊圆凸，二楼为三个弧形露台，楼面以艾奥尼克式柱体支撑，非常典雅庄重。建筑面积1 180平方米，面阔22.4米，进深21.9米，通高10米。（图3）

宋美龄旧居。原德安里二号、现今市委大院4号楼。位于市委大院内左侧山坡上，坐北朝南，可以俯望尧庐。这座二层中西式砖木结构小楼，1936年为华西兴业公司建筑部受富商丁次鹤委托设计建造，建筑面积994平方米，面阔25.1米，进深19.4米，通高11米，正面开窗，露台宽敞，楼道宽大，顶上人字坡顶耸峙，楼下侧面开一小侧门为正门供进出，整栋建筑既有大方开放之感又具小心隐秘之意，其设计意图颇耐人寻味。（图4）

图3.蒋介石尧庐官邸，系·原川军将领许绍宗宅

图4.原宋美龄旧居，后为市委大院4号楼·砖木结构

国民政府行政院旧址。此楼原系法国天主教堂，为教会创办的明诚中学使用。建筑外形为仿巴洛克式建筑造型，砖木结构，坐北朝南，二楼一底，楼宽23.3米，进深24.7米，楼高19.4米，建筑面积1 727平方米，大小房间19间。行政院位居立法院、监察院、司法院、考试院五院之首，下设国家总动员会议、行政院会议；之下有政务处、秘书处、内政部、外交部、财政部、社会部、经济部、教育部、交通部、农林部、

图5-1、图5-2.国民政府行政院·砖木结构·原法国天主教会学校明诚中学

粮食部，又设蒙藏委员会、侨务委员会、赈济委员会、水利委员会、对外易货委员会等机构，抗战时期堪称整个国家的总枢纽。行政院迁渝后，值国民政府改组，蒋介石辞去院长兼职，由孔祥熙任院长，张群任副院长。（图5、图6）

2、南岸黄山抗战遗址

重庆南岸一带原为重庆传统官宦人家的避暑胜地，抗战时期主要历史建筑遗迹集中在黄山和汪山一带。汪山是世袭天主教徒汪代玺家的产业，为一片西式建筑群园林区。抗战时期，苏联、法国、印度、西班牙等国大使馆就临时选址在此地；黄山原为南岸玄坛庙夏家的产业，1913年卖给洋行买办富商黄云陔后，黄氏在此修建“黄家花园”消夏避暑，故而得名黄山。此地前临凉风垭，左傍老鹰岩，林幽谷静，空气清新，夏季气温比市中区低5~6℃，凉爽宜人。

图6.1938年，蒋介石到达重庆

国民政府迁都重庆后，蒋介石在曾家岩的办公楼官邸常有日机轰炸的安全之忧，因此另在城外择地，以避空袭。军委侍从室经反复选址，最后出重金从黄云陔手中买下黄氏别墅，此后又在其基础上修建数幢房屋，供蒋本人及宋氏姐妹、孔氏家族和政府要员、美国人员居住，分别有云岫楼、松厅、孔园、松籁阁、云峰楼及美军顾问团居住地莲青楼、马歇尔住地草厅和抗战遗孤学校黄山小学等十三处，是国内抗战遗址中最大、保存最完整的遗址群。这批建筑大都掩映在山间丛林之中，依山就势，采用中西合璧式设计，砖混结构，简洁朴实，除蒋介石云岫楼官邸为局部三层外，其余多为一、二层民居式建筑风格，青灰墙面坡瓦屋顶，红棕色木板，简朴素雅，带着20世纪30年代折衷主义建筑的风格，具有典型的抗战陪都时期建筑特色，散布于黄山各小山头间。

云岫楼。云岫楼是蒋介石的办公和居住地，坐落于黄山主峰，海拔572.4米，建于20世纪20年代，面阔16.1米，进深12.5米，通高9.5米，总面积321平方米，是一幢中西结合的两楼一底砖木结构小楼。楼后50米处开凿有防空洞。（图7）

抗战期间，蒋介石、宋美龄大多数时间都居住于此，国民政府的众多抗战最高指令均在这里酝酿和发布，所以云岫楼是国民政府八年艰苦抗战的有力见证。1941年8月30日,蒋介石在黄山官邸召开军事会议,早已获知黄山官邸位置的日军截获了召开军事会议的密电，于是呼啸而至的“神风特攻队”飞机从武昌起飞，目标直指云岫楼，炸弹在云岫

图7.云岫楼·砖木结构建筑·黄氏旧宅

楼及其附近爆炸，当场炸死蒋介石随身卫士二人，四人受伤。蒋介石与参会人员及时躲入防空洞，才幸免于难。如今这座见证了重庆抗战风云的领袖居所已经成为普罗大众观瞻之地。

黄山别墅群中云岫楼位置最高，需经一段极为陡峭的石阶攀爬才可以到达。楼四周遍植松木，风起之时，松涛阵阵，带着浓厚的悲壮与肃杀的意境。石阶尽头为山顶平地，三层楼阁的深色建筑拔地而起，楼踞黄山高处险要之地，独秀于孤峰，四周竹木环抱，位于浓荫之中却并不显眼。顶为人字坡屋顶，基座有通风口除湿，入口楼上有宽大露台正对山下，屋外青石铺地，屋内全木装修，下铺木地板。为除湿保暖需要，房间内设有壁炉取暖。楼下为会议室、门厅和耳房用于会议和接待，同时供侍卫、佣人居住，二楼为蒋氏夫妇卧室、办公室，楼上为十几个平方米的三面透空玻璃窗楼阁，近处树木，远处长江，清晰入目。

图8.蒋介石夫妇在黄山官邸会见蒙巴顿、史迪威

室内家具陈设经半个多世纪的风雨早已荡然无存，面目全非，后经考察，“整旧如旧”，大致按当时格局恢复旧观，四壁悬以资料图片，供游人参观。（图8）

松厅。离云岫楼山下不远处左行100多米的“松厅”系宋美龄住处。其为一座砖木结构的中西式围廊平房，建于20世纪20年代，占地面积317平方米，建筑面积347平方米，四周苍松翠柏，枝繁叶茂。门上悬挂着蒋介石亲题“松厅”匾额。秋季时节，门前丹桂怒放，香溢山谷。因其松林拥抱，浓荫蔽日，故而得名“松厅”。（图9）

图9.松厅·砖木结构建筑

“松厅”面阔五间，通高六米，正房为中式平房，一大二小横列。门前有踏道下行，屋基上砌石堡坎用于防潮，屋前有宽大的围廊步道。绕过围廊到右侧屋后，还有小门通往山

图10-1、图10-2. 宋氏三姐妹大轰炸后视察市区

中小径。宋美龄在此居住期间，经常和二位姐姐一起进城探望空袭受灾的民众和到伤病医院视察，组织战时救济、慈善和后勤事务，还作为蒋介石私人代表前往美国争取援华抗战，取得了外交上的极大成功。（图10）

孔园。孔园为孔二小姐住宅，位松厅一侧，建于20世纪30年代，是黄山最为豪华的建筑，也是黄山别墅群中最大的一处，达1 135平方米由于别墅建筑在高大的桂花树群中，故又称“桂园”。孔二小姐在陪都居所重庆众多，而在此处居住最久。孔园由主楼与附属建筑构成，主楼建于20世纪30年代，是一栋典型的公寓式建筑，一楼一底砖木结构中西式楼房，三面环山，前对坳口，底阔七间，楼上五间，左右对称式布局，砖柱支撑，露台高敞，通高13米，建筑面积528平方米。室内生活配套设备齐全，装饰考究，陈设典雅，精美别致。主楼青瓦灰墙依然掩盖不住富贵景象。附属建筑为座东朝西的平房，位于孔园主楼五六米处，建筑面积185平方米，为侍卫人员和服务人员所住房屋。如今主人不复存，园外树木犹自芳菲，树干的腐殖上长出了丛丛殷红的蘑菇，艳丽异常。（图11）

图11. 孔园·砖木结构建筑

草亭。草亭位于云岫楼下，为坐北朝南的砖木结构围廊平房，顶上施以进口稻草，是蒋介石接待贵宾的所在。房屋为砖木结构建筑，建于20世纪30年代，面阔三间，占地209平方米。先后有张治中、蒋经国和美国特使马歇尔入住，并由此得名为马歇尔草亭。（图12）

图12-1、图12-2. 马歇尔草亭

图13.黄山小学

图14.莲青楼

黄山小学。黄山小学主要供抗战阵亡将领遗孤就学而开设，国民党名誉主席连战曾在此就读。学校系砖木结构平房建筑，建于20世纪30年代，面积358平方米。抗战胜利后，黄山陪都建筑移交中国福利院。原屋保存至今，是抗日战争时期文化教育历史的见证。（图13）

莲青楼。该楼建于20世纪30年代，因楼前建有莲池而得名。莲青楼建在山谷平地处，坐北朝南，一楼一底带屋顶阁楼，为中西合璧式砖木结构建筑，建筑面积为617平方米，在黄山众多建筑中最为华贵，且最具西洋特色。抗战期间，美军高级顾问团在此居住，经常出入这里的美国高级官员有蒋介石私人顾问威廉·亨利·端纳、参谋长史迪威将军、美国总统特使威尔基、美军顾问团成员飞虎队上校陈纳德等人，集中了蒋介石的跨国援助力量。（图14）

除以上建筑外，此地还有宋庆龄旧居松籁阁、何应钦旧居云峰楼以及空军司令周至柔旧居、侍从室、防空洞等建筑，目前基本维持旧观。黄山抗战遗址博物馆不仅是对抗战时期最高首脑机关的实情实景再现，同时也将陪都时期中西合璧、简朴实用而又不乏美感的别墅建筑文化呈现在了大众眼前，体现了黄山建筑群遗址独特的历史文化魅力和浓厚的山地建筑之风貌。（图15）

图15.1949年11月蒋介石飞离重庆

二、战时世界各国使馆建筑及国际合作见证

重庆被称为战时“四大名都”，与莫斯科、伦敦、华盛顿相比肩，在共同抗击法西斯侵略的同时，也广泛开展国际交流，与同盟各国频频进行政治、军事、经济、文化交往。当时驻重庆的外国大使馆和公使馆多达30余个，40多个国家在重庆设立外事机构。这一时期是重庆开始进入世界舞台，在国际上树立威望之始，也是重庆从此世界闻名的发

端。抗战期间，各国使馆工作人员们和重庆人民一道经历了日寇的疯狂轰炸，也充分见证了中国人艰苦卓绝共赴国难的不屈与伟大。著名时评家徐盈在《重庆——世界与中国的名城》一书中写道："四方仰望着的重庆，实在已逐渐成为中国的心脏与脑髓，堪为中国的政治、经济、文化的中心地带……吸引着四万万五千万人民的思想、感情与意志，将他强有力的电波，指挥着全国……肉眼看不出的潜力，习俗中找不出的坚毅，都在全世界的隆重赞叹声中，走上了命定的光荣之途。重庆带上了伟大的花冠。所有的中国人注视着它，所有的中国人向往着它，这是我们无可再退的堡垒，这是我们的耶路撒冷……这个首都，在抗战中，爬上了东亚政治的最高峰，开罗会议是到了荣誉的顶点。国际人士来的，一天比一天多起来，重庆的国际性一分一分地更形加浓，一切评论的对象都集中在中国的代表者——重庆。"

重庆建立各大使馆不仅是对所有反对法西斯势力的团结，也是对中国抗日争取国际力量援助，并对其他国家抗战的支持。这一时期，苏联、美国等国对中国人民艰苦卓绝的抗日战争也提供了极大援助，除提供军需战略物资外,还派遣空军、军事参谋直接参与对日抗战。这些伟大的历史功绩都被充分保留下来，成为融建筑与历史为一体的纪念性遗迹。

图16. 澳大利亚大使馆

图17. 土耳其大使馆

图18. 美国大使馆

1. 市中区鹅陵公园及附近各国大使馆建筑群

澳大利大使馆。该大使馆位于市中区鹅岭公园内，为一栋两层小楼、砖混结构建筑，1941年10月21日设馆。其底楼有一过厅和五间办公室，下铺地砖。二楼有一间大会议室，五间小办公室。当年的澳大利亚大使即在二楼办公，透过窗户，抬头就能看见长江。这是澳大利亚驻中国的第一个大使馆。（图16）

土耳其大使馆。该大使馆为砖木结构建筑，朱红色的大门非常招眼，建筑为平层，使馆关闭后曾作为有关机构办公楼之用，目前已废弃。丹麦公使馆与土耳其公使馆在同一院落中，同为一排简朴的平房，外形平淡简朴，保持了战时建筑固有的简洁实用风范，1938年10月8日开始设馆。（图17）

美国大使馆。美国大使馆在市急救中心医院内部，建于20世纪30年代，仿巴洛克式砖木结构。根据资料显示，为一楼一底小楼，廊前有四根高大的红柱支撑，配有造型简约的山花。1938年8月美国大使馆迁至重庆，作为美国支持中国抗日的历史见证，驻华大使从高思到赫尔利，中国战区美军总司令兼中国战区总参谋长从史迪威到魏德迈，总统特使威尔基、马歇尔，副总统华莱士都曾在此一一亮相。但这幢具有深远意义的建筑于2007年被有关单位立项予以拆除，如今只剩下一个巨大的深坑。除此之外，美国在华机构还有1939年由馥记营造厂承建

的嘉陵新村美国大使馆俱乐部和上海兴业建筑师事务所设计的南岸美国使馆海军武官处。(图18)

苏联大使馆。苏联大使馆位于枇杷山正街市第三人民医院内，砖石木结构，1936年由川军师长曾子唯委托洪发利营造厂承建，是一幢设计构思非常奇特的建筑，青砖旧瓦的四层楼包含了多种中外建筑风格，大小露台与拱券廊柱、穹顶条形窗的结合之余又灵活运用了中国传统的古典元素，正立面上坡屋顶、亭阁造型占了三分之一的空间，石堡坎下设防空洞，拱门上方点缀了精细的玫瑰花浮雕。一切可以找得到的欧式建筑细节在这座楼中都可以或多或少地影现，多种复杂的造型共同组成了这座特别的使馆建筑。1941年在大轰炸中被击中塔斯社办公处大门被炸塌，此后该大使馆在南山建立了新办公地点。(图19)

图19.苏联大使馆

2. 南山汪山大使馆建筑群

抗战迁都后，日寇对重庆实施了频繁的血腥轰炸，企图以猛烈的空中打击迫使国民政府投降。不屈不挠的重庆人民在此期间经历了日寇无数次狂轰滥炸，以忍辱负重、坚持抗战斗争的不屈精神，赢得了广泛的赞誉和国际支持。战时迁至重庆的各国大使馆工作人员和重庆人民一道经历了这段艰难时世。

图20.南山苏联大使馆

南山汪山即为今南岸区南山植物园，为躲避日军空袭而迁址于此的各国大使馆散布在这一带。苏联大使馆自遭轰炸之后就搬迁到此。其建筑为仿哥特式砖木结构，原系军火商朱星火旧宅。沿袭了原位于市区的该大使馆建筑风范。南山的苏联大使馆(亦作大使潘有新居所)即便因陋就简，也依然带着市区选址的影子，保持着特别的造型。楼底层为地下室，以条石铸就，各个立面互不对称，造型变化多端，拱形窗、条形窗、圆窗不一，坡屋顶、平屋顶共存，反映出使用者独特的审美情趣。旧址经过修缮之后，被用作景区招待所，目前保存完好。(图20)

图21.法国大使馆

法国大使馆、印度大使馆和西班牙使馆与之相邻。(图21、图22、图23)

法国大使馆建于1940年，外形朴素，与市区公寓类似，二层砖木小楼，坡屋顶。**印度大使馆**建于20世纪30—40年代，为尼赫鲁曾居住处，外带宝瓶式低矮围廊，前有条石砌成的花台。**西班牙使馆**建于20世纪30—40年代，造型稍

图22-1、图22-2. 印度大使馆廊柱现状·旧貌

图23-1、图23-2. 西班牙大使馆旧貌·现状

显活泼，带有地中海式建筑的门窗设计是最大亮点。这些旧使馆建筑带着明显的战时简约实用主义风格，修建和维护成本均比较经济实惠。目前经过修缮之后，分别用作植物园标本馆、图书馆和博物馆等。

3. 苏军墓与空军坟

作为世界人民联合反法西斯战争的友谊见证，鹅岭公园苏联军官烈士墓与南山空军坟是最好的实例。

据《重庆通史》记载，从1938年至1940年，苏联先后不带任何附加条件，给中国贷款4.5亿美元，并将贷款折为中国军队急需的飞机、坦克、大炮等物资运到中国，先后派出1 000多架飞机和2 000多人的航空志愿队来华协助作战，其中近200人壮烈牺牲。

图24. 苏联军官烈士墓·建于1959年

鹅岭公园苏军烈士墓。该烈士墓于1959年立，为苏联军官托尔夫、卡特诺夫之墓，二位军官为1939—1940年援华空军上校、在渝捐躯的国际烈士。1959年，市委将原安葬地遗骸迁到此处。墓占地150平米，宝瓶形墓碑耸立，碑身采用钢筋混凝土，外表为光滑的水泥磨石，高9米，宽、长各2.15米。墓碑基座上以中苏两国文字表明墓碑名，上为柱状墓碑，顶端以云纹装饰，上部有镰刀锤子的金色苏联党徽浮雕，庄严肃穆。（图24）

南山后山空军坟。该烈士坟始建于1938年，2010年复建落成。原葬阵亡烈士242位，长眠其中的战士均为令日本

图25.空军坟·始建于1938年，2010年复建落成

人闻风丧胆的“飞虎队”队员，包括中、苏、美三国国籍。随着墓地久无人看顾，多年以来逐渐荒芜，有的已被后人陆续迁走，现存168位。经中央民革委员提议恢复重建，政府部门予以采纳，复建后的空军坟业已修缮完毕，自空中俯瞰为一战机形状，烈士深色墓碑安放于草坪之中，与前期之破败成云泥之别。（图25）

4. 库里申科墓

格里戈利·阿基莫维奇·库里申科为苏联志愿军飞行员少校大队长，于1939年5月带领全队驾驶12驾重型远程轰炸机“达莎”来到中国，支援国民政府抗日。10月14日库里申科飞行大队轰炸日军占据武汉空军基地后遭日军空中拦截中弹，在返回万县途中坠入长江。万县百姓自江中打捞出库里申科遗体及座机。为纪念这位伟大的苏联国际主义战士，1940年元旦将其隆重安葬于太白岩，后在西山公园修建陵园迁库里申科墓于此，此后曾经三次大修。

该陵园苏式建筑风格非常明显，主体为白色，园内松柏环绕，三拱白色大门肃立，以几重曲线装饰，简洁大气，进门迎面设影壁，为建国后期所建，上仿毛体题字：“中苏人民以鲜血凝成的友谊万岁”。影壁后为白色墓碑，碑上两面各以中、俄两国文字书写，顶上有中苏国旗及和平鸽图案装饰。墓前有库里申科铜像及生平说明文字，红色基座及铜雕橄榄枝、地球图案相呼应，庄重热烈。（图26）

图26.库里申科墓及塑像·建于20世纪40年代

5. 中苏文化协会旧址

中苏文化协会为砖木结构，建于上世纪30年代。其旧址位于中山一路，目前是一所破败不堪，处于废弃状态的建筑。中西合璧的三层小楼平面呈“L”形，拱形外廊开敞通透。1937年迁到重庆后，中苏文化协会成为中国与苏联文化界的交流纽带，推动了两国战时文学的发展，举办了文化界一系列重大纪念和展出活动，同时也是中共南方局领导下进步人士的活动场所。现今数根砖柱撑起的夹皮墙灰浆脱落，泥泞不堪，在四周现代建筑环抱之中摇摇欲坠，处于濒危状态。（图27）

图27.中苏文化协会旧址

6. 大韩民国临时政府旧址

重庆市渝中区七星岗莲花池38号为大韩民国临时政府旧址，砖木结构建筑，建于20世纪30年代。临时政府于1919年4月13日在上海成立，1932年4月29日发生尹奉吉义士在上海虹口公园的义举之后，日方加重

压迫、疯狂追捕，临时政府只得离开上海，经杭州、嘉兴、镇江、广州等地，于1940年到达重庆，先后在重庆杨柳街、石板街、吴师爷巷办公，最后迁至七星岗莲花池38号。大韩民国临时政府是一个在中国长期坚持反日独立运动的流亡政府，为二战时在中国境内唯一的外国流亡政府，临时政府旧址以七星岗莲花池38号保存最为完好。

图28.大韩民国临时政府旧址

此地一色的青砖小楼，为中西合璧式的长方形三合院，建筑面积约1 500平方米，有70多间房屋，在进门30多级台阶两侧，有200多平方米的西式四幢小楼房，分别是临时政府的最高机构政议院会议室和外务部办公室。然后是内务部、外宾接待室和财务部，最高处是外宾宿所和主席秘书室。此处保存维护状况很好，不时有韩国人来此造访，致敬默哀，肃穆虔诚。大韩民国政府旧址已经成为中韩文化交往的一扇窗口。韩国方面于1996年与该地陈列馆签署了保护协议。（图28）

7. 史迪威旧居

史迪威旧居兼博物馆位于重庆市渝中区李子坝嘉陵新路63号。为混凝土结构，由杨廷宝设计，建于1939年。

1937年抗战爆发后，从上海迁渝的著名营造厂馥记营造厂从1939年起在有关方面支持下，投资购得李子坝、牛角沱附近荒山，总经理陶桂林负责安排综合开发，派杨辅义、陈均一设计，建造了20多幢二三层小楼的旁山住宅（带有防空洞），取名嘉陵新村，售给高级官员、富商人士居住。该厂总工顾授书根据地形特点规划设计，开辟了一条盘山通道，开通了山间公路，上通浮图关，下接成渝公路。史迪威旧居位于盘山通道接成渝公路不远处，占地7.2亩，背依鹅岭，俯瞰嘉陵，为二层带地下防空洞的西式现代小楼，灰色建筑风格质朴简约。

该建筑原为宋子文旧居，离上清寺国民政府政治中心很近，交通便利，便于会晤和交流。二战期间，“同盟国中国战区统帅部”在重庆成立，美国四星将军史迪威将军作为统帅部的参谋长，前来中国协助蒋介石指挥滇缅抗战，监理租借物资和滇缅公路修筑，帮助训练中国军队。1942年至1944年，在重庆期间以此为寓所并兼美军司令部。政府1991年将此地辟为“史迪威将军旧居陈列馆”，2000年改名为“史迪威将军博物馆”。（图29）

图29-1. 史迪威旧居入口

图29-2. 史迪威旧居鸟瞰

抗战期间长期呆在滇缅前线的史迪威在此居住的时间很少，与蒋介石的意见分歧和个性矛盾使得这位清教徒出身的将军呆在重庆的日子如天空的阴云一般压抑低沉，除了初到重庆仅存的一张合照可以说明二人最初不甚了然的和谐之外，余下的日子就是在军队指挥调动、物资分配、战略部署上无休止的争论辩驳中纠缠，史迪威对中国共产党的认同态度更成为蒋介石的心病。最后，罗斯福一封措辞严厉的威胁电报经史迪威不加晦饰的转交，突破了蒋介石最后的忍耐底线，彻底终结了蒋、史的合作，而此时史迪威付诸了大量心血的远征军正势如破竹地取得缅北反攻的节节胜利。几个月后日本投降。当庆祝胜利的疯狂的人群涌上街头，同时在密苏里号上参加日军受降仪式的史迪威将军希望再到中国看望的请求被蒋介石断然拒绝。一年半之后，1946年10月12日，参加过两次世界大战的老战士史迪威将军在胃癌折磨的最后时刻，于昏迷中永别了这个硝烟弥漫的世界。

旧居外观依旧保持了原来的现代主义风格，因为修缮维护得当，没有陈旧感，清爽凝练的直线条设计非常契合史迪威一丝不苟的个性。旧居户外立有史迪威将军半身像，将军表情严肃地背对着长江，通往旧居台阶处新刻的中英文字："炮声沉寂，硝烟远去，唯有历史的友情，我们的记忆，长留天地。"

三、风云激荡的国内斗争与合作

抗日战争进入相持阶段时，周恩来奉中共中央命令来到重庆，建立南方局和八路军办事处，开始在国统区建立中共党的指挥中心。从1939年至1946年的几年时光中深入发展大后方群众，建立、加强共产党组织，维系国共合作，争取抗战胜利，推进中国政治民主建设和社会进步。在周恩来的领导下，中共中央南方局成为中共在国统区统一战线的领导机构，同时为抗战结束后国共谈判的顺利进行发挥了重要作用。

1. 曾家岩50号周公馆

抗战时期曾家岩直到上清寺地带为陪都政治中心地段，为20世纪30年代习见的重庆砖木结构民居，中国共产党选取此地作为当时南方局办公处是为了便于信息交流、接待访问和随时掌握情报的需要。

1939年，正值抗战最艰苦的时候，周恩来到重庆时，以个人名义租用今渝中区中山四路曾家岩50号作为中共中央南方局在市内的一个主要办公地点，对外称作"周公馆"。 馆内设中共中央南方局军事组、文化组、妇女组、外事组和党派组。在这里，周恩来等人广泛会见、接待中外各界人士，为发展统一战线，壮大进步力量，争取国际援助开展工作。名为"周公馆"，实际当时仅一、三楼为南方局所用，二楼西侧的几间房屋转租给了时任国民党中央训练委员会委员、主任秘书的刘瑶章先生和端木恺等人。抗战胜利后，中共四川省委所在地迁到这里。

"周公馆"占地面积364平方米，建筑面积882平方米，为国家级重点保护文物，是一幢依岩而建的二楼一底小楼。当时一面临江，一面临巷，两进院落，三层楼房，中西合璧；如今临街一面已辟为广场，面街之封火墙格式犹存。自窄小正门入内为一门房，门房入内则豁然开朗，是一川东民居中常见采光透气的天井，青石地面，青瓦铺顶，天井四周围合，开门相通，关门自成一体。两进院落位于其后，砖木混合结构，白墙、暗红门窗，简单朴素。（图30）

图30. 曾家岩50号·原为赵佩珊私宅

2. 桂园张治中公馆

“桂园”为砖木结构建筑，建于20世纪30年代末期，原是国民党高级将领政治部长张治中先生的私人公馆，因园中多植桂花树而得名。位于上清寺与曾家岩交接处的中山四路北侧，距曾家岩50号约200米，为一座方正小院，总建筑面积489平方米，主体为中西式砖木结构二层灰色小楼，占地279平方米，通高10米。院外为二层门楼、坡屋顶、清水砖墙白沙浆勾缝，楼下设南北朝向的拱形楼门供进出，入门两边是传达室和警卫室。拱门楼上的一列房间用作警勤人员住室，设计井然，布局精巧。院内有两楼一底的砖砌正房，灰色砖墙，暗红门窗，淡雅古朴。正房前设立柱门廊，楼上设外廊阳台，护栏围护。房前有万年青圈成的园圃，内植数丛桂花、山茶，各种野卉杂花铺缀其间。院外一墙之隔，便是车水马龙的中山四路大街。（图31）

图31. 桂园·建于20世纪30年代末期

1945年8月，毛泽东应蒋介石三次电邀，飞来重庆举行中外关注的国共两党和平谈判，张治中先生为促成和谈让出桂园，作为毛泽东的市内活动寓所。各界人士纷纷前来晤谈，共商国事，桂园因此客人络绎不绝，一时被誉为“和谈名寓”。10月10日，国共和谈“双十协定”的签字仪式就在底层的右侧客厅里举行，“桂园”也从此成为具有重大历史意义的著名纪念地。至今厅内的布置仍然保留原状。 壁上悬挂的框匾、众多图片资料再现了当年国共两党和谈的基本情境。

3. 特园

特园位于上清寺转盘中四路入口的小山坡上，是民主人士鲜英的家宅，当年对面便是范庄孔祥熙公馆。特园建筑为砖木结构建筑，建于1931年，由鲜英夫人金竹生设计。当年拥有十几幢砖木结构房舍的特园经过抗战大轰炸、文革破坏，数遭火焚，主楼“达观楼”已化为灰烬，如今仅存“康庄”和 “平庐”连体老楼兀自独立山头。站在环形转盘上远眺，林木掩映中剩下的两栋楼相对，人字坡屋顶，深色墙砖俨然，中西合璧的尖顶、廊柱、窗户、多棱角楼与传统川东民居的雕花窗棂、小青瓦相结合，具有抗战时期典型的民国建筑特色。两栋楼分别以鲜英两个女儿的名字命名，目前这两幢楼作为民主党派历史陈列馆，用于保存和展览各民主党派的历史文字资料和图片。（图32）

图32-1、图32-2、图32-3. 特园·建于1931年·鲜英夫人金竹生设计·现状·旧影

郭沫若在《民主运动中的二三事》一文中提道：“在上清寺，有鲜特生的公馆，名叫‘特园’，民主人士也时常在那儿聚会。1945年下半年以来，竟成为民主同盟的大本营，民主同盟主席张澜就是住在那儿的。特园很宽大，位于嘉陵江南岸，眺望甚佳。这儿原来由大家赠与了‘民主之家’ 的徽号，是我写的字，还题了一首诗上去……要叙述重庆的民主运动，特园实在是值得大书特书的地方，可惜我们在重庆时没有把这儿所经过的一些事情尽量记录出来。” 这里的特园，就是鲜宅。人们习惯把鲜宅称为特园，因为鲜宅是特园活动的中心。

“特园” 主人鲜英1885年生于四川，青年时入伍，后来升入陆军速成学堂，与刘湘、杨森、王缵绪、潘文华、唐式遵等为同窗好友。20世纪初，张澜出任川北宣抚使时，鲜英与杨森、刘湘等分别在其身边担任参谋、护卫营正、副营长。1913年，鲜英随张澜赴京见袁世凯，为袁世凯所看重，便留其在身边作总统府侍卫官。后来鲜英以读书深造为名离职考入陆军大学。毕业回川后，他先后任钟体道师支队长、刘湘部十师师长兼重庆铜元局局长和南充第十一区行政督察专员等职。（图33）

图33-1.被称为“在世孟尝君”的特园老人鲜英

图33-2.特园风云人物

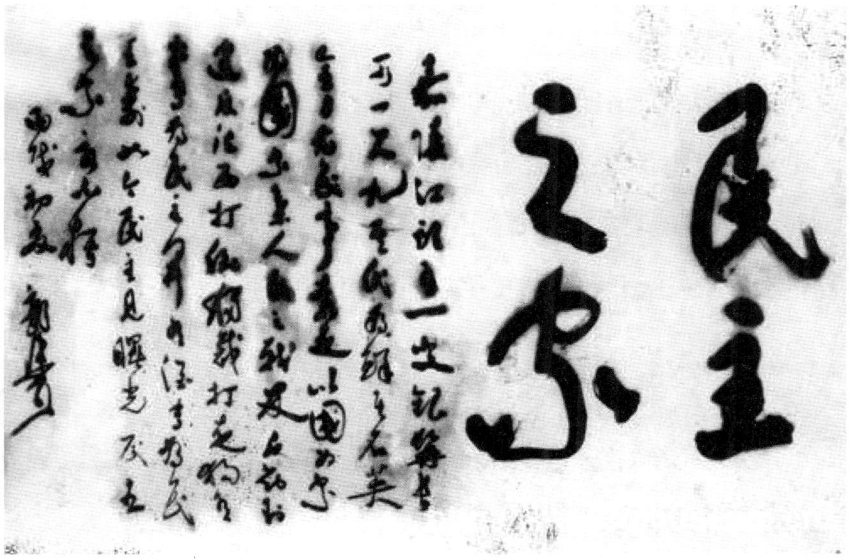

图33-3.郭沫若题字

20世纪20年代，时任川军总司令部行营参谋长的鲜英买下了上清寺靠嘉陵江边江西会馆拥有的这块70余亩的坡地，将自己的花园别墅建在这座小山头上，以后又陆续修建了十余幢楼房，成为上清寺公馆群中的醒目豪宅。鲜英慷慨为国，开放私邸，抗战期间荷兰、意大利使馆和苏联、盟军军事代表团先后都曾借住于此，同时也为民主党派和中共活动联系提供场所，故而被冯玉祥被称为“民主之家”。1945年重庆谈判的众多细节即在此形成，东北停战协定在次签订，民盟的很多重要政治活动也在此举行。特园在抗战和此后的政治历史中都发挥了具有全国性的重要作用。

四、城市的悲恸记忆与不屈的抗争

抗战时期重庆遭遇的最大劫难就是来自于日寇的空袭。嚣张的日军攻占武汉之后，以武汉作为空军基地，伺机轰炸陪都，实施 “以炸迫降” 的战略，企图以空中打击击溃国民政府，大肆轰炸重庆。史料统计：1938年至1943年间，日机空袭重庆（含对空监视范围）203次，出动飞机437批，9 166架次，炸、焚毁房屋17 452栋，37 182间，造成人员伤亡2.5万余人。其间的1941年6月5日晚，日机24架分三批偷袭重庆，在五个多小时的疲劳轰炸中，渝中区十八梯、石灰市和演武厅（现磁器街）三段防空隧道内，发生了震惊中外、惨不忍睹的避难民众窒息、践踏惨案，造成人员伤亡2 500人左右。面对凶残日寇犯下的滔天罪行，不屈不挠的重庆人民经历了无数次生死考验，也留下了血泪斑斑的众多大轰炸相关遗迹。（图34、35）

图34.1939年时被轰炸后的重庆

图35.1942年日本实施无差别轰炸后的重庆市区

较场口大轰炸遗址。大轰炸遗址位于繁华的较场口磁器街街头，条石新砌成的围墙之下遮蔽着当年的防空洞入口。1941年6月5日夜晚，在日寇轮番疯狂轰炸下，躲避空袭进隧道的无辜民众因缺氧而向隧道口奔走，却由于隧道入口封闭不得外出而导致窒息、踩踏，死亡数千人，尸体堆积如山，惨绝人寰。近年在当时狭小阴暗的隧道口上修建了大轰炸遗址，为砖石结构平顶建筑，顶上有刻画大轰炸惨状的群雕和“1941年 6.5”字样，以警后人。（图36）

图36. 较场口大轰炸遗址

仁爱堂医院。位于“6.5”大轰炸惨案地之一十八梯不远处高坡上，上通领事巷，占地12.1亩，砖石结构，建于1900年，法国人设计。原为法国教会医院，十八梯惨案发生后重伤者均被送到此医院进行救治，是大轰炸惨案的历史见证地。1949年以后此地逐渐荒芜破败，旧址在20世纪80年代划还天主教会改建用作养老院，原址仅存一坍塌塔楼，仿罗

图37-1. 仁爱堂原貌

图37-2. 仁爱堂现状

图37-3. 仁爱堂塔楼现状

马式建筑痕迹依旧，其暗淡落寞之境与大轰炸之惨烈相暗合。（图37）

消防人员殉职纪念碑。纪念碑位于渝中区人民公园，落成于1947年8月19日。在长达五年半的残酷轰炸中，每次灾祸来临消防人员就迅速行动，舍生入死地保护民众，奔走于火海，这座全国仅有的一座消防人员纪念碑就埋葬着81位消防人员的英灵。纪念碑座7.34米，底座高0.64米，整座碑高近8米。碑正面镌“重庆市消防人员殉职纪念碑”十二个大字，整体仅以简单线脚装饰，碑体下部刻有碑文。随着时光流逝，碑文已遭到不同程度的损坏，但依稀可以辨认，碑文所提消防队员“功与前方抗战将士同”的结论是对消防人员英勇之举的高度肯定。（图38）

图38.消防人员殉职纪念碑·落成于1947年8月19日

跳伞塔。该塔位于市中区两路口，是面对日军轰炸国民政府不愿束手待毙，奋力予以反击的见证。塔由建筑大师杨廷宝设计，1942年4月4日完工，是当时中国乃至远东地区最高、设备最好的跳伞塔，其主要功能是为抗战培训飞行员。作为一个时代的特殊建筑，跳伞塔是抗战时代和精神的象征，也是老重庆具有代表性的标志建筑。跳伞塔远望形如灯盏，为钢筋混凝土结构，通高38米，跳距28米，底部直径3.35米，顶部直径1.52米，圆锥形砖塔上三悬臂支架现已拆除，内设旋梯。中国最早的滑翔跳伞员在此训练跳伞，在塔成之日的庆祝大会上陈立夫亲为致辞，并撰写《陪都跳伞塔记》，镌刻于塔下以为纪念，现已无存。现今，跳伞塔位于大田湾大拆迁地段经文物专家联名呼吁得以保留。（图39）

图39-1.跳伞塔原貌

39-2.跳伞塔现状。顶部摇臂支架已拆除

图40.雅舍大门·建于20世纪30年代

图41-1.圆庐。杨廷宝设计

五、抗战烽烟中的民居岁月

陪都时期，随政府迁至重庆的要员、名流、学者众多，在物质匮乏的抗战时期，他们共赴国难，在同一片天空下共度艰难时世。他们在这一时期居住过的房屋也成为特殊的历史痕迹，记载着私人化的深刻记忆。

雅舍。雅舍位于北碚，为砖竹民居，建于20世纪30年代，是著名作家、翻译家、教育家梁实秋先生抗战时在北碚的居所。房舍为梁氏与好友吴景超合买，以吴夫人之名命名，以便于邮递通信。梁实秋在此居住七年，为重庆报纸写专栏“雅舍小品”，并于此地完成若干翻译著述。梁氏去台湾之后，以小屋为名写下《雅舍》系列，盛名见于海内外，北碚旧居亦因此而声名远播。原屋已毁，现在梨园村49号原址上依样重建。旧居极为简单朴素，砖柱蔑墙，涂以白灰浆即成，为典型的抗战时期标准适用房（图40）

圆庐。圆庐为国民政府立法院院长孙科住宅，为著名设计师杨廷宝设计，投合孙科如夫人蓝妮之好，亦做跳舞厅之用。建筑体型为圆形，故称“圆庐”。圆庐位于嘉陵江岸，原来可以俯瞰无边江景的建筑，如今早被四周林立的高楼阻隔，建筑造型简洁流畅，别具匠心，形如一枚大勋章，为砖石结构，条石、青砖、旧瓦将新奇的制式演绎得极具匠心，整个建筑平面由内外两个同心圆组成，内圆直径7米，外圆直径17米；圆厅顶部设气楼一圈，自然光线穿透顶层小楼直射底楼，形成特殊的光影效果，有利于除湿通风；底层天花板均匀设置六个通风口，经由上层管道拨风换气，保持室内空气清新。底楼圆厅住宅东西延伸作为辅助用房，四周分隔为扇形小屋，用于跳舞换衣服专用，十分考究。时值今日，我们也很难看到这样将功能性与审美结合得如此完美绝妙的建筑。（图41）

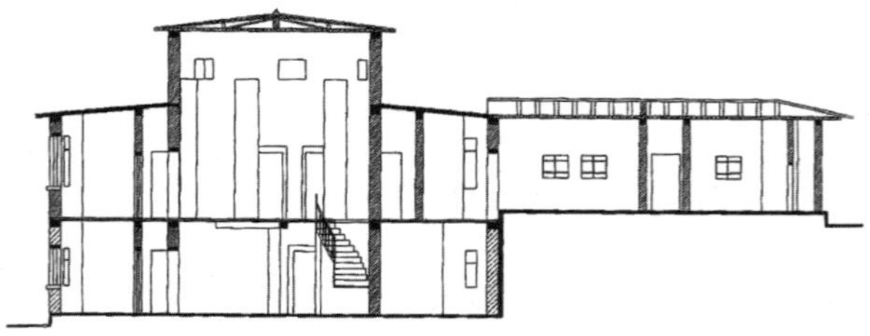

图41-2.圆庐剖面图

听泉楼。听泉楼是国民政府主席林森别墅，为砖木结构建筑，建于1937年，馥记营造厂设计施工。陪都先后有过四处林森旧居，从李子坝官邸、歌乐山避轰炸别馆到长眠之地林园，林森最钟爱之处就是此巴南花溪河畔的听泉楼。林森对听泉楼十分喜爱，一度亲自查勘风水，精心布置远离城市喧嚣的居所。楼房与花溪河以河滨公路相隔，下为黄葛古道，少有车行，水流悬瀑轰鸣，声声入耳，故得名听泉楼。小楼一面靠山，三面为绝壁，不设围墙，屋顶单檐歇山，素面青瓦，墙面青砖勾缝。二楼一半被辟为轩敞的大露台，视野因此极为广阔，凭栏遥望，山风徐来，南泉花溪风景一览无余，是修身养性的大好所在。（图42）

图42.听泉楼

听泉楼有800多平米，15个房间，单檐歇山屋顶，青色砖瓦，大到观景露台、休憩小花园，小到屋中储藏室、花窗、过道装饰无不设置精当。重庆气候多湿热，每间房中都配备了壁炉，门窗呈寿字格，天花板上有精细之极的浮雕刻绘，大都是梅花鹿、寿桃、蝙蝠图案，取其福寿祥瑞之意。楼下可见条石地基及大砂石铸就的地下防空洞，拱券相连，坚固干燥，采光较好，可供人弯腰穿行其中，设计考虑很周详，既是坚固的屋基支撑，又无须另辟空间，躲避空袭非常方便。目前该楼处于废弃状态。

于庄。此地为1938年时任监察院院长的于右任初到重庆时的别墅居所，砖木结构建筑，建于20世纪30年代。其建筑依山就势，俭朴的砖木构筑出了典型的山地特色建筑。西式古典平台花园与中式重檐风格小楼并重设计，既可一览无余的俯瞰江景又和山林景色充分融合，兼顾了实用与审美。于庄之所以称为“庄”源自最初造型，实为一中西合璧的乡村庄园式别墅，它有着陪都时期建筑少见的意大利古堡田园牧歌风格。整座庄园风格凝重大气，却又不乏灵秀雅致，在山林之间流露出山林修士特有的隐逸与浪漫。别墅共三层，地下一层，地上二层，悬山重檐的中式小楼有传统的中国木窗、木门和窗棂装饰，小楼前有南面围合的台地花园。（图43）

图43.于庄·砖木结构·建于20世纪30年代

孔香园。离于庄不远处有孔氏家族的二小姐孔令俊的别墅孔香园，亦为依山而建之所，砖木结构建筑，建于20世纪30年代，占地700多平方，三面靠山，一面正对垭口，夏日凉爽宜人。小楼以条石和木材为原料，坡屋顶小青瓦，保存较好，基本维持了旧观，内部有住房12间，目前装饰一新，楼上用作疗养院宾馆客房。

图44.孔香园·砖木结构·建于20世纪30年代

六、陪都文化教育建筑

抗战时期政府西迁，大批教育机构也随之迁到重庆，极大地充实了重庆的文化教育，成为重庆高校教育史上的高峰期，为此后重庆教育的发展打下了厚重的基础。沙坪坝、白沙坝和夏坝成为战时高校的集中地，享有大后方“文化三坝”的美誉。沙坪坝因为中央大学的迁入而打下了雄厚的文化底子，直到今日也是重庆的文化区，在此繁衍兴盛的“沙磁文化”成为抗战时期文化鼎盛发展的代名词；而白沙坝则为今日西南大学之发轫奠定了基础。

沙坪坝·重庆大学。重庆大学位于沙坪正街。1939年中央大学自南京内迁，重庆大学慷慨接纳了中央大学的进驻，两校同享师资，共用校园，同舟共济，结下了不解之缘。在渝期间，罗家伦、顾孟馀、顾毓琇、吴有训先后担任中央大学校长，其间蒋介石亦曾兼任为时几个月的校长。尽管办学条件艰苦，师生依然冒着物质匮乏、敌机轰炸的威胁治学求学，自己动手挖防空洞、建地下实验室。日机夜袭频繁，学生们习惯了长期在防空洞里读书、学习、下棋甚至恋爱、吵架，还曾一度在防空洞里看徐悲鸿在煤油灯下创作国画《巴人汲水》。在这样艰苦的条件下，别样的大学生活却培养出了大批著名专家学者：吴敬琏、周光召、任新民……谱写了中国教育史上的奇迹。作为这一时期的特殊见证，重大校园内松林坡建有中央大学抗战迁渝纪念亭、“中央大学迁渝记略”碑文和原台湾大学校长虞兆中院士设计的中央七七抗战大礼堂。（图45、图46）

图45-1. 松林坡“中央大学迁渝记略”碑

图45-2. 中央大学七七抗战大礼堂

“中央大学迁渝记略”碑文如下：

一九三七年七月，日寇大举入侵，抗战军兴，首都南京烽燧告警。中央大学商借重庆大学沙坪坝松林坡一隅，营简易黉舍以应变。此地层峦叠翠，云树葱茏，仰眺歌乐雄峙，俯听嘉陵溅鸣。十月工竣，乃迁师生千余及图书设备于兹，并置医学院于成都。越一年，续建分校于柏溪。校长罗家伦虑事周详，一举迁校入川减少辗转损折，学校赖以迅速发展。一九四一年后，顾孟余、蒋中正、顾毓琇、吴有训先后长校。一九四五年八月，日寇败降，日月重光。翌年学校分批迁返南京。

中央大学内迁后，仍设文、法、师、理、工、农、医七学院，凡三十六系；继设研究院，辖七研究所，凡十七学部。师长多为一代隽贤。若楼光来、柳诒征、胡小石、马洗繁、孙本文、徐悲鸿、艾伟、赵忠尧、潘菽、高济宇、陆志鸿、罗荣安、刘敦桢、金善宝、梁希、戚寿南、蔡翘，率皆学萃中西之长，才通古今之变者。万里流离，会于蜀山，居陋室，食粝粟，且时有敌机之扰。于是敌忾同仇，夙兴夜寐，益发愤于授业传道。书山有径，木铎长鸣，解惑每至忘倦，传薪长待中兴。又复潜心学术，考察边陲，专著撰述勤苦，科技硕果累累。社会名流如郭沫若、马寅初、老舍、茅以升诸公，各以孤谐，惠临讲学。至是，昔日荒烟草泽之处，遂成教育文化重地。

莘莘学子，邦国盛衰所系，伤神州之陆沉，以匡复为己任。礼廉之操，服膺铭记；诚朴之训，坐言起行，此诸生之进德也。凝神听课，质疑问难；悉心实验，审慎求证；图书百科，索故探新；止于会通，正诸生之修业也。社团纷立，壁报争鸣；话剧公演，音乐盛会；以讽时弊，以振民心，乃诸生之关注国是也。至若夕阳衔山，江风徐拂，三五知己，轻歌漫步；

茶社畅聚，海天纵谈，则诸生之交游憩息也。迁校九年，在学者四倍于昔，卒业桃李三千。忧国忧民，成中流之砥柱；兴云兴雨，盖华夏之栋梁。荷建设之重任，涉学术之深域，丰功著录于九州，伟绩蜚声于海外。

中央大学上承三江，两江优级师范学堂、南京高等师范学校、东南大学之遗绪，下启南京大学、东南大学、南京师范大学、河海大学、南京农业大学、南京林业大学、无锡轻工学院、南京化工学院、江苏理工大学暨台湾中央大学之云筏，源远流长，名重士林。而渝校师生，国难飘泊，忠义愤激，救亡雪耻，弦诵不绝，且业绩优异，令誉远播，创中大之鼎盛时期。彼时师生尔后被遴选为科学院院士者多逾百人。于今重温往事，固知教育为基础、科技以兴邦，诚立国之本也。

图46-1、图46-2. 中央大学松林坡校舍遗址

抗战期间，重庆大学自身也在不断发展，校内保存完好并一直在使用的理学院大楼（现为人文学院大楼）及工学院大楼（现为资产管理处），一古典一西化，各具情态。工学院大楼为砖石结构西式建筑，建于1935年，由税西恒设计，至今保存完好。（图47、图48）

图47-1、图47-2、图47-3. 重庆大学工学院 · 西式传统建筑

图48-1、图48-2. 重庆大学理学院· 中式传统建筑

夏坝·复旦大学。复旦大学位于北碚东阳镇。“八一三淞沪抗战”失利日寇攻占上海后，复旦大学校舍被毁，师生被逼先迁南京，后迁重庆，1937年由陈望道选址北碚东阳镇夏坝为新校址。八年抗战期间,鲜为人知的夏坝成为与重庆沙坪坝、成都华西坝并驾齐驱的战时后方文化民主的“三坝”之一，有“小延安”之美誉。如今复旦大学主体建筑仍存，坐落于夏坝中部后侧面，临江而建，以老校长李登辉之名命名的礼堂“登辉堂” 系复旦大学迁建时修建的第一幢建筑，一楼一底的砖木结构，承袭川东建筑之风，朴素庄重，非常得体。校园后有大轰炸中惨死的孙寒冰教授之墓及《复旦大学师生罹难碑记》。

图49-1. 登辉堂

图49-3. 复旦大学师生罹难碑记

图49-2. 复旦大学旧址

图49-4. 孙寒冰之墓

白沙坝·川东“学生城”。白沙坝位于重庆江津，因水码头而兴盛，为川东、川南一大水路要津和川黔滇驿道上的重要集镇。此地文风昌盛，清代就有著名的聚奎书院在此创立。抗战全面爆发后，重庆女子师范学院迁于此地，此后川东师范亦迁入。1940年9月20日，全国唯一最高女子学府——国立女子师范学院在白沙新桥开学。此外，中山中学、国立江津师范等大中学校相继搬迁或建立，与本土学校一道繁荣，白沙成为名副其实的“学生城”，国立中央图书馆、国立编译馆也搬迁至此，一时间白沙小镇成为川东文化重镇，引来众多教授、学者、文学家、艺术家和社会名流人文荟萃。现今可探访得遗迹：位于聚奎中学校园内的白沙大讲堂“鹤延堂”和骝马岗新本女子学堂（白屋文学院）等，前者为占地1 500米的罗马剧院式礼堂建筑，保存完好，有两层舞台，风格独特，陈独秀生前最后一次演讲即在此举行；后者的办公

楼维护使用情况上佳，为色彩鲜艳的仿殖民式建筑，四面券廊，古典雅致，建于1904年，现为重庆工商学校办公楼。（图50）

中央政治大学礼堂。礼堂位于南温泉小泉，馥记营造厂总工程师顾授书仿民国政府大会堂原有设计图纸设计的一座礼堂，采取因地因材制宜，改为石柱夯土墙庑殿式屋顶，1943年9月完工，落成后起名中正堂。1944年增建楼层后可容纳3 000人，是民国时期最大的礼堂。大门一间宽11米，门外建有长18米、宽6米的阅兵台，前为可容8 000人的操场。1975年起成为宾馆库房。

七、陪都剧场建筑

抗战期间聚集重庆的艺术团体以话剧演出等形式为抗战作宣传，号召民众团结抗日，为抗战胜利提供了强有力的精神支持，在重庆乃至中国的文化发展史上留下了浓墨重彩的一笔，曾经荟萃芳华的老建筑留下了他们昔日活动的轨迹。八年时间，重庆发展成为大后方戏剧运动的中心，大批知名的老作家、名导演、名演员云集重庆，话剧运动形成了空前的高潮，“雾季公演”成一时之盛。当时整个重庆抗战剧场竟多达26个，但到如今仅剩下抗建堂与国泰大剧院二处。

抗建堂。抗建堂位于渝中区观音岩纯阳洞13号，是具有装饰主义风格的西式现代建筑，建于1940年。1940年4月，政治部第三厅厅长郭沫若兼任中国电影制片厂所属的中国万岁剧团团长后，决定新建话剧剧场以解决当时重庆戏剧界名家荟萃而剧场奇缺的困难，导演史东山的夫人华旦妮负责改建，用“抗战建国”的寓意，取名为“抗建堂”。抗建堂建成后，为上演进步话剧和文艺界集会活动作出了重要贡献。从1941年4月至1945年，共上演了大型话剧33出，成为中国话剧的黄金时代。《北京人》、《棠棣之花》、《风雪夜归人》等都属一代名剧。“抗建堂”高耸于观音岩街边，哥特式高窗，坡屋顶，非常有气势，与现今周围的高楼大厦比肩毫不逊色，在大轰炸中居然得以保存，堪称战火中的奇迹。中华人民共和国成立

图50-1、图50-2、图50-3. 白屋文学院

图51-1. 中央政治大学礼堂·中正堂

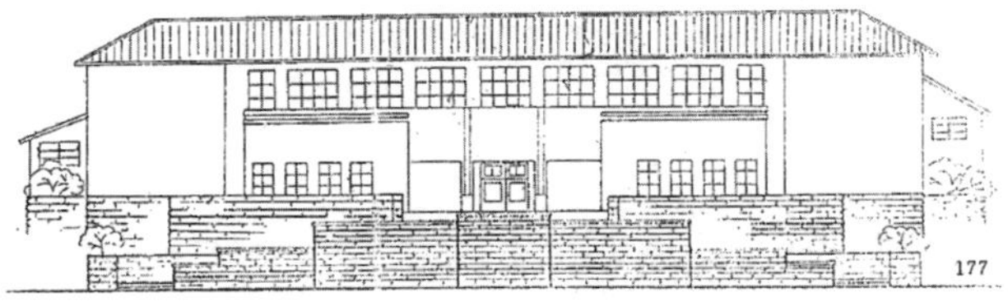

图51-2. 中央政治大学礼堂正立面图

图52.抗建堂

图53.国泰大剧院

后，剧场改名为红旗剧场，1986年变成舞池，2000年9月，市政府列为市级文物保护单位。（图52）

国泰大戏院。大戏院位于渝中区解放碑商圈内。1937年2月落成揭幕，四层砖木结构，钢屋架，建筑面积1 700平方米，剧院内楼下有1454个铁背靠椅座位，建筑造型新颖，设备齐全，是民国时期重庆较好的大型娱乐建筑。作为抗战时重庆大后方戏剧运动中心，大批知名老作家、名导演、名演员云集于此，堪称"梦幻阵容"，剧作家有郭沫若、田汉、夏衍、洪深、老舍、曹禺，导演有焦菊隐、应云卫、孙坚白，演员有赵丹、白杨、张瑞芳、舒绣文、秦怡、项堃、王苹等。大轰炸时期见证了一幕日寇暴行：一次演出中突遭日军空袭，满座观众转瞬中葬身火海，酿成极为惨烈的人间悲剧。这座带着时代烙印的文化建筑在解放和文革期间先后改名为和平电影院和东方红电影院，后因管理不善，难以继续维持正常经营。2009年予以拆除，著名建筑师崔愷先生设计的全新国泰艺术中心将在此地建成。（图53）

八、战时中共建筑遗迹

1939年至1946年期间，在以南方局书记周恩来为首的中共驻渝机构领导下，中共机关报《新华日报》和国统区的中共党组织，坚持统一战线中的独立自主原则，坚持抗战和团结的大政方针，维系国共合作，为争取国际援助，取得抗日战争的全面胜利，做了大量艰苦工作，推动了中国的政治民主和社会进步。《新华日报》、南方局、八路军办事处等先后在市中区、化龙桥一代留下了当年艰苦奋斗的旧迹，其中曾家岩、红岩和虎头岩三处被称为"红色三岩"。

《新华日报》营业部旧址。该营业部位于重庆市渝中区民生路240号。1940年8月，原设在重庆西三街12号的《新华日报》营业部被日机炸毁，通过各种关系，《新华日报》租下了这栋位于当时重庆"文化街"上的三层楼房作为营业部门市和办公用房，于同年10月27日迁此对外营业和办公，直到1946年。楼建于20世纪30年代，建筑面积274平方米，营业部大门上方和正面墙体上，分别砌挂着由国民党元老于右任题写的"新华日报"四个大字招牌。底楼为营业部，面积约60平方米。二楼是营业部办公室，营业部的图书课、广告课、发行课和邮购课等部门都在这间屋内办公。《新华日报》营业部在重庆工作近六年，共发行各类进步书刊数千种，为中国共产党在抗日战争时期的舆论宣传事业做出了巨大贡献。现在这幢深灰色小楼完好地保存在街边，作为全国重点文物保护单位，供人们观瞻。（图54）

红岩村。红岩村位于渝中区红岩村52号，因为地处市郊化龙桥红岩嘴而得名。20世纪30年代初期，辛亥革命烈士饶国梁的妹妹饶国模在化龙桥红岩嘴购荒坡地200余亩，创办大有农场经营果园，1939年"五·三"、"五·四"大轰炸后，《新华日报》馆被炸毁，南方局急需寻找新的办公地点。饶国模慷慨划出地盘，无偿将红岩嘴的土地提供给中共南方局

图54-1.位于渝中区民生路240号的《新华日报》旧址及工作情境

图54-2.位于化龙桥的《新华日报》旧址及创刊三周年纪念招待会

八路军办事处使用，并协助设计，利用自己的社会关系兴建了土木结构的三层楼房礼堂。共产党人在此设立了办公楼、宿舍、托儿所和礼堂，在这片土地上积极开展工作，促进国共合作，推进全面抗战，1947年办事处撤离重庆。(图55)

图55. 红岩村鸟瞰·建于20世纪30—40年代

九、战时社会文化建筑

罗斯福图书馆。图书馆位于渝中区两路口。罗斯福图书馆是国民政府为纪念在世界反法西斯战争中做出重大贡献的美国总统罗斯福于1947年设立，是当时中国仅有的五个国立图书馆之一，也是在中国唯一一个以外国总统名字命名的综合大型图书馆。图书馆被指定为联合国资料寄存馆之一，定期邮寄资料。作为我国保藏联合国资料最早的图书馆，在联合国资料、抗战版图书资料、古本善本图书的收藏中富有盛名。新中国成立后，罗斯福图书馆更名为“国立西南人民图书馆”；1955年5月，国立西南人民图书馆、重庆市人民图书馆、重庆市北碚区图书馆三馆合并，组成“重庆市图书馆”；1987年，更名为“重庆图书馆”，并沿用至今，2007年新重庆图书馆在沙坪坝落成后迁往新址。当年罗斯福图书馆旧址仍保留在两路口，三层楼的米色平顶西式建筑，正立面入口凸出，二根立柱贯通三层楼。（图56）

图56.罗斯福图书馆

图57.棫园——中华全国文艺界抗敌协会旧址

棫园（中华全国文艺界抗敌协会旧址）。棫园位于渝中区张家花园65号附2号，建于20世纪30年代。棫园原为富豪私邸，川军师长王缵绪以建学校培养军政要员子女名义购买，组建了重庆私立巴蜀学校。1938年8月武汉沦陷前夕，“文协”迁到重庆，巴蜀学校的宿舍。“棫园”就租借给中华全国文艺界抗敌协会，掀起了抗日文化运动的高潮。周恩来曾多次在“文协”院内和巴蜀校园演讲，感召了无数青年人投身抗战。原建筑已毁，现仅存大门和内嵌的四根罗马风格砖柱。（图57）

抗战胜利记功碑。这是重庆地标性建筑，位于商圈购物广场正中，先后称为精神堡垒、抗战胜利记功碑和人民解放纪念碑，分别记录了不同历史时期的经历。（图58）

图58-1.精神堡垒（1941年12月30日）

图58-2.抗战胜利纪功碑（1947年10月）

图58-3.解放碑（1950年7月7日）

为动员民众抗日，国民政府迁到重庆后精神总动员促进会决定在市中心繁华地段修建象征抗战到底决心的建筑物，1941年12月30日竣工，为通高七丈七尺的木结构建筑，定名为“精神堡垒”。堡垒为方形椎体炮楼式，上部以新生活运动会徽标记装饰，柱面朝民族路一方题有“精神堡垒”四字。“精神堡垒”在日寇轰炸中被炸坍。

1945年抗战胜利后，国民政府成立专门的筹建委员会，由黄宝勋、刘达仁主持策划工作，在原址上修建“抗战胜利纪功碑”。纪功碑于1947年10月10日落成，通高34.5米，为柱状盝顶钢筋混凝土结构，分碑座、碑身、标准钟、瞭望台、警钟、灯光照明、纪念钢管（内附设计图图样和有关人员签名，以及当时文化产物、名作、报纸、邮票等物）、风向器及方位仪等八个部分。碑正面朝向民族路，镌刻“抗战胜利纪功碑”七个鎏金大字，碑座有石碑八面，铭刻国民政府明定重庆为陪都文件全文等内容。抗战胜利纪功碑由黎伦杰、唐本善、张之蕃、郭民瞻等设计，土木工程师李际棻负责工程监理，电器设计师李中岳负责内部设施布置。（图59）

图59.《陪都十年建设计划草案》中修复的抗战胜利纪功碑图·1946年

除“抗战胜利纪功碑”外，国民政府在抗战胜利后制定《陪都十年建设计划草案》，建设“全市精神所表现，允宜整齐划一，坚固耐久，庄严宏丽”的公共建筑，计划建朝天公园抗战纪念堂，抗战纪念柱、胜利纪念塔、凯旋门等建筑以彰显抗战业绩，但随着国民政府统治在政治、经济上逐渐丧失民心，走向崩溃，“陪都十年建设”成为了一纸空文，这些拟建的纪念建筑最终都没有变成现实，留下来的只有“抗战胜利纪功碑”。（图60）

图60-1.拟建的朝天公园抗战纪念堂

图60-2.抗战纪念堂剖面图

图60-3.胜利纪念塔正立面

中华人民共和国成立后，1950年7月7日，重庆市人民政府布告，改“抗战胜利纪功碑”为“人民解放纪念碑”，由西南军政委员会主席刘伯承题写新碑名。改建后原有碑文无存，装饰图案改为人民解放军战士形象，多年后经直辖政府维修整治，以花岗石取代碑基座磨石，花圃围绕，立体华灯装饰，整体经过清洗粉刷之后以明快、亮丽的面貌与商圈购物广场融为一体，成为新重庆新时期发展的见证。

结 语

战争与和平一直都是人类文明发展史上深刻的话题，建筑则往往以自己长久的存在具体而鲜明的反映这一矛盾，留给后来者更多的思考。建筑与历史的结合体现出的独特魅力在于它既是人类主观感情的寄托，具有难以复制的文化情感特性，同时又以自己独特的时代性和地域性体现其作为技术与艺术综合体的客观实用性。

重庆抗战时期的建筑遗址作为中国历史文化遗产的一部分，完整地记载了山城人民与全国同胞抗敌御侮的历史过程。大量办公、文化、教育、民居、纪念建筑从不同角度、全方位地立体展现了中国与世界和平力量在日本法西斯疯狂侵略下不屈不饶的战斗精神，众多优秀建筑有的为战火所毁灭，有的又因战火而生，遗存下的建筑一一见证和记载了八年抗战的历程，既形成了重庆鲜明的城市文化特征，也成为了中国和世界爱好和平的人们宝贵的历史文化财富。

同时，这些建筑以其深刻的时代性、地域性、文化性和包容性充分体现了特殊时期在历史夹缝中中国建筑文化中西合璧、贯古通今的交流与融合，体现了中国从传统建筑向现代建筑崎岖发展前进的过程。这些，不管从历史文化意义还是从建筑学角度而言都具有重要意义，都应该引起后人的充分重视。（图61）

图61-1. 重庆钓鱼城·象征抗争精神的千年营垒

图61-2. 钓鱼城抗战题刻

图62. 万州西山钟楼·守卫重庆的前沿阵地

但是，由于长期以来受多方面原因影响，一些具有重要文物保存价值的优秀建筑毁于文革，成为历史永久的遗憾；一些建筑随着时光变迁逐渐湮灭无闻，在城市改造拆迁中彻底消失。重庆抗战遗址点多、面散，现状差别相当大，一些重量级的文物建筑未经慎重考虑即被拆毁，一些因得到精心维护，至今仍在使用，还有大量建筑则因财产归属不同而保护水平参差不齐。对于如何系统规范地保护和利用抗战遗存建筑，缺乏相应的科学措施。我们面对众多亟待保护的抗战建筑遗迹开展考察、研究，呼吁、宣传，以重视保护抗战历史文化建筑的工作，是对伟大抗战精神的弘扬，亦是对历史文化财富的尊重，希望藉此为历史文化建筑的保护和利用提供更多的参考依据。

（舒莺撰文）

附录1、抗战时期的重庆设计机构和队伍

抗日战争爆发后，重庆人口猛增，临时性房屋大量涌现，竹木捆绑房及蔑席棚户密布各处，旧式穿逗木架屋及砖柱上墙或板条房屋占的比重较大。1938年经市工务局核准，发给开业证书的建筑师51人（其中技师37人，技副14人）。随着内迁单位中建筑技术人员的增多，1939年5月至1940年陆续在市工务局核准发给开业证书的土木建筑工程师124人，其中甲等94人，乙等20人，测绘员10人。当时明文规定可以承办设计房屋的工作范围：捆绑一层200平方米；捆绑二层100平方米；穿逗一层60平方米；穿逗二层40平方米。一般承揽的业务是商业建筑和住宅建筑，多为二层至三层砖木结构，而具有专业配套完整的建筑设计机构并不多。从124名技师的资格中，可以看到名人荟萃，盛极一时。如在上述124人中，早在抗战前已办了国民政府工商登记证的有基泰工程司杨廷宝、关颂声、朱彬、杨宽麟，华安事务所的蔡传书、工业建筑设计师曾广珠等10人，其后在国民政府实业部登记办证的有中国建筑银行建筑课的陆谦受，基泰公程司张镈，大中建筑公司黄家骅，馥记营造公司的顾授书，六合工程公司的李祖贤，华西兴业公司的汪和笙，致远建筑公司的汪受衷，固泰事务所的唐璞等，还有陪都建设委员会的梁思成、哈雄文，中央大学建筑系刘敦桢，华盖事务所童寯，兴业事务所李惠伯、徐敬直等，相当集中地荟萃了一批水平较高的设计人才。从当时报刊的广告能看到内迁来渝第一流的建筑设计机构——基泰工程司的设计宗旨：开创国内设计业务，中国租界设计权益，发扬中国古代建筑，服务抗战建国工程。

摘自（《重庆建筑志·1949年前的设计队伍》）

附录2、抗战期间重庆建筑设计工作知名设计师

所属机构	姓名
中国桥梁公司总经理	茅以升
陪都建设计划委员会	梁思成
内政部营建司	哈雄文
中央大学建筑系	刘敦桢、童寯
基泰工程司	杨廷宝、关颂声、张镈
兴业建筑事务所	李惠伯、徐敬直、戴念慈
中国银行建筑课	陆谦受
大中建筑公司	黄家骅
华新建筑公司	张开济
中华工程公司	吴世鹤
致远营造厂	汪受衷
馥记营造厂	陶桂林
六合工程公司	李祖贤
龙溪河水力发电工程处	张光斗、李鄂尊
重庆大学机电系	毛鹤年
外籍建筑师：英国	莫利生
外籍建筑师：匈牙利	肖飞
外籍建筑师：加拿大	倍克
外籍建筑师：法国	博德利
外籍建筑师：丹麦	守尔慈
外籍建筑师：美国	拉铁摩尔

（根据《重庆建筑志》整理）

参考文献

[1] 邓又萍等. 陪都溯踪. 重庆：重庆出版社，2005.
[2] 杨筱. 探寻陪都名人旧居. 重庆：重庆出版社，2005.
[3] 王小全. 张丁. 老重庆影像志. 重庆：重庆出版社，2007.
[4] 龙俊才. 岁月尘封的记忆——重庆抗战遗址. 重庆：西南师范大学出版社，2005.
[5] 重庆市规划局. 重庆市优秀近现代建筑. 重庆：重庆大学出版社，2007.
[6] 【日】前田哲男. 从重庆通往伦敦、东京、广岛的道路——二战时期的战略大轰炸. 北京：中华书局，2007.
[7] 陪都十年建设计划草案. 非正式出版物. 重庆市图书馆、重庆市规划展览馆联合翻印版.
[8] 重庆市城乡建设委员会. 重庆市建筑管理局. 重庆建筑志. 重庆：重庆大学出版社，1997.
[9] 重庆课题组. 重庆. 北京：当代中国出版社，2008年.
[10] 重庆珍档.重庆晚报. 2010-6-29.
[11] 中共市委党史研究室· 重庆抗战胜利60周年·图片集萃·千秋红岩，重庆：重庆大学出版社. 2005.

图纸与照片资料

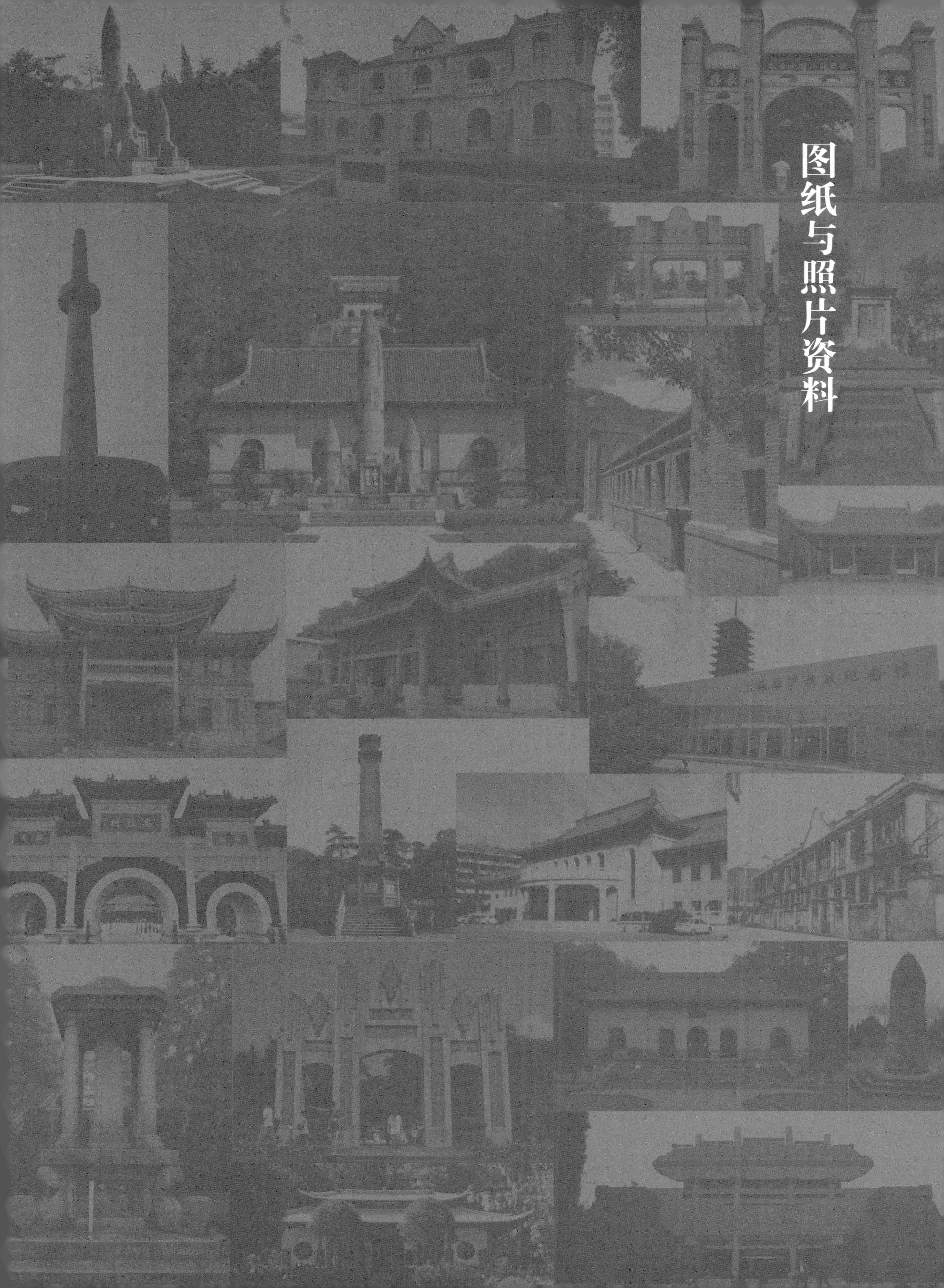

重要的抗战历史建筑图纸

囿于时间所限，在重要的抗战历史建筑的原设计图整理和建筑现状重新测绘方面，目前可发表的仅四项：湖南衡山南岳忠烈祠、武冈中山堂、怀化龙潭镇湘西会战第七十四军阵亡陵园和天津法租界公议局大楼。项目虽少，但可据此了解抗战期间及战前建筑界在中国固有式建筑、民居建筑和西洋古典式建筑的设计、建造水平。

一、湖南南岳忠烈祠

此部分包括原“建筑南岳忠烈祠工程处”王汝良等设计原图三张，根据设计原图重新绘制图七张，湖南省文物局文物修缮室、南岳文物处理处近期所作测绘图及保护规划图19张，统一由南京大学建筑与城市规划学院马晓副教授修正，部分图纸重新绘制。

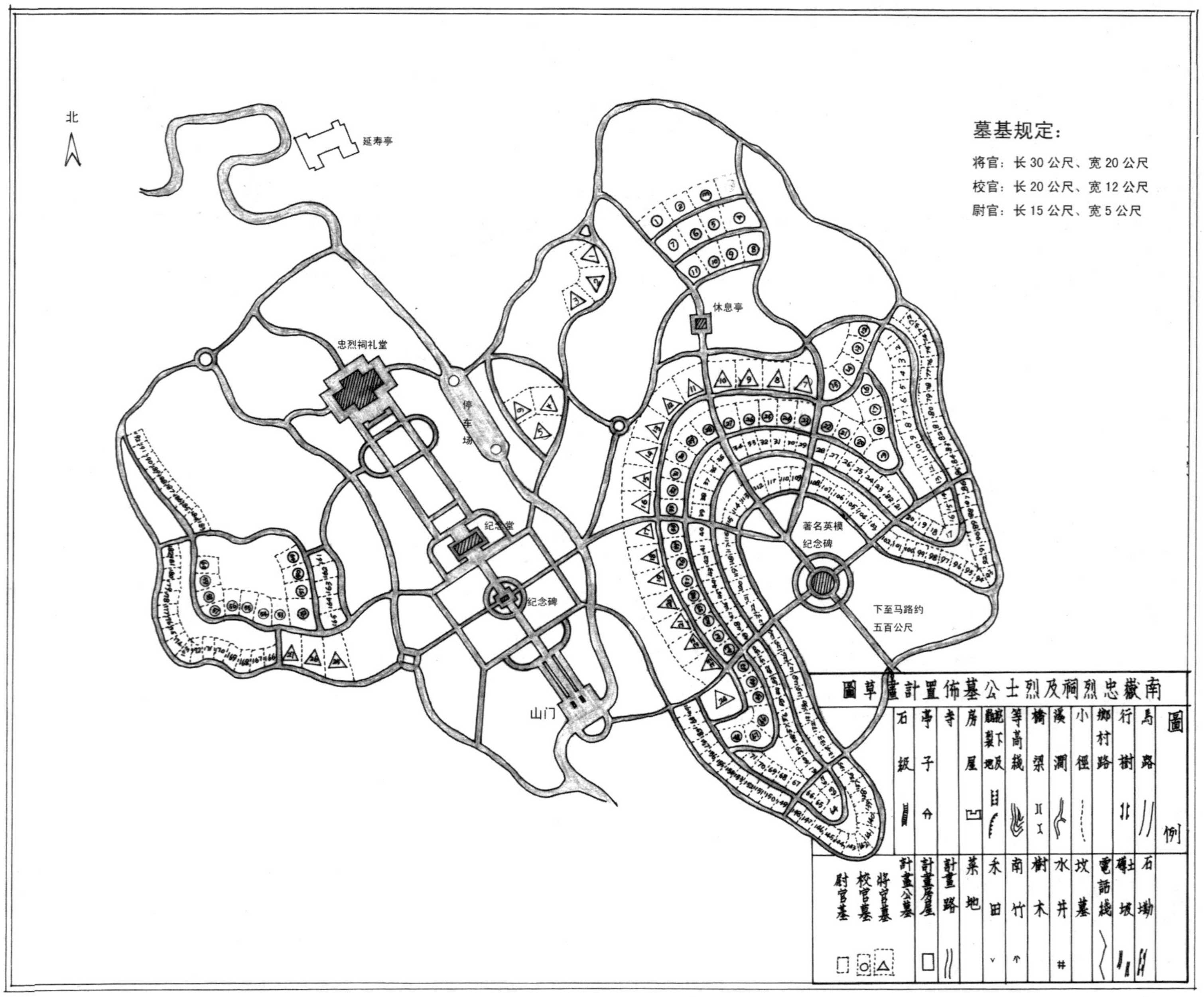

1. 南岳忠烈祠及烈士公墓总体规划（南岳文物管理处据原“建筑南岳忠烈祠工程处布置计画草图”修改）

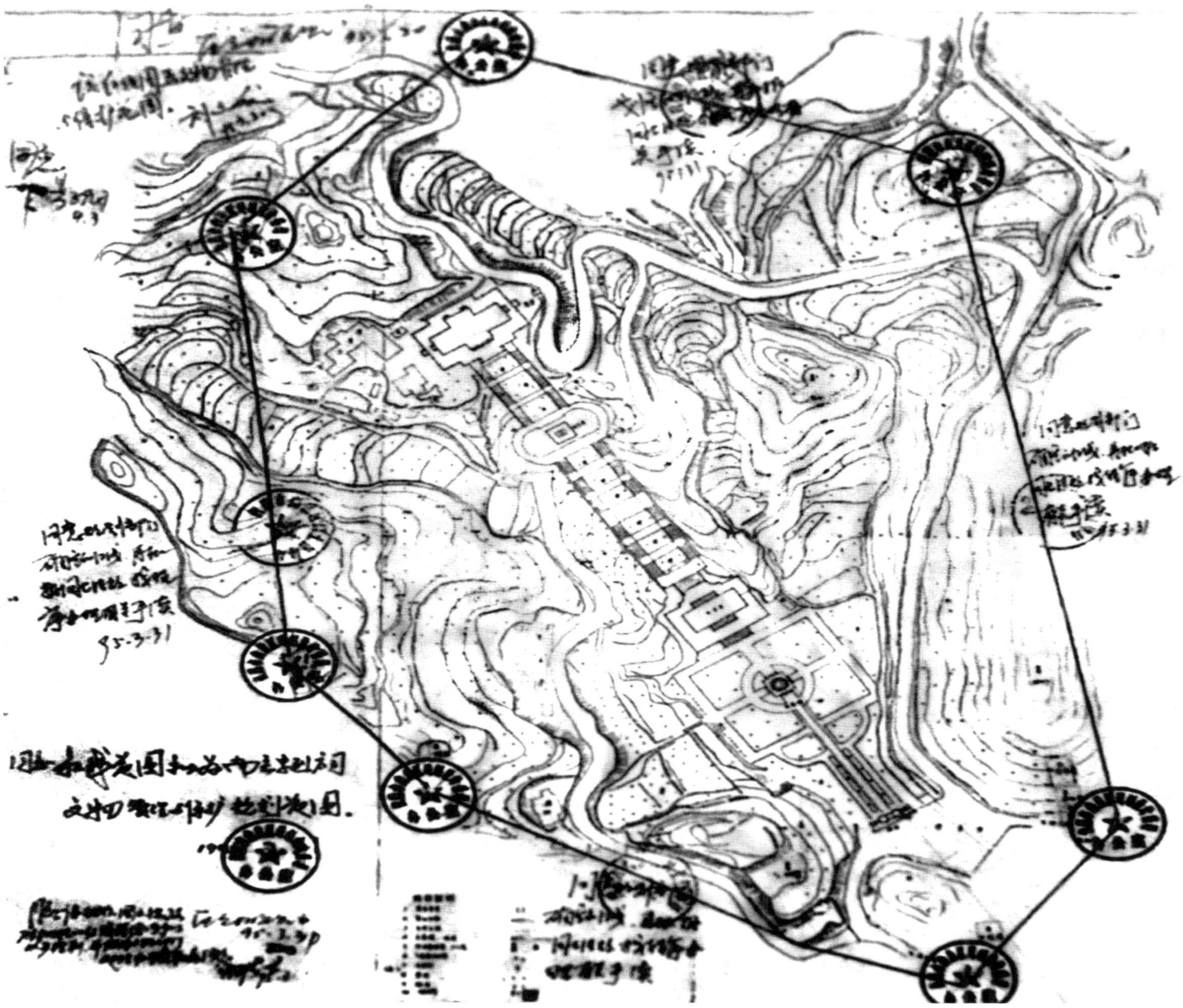

2. 南岳忠烈祠地形图（“建筑南岳忠烈祠工程处”原图）

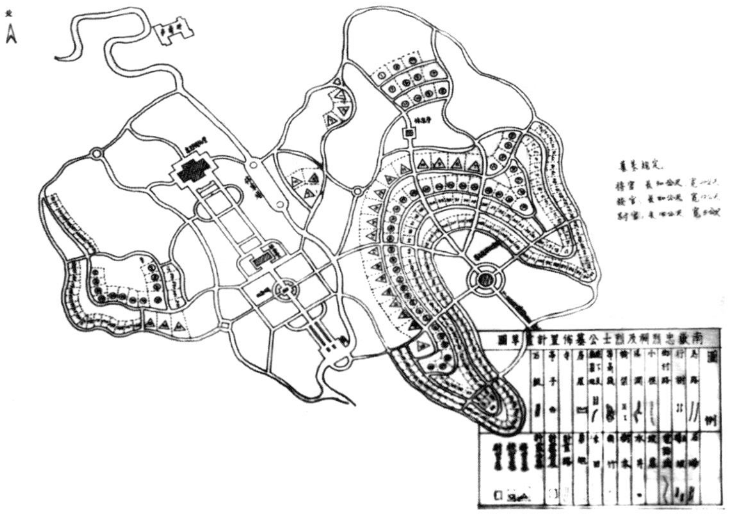

3. 南岳忠烈祠及烈士公墓布置计画草图（“建筑南岳忠烈祠工程处”原图）

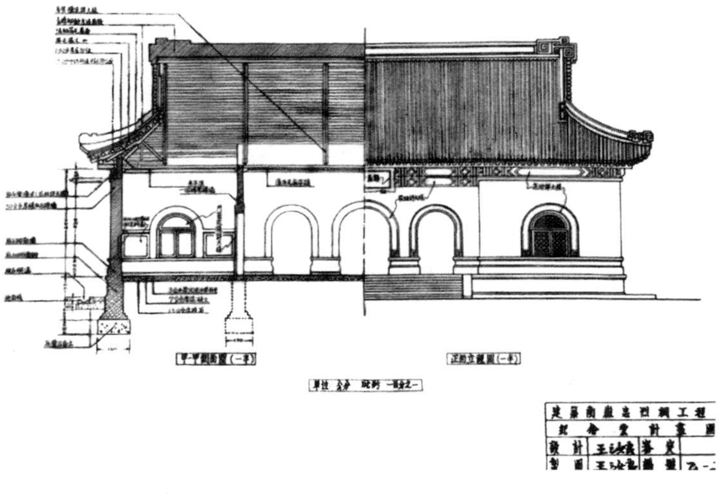

4. 南岳忠烈祠纪念堂计画草图（“建筑南岳忠烈祠工程处”原图）

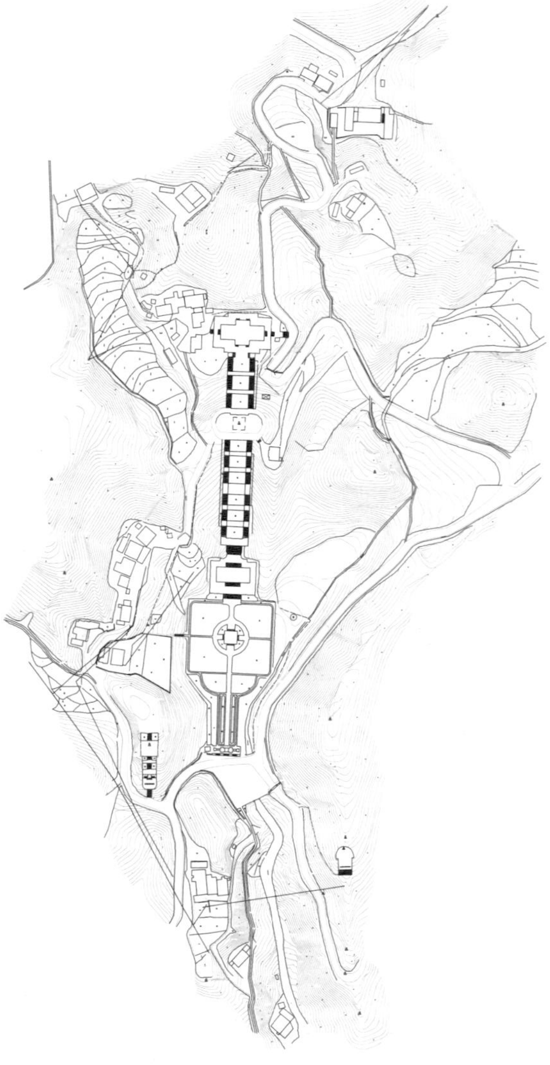

5. 南岳忠烈祠总平面地形图

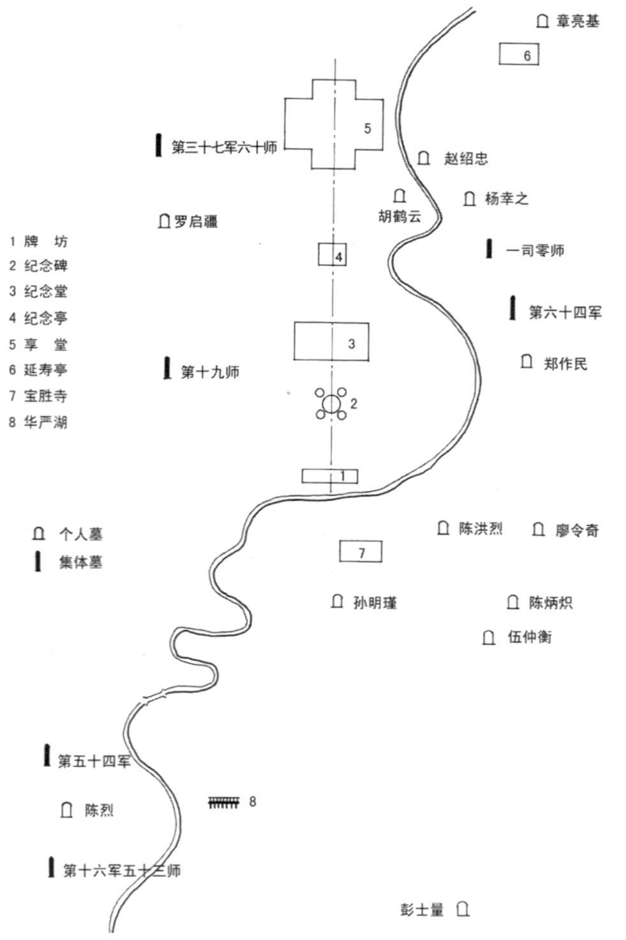

6. 南岳忠烈祠现状总平面及周边墓葬分布示意图

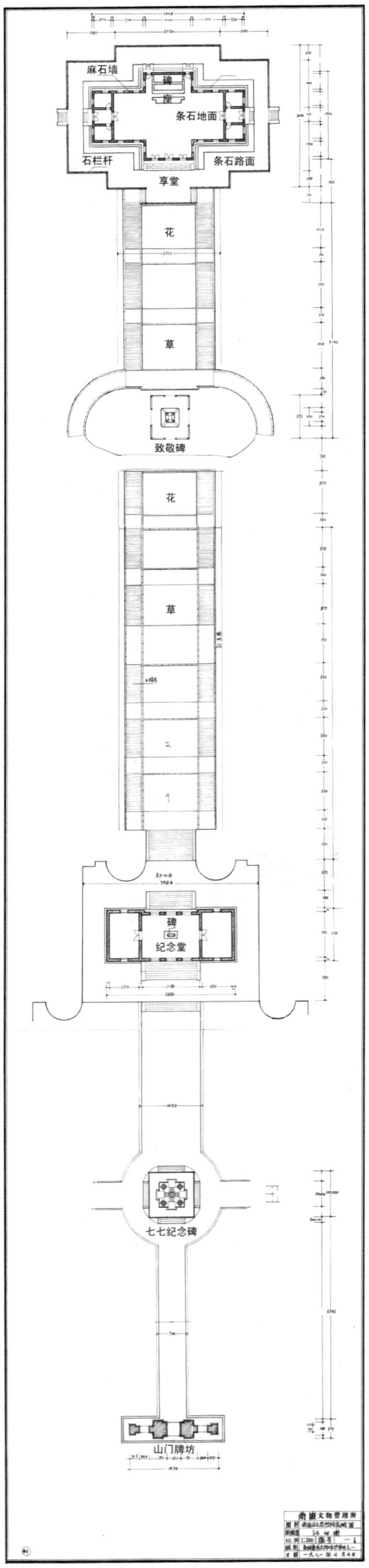

7. 南岳忠烈祠中轴线平面图

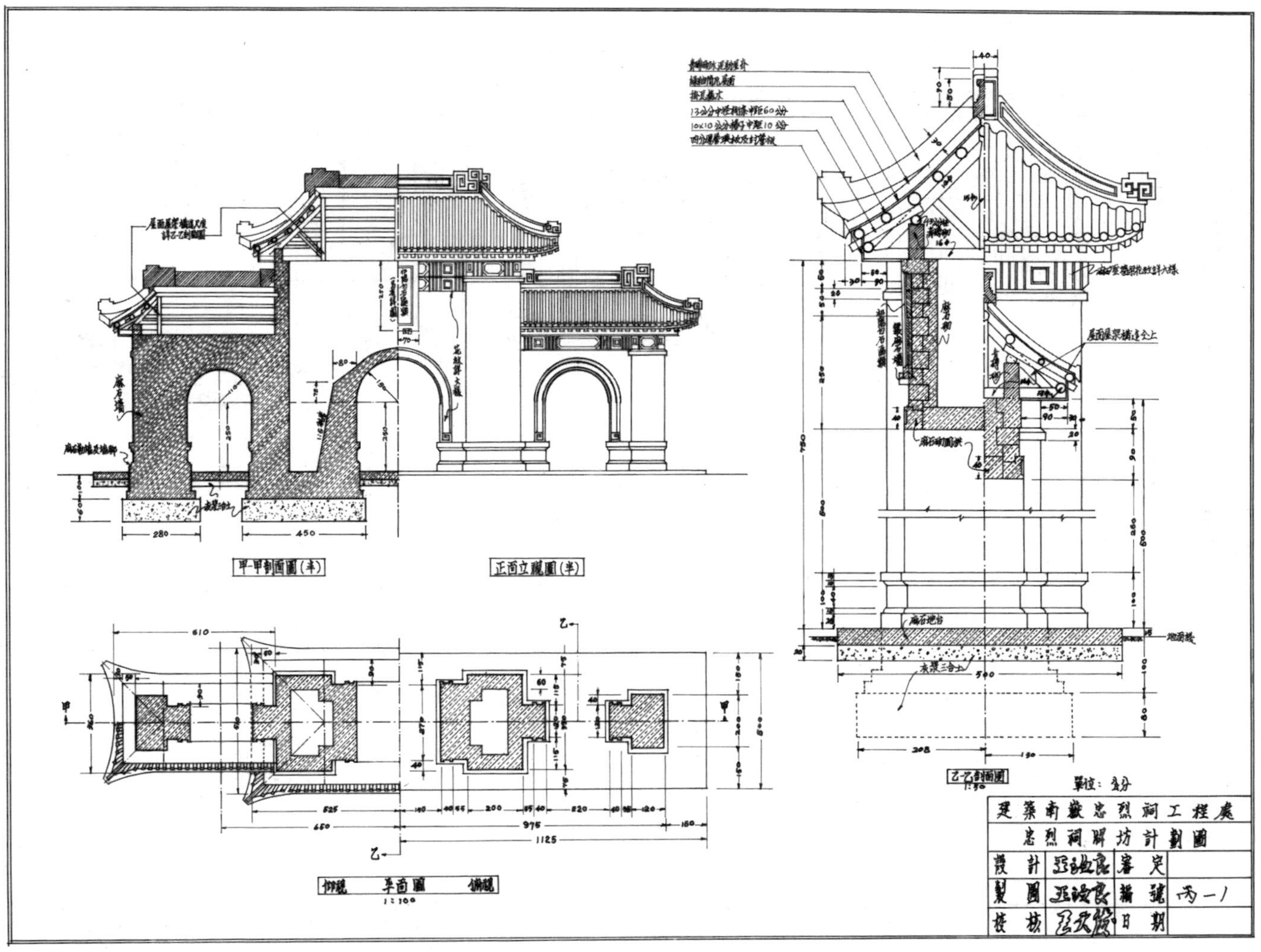

8. 南岳忠烈祠牌坊计划图

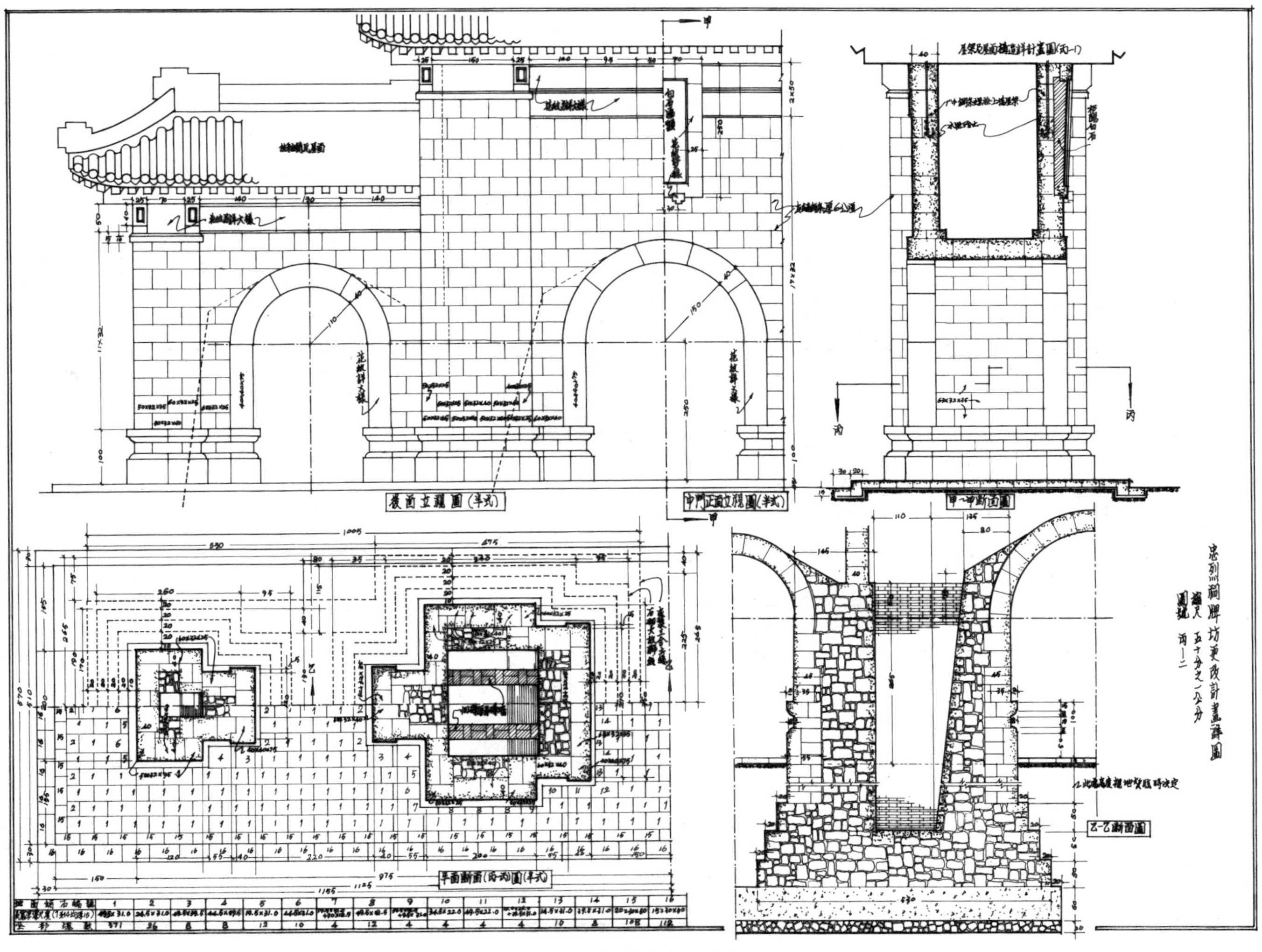

9. 南岳忠烈祠牌坊更改计划图

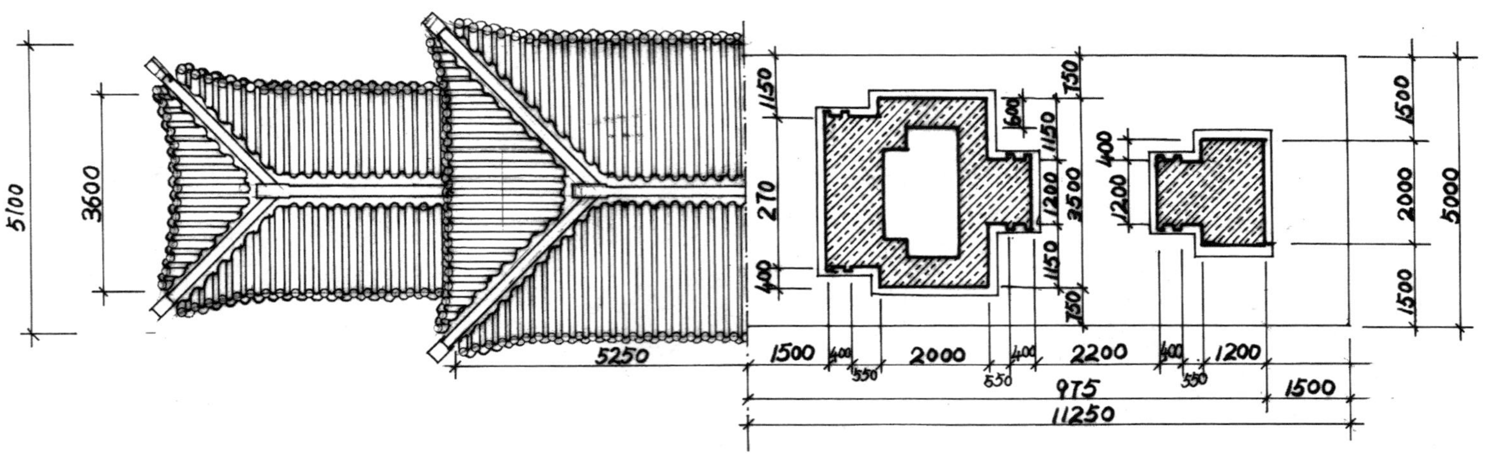

10. 南岳忠烈祠牌坊平面俯视图

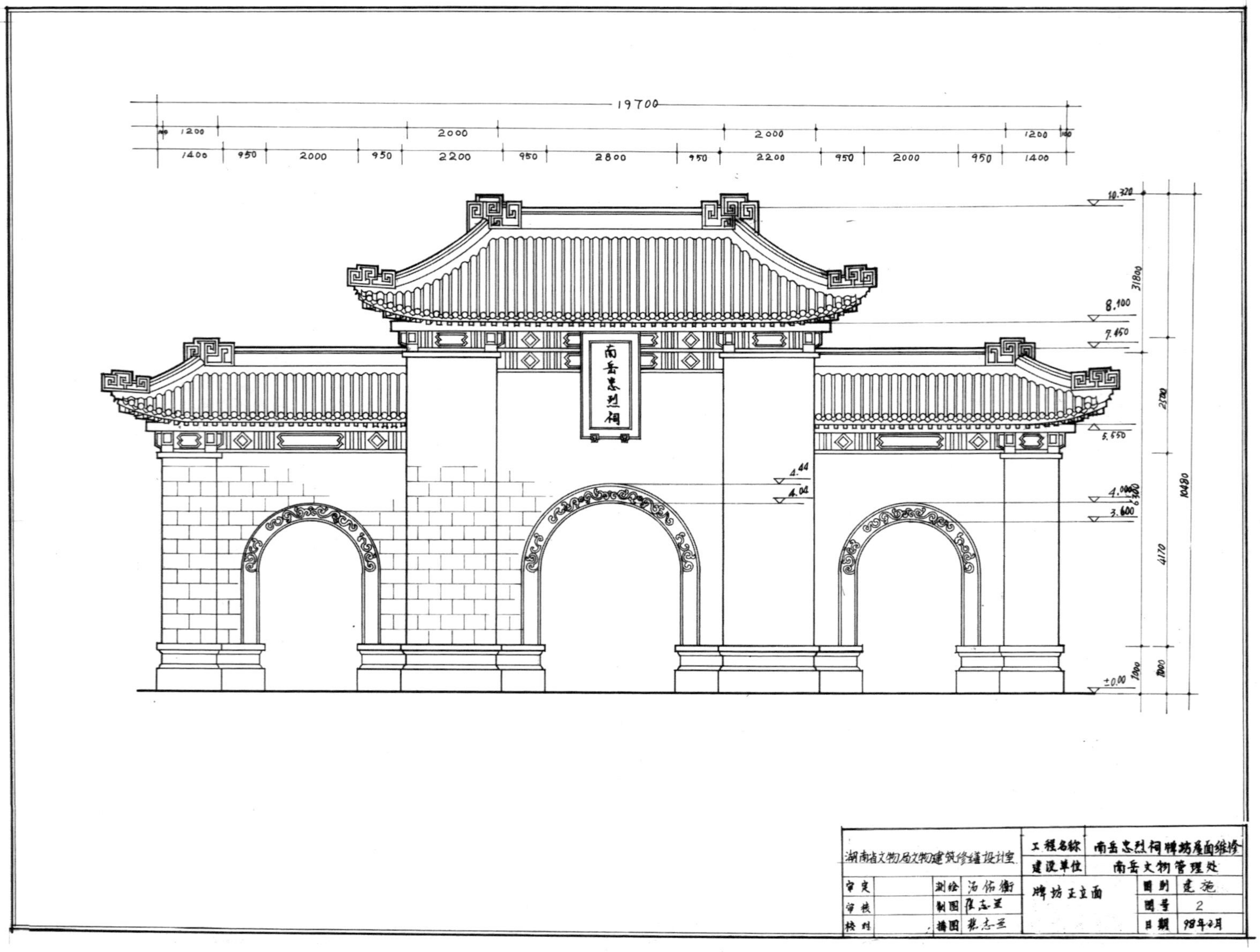

11. 南岳忠烈祠牌坊正立面图

12. 南岳忠烈祠七七纪念碑平面图

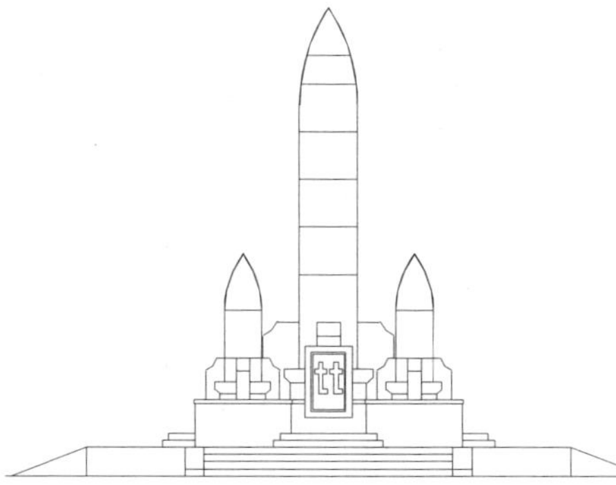

13. 南岳忠烈祠七七纪念碑立面图

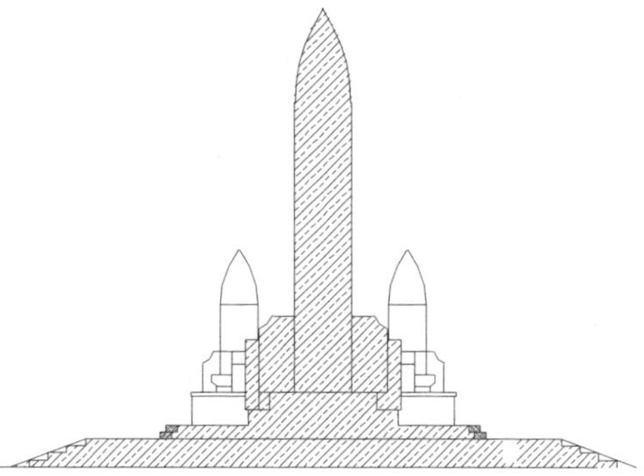

14. 南岳忠烈祠七七纪念碑剖面图

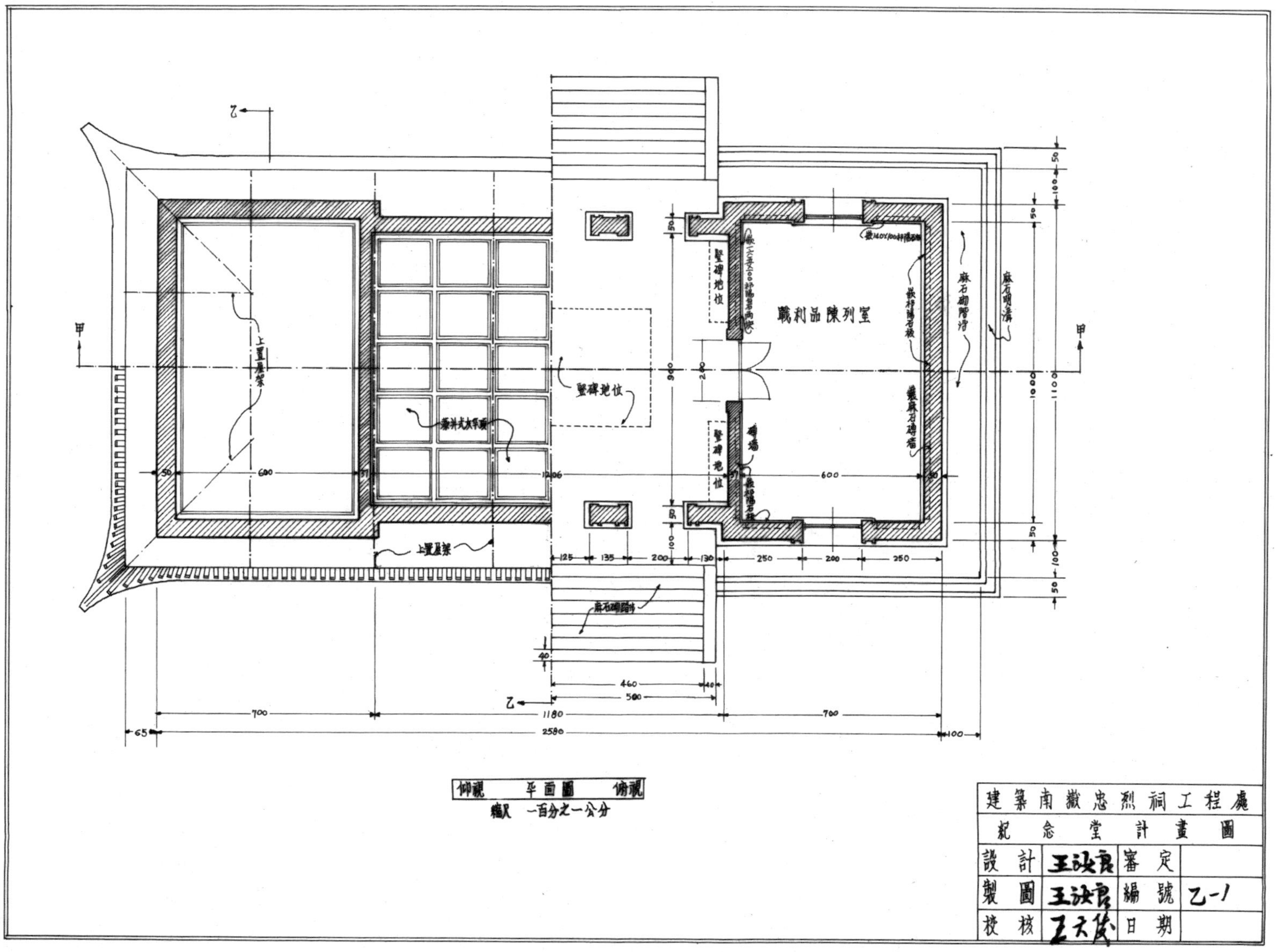

15. 南岳忠烈祠纪念堂平面、室内俯视图

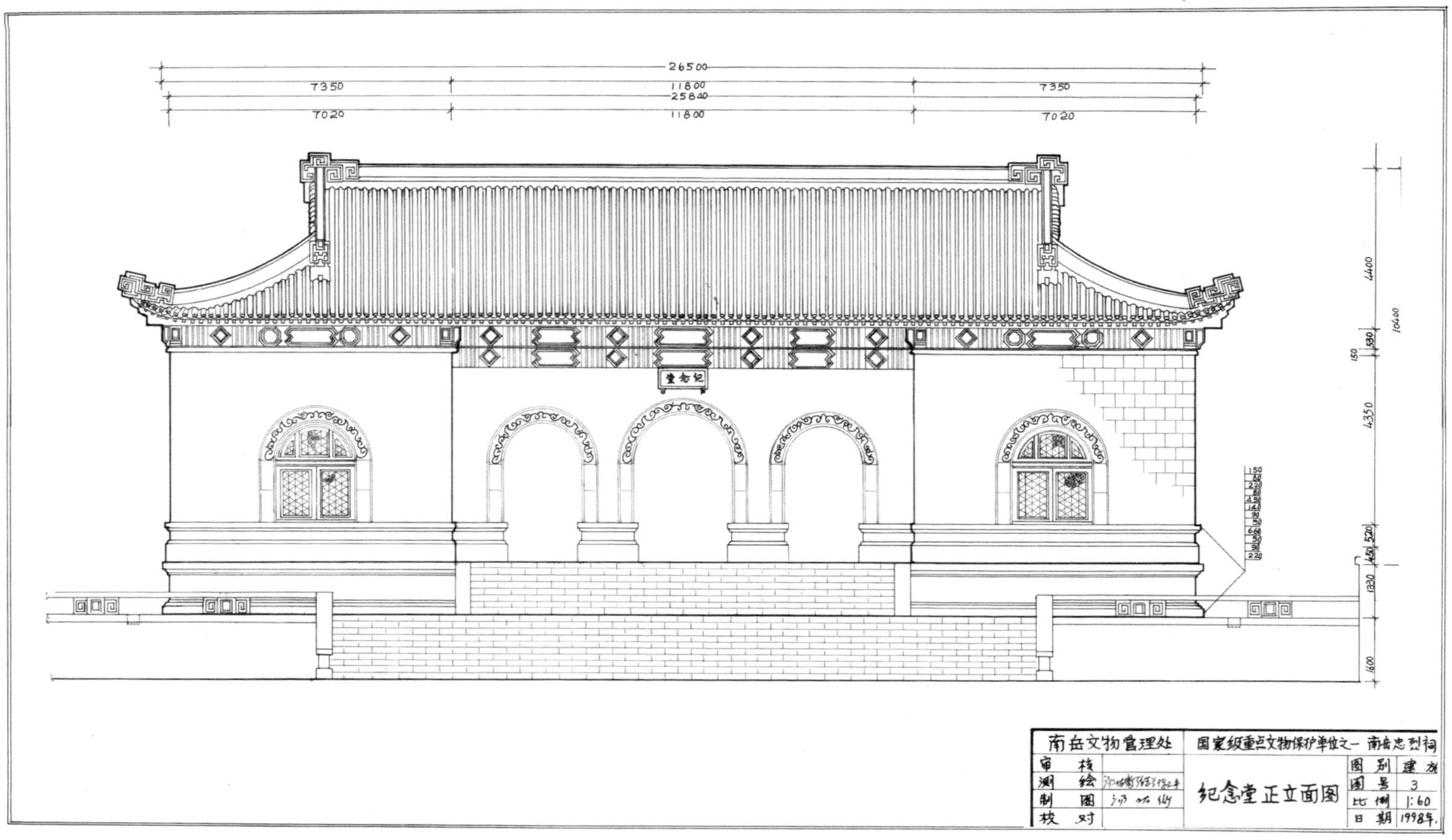

16. 南岳忠烈祠纪念堂正立面图

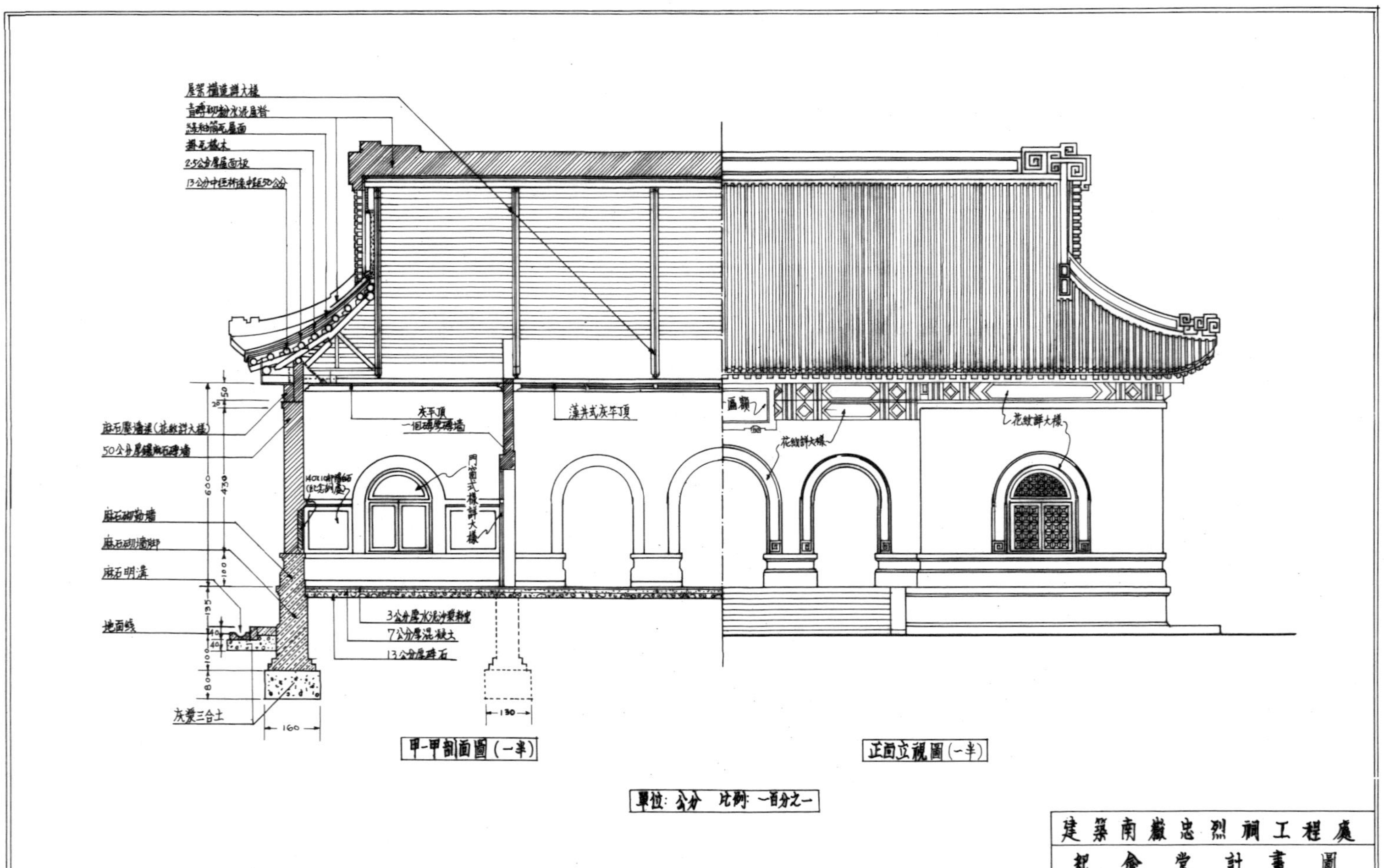

17. 南岳忠烈祠纪念堂正立面、纵剖面图

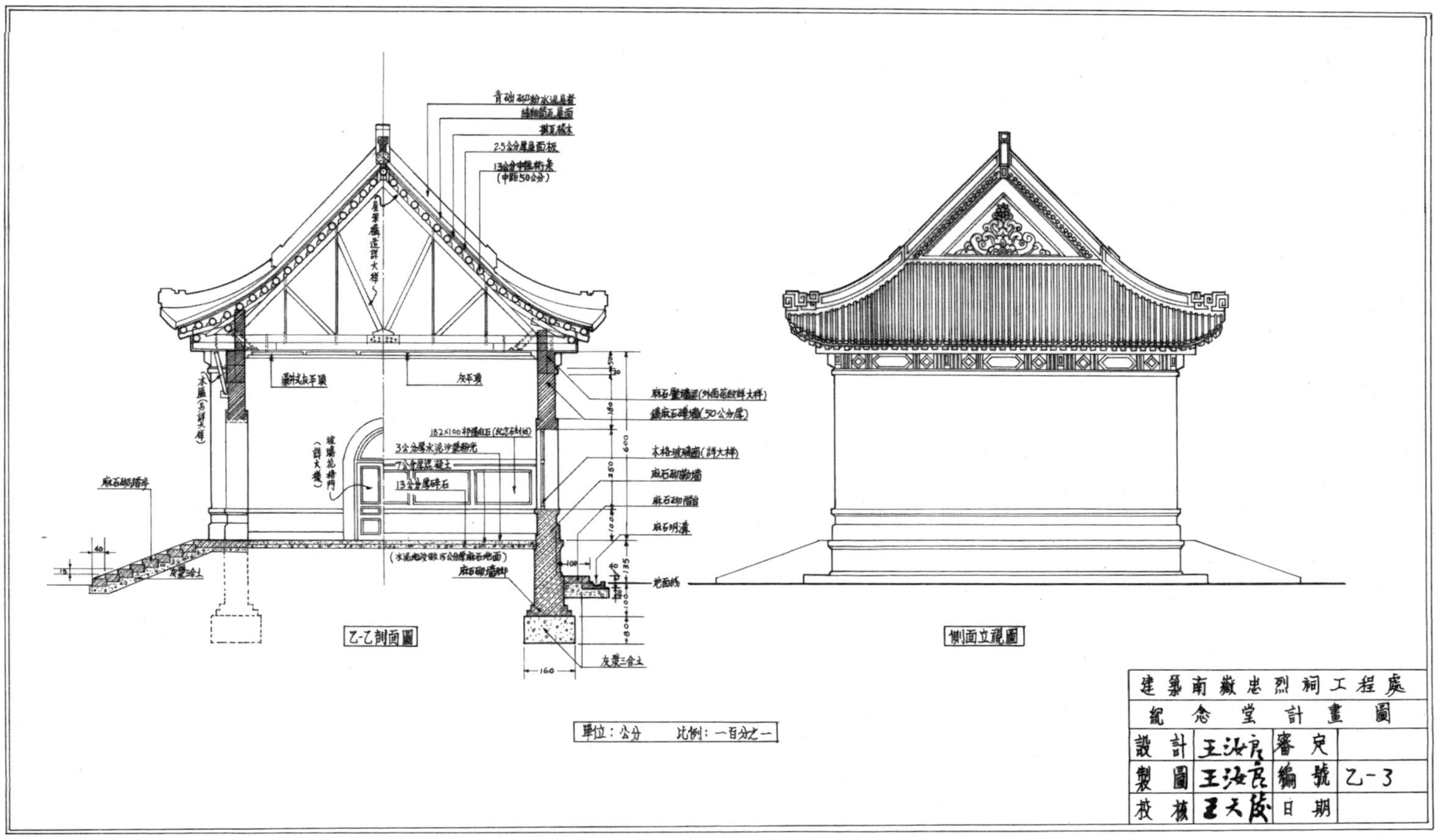

18. 南岳忠烈祠纪念堂侧立面、横剖面图

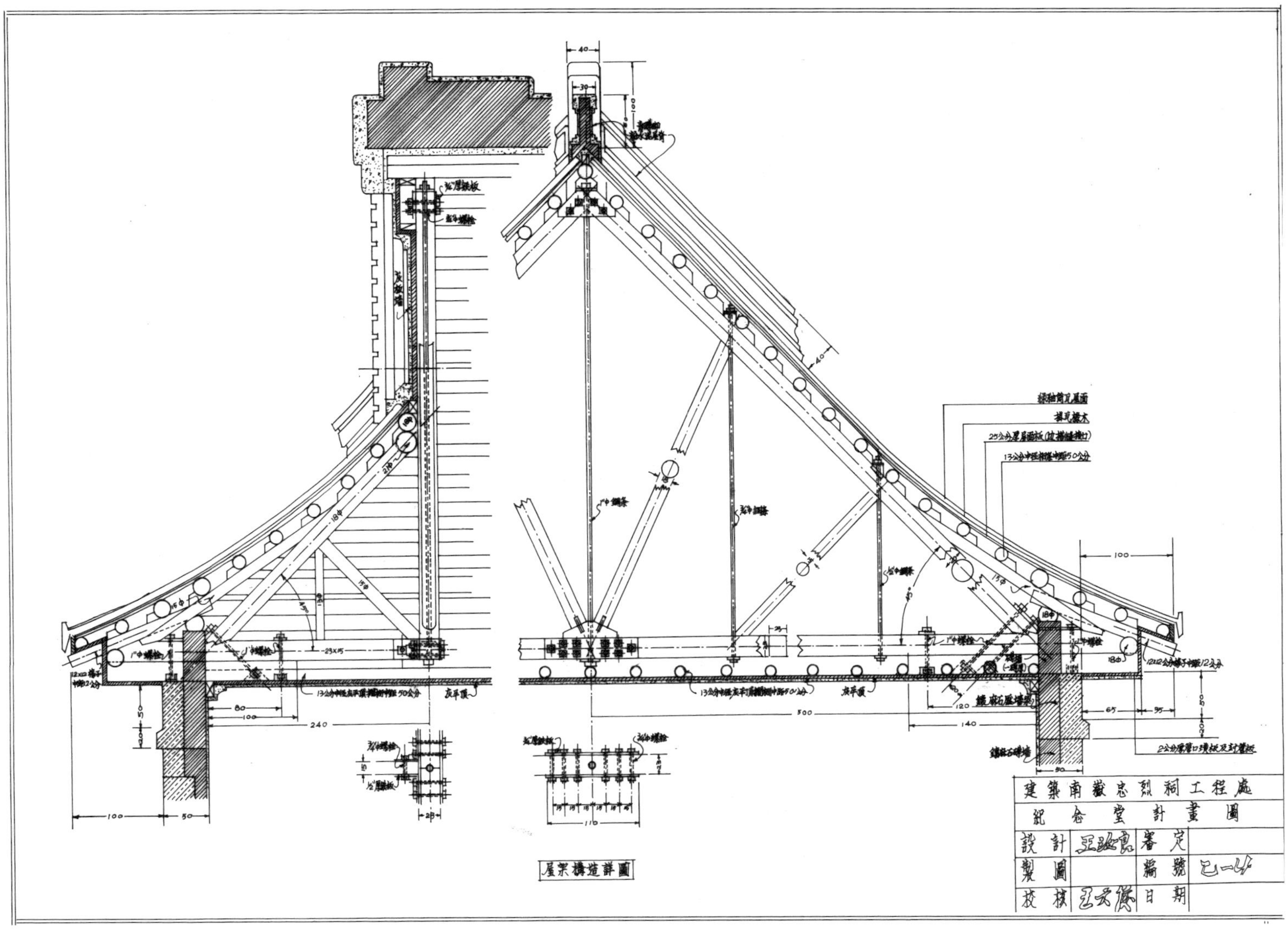

19. 南岳忠烈祠纪念堂屋架构造详图

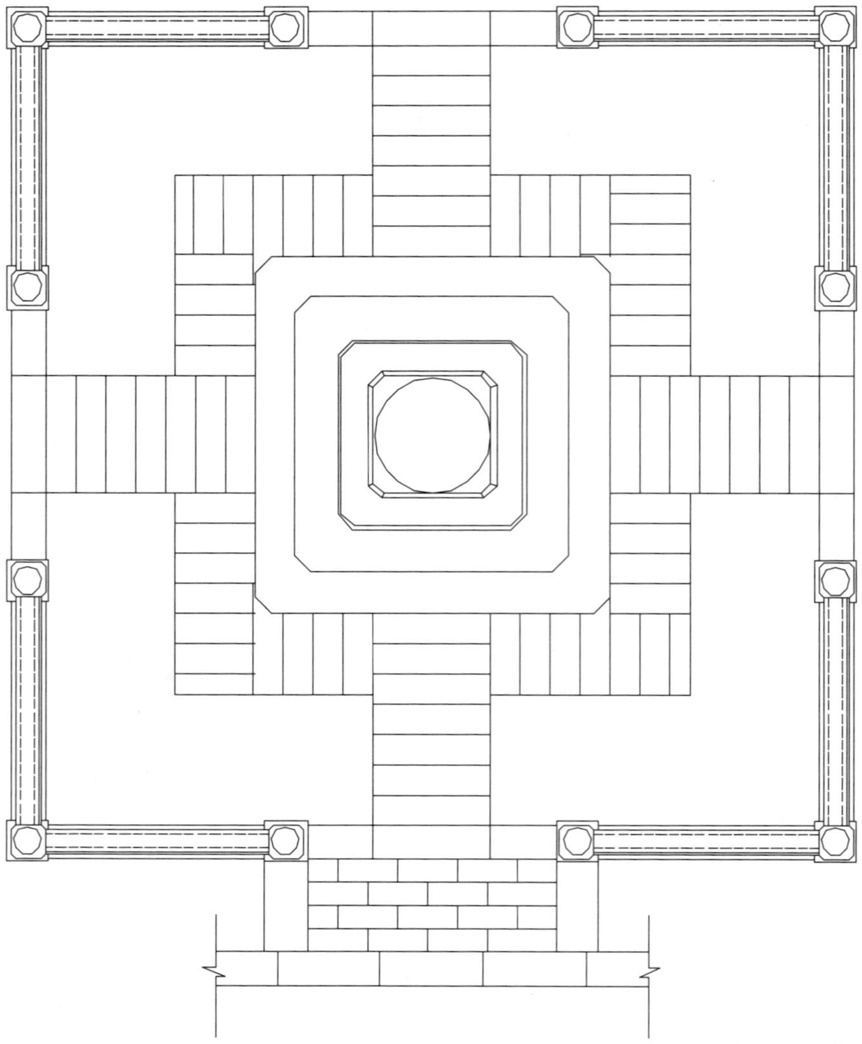

20. 南岳忠烈祠安亭战役纪念碑总平面图

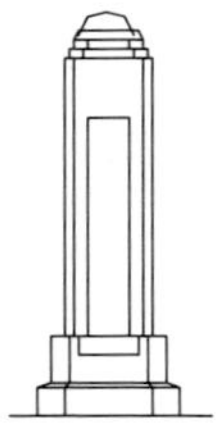

碑身立面大样1:30

栏杆剖面图1:30

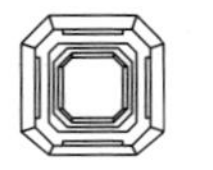

碑身平面大样1:30

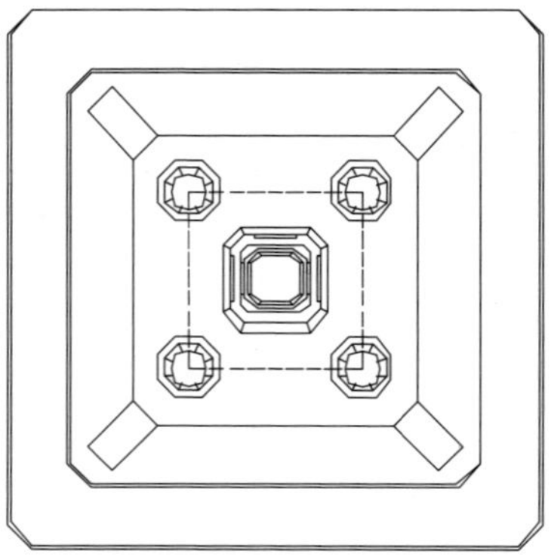

21. 南岳忠烈祠安亭战役纪念碑碑亭平面图、碑身平立面图、栏杆剖面图

22. 南岳忠烈祠安亭战役纪念碑总立面图

23. 南岳忠烈祠安亭战役纪念碑碑亭、碑身剖面图

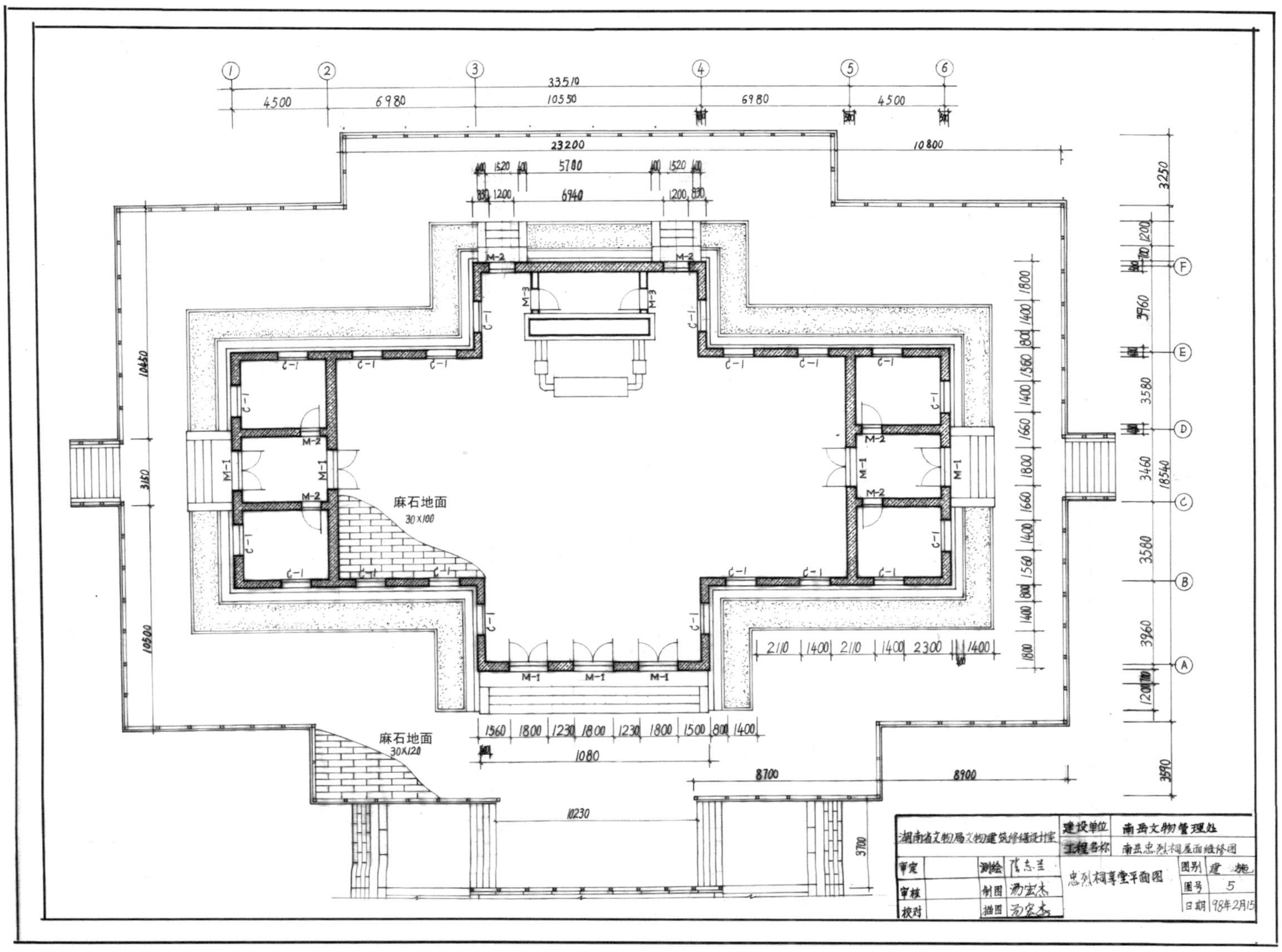

24. 南岳忠烈祠享堂平面图

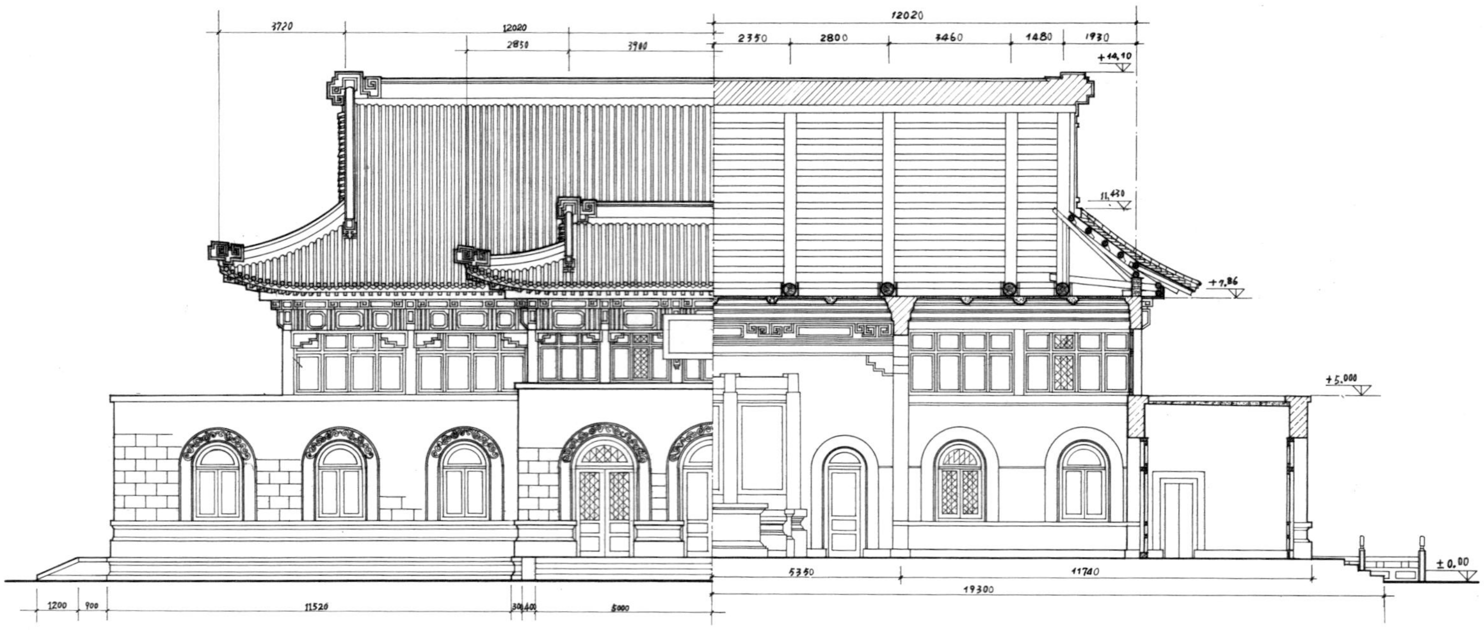

25. 南岳忠烈祠享堂立面、纵剖面图

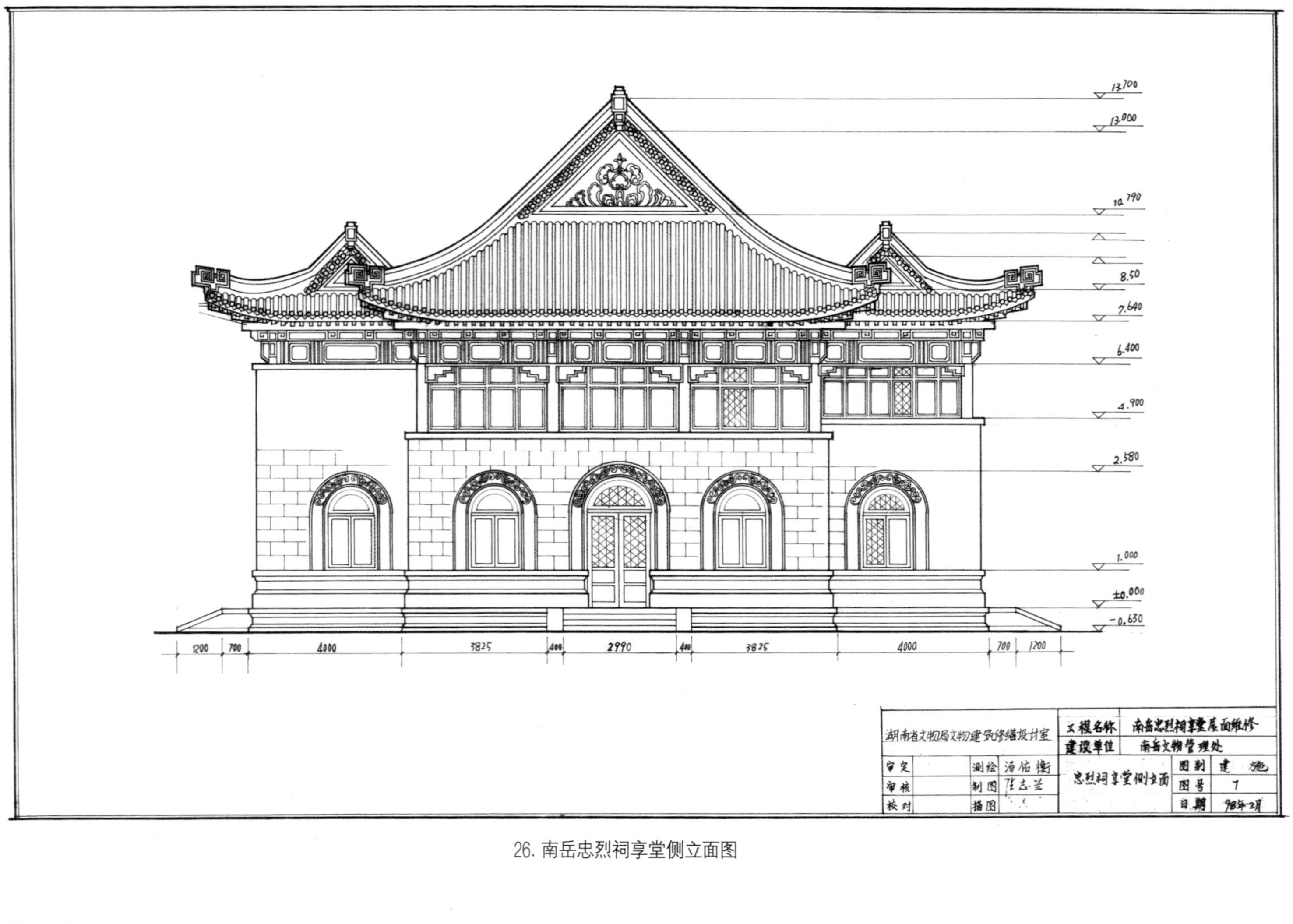

26. 南岳忠烈祠享堂侧立面图

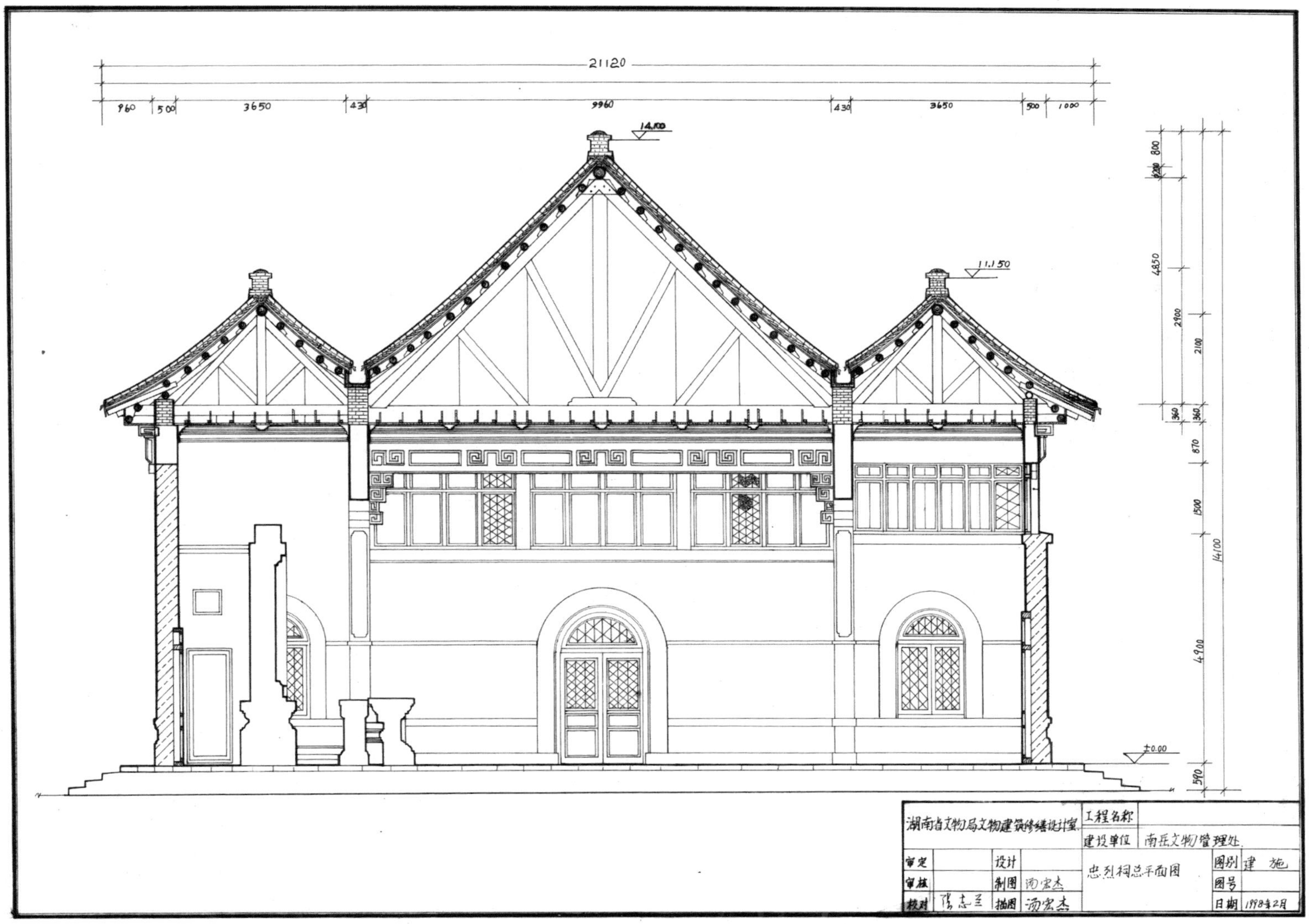

27. 南岳忠烈祠享堂横剖面图

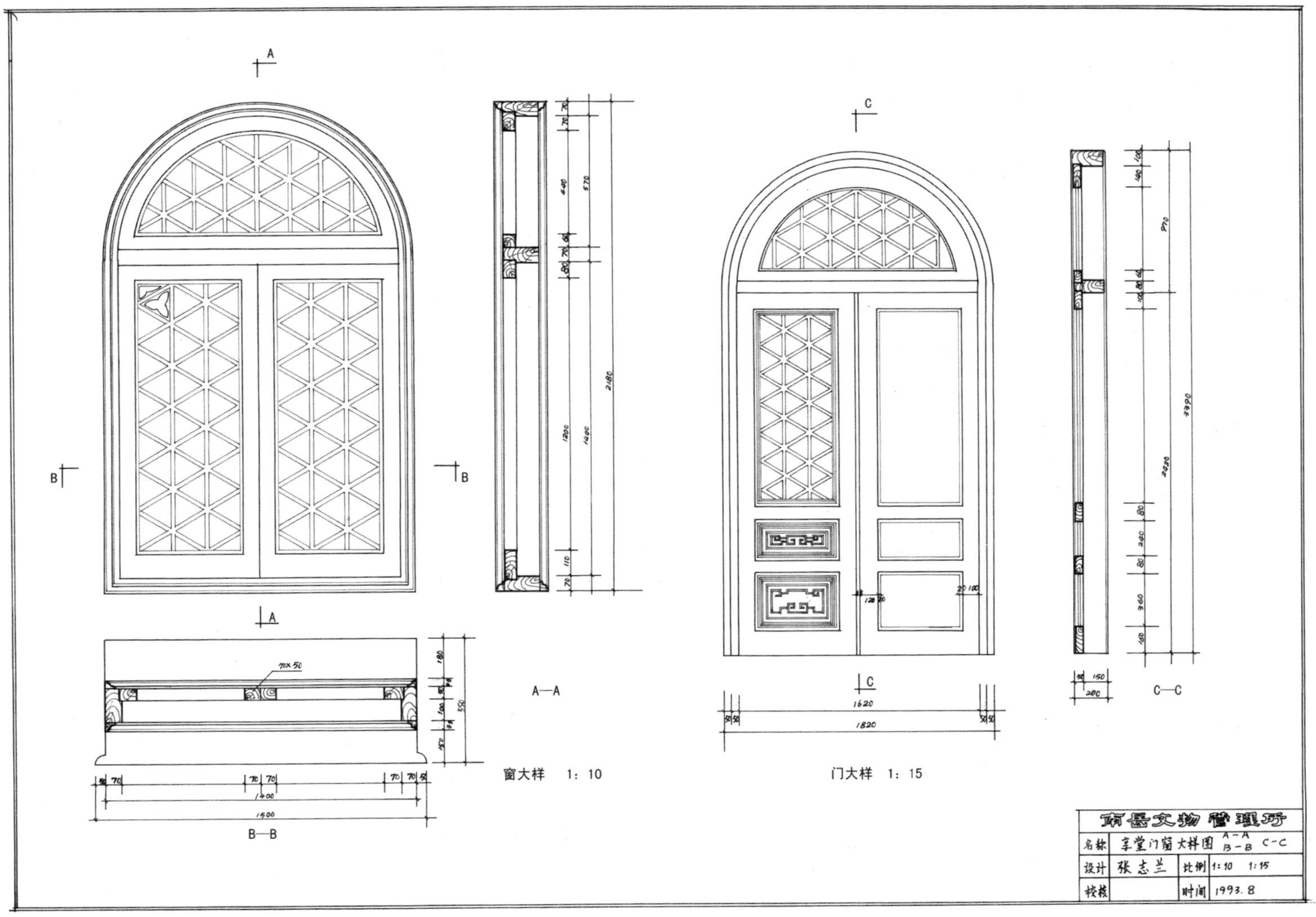

28. 南岳忠烈祠享堂门、窗大样图

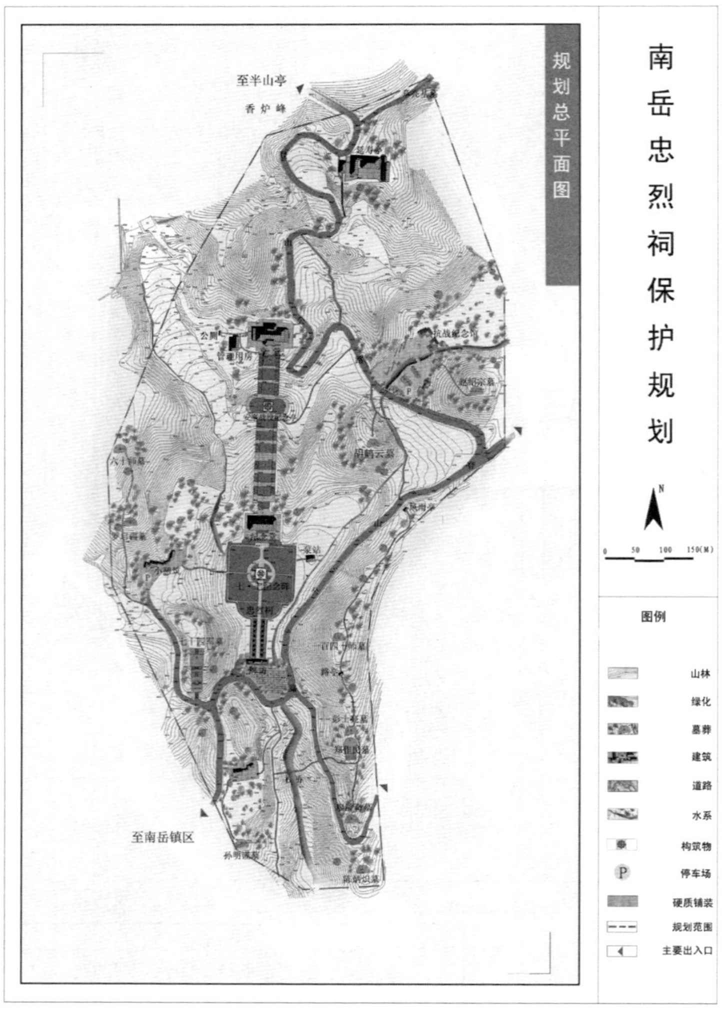

29. 南岳忠烈祠规划总图

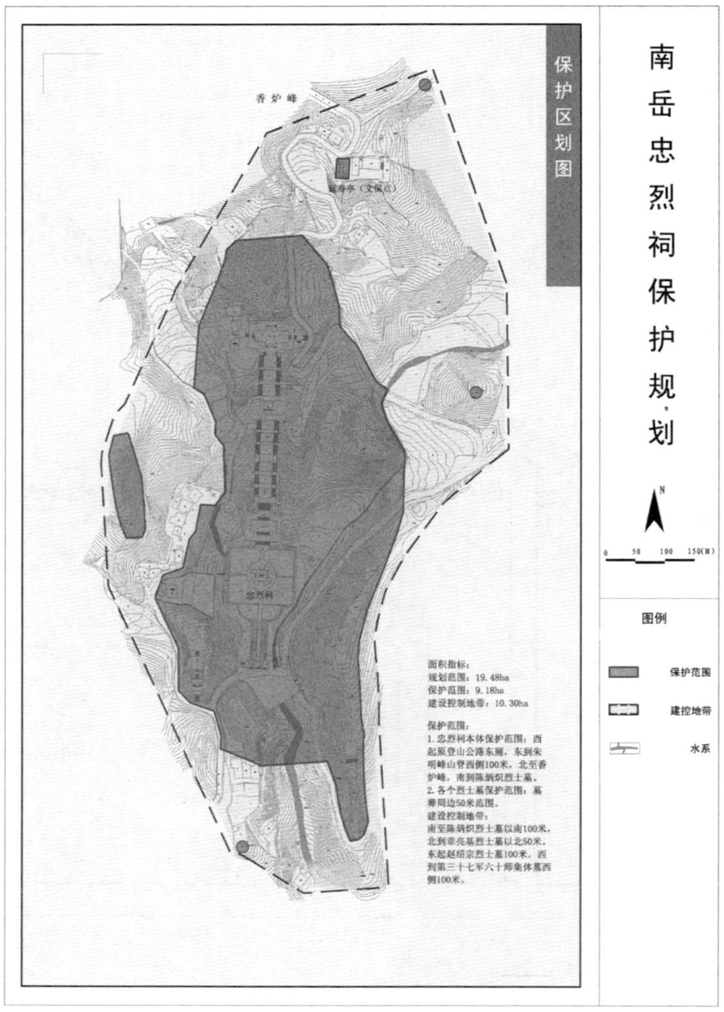

30. 南岳忠烈祠保护区划图

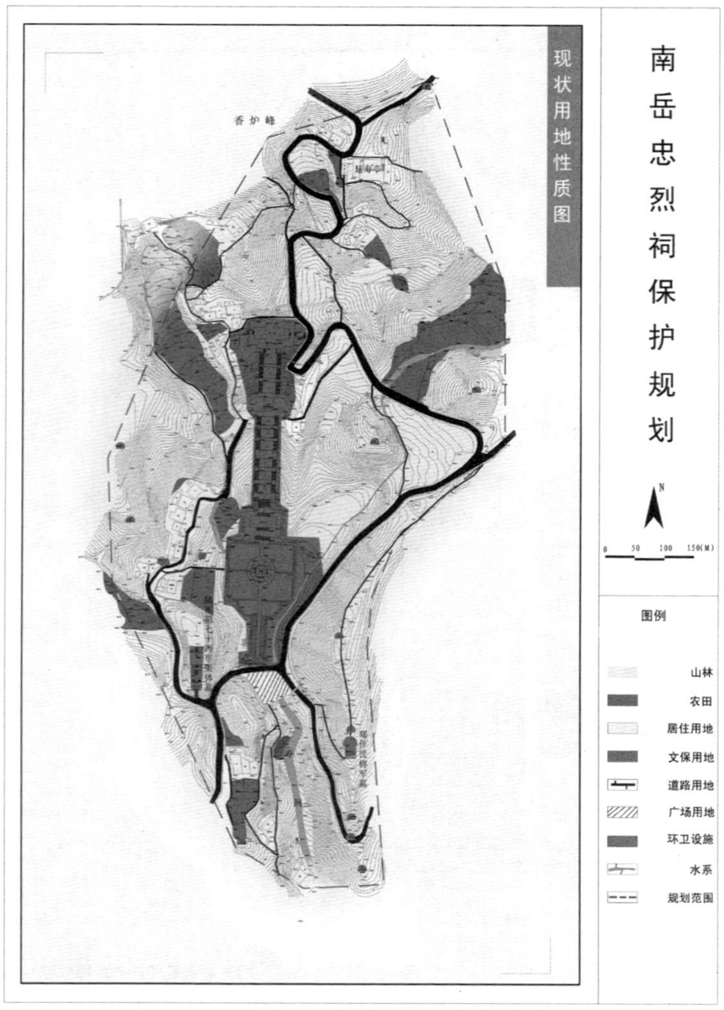

31. 南岳忠烈祠现状用地性质图

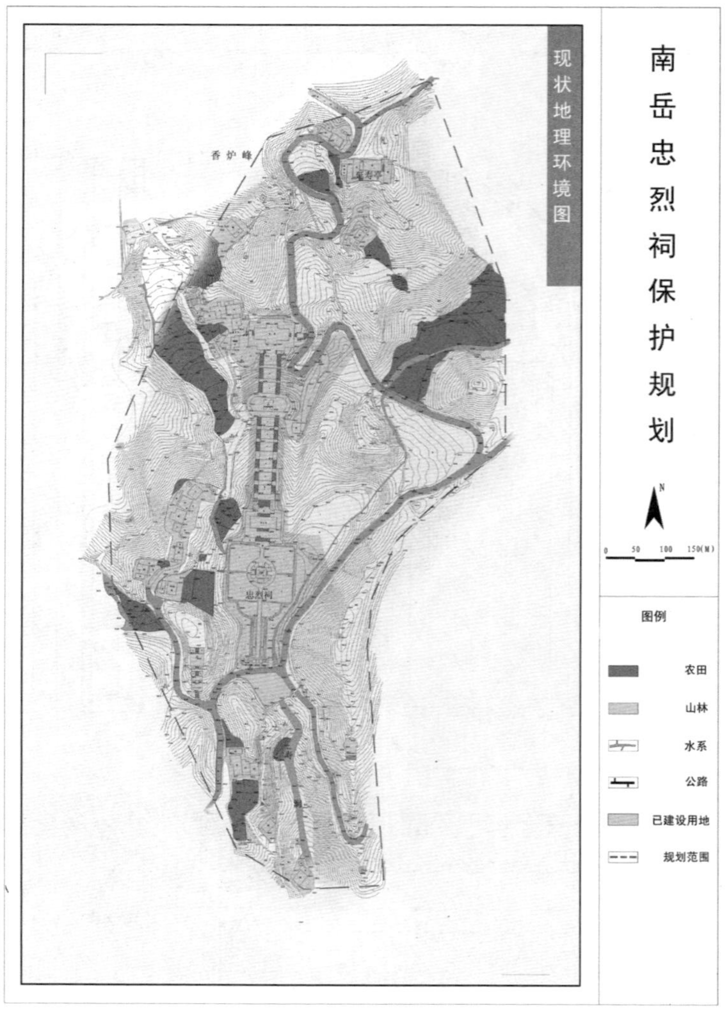

32. 南岳忠烈祠现状地理环境图

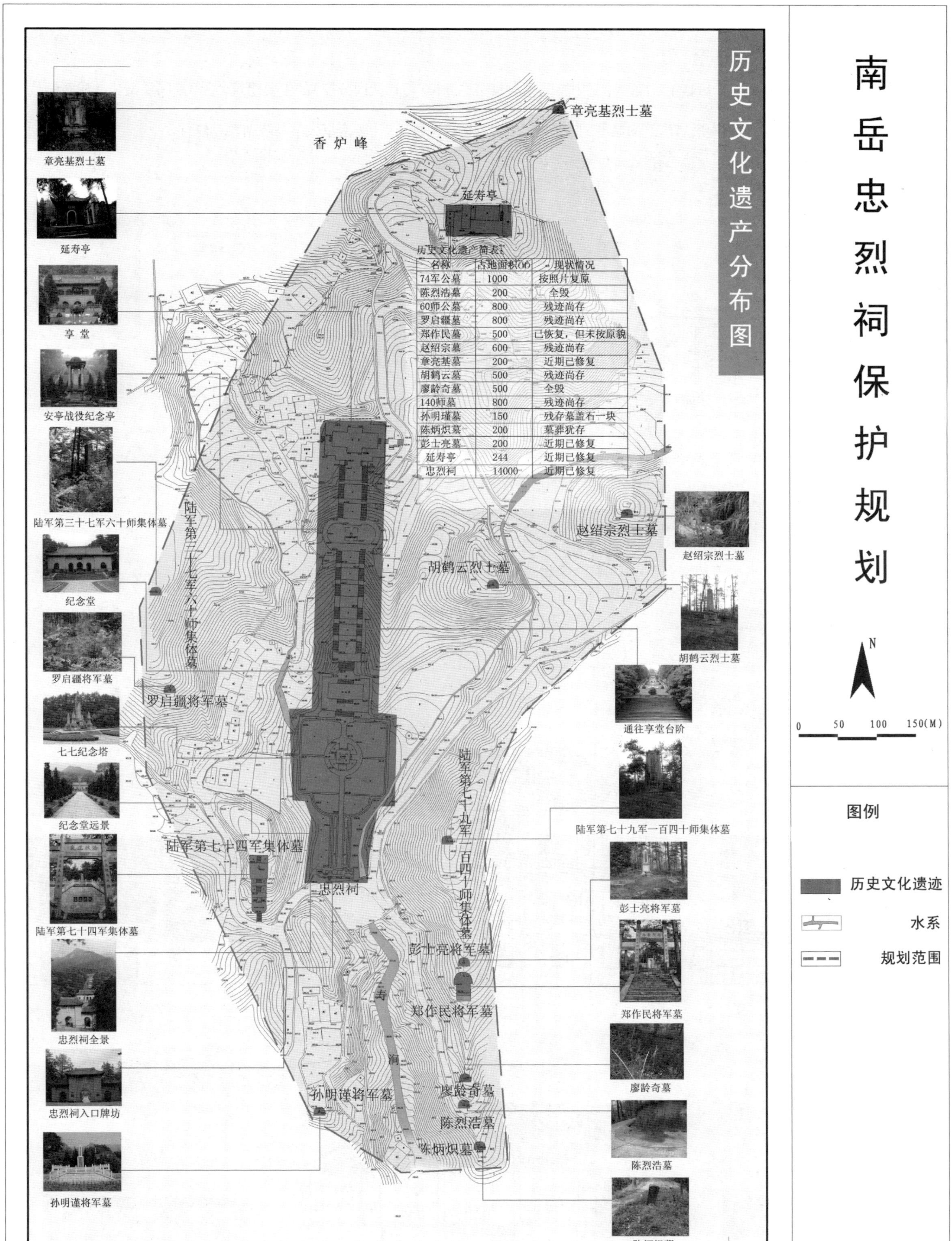

历史文化遗产简表：

名称	占地面积(㎡)	现状情况
74军公墓	1000	按照片复原
陈烈浩墓	200	全毁
60师公墓	800	残迹尚存
罗启疆墓	800	残迹尚存
郑作民墓	500	已恢复，但未按原貌
赵绍宗墓	600	残迹尚存
章亮基墓	200	近期已修复
胡鹤云墓	500	残迹尚存
廖龄奇墓	500	全毁
140师墓	800	残迹尚存
孙明瑾墓	150	残存墓盖石一块
陈炳炽墓	200	墓葬犹存
彭士亮墓	200	近期已修复
延寿亭	244	近期已修复
忠烈祠	14000	近期已修复

33. 南岳忠烈祠历史文化遗迹分布图

二、湖南武冈中山堂及李明灏故居

武冈中山堂于1941年3月动工，1943年7月落成，是中央陆军学校第二分校（习称武冈分校）的主要建筑，战争期间重型公共建筑的代表作之一；分校主任李明灏故居则为湖南民居建筑的典型。此部分图纸由武冈市文物局提供，南京大学马晓副教授修订。

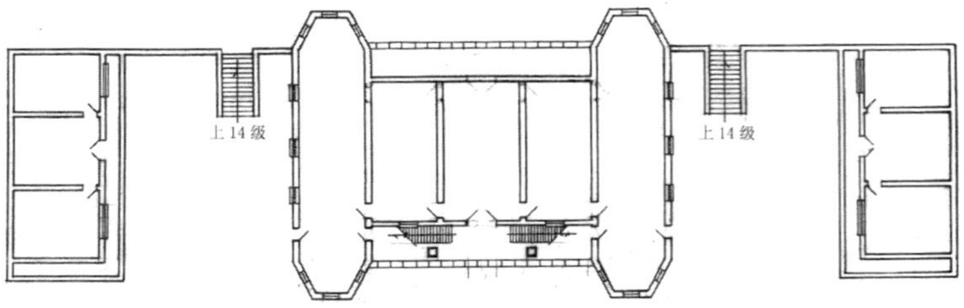

1. 武冈中山堂底层平面图

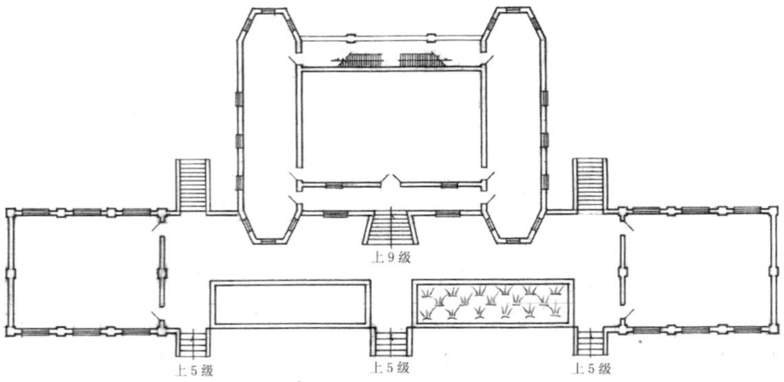

2. 武冈中山堂二层平面图

3. 武冈中山堂正立面图

4. 武冈中山堂背立面图

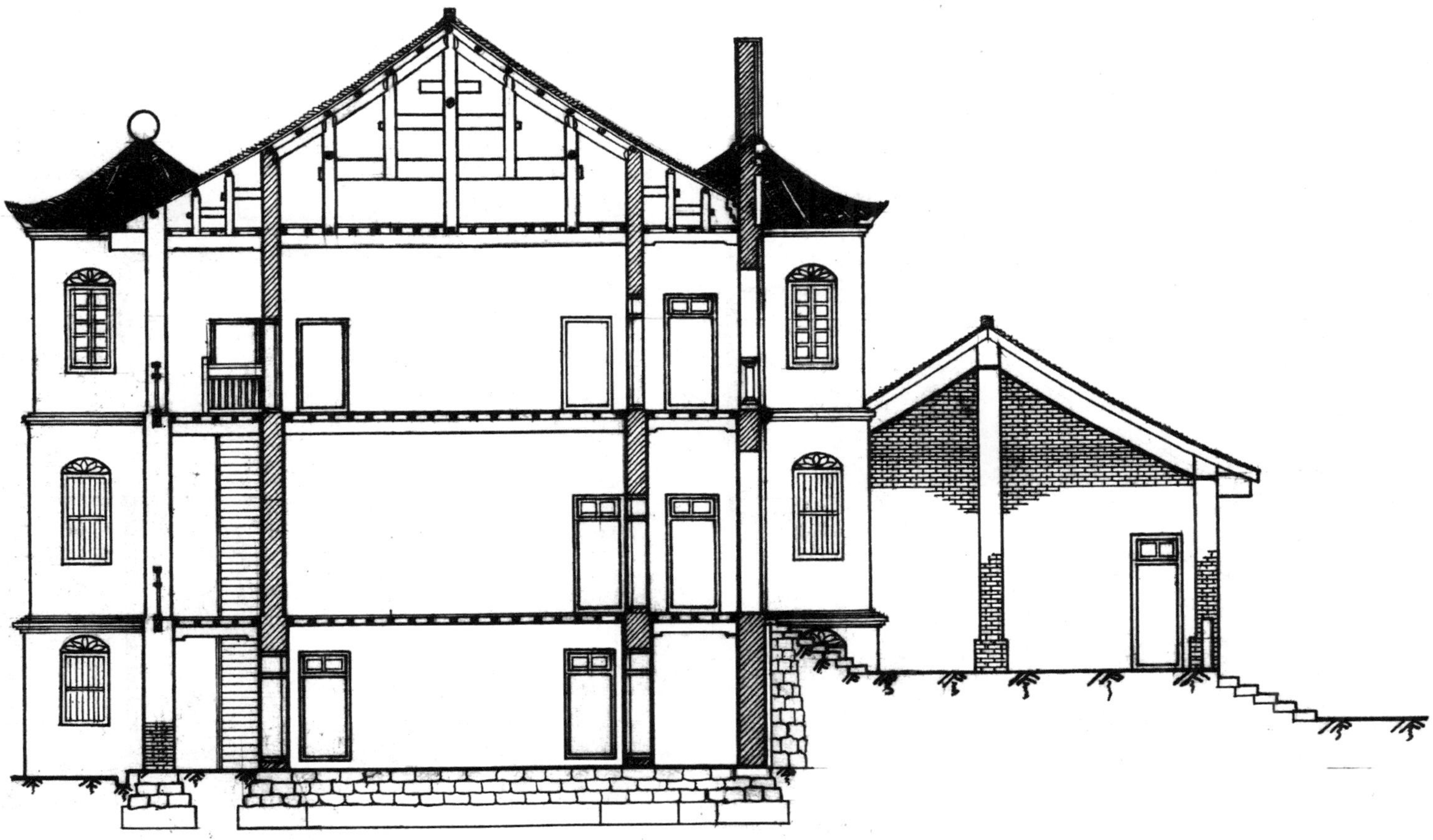

5. 武冈中山堂横剖面图

6. 武冈中山堂侧立面图

7. 武冈中山堂屋顶仰视图

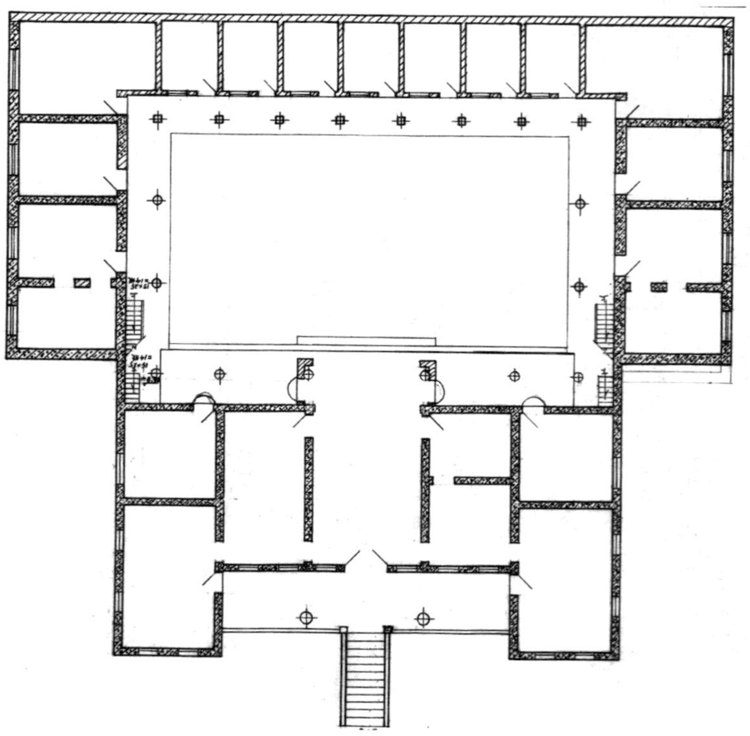

8. 李明灏故居一层平面图

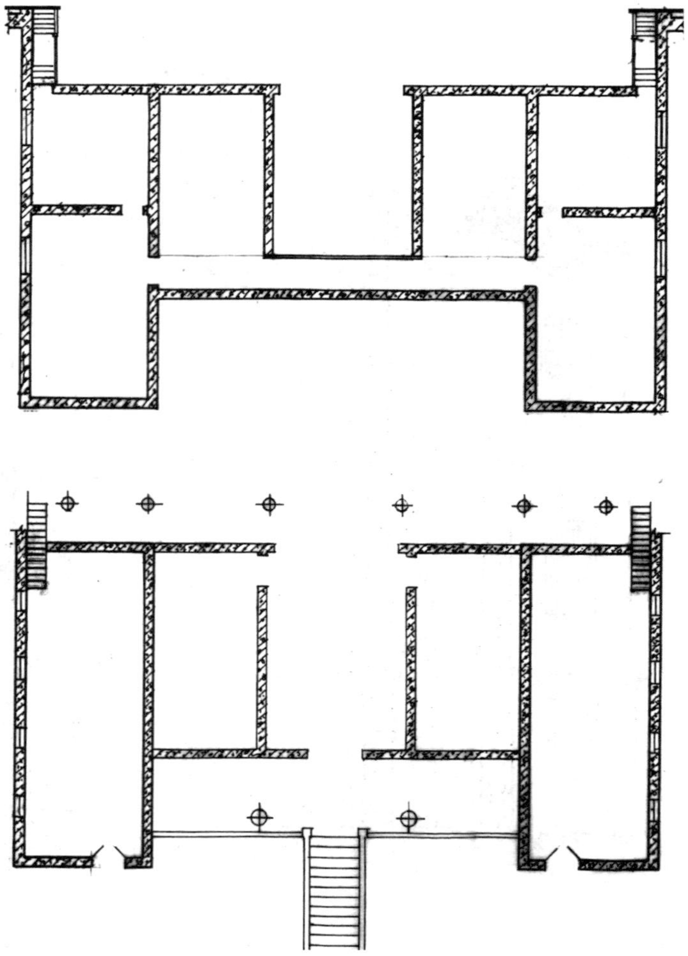

9. 李明灏故居地下层、二层(上图)平面图

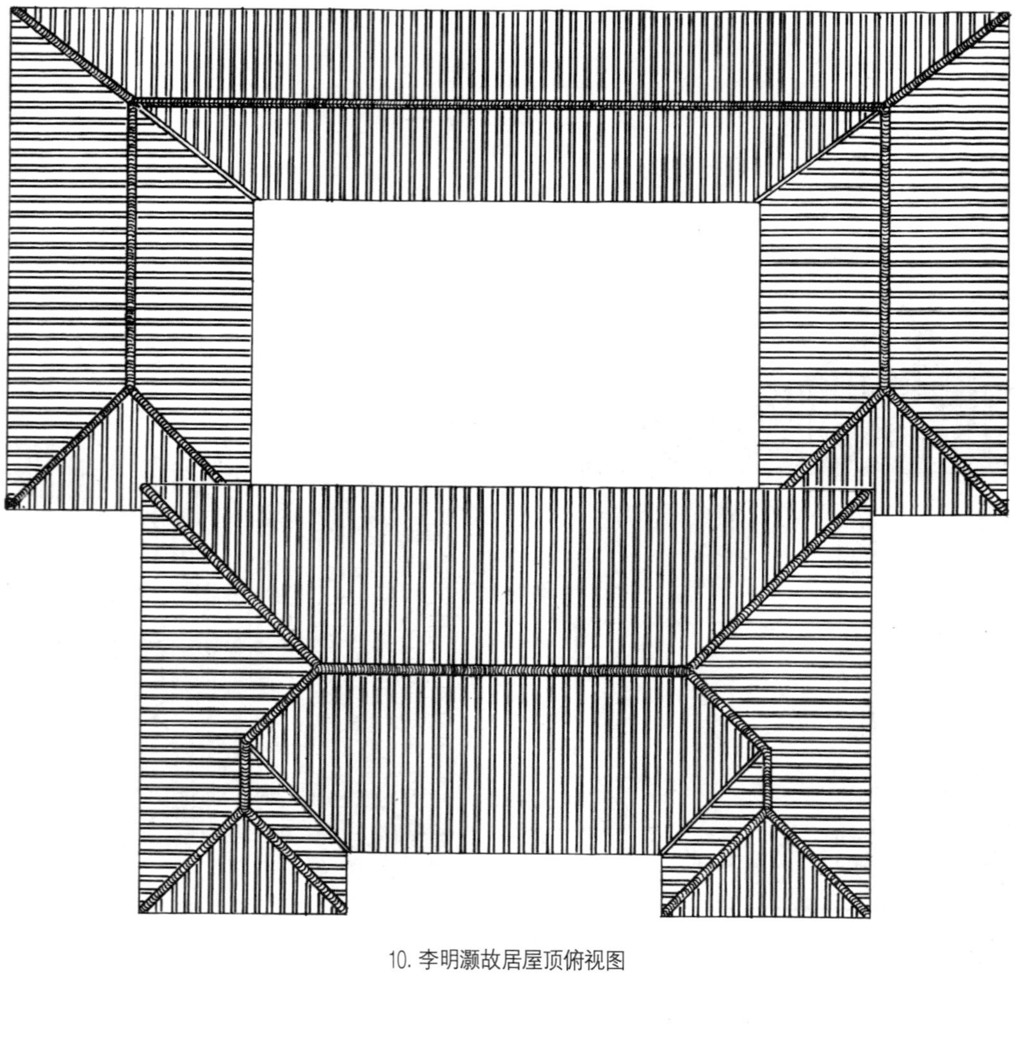

10. 李明灏故居屋顶俯视图

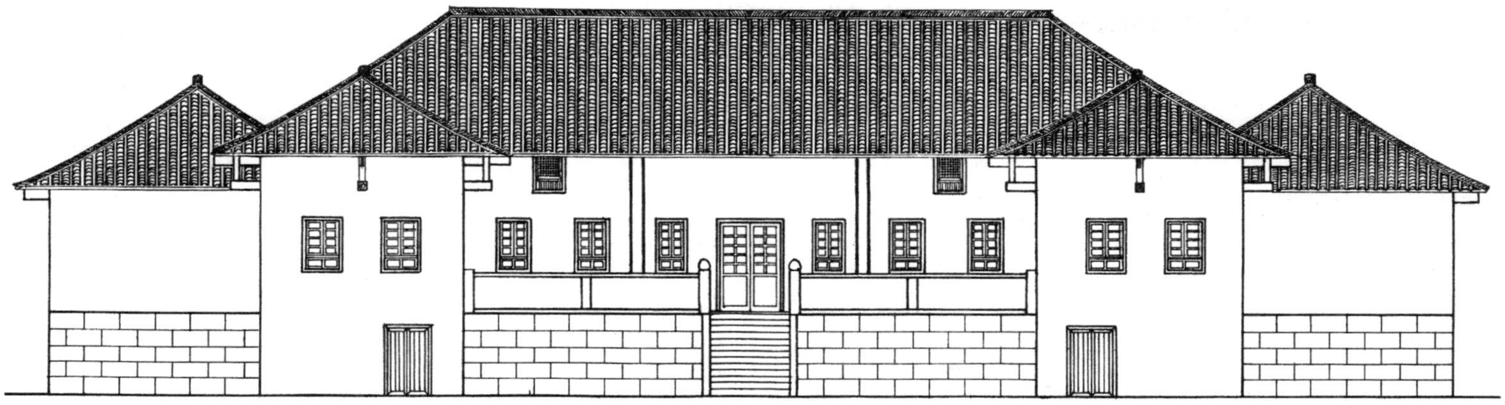

11. 李明灏故居南立面图

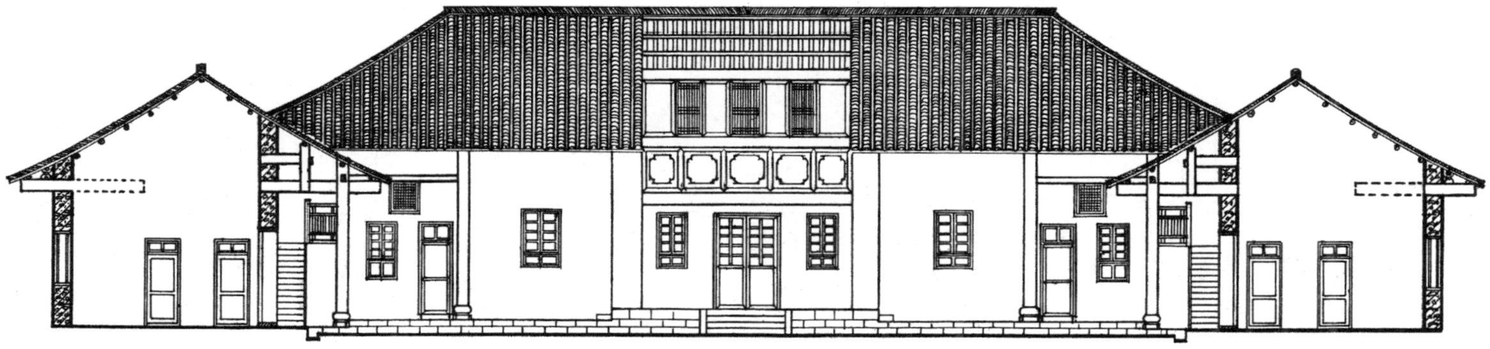

12. 李明灏故居左右后厢房、前堂明间剖面及前堂北立面图

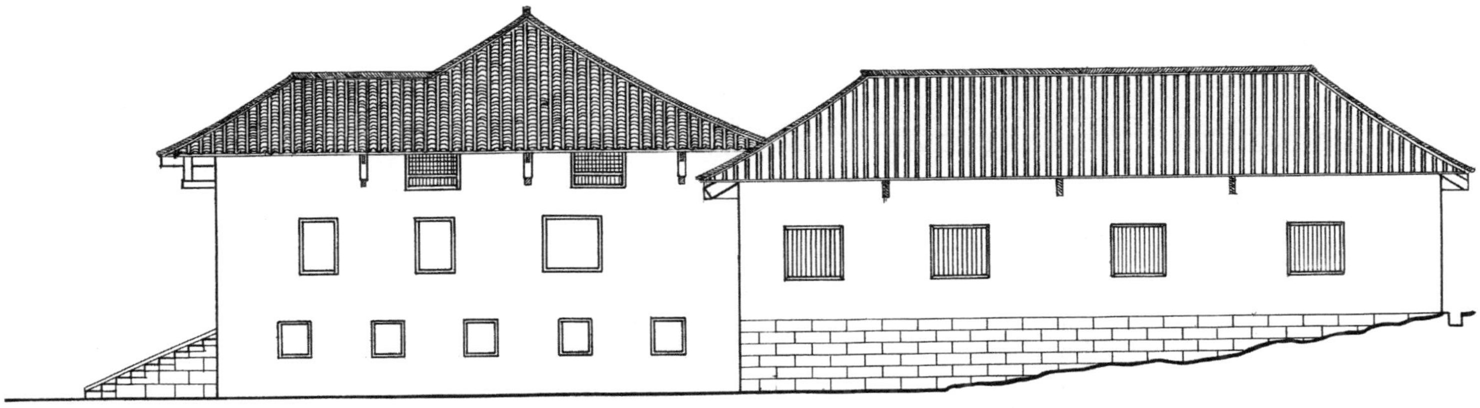

13. 李明灏故居东立面图

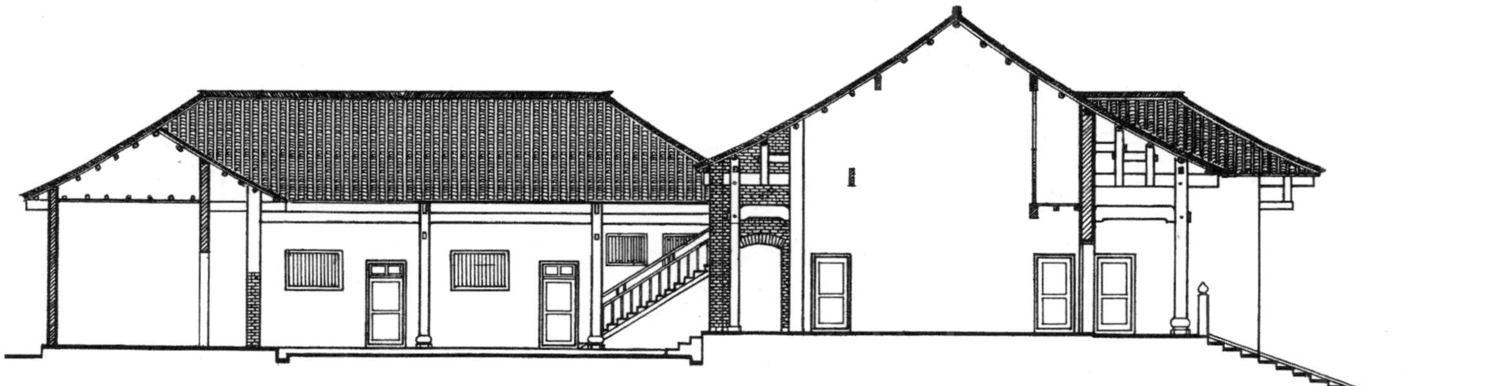

14. 李明灏故居纵剖面图

三、湖南怀化龙潭镇湘西会战第七十四军阵亡将士陵园

陵园于1945年6月湘西会战结束后动工，1945年8月建成，是抗战期间中型陵墓类纪念建筑的代表作之一。此部分图纸由怀化市溆浦文物局提供，南京大学马晓副教授修订。

1. 陵园浩气门正立面图

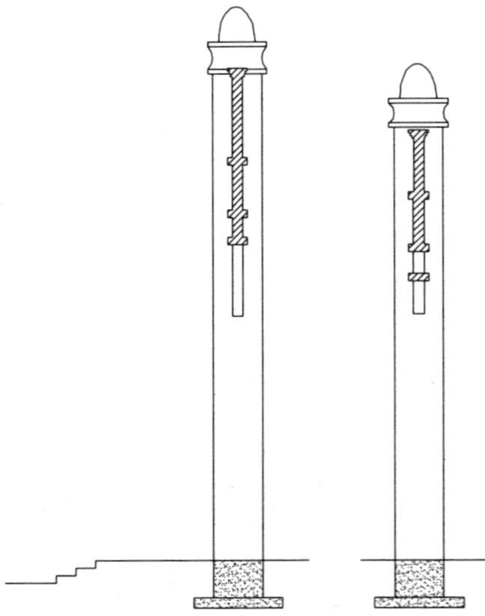

2. 陵园浩气门剖面图

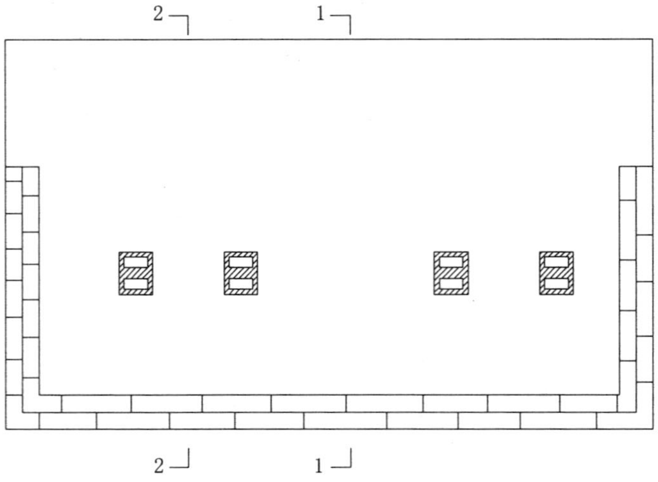

3. 陵园浩气门正立面图

6. 陵园纪念塔平面图

4. 陵园英烈墓平面图

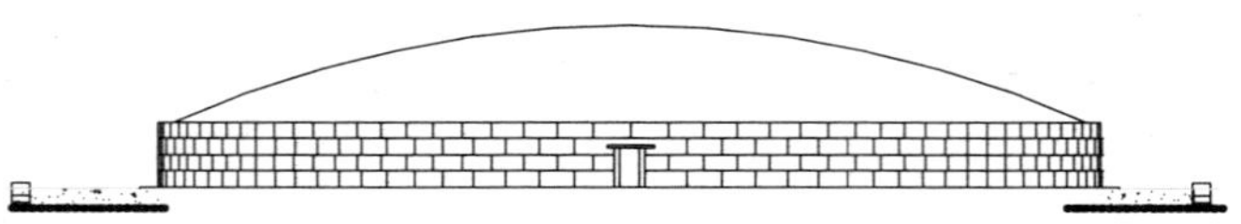

5. 陵园英烈墓正立面图

7. 陵园纪念塔正立面图

四、天津法租界公议局大楼

大楼由法国建筑师穆勒设计，1931年建成，为抗战前中国西洋古典式建筑的代表作之一。1945年10月6日，中国军队在此接受驻津日军投降。

1. 天津法租界公议局大楼正立面图

2. 天津法租界公议局大楼背立面图

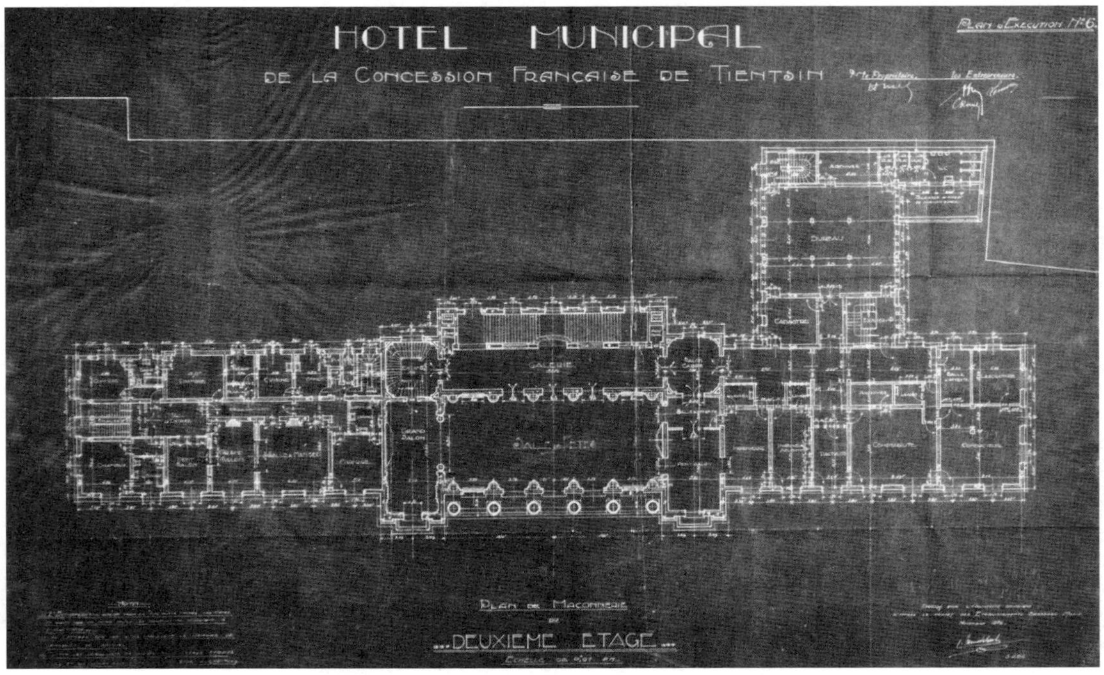

3. 天津法租界公议局大楼平面图

见证抗战历程的建筑老照片（1931—1945年）

1931年

“九一八事变”前的沈阳北大营航拍之一

“九一八事变”前的沈阳北大营航拍之二

1931年9月18日，日军炮击沈阳北大营，震惊世界的“九一八事变”爆发

日军进攻沈阳城

1931年11月，马占山将军率部中国军队发动了史称“抗战第一枪”的江桥战役。图为为阻止来犯日军，中国军队自行炸毁嫩江铁桥

“九一八事变”后的北大营

1932年1月3日，日军攻占锦州。锦州城遭到战火破坏。

战前锦州城鸟瞰

1932年3月18日，日军在上海策动“一·二八事变”。图为事变后庙行镇激战

“一·二八事变”前上海闸北的繁华街市

“一·二八事变”日军轰炸后的上海闸北之一

“一·二八事变”日军轰炸后的上海闸北之二

“一·二八淞沪抗战”中，中国军队在防御工事中阻击日军

“一·二八事变”日军轰炸后的上海闸北之三

“一·二八事变”前的上海商务印书馆鸟瞰

“一·二八事变”前的上海商务印书馆

“一·二八事变”中被日军炸毁的上海商务印书馆

“一·二八事变”前的上海东方图书馆，战事中受损严重

上海东方图书馆附属之儿童图书馆

1933年

1933年初，日军继续在东北、华北扩大事端，图为日军炮击山海关南门

1933年3月，中国军队在长城罗文峪关隘一带阻击来犯日军，史称“长城抗战”

“长城抗战”中长城脚下的中国战地救护队

1934年

刘开渠设计的“一·二八淞沪抗战”国军阵亡将士纪念碑在浙江杭州西湖湖滨落成

第八十七师“一·二八淞沪抗战”阵亡将士公墓及纪念碑在南京玄武湖畔落成

1935年

在“一·二八事变”之前落成的南京灵谷寺国民革命军公墓鸟瞰

灵谷寺国民革命军阵亡将士墓园内于是年建成第十九路军、第五军淞沪抗战阵亡将士公墓

灵谷塔（国民革命军阵亡将士纪念塔）与谭延凯墓

1936年

1936年，武汉相继建成湖北省立图书馆、武汉大学体育馆等。后者成为1938年中国国民党临时全国代表大会会址，在此通过了《抗战建国纲领》

1936年冬，西安事变后，延安城楼悬挂着国共合作横幅

西安事变后，国共两党共祭黄帝陵，决心共御外侮

战前卢沟桥—全景

战前卢沟桥—卢沟晓月碑亭

战前卢沟桥—进京商队

战前卢沟桥旧影—桥头神狮雕饰

“七七事变”后的第二十九军在卢沟桥畔的宛平城内备战

1937年7月7日，日军蓄意制造“七七卢沟桥事变”，第二十九军奋起反击，全民抗战由此揭开序幕

1937年7月29日，北平失守。图为沦陷后的北平天安门

战时宛平城城门

1937年10月，日军为阻止中国军队向南转移，拆毁平汉铁路琉璃河铁桥

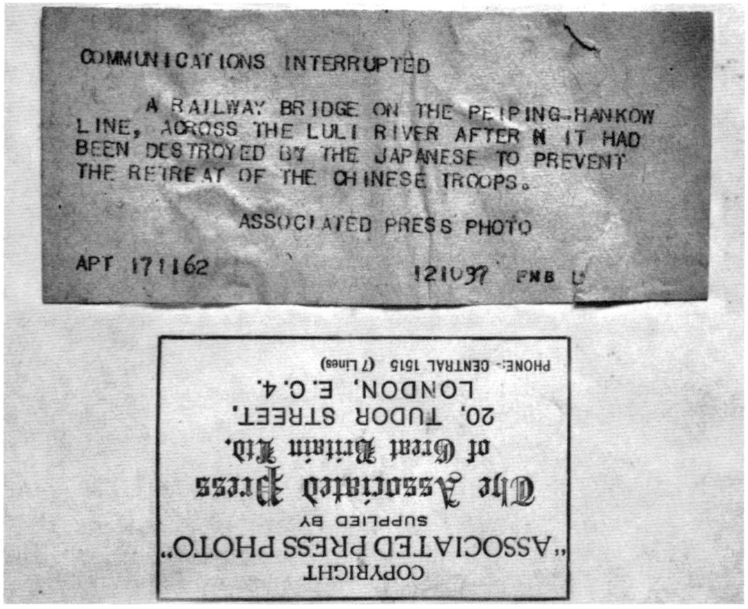

COMMUNICATIONS INTERRUPTED

A RAILWAY BRIDGE ON THE PEIPING-HANKOW LINE, ACROSS THE LULI RIVER AFTER IT HAD BEEN DESTROYED BY THE JAPANESE TO PREVENT THE RETREAT OF THE CHINESE TROOPS.

ASSOCIATED PRESS PHOTO

APT 171162 121037 FNB

COPYRIGHT
"ASSOCIATED PRESS PHOTO"
SUPPLIED BY
The Associated Press
of Great Britain Ltd.
20, TUDOR STREET,
LONDON, E.C.4.
PHONE:- CENTRAL 1515 (7 Lines)

左背面所附英文图说：“通讯中断。日军为阻止华军南撤，拆毁平汉铁路之琉璃河大桥”

1937年7月17日，国民政府在庐山召开军事会议，表示全民抗战的决心。图为原庐山图书馆

1937年8月13日，日军轰炸闸北，历时三个月的““八一三淞沪会战””开始。图为日军轰炸上海市区

“八一三淞沪会战”中，中国军队在罗店镇一带阻击日军

轰炸后的上海市博物馆

“八一三淞沪会战”中，中国军队在江湾镇与敌巷战

轰炸后的上海市政府

上海外白渡桥的难民

1937年8月28日，被毁的上海东站与失去母亲的婴儿

“八一三”战火中失去家园的儿童

战前的上海北站

龙华镇龙华寺大殿被炸毁

被毁的上海北站

和平女神像被日军拆除

一战结束后的和平女神像揭幕仪式

董家渡天主教堂被炸毁

被毁的上海南洋烟草公司

遭到重创的上海闸北水电公司

被毁的上海南市小东门中国银行大楼

被毁的上海江南商学院

激战中的上海四行仓库飘扬着中国国旗

激战中的上海四行仓库

灵丘县平型关旧貌

八路军一一五师攻占河北涞源

1937年10月，中国军队在娘子关御敌

平型关战场，八路军一一五师在此取得平型关大捷

太原陷落后被日军炸毁的山陕龙门建筑群原貌

江苏太仓亦园旧影——1937年秋被日军摧毁

江苏太仓亦园旧影之二

1937年12月6日，日军开始进攻南京

抢劫焚烧后的南京街市

战前的南京中山陵

被占领的南京中山陵之一

被占领的南京中山陵之二

被占领的南京中山陵之三

被摧毁的南京中山陵藏经楼碑廊

日军攻占南京灵谷寺国民革命军公墓

被日军摧毁的南京夫子庙

被日军摧毁的南京玄武湖第四十军克复首都纪念塔

1938年

1938年3月14日—4月7日，徐州会战中的台儿庄战役的胜利，史称“台儿庄大捷”。图为台儿庄远景

台儿庄巷战之一

台儿庄巷战之二

1938年6月初，日军炮击郑州黄河东岸大堤

1938年6月9日，为阻止日军南进，第一战区决定在黄河花园口决堤.图为中国军队在黄河水淹区域涉水行军

黄泛区灾民

抗战前延安风光

延安城门悬挂着“国共合作”的巨大横幅

1938年6月，以毛泽东发表《论持久战》为标志，延安成为敌后抗日根据地的中心。图为延安窑洞

遭到日军轰炸后的延安城门

遭到日军轰炸后的延安

1938年夏，新四军军部迁至皖南农舍

新四军军部内景

自1938年起，中国军队在潼关与日军隔岸对峙达七年之久

1938年6月，历时五个月，波及皖赣湘鄂豫数省的武汉会战开始。图为日军轰炸具有西式规划格局的南昌城

日军进攻赣北德安

战时江西的乡村祠堂及帮助农民收割的中国军人

日军炸毁的汉口某天主堂

1938年8月12日，日军炸毁的耶稣会武昌医院

武昌一美国教会学校受损严重。此为轰炸前之原貌

汉口一大型烟草工厂准备内迁

1938年7月7日，汉口中山公园内，陈诚将军出席抗战周年纪念活动

1938年9月，日军悍然出动大型轰炸机轰炸平西千年古刹云居寺。图为战前云居寺山门

被炸毁的云居寺山门

被彻底炸毁的平西云居寺辽代砖塔南塔之原貌

被夷为平地的河北阜平县普佑寺

1938年10月，日军占领广州市政府

1938年6月，日军轰炸广州

滇西民众修筑滇缅公路场景

1938年12月1日，滇缅公路全线贯通。图为著名的“二十四拐”鸟瞰

滇缅公路之惠通桥

滇缅公路之腾冲永安桥

1938年，徐州会战之藤县阻击战

1939年

遭到轰炸后的重庆街景

遭到轰炸后的重庆街景

被炸毁的重庆某教会学校

重庆大轰炸后的英国大使馆

在某天主教堂废墟中，神职人员与百姓寻找被毁圣像

重庆防空洞内的军事指挥机构

重庆新闻机构在防空洞坚持工作

建在重庆防空洞内的战时工厂

南京中央大学于1939年在重庆沙坪坝重新开学

天津南开中学也在同一时期迁往重庆

四川民众抓紧修护都江堰堤坝

1939年3—5月，南昌会战。进攻南昌的日军公然使用毒气

南昌会战，官兵修筑阵地

会战期间，南昌市区发生多次巷战

1939年9月，第一次长沙会战中的平江县城巷战

日军空袭后的长沙街道

第一次长沙会战中的中国军队在岳麓山阵地

第一次长沙会战后的建筑废墟与流离失所的儿童

1939年，遭到日军轰炸后的广西桂林

中国军队重新驻守昆仑关

沿盘山公路向昆仑关挺进的中国军队

昆仑关阵亡将士陵园

1939年12月，陆军第五军取得昆仑关大捷

1939年，中央军校第二分校由武汉辗转迁至湖南武冈。图为武冈分校远景

中央军校武冈分校旧影

1940年

1940年5月，第五战区组织枣宜会战

第十八军将士在会战中收复宜昌

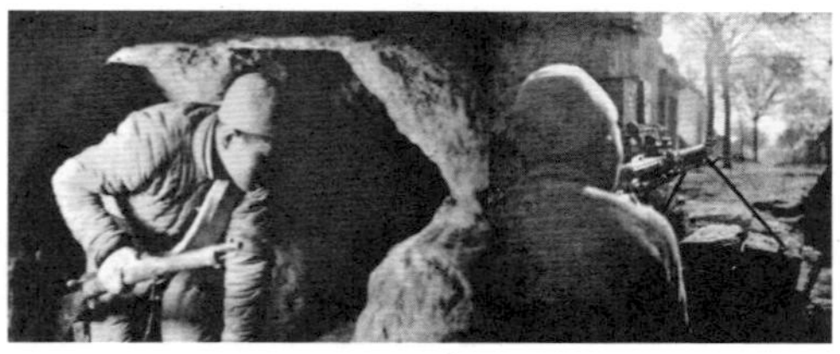

华北敌后根据地军民开展地道战

重庆大隧道惨案（1940年6月5日）

山西麻田八路军兵工厂

1940年8—12月，八路军发动百团大战。图为八路军攻占河北涞源长城关隘

百团大战中，八路军官兵挥舞国旗攻占娘子关

百团大战中破坏的铁路桥梁

1941年

1941年，第九战区相继举行了第二、三次长沙会战。图为中国官兵在岳麓山阵地

长沙天心阁是反复争夺、激战之地

中国军人在长沙天心阁阵地

战前长沙天心阁

汪精卫投敌后，浙江宁波百姓为汪精卫夫妇塑造了供万民唾骂的跪像

在江南坚持游击战的新四军

鄂西民众沿着山间古代商道为前线将士运输物资

1941年11月，鼓舞抗战斗志的千人合唱音乐会在重庆轰炸废墟附近隆重举行

1941年12月8日，日军占领上海英美租界

1942年

四川民众自带口粮修筑军用机场

1942年，八路军在涞源长城御敌

1942年，八路军为狼牙山五壮士捐躯者（三人）修建陵园，后被日军焚毁

1942年4月。浙赣会战。轰炸浙江诸暨火车站

1942年延安落成中共中央大礼堂，是为抗战时期的建筑杰作之一

浙江民众在乡村祠堂内欢迎着陆的美国空军飞行员

1942年，同期建成延安参议会大礼堂

延安中共中央大礼堂内景

1942年，同期建成延安八路军后方医院

1942年，同期建成延安机场

1943年

1943年7月7日，国民政府举行南岳忠烈祠落成公祭大典。此为抗战期间最重要的纪念建筑群

南岳忠烈祠纪念堂

南岳忠烈祠第七十四军公墓

南岳忠烈祠安亭战役纪念碑

1943年秋，日军在河北阜平县彻底焚毁的乡村

1943年11月-1944年1月，常德会战。图为七十四军官兵在建筑废墟中的顽强御敌

战火中被摧毁的常德水星楼

1943年，飞虎队在衡阳机场。此机场在次年的长衡会战中被摧毁

会战结束后的常德建筑废墟

会战后，常德城外某乡村，中国军队掩埋日军尸体

战前之衡阳

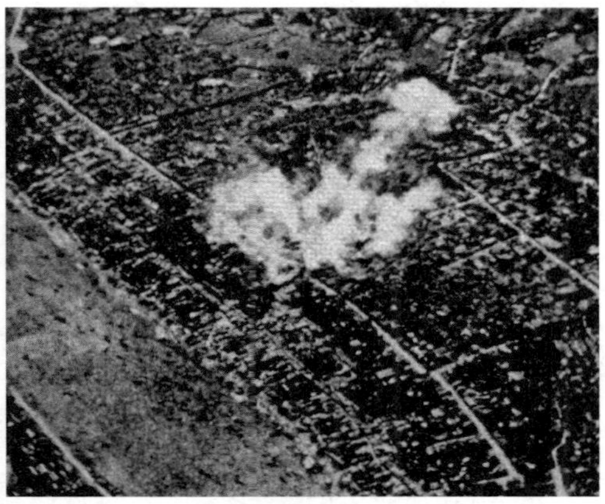

1944年5—10月，长衡会战。图为6月25日起日军开始轰炸衡阳，震惊中外的衡阳保卫战就此打响

日军入侵衡阳火车站

日军轰炸后的衡阳街巷

日军在衡阳乡村焚烧民房

衡阳陆家新屋为战后幸存的极少数建筑之一，但也弹痕累累

飞虎队员在战前衡阳来雁塔

衡阳天主教堂是战火中唯一完整保存下来的建筑

被日军炸毁前的衡阳湘江铁桥

桂柳会战。图为柳州市民修筑防御工事

战时广西钦县

1944年11月，日军占领桂林车站

1944年8月，中国远征军发动滇西反攻。图为龙陵战役

攻克龙陵

1944年8月，云南腾冲巷战

1944年底，远征军连战连捷，受到缅甸华侨的欢迎

1944年11月，重庆街道，市民欢送青年军远征

1945年，中国进入全面反攻阶段。图为繁忙运兵的昆明城

1945年4月，中国军队取得湘西会战胜利。图为胜利后建造的七十四军湘西会战阵亡将士公墓及纪念碑

1945年春，新四军收复淮安

1945年5月，投降前的日军焚毁了著名的河北安平圣姑庙。

1945年7月，八路军山东军区攻占山东诸城

1945年8月12日，八路军收复绥远兴和县城

1945年9月，新六军凯旋南京

圣姑庙原貌

在东北地区，日军在投降前炸毁可成为其反人类罪行罪证的长春日军细菌工厂等军事基地

日军在投降前夕将哈尔滨731部队实验室自毁

1945年8月21日，日军投降使赴芷江洽降

成为中国战区受降正式签字地的南京中央军校大礼堂

南京受降堂内景

抗战胜利后不久建成的芷江受降纪念坊

日本宣布投降后，南京城外设置日侨集中管理所

广州中山纪念堂成为广东日军签降地点

引导官引官田中久而久一进入广州中山纪念堂

安徽芜湖日军战俘集中管理所

受降典礼时的广州中山纪念堂内景

成为天津受降地的法租界公议局大楼

受降典礼结束后，新一军军长孙立人步出广州中山纪念堂

胜利后，中国受降使代表拜谒南京中山陵

重庆军民庆祝抗战胜利

延安军民庆祝抗战胜利

山西省阳泉市百团大战纪念碑

平型关大捷

平型关大捷纪念建筑群(山西省)

中国人民
纪念中国人民

中国人民抗日战争纪念馆（北京市）

八路军太行纪念馆（山西省）

一、抗战时期建筑作品（主要以建成年代为序，兼考虑动议、设计年代）

杭州钱塘江大桥：中国近代史上第一座特大铁路公路两用桥，由茅以升设计并主持施工。于1931年动议，1934年动工兴建，1937年9月26日通车，同年12月23日为阻止日军进犯而自毁，1946年修复。

自杭州六和塔俯视钱塘江大桥全景

钱塘江大桥局部及南岸远景

杭州第八十八师淞沪抗战阵亡将士纪念碑：此纪念碑为纪念一二八淞沪抗战阵亡将士，于1934年建造完成，由著名雕塑家刘开渠先生创作，是我国第一座表现抗日战争的纪念碑。后被拆除，2003年在原址复建，沈文强担任雕塑复原。

纪念碑正面全景

各地中小型抗战阵亡将士公墓及纪念碑：南京灵谷寺第十九路军、第五军淞沪抗战阵亡将士公墓及纪念碑于1935年11月20日落成，为较早的抗战烈士陵园，今公墓被毁，纪念碑犹存；之后，有上海庙行乡无名英雄纪念墓于1936年一二八事变4周年公祭前落成，今存纪念牌坊；湖北天岳关无名烈士公墓、湖南常德第七十四军阵亡将士公墓、溆浦龙潭第七十四军阵亡将士公墓等是这类建筑的典型性实例；上海罗店红十字纪念碑于战后不久建造，以纪念被日军杀害的中国红十字会人员，是烈士陵园中性质比较特殊的实例。

南京灵谷寺淞沪抗战第十九路军、第五军阵亡将士公墓遗址

上海庙行乡无名英雄纪念墓牌坊保存现状

湖北武汉表烈祠主楼及神道。1938年建，1947年重建

湖北咸宁天岳关抗日无名烈士公墓，1939年兴建

湖北襄樊张上将自忠殉国处

湘西洞口县，七十四军公墓，1945年秋落成

湘西洞口县，第十八军十一师抗日阵亡将士纪念坊，1945年建成

浙江宁波招宝山抗日阵亡将士纪念碑，1939年建

湖南常德第七十四军抗日阵亡将士公墓纪念坊正面

湖南常德第七十四军抗日阵亡将士公墓纪念碑与纪念坊全景

湖南溆浦龙潭第七十四军抗日阵亡将士公墓牌坊

湖南溆浦龙潭溆浦第七十四军公墓题刻

湖南溆浦龙潭第七十四军公墓纪念亭与墓圹

湖南溆浦龙潭第七十四军公墓纪念塔与周边全景

湖南溆浦龙潭第七十四军公墓纪念塔塔身铭刻

上海罗店红十字纪念碑东立面

上海罗店红十字纪念碑正立面

1945年筹建之湖南衡阳抗战胜利城牌坊

河南商城县八十四军忠烈祠外景，1942年建

河南商城县八十四军忠烈祠内景

河南商城县八十四军忠烈祠题刻

河南清丰抗战烈士祠全景

河南清丰抗战烈士祠提名碑

卫河县烈士陵园大门

卫河县烈士陵园烈士墓

各地军事工程遗存：九一八事变后，全国各地修建了大量的军事工程，今这类遗迹已存世稀少。1932年开始动工的佛采尔《宁波区海防设备实施计划》是现存较完整的防御体系遗迹；湖北武汉张公堤碉堡群也是保持较完整的一处；常德碉堡是常德会战后少数幸存的建筑物；岳麓山军事指挥所、战壕、炮台等是重大战事的历史见证。

浙江宁波海防工事—招宝山城堡，据明代卫城改建（之一）

浙江宁波海防工事—招宝山城堡（之二）

浙江宁波海防工事——白峰镇田间碉堡

浙江宁波戚家山防御工事，依明代戚继光营垒改建。

浙江宁波戚家山营垒炮台，民国增建

湖南常德碉堡（之一）

湖南常德碉堡（之二）

湖北武汉张公堤碉堡群（之一）

湖北武汉张公堤碉堡群（之二）

湖北武汉张公堤碉堡群（之三）

湖北武汉张公堤碉堡群（之四）

湖北武汉张公堤碉堡群（之五）

湖南长沙岳麓山战壕

湖南长沙岳麓山炮台

湖南长沙岳麓山第九战区指挥所

山西忻口战备窑洞——后为忻口会战指挥所及军备库

山西忻口战备窑洞

滇缅公路及沿线桥梁：1937年10月兴建，1938年12月建成通车，为抗战最重要的国际通道，其工程本身堪称二战时期的建筑工程壮举，在世界工程史上享有崇高的荣誉。

滇缅公路大理至保山段现状

龙陵县惠通桥

临沧市青龙桥

云龙县功果桥鸟瞰，1940年建成，屡遭日军轰炸，均及时修复

云龙县旧功果桥遗址，1938年兴建，后被日军炸毁

云龙县新功果桥

长沙岳麓山忠烈祠： 动议于1938年10月，1939年2月建成，是抗战期间传统型纪念建筑的代表作；又以麓山忠烈祠为基点，周边修建第七十三军公墓等多个抗日阵亡将士墓葬。

长沙岳麓山忠烈祠正立面

长沙岳麓山忠烈祠与周边环境

长沙岳麓山忠烈祠正立面局部

长沙岳麓山忠烈祠廊檐局部（之一）

长沙岳麓山忠烈祠廊檐局部（之二）

长沙岳麓山忠烈祠构件细部之一

长沙岳麓山忠烈祠构件细部之二

长沙岳麓山忠烈祠内景

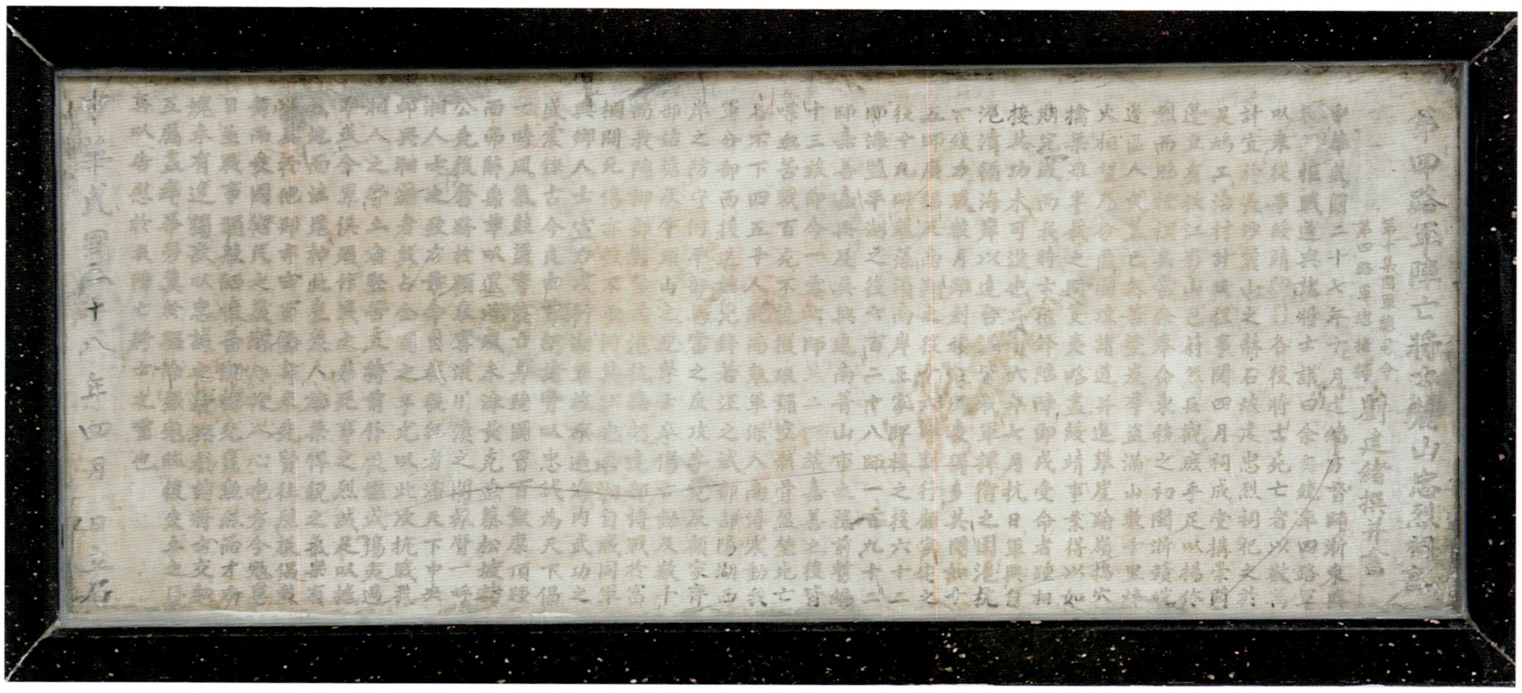

长沙岳麓山忠烈祠碑记

长沙岳麓山第七十三军公墓及纪念碑正面

长沙岳麓山第七十三军公墓骨灰堂上方之气窗

长沙岳麓山第七十三军第七十七师纪念碑及墓地全景

长沙岳麓山第七十三军公墓右侧平台与纪功碑

长沙岳麓山第七十三军纪念碑侧视及公墓骨灰堂大门

南岳忠烈祠：动议于1938年，1939年动工，1942年竣工。此建筑群是中国固有式建筑的代表作之一，目前仍为两岸四地最大的抗战烈士纪念殿堂。其兴建本身即是抗战期间最重要的建筑活动，堪称是一次与侵略者在民族精神与意志力层面上的较量。

湖南衡山南岳忠烈祠山门正面

湖南衡山南岳忠烈祠山门正面侧视

湖南衡山南岳忠烈祠山门全景（山门—享堂）

湖南衡山南岳忠烈祠第一进院落

湖南衡山南岳忠烈祠七七纪念碑西南角全景

湖南衡山南岳忠烈祠七七纪念碑北面全景

湖南衡山南岳忠烈祠七七纪念碑东南角局部

薛岳撰南岳忠烈祠七七纪念碑碑铭

湖南衡山南岳忠烈祠纪念堂正面

湖南衡山南岳忠烈祠纪念堂及平台侧试

南岳忠烈祠纪念堂正堂内景正面

南岳忠烈祠纪念堂正堂纪事碑纪文

南岳忠烈祠纪念堂正堂内景侧面

南岳忠烈祠纪念堂正堂纪念碑背面侧视

南岳忠烈祠自甬道北段俯瞰纪念堂

湖南衡山南岳忠烈祠祭堂、安亭战役纪念亭及北段甬道鸟瞰

南岳忠烈祠安亭战役纪念亭正立面

南岳忠烈祠安亭战役纪念亭及第二平台

南岳忠烈祠享堂正立面中段抱厦

南岳忠烈祠享堂西侧翼侧立面拱门

南岳忠烈祠享堂祭坛全景

南岳忠烈祠享堂西翼内景

南岳忠烈祠享堂祭坛侧视

南岳忠烈祠享堂祭坛基座细部

南岳忠烈祠享堂祭坛基座铭刻

南岳忠烈祠享堂西翼山面

自东北山坡俯视南岳忠烈祠享堂

南岳忠烈祠周边墓葬：与南岳忠烈祠同期规划、施工。抗战胜利之前，先后安葬20座公墓及个人墓。后多遭损毁，今修复六座。

南岳第七十四军公墓入口

南岳第七十四军公墓纪念牌坊

南岳第七十四军公墓纪念碑侧面

南岳第六十师公墓纪念碑

南岳第六十师公墓墓室内之阵亡将士骨灰坛

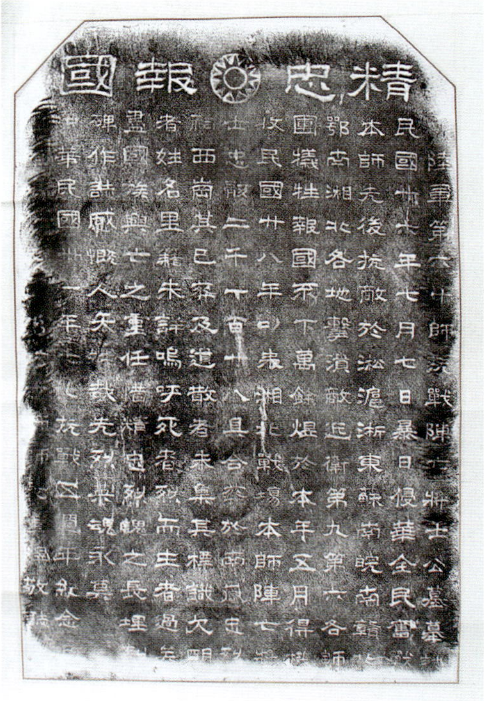

南岳第六十师公墓墓室侧面之墓志铭

南岳第一四零师公墓纪念碑

南岳孙明谨将军墓

南岳郑作民将军墓

重庆陪都抗战建筑群：1938年至1945年，在20世纪初的私人住宅区的基础上改建、增建，成为战时行政中心和军事指挥枢纽。

重庆黄山建筑群入口处全景

重庆黄山建筑群入口近景

重庆黄山建筑群之草亭外景

重庆黄山建筑群之草亭外景

重庆黄山建筑群之草亭内景

重庆黄山莲青楼外景

重庆黄山莲青楼外景

重庆黄山莲青楼外景

重庆黄山松厅外景

重庆黄山松厅外景

重庆黄山松厅外景

重庆黄山松厅内景

重庆黄山云岫楼外景

重庆黄山云岫楼内景

重庆史迪威旧居

重庆史迪威旧居

重庆史迪威旧居

重庆史迪威旧居

重庆于庄

重庆万州区抗日阵亡将士纪念碑

重庆万州区抗日阵亡将士纪念碑局部

重庆圆庐（杨廷宝设计）

延安中共中央大礼堂: 由杨作材设计, 1939年动工兴建, 1942年落成。此为敌后根据地建筑中的大型公共建筑代表作。

延安中共中央大礼堂正门

延安中共中央大礼堂(之一)

延安中共中央大礼堂(之二)

延安中共中央大礼堂细部（之一）

延安中共中央大礼堂细部（之二）

延安中共中央大礼堂内景

武冈黄埔军校第二分校中山堂及李明灏将军故居：黄埔军校二分校于1938年自武汉迁居武冈，开始兴建校舍。校内中山堂于1943年建成。此为抗战时期中型纪念建筑的代表作。

武冈中山堂全景

武冈中山堂室内布置

武冈中山堂翼楼室内

武冈中山堂正面侧视

武冈中山堂背立面二层走廊

武冈李明灏故居正面

云南富源中山礼堂：1943年7月7日奠基，1945年3月落成。此为云南十余处中山礼堂中唯一的存世之作，抗战期间中型公共建筑的代表作之一。

云南富源富源中山礼堂正立面

云南富源中山礼堂外景

云南富源中山礼堂北段

云南富源中山礼堂内景

云南腾冲国殇墓园及滇缅抗战博物馆： 为纪念1942年以来中国远征军入缅作战及之后的滇西会战，于1945年建成腾冲国殇墓园。近年来，又在腾冲县巷战遗址修建滇缅抗战博物馆。

云南腾冲国殇墓园围墙

云南腾冲国殇墓园大门

云南腾冲国殇墓园内忠烈祠大殿

于右任题忠烈祠匾额

云南腾冲国殇墓园内忠烈祠内景

蒋中正题忠烈祠匾额

云南腾冲国殇墓园内蒋中正题写、李根源书之铭刻

云南腾冲国殇墓园内滇西抗战盟军阵亡将士公墓

云南腾冲国殇墓园内公墓区全景

云南腾冲国殇墓园内阵亡将士纪念碑全景

云南昆明抗战胜利堂及西南联大遗址：云南昆明抗战胜利堂于1943年筹建，拟为中山纪念堂，1944年动工，1946年建成，时已抗战胜利，遂命名为抗战胜利堂，为抗战期间大型公共建筑之佳作。在抗战期间，昆明以西南联大客居此地闻名中外，但遗存无多。

云南昆明抗战胜利堂正面全景

云南昆明国立西南联大纪念碑

云南昆明师院纪念碑

湖南芷江机场、受降堂(洽降会堂)和抗战胜利纪念坊：芷江机场在战前即开始建造，战争中后期经改建而成为中国最重要的空军基地，1945年日本投降使来此洽谈日本国投降事宜，原中国陆军驻地遂作洽降会场。后在洽降会场附近建抗战胜利牌坊，以志纪念。

芷江机场遗址，原跑道旁散落的修筑工程的巨大石磙子

芷江机场指挥塔外景(之一)

芷江机场指挥塔内景

芷江机场指挥塔内景

芷江机场指挥塔外景(之二)

芷江机场指挥塔屋顶平台一角

自指挥塔屋顶俯视军官俱乐部及周边环境

芷江机场军官俱乐部外景

芷江受降堂（洽降会场）外景

芷江受降堂洽降席

芷江受降堂洽记者席

芷江受降堂正门

芷江受降堂洽降席

中国陆军总受降使何应钦芷江办公室外景

震古鑠今
受降紀念坊
武德長昭
布昭神武
名城攬勝地重千秋
克敵受降威加萬里
受降行大典千秋戰史記名城
得道勝強權百萬敵軍齊解甲

芷江受降纪念坊正立面

二、见证抗战历程的历史建筑（以地域分类。同一地域内，以历史事件年代为序。）

东北地区：此部分收录北京、山西、天津三地部分历史建筑，而河北、内蒙二地未及涉猎

伪满洲国哈尔滨警察厅遗址。1928年6月为东省特别区图书馆所建，1933年被伪哈尔滨警察厅占用，1948年1辟建为东北烈士纪念馆

哈尔滨中共满洲省委机关旧址。20世纪20年代初建，1933年夏为中共满洲省委机关

哈尔滨中共满洲省委机关旧址。20世纪20年代初建，1933年夏为中共满洲省委机关

华北地区：此部分收录北京、山西、天津三地部分历史建筑，而河北、内蒙二地未及涉猎

北京卢沟桥及宛平城，1937年七七事变发生地

宛平城瓮城

宛平城城墙所遗弹痕

云居寺南塔遗址。此辽代建筑于1938年被日军炸毁

山西五台南茹村鸟瞰，此地为八路军入晋后的第一个驻防地

南茹村八路军总部旧址（之三）

南茹村八路军总部旧址（之一）

南茹村八路军总部旧址（之二）

平型关乔沟老爷庙，1937年9月平型关战斗最激烈之地

平型关战斗指挥者林彪和聂荣臻旧居

山西娘子关见证了太原会战、百团大战二次重大战事

娘子关战事最激烈的南关城楼

娘子关南关城楼入口

山西左权县麻田民居，1940年后为八路军总部

麻田八路军总部指挥部办公室内景

麻田八路军总部指挥部之左权故居

山西阳泉狮脑山山顶民居。百团大战指挥所及瞭望平台

百团大战指挥所及瞭望平台局部

山西武乡县中共北方局旧址

山西武乡县抗大旧址

武乡县王家裕八路军总部旧址（之一）

山西武乡县王家裕八路军总部旧址（之二）

山西武乡县八路军卫生所

山西武乡砖壁村八路军总部

山西武乡县砖壁村朱德旧居

山西武乡县砖壁村左权旧居

天津法租界公议局大楼。驻天津日军在此投降

天津法租界公议局大楼广场

天津法租界公议局大楼内景

南京中央军校大礼堂全景，1945年9月9日中国战区接受日本国投降正式签字会场

南京中央军校大礼堂内景——受降场景

中南地区：此部分收录河南、湖北、湖南、广东四地部分历史建筑，而广西、海南、香港、澳门等地未及涉猎

中共中原局所在地河南省确山县竹沟镇

河南竹沟镇中原局驻地（之一）

河南竹沟镇中原局驻地（之二）

河南竹沟镇中原局驻地刘少奇办公室

中共鄂豫边区军事会议旧址

河南漯河受降堂遗址

河南漯河受降堂遗址细部

湖北武汉国民党临时全国代表大会旧址

湖北武汉国民政府军事委员会旧址

湖北武汉八路军办事处外景

湖北汉口新四军军部旧址

湖北武汉八路军办事处内景

湖北武汉大学周恩来故居

武冈中山公园内之国民政府第六战区“受降堂”旧址外景

湖南衡山南岳圣经学校旧址，此建筑先后为西南联大、南岳军事会议和游击干训班旧址

湖南衡山南岳圣经学校旧址现状

湖南衡山南岳庙大殿，此著名古建筑屡遭日军轰炸

近年修复后的湖南长沙天心阁（之一），此段城墙和楼阁在四次战火中大部被毁。

近年修复后的湖南长沙天心阁（之二）

近年修复后的湖南长沙天心阁（之三）

长沙中山亭，此为长沙会战中少数幸存的建筑物

长沙中山亭正立面

长沙中山亭钟塔细部

2005年修复前的常德南城墙，此为常德保卫战少数遗迹之一

湘西溆浦王氏宗祠，1945年移作第四方面军战地医院

近期修复的常德南城墙

湘西溆浦王氏宗祠庭院

湖南衡阳陆家新屋，此为1944年衡阳保卫战遗址之一

湖南衡阳陆家新屋残留的弹痕

湖南大学教学楼，此为第四方面军受降厅所在地

湖南衡阳陆家新屋局部

广东广州中山堂东北角，此处数遭日军轰炸，后为第二方面军受降堂

广东广州中山堂东北角墙裙所遗弹痕

西北地区：此部分收录陕西省部分历史建筑，甘肃、宁夏、青海、新疆等地未及涉猎

延安鲁艺

延安鲁艺

延安鲁艺

延安毛主席故居

延安毛主席故居

西安八路军办事处入口

西安八路军办事处内院

西安八路军办事处内院

西南地区：此部分收录重庆、四川三地部分历史建筑，而云南、贵州等地未及涉猎

重庆曾家岩八路军办事处旧址（之一）

重庆曾家岩八路军办事处旧址（之二）

重庆曾家岩八路军办事处旧址（之三）

重庆中国民主同盟旧址（之一）

重庆中国民主同盟旧址（之二）

重庆土场镇战时儿童第三保育院旧址（之一）

重庆土场镇战时儿童第三保育院旧址（之二）

四川宜宾李庄东岳庙，战时上海同济大学旧址

四川宜宾李庄民居，战时中国营造学社旧址（之一）

四川宜宾李庄民居，战时中国营造学社旧址（之二）

四川宜宾李庄民居，战时中国营造学社旧址（之三）

三、抗战胜利后的纪念建筑（以建造年代为序）

东北抗日纪念建筑群：

李兆麟墓，1946年8月15日

哈尔滨市苏军烈士纪念碑.1947年

哈尔滨“东北抗日暨爱国自卫战争纪念塔”，1948年

哈尔滨赵一曼纪念像

吉林靖宇县杨靖宇将军纪念雕像

吉林靖宇县杨靖宇将军纪念园

吉林靖宇县杨靖宇将军纪念碑

吉林靖宇县杨靖宇将军殉国地

吉林靖宇县杨靖宇将军纪念馆室内

吉林靖宇县杨靖宇将军纪念馆

吉林通化杨靖宇烈士陵园

吉林通化杨靖宇烈士灵堂室内

吉林通化杨靖宇烈士墓

吉林通化杨靖宇纪念馆内景

吉林通化杨靖宇纪念馆内景

吉林通化杨靖宇纪念馆外景

饶河抗日游击队纪念碑

牡丹江市“八女投江”烈士群雕.20世纪80年代

位于江川农场的抗联六军一师师长马德山纪念碑

大庆市肇源县四方山陵园纪念碑。1990年代

大庆市肇源县二站镇敖木台战迹地

旅顺胜利塔近景1955年3月

旅顺苏军烈士陵园。1955年5月建成

苏军烈士陵园广场

苏军烈士陵园纪念塔

苏军烈士陵园祭坛

石家庄华北烈士陵园：始建于1948年

石家庄华北烈士陵园—纪念碑

石家庄华北烈士陵园—碑铭堂

石家庄华北烈士陵园—纪念馆

石家庄华北烈士陵园—白求恩纪念像即白求恩墓

家庄华北烈士陵园—柯棣华墓

重庆万州苏联空军烈士库里申科墓：此纪念碑原于1951年建造。

万州苏军空军库里申科烈士墓园。1951年建

万州苏军空军库里申科烈士墓园大门

库里申烈士墓园纪念像及纪念碑

武汉市苏联空军烈士墓：此纪念碑原于1956年建造完成。

武汉苏联空军烈士墓全景。1956年落成

武汉苏联空军烈士公墓

武汉苏联空军烈士纪念碑侧面

河南确山县竹沟革命烈士陵园及纪念馆: 陵园内之竹沟革命纪念馆建于1956年，纪念碑于1987年落成。

河南确山县竹沟革命烈士陵园

河南确山县竹沟革命烈士陵园

河南确山竹沟革命纪念馆雕像

河南确山竹沟革命纪念馆内景

河南确山竹沟革命纪念馆

狼牙山五壮士纪念塔：1942年原建三壮士塔，后被日军拆毁，1958年重建。

河北狼牙山五壮士纪念塔全景

河北狼牙山五壮士纪念塔近景

河北狼牙山五壮士纪念塔园区正门

河北狼牙山五壮士纪念地

河北狼牙山五壮士纪念塔远景

盘山烈士陵园：始建于1956年，1959年建成

天津盘山烈士陵园

天津盘山烈士陵园纪念碑阵

天津盘山烈士陵园纪念碑

河北清苑冉庄地道博物馆: 1959年设立纪念馆，近年扩建

河北清苑冉庄地道博物馆

河北清苑冉庄地道博物馆内景

河北清苑冉庄地道博物馆

大同万人坑遗址纪念馆：万人坑遗址于1960年代开始保护，21世纪初在遗址扩建纪念馆。

大同万人坑纪念馆及遗址区全景

大同万人坑纪念馆正门

大同万人坑遗址入口

纪念馆通往遗址区的后门及纪念馆建筑格局回视

大同万人坑遗址区全景

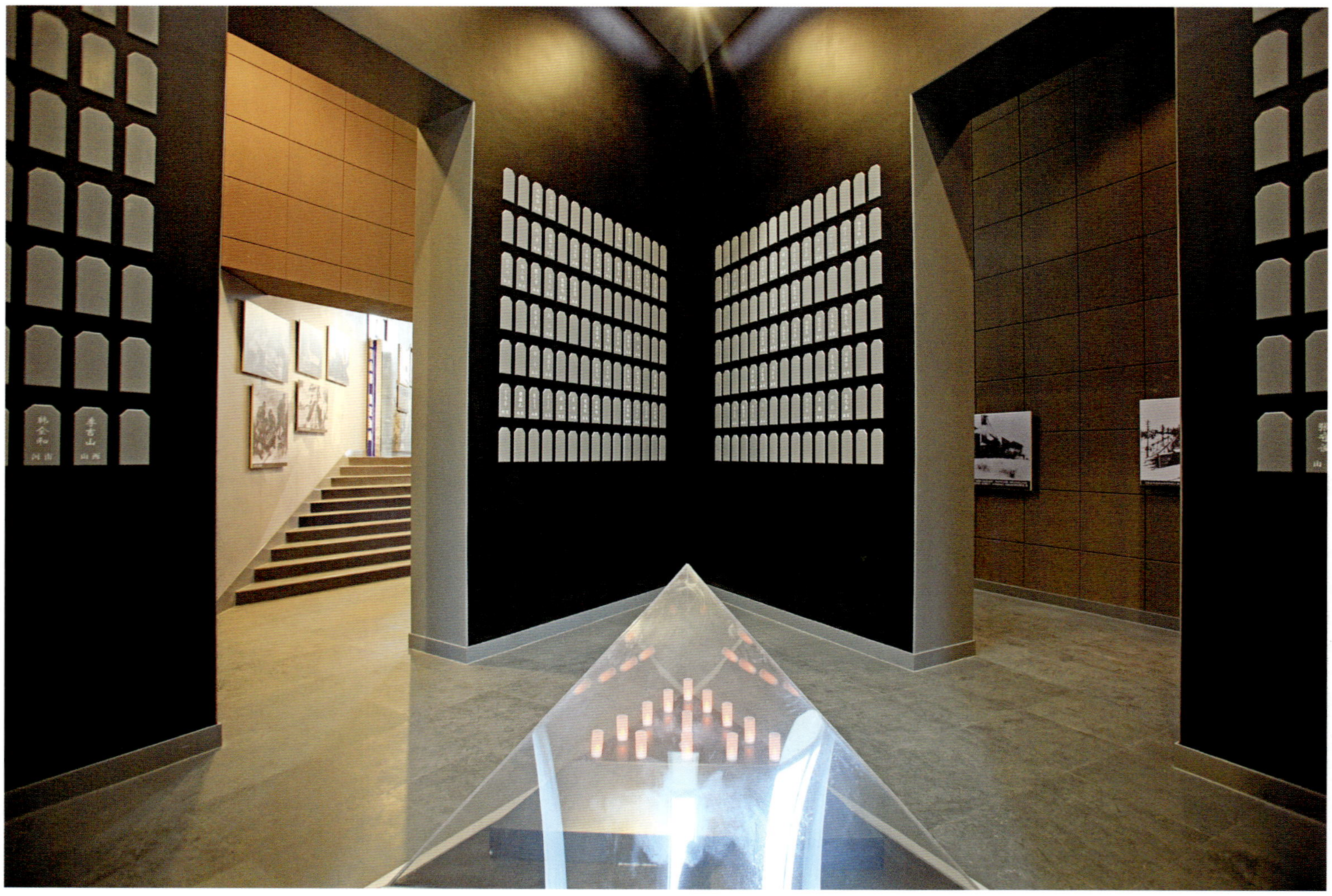
大同万人坑遗址纪念馆内景

台北圆山忠烈祠： 建于1967年，1969年落成。为台湾地区最大的抗日忠烈祠。

台北圆山忠烈祠牌坊

台北圆山忠烈祠二门（摄影：胡天荣）

台北圆山忠烈祠正殿

平型关大捷纪念馆: 20世纪70年代始建，21世纪初扩建。

山西平型关大捷纪念馆广场，将帅纪念像和纪念碑纪

山西平型关大捷纪念馆纪念碑纪

山西平型关大捷纪念馆将帅纪念像剪影

山西平型关大捷纪念馆将帅纪念像近景

山西平型关大捷纪念馆内景展陈

纪念馆近景

平型关战役遗址纪念墙

南京大屠杀纪念馆: 1985年初建、开放,2007年扩建工程竣工

悼念广场,上面刻有本馆的馆名和“遇难者300000”

遇难同胞名单墙,长43米、高3.5米,老百姓称之为“哭墙”,上面刻着10000多名南京大屠杀遇难者的名单

大型组合雕塑“古城的灾难”

墓地广场,上面以鹅卵石铺地,寸草不生,象征着累累白骨和死亡,而两边翠绿的草坪和院墙外的常青树又象征着生命力和抗争精神,生与死形成对比。

历史照片:“历史证人的脚印”铜版路铜雕。

遇难同胞遗骨陈列室

史料陈列厅出口

雕塑广场，陈列着《家破人亡》、《逃难》、《冤魂的呐喊》3个主题的10组青铜雕塑

“和平之舟”船头侧面“化剑为犁”的立面造型。

灾难之墙，在黑色的花岗岩石上刻着中、英、日、德、葡萄牙、希腊、荷兰等12国文字的“遇难者300000”。

集会广场，上面以灰色的脊背石铺地，空旷的广场营造了一个没有生命的空间，每年的12月13日，南京市民都会在这里机会，悼念遇难同胞，发出和平的誓言。

祭场，黑色的花岗岩石碑前，燃烧着遇难者的长明火，人们通过献花圈、敬香、默哀等形式，寄托对遇难者的哀思和反对战争、祈祷和平的愿望。

胜利之墙，著名雕塑家吴为山教授主持创作设计，墙上的浮雕以象征胜利的V字造型向两边延展。

唐县白求恩纪念馆: 1985年始建

河北唐县白求恩、柯棣华纪念馆

河北唐县白求恩、柯棣华纪念馆-纪念堂

百团大战纪念碑: 此纪念碑原于1986年建造完成。

扩建中的阳泉百团大战纪念碑及纪念广场全景

阳泉百团大战纪念广场塑像

百团大战纪念碑东立面侧影

百团大战纪念碑西立面

百团大战纪念碑碑顶正面局部

阳泉百团大战纪念馆(老馆)

河南周口市西华县杜岗会师纪念碑: 建于1986年

周口市西华县杜岗会师纪念碑

河南扶沟县吉鸿昌纪念馆: 1986年改建为吉鸿昌将军纪念馆，2003年完成扩建。

河南扶沟县吉鸿昌纪念馆外景

河南扶沟县吉鸿昌纪念馆内景

河南扶沟县吉鸿昌纪念馆内景

宛平城中国人民抗日战争纪念馆: 此纪念碑原于1987年建造完成。

中国人民抗日战争纪念馆外景

中国人民抗日战争纪念馆内景

中国人民抗日战争雕塑园

中国人民抗日战争雕塑园

中国人民抗日战争雕塑园

山西武乡县八路军太行纪念馆: 1988年建成，2005年扩建。

山西武乡县八路军太行纪念馆正面

山西武乡县八路军太行纪念馆群像

山西武乡县八路军太行纪念馆室内展陈

山西武乡县八路军太行纪念馆室内展陈

山西武乡县八路军太行纪念馆大厅

山西武乡县八路军太行纪念馆碑林

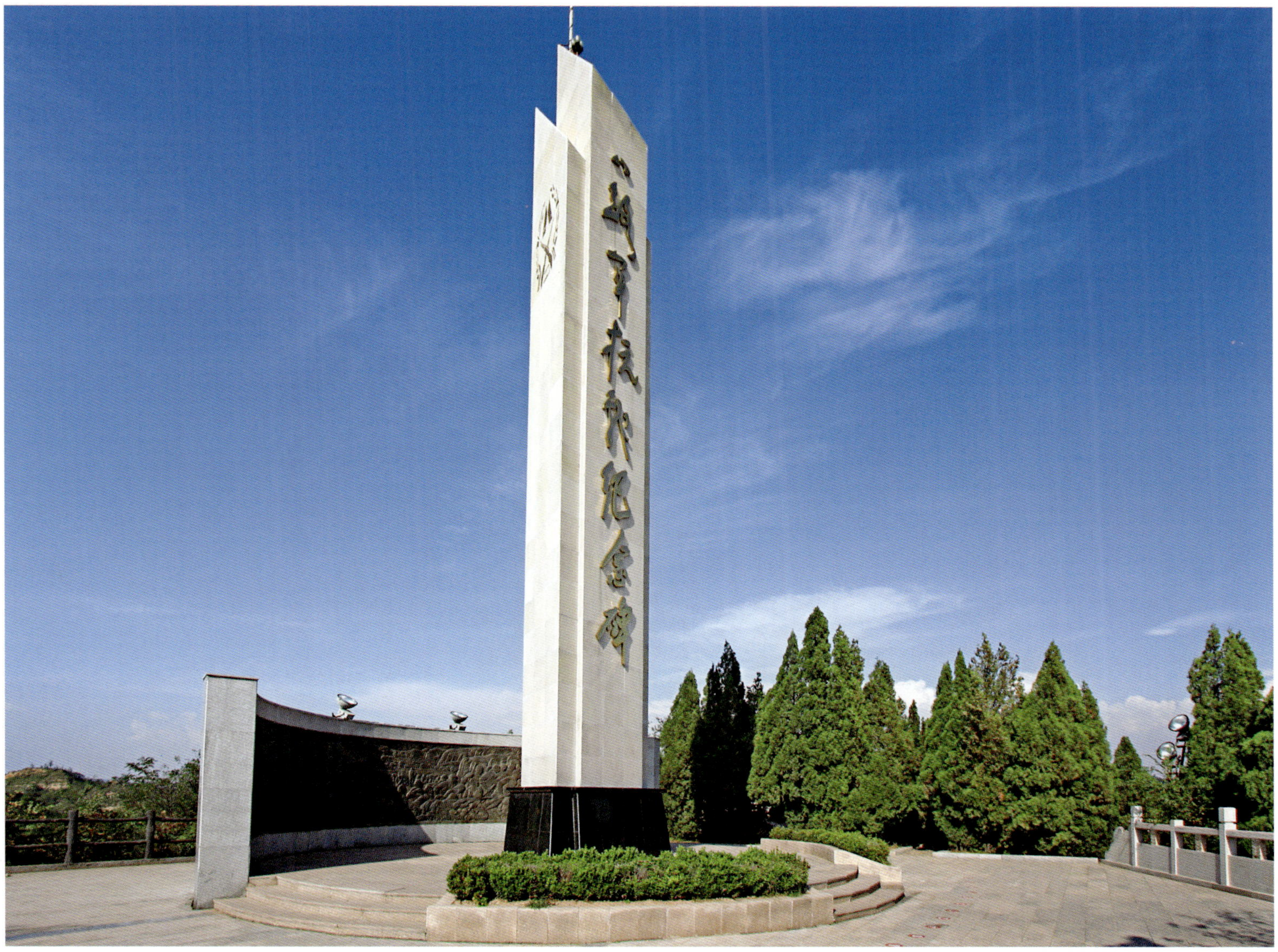
山西武乡县八路军太行纪念馆纪念碑

山西武乡县八路军太行纪念馆广场雕塑

沈阳九一八历史博物馆: 始建于1991年。

沈阳九一八历史博物馆，始建于1991年

沈阳九一八历史博物馆外观

沈阳九一八历史博物馆广场之纪念碑

河南驻马店市杨靖宇纪念馆: 建于1995年。

驻马店市杨靖宇纪念馆入口

驻马店市样靖宇故居（之一）

驻马店市样靖宇故居（之二）

上海淞沪抗战纪念馆: 于2000年年落成。

上海淞沪抗战纪念馆大门侧墙

上海淞沪抗战纪念馆背面剪影

上海淞沪抗战纪念馆庭院

四川大邑建川博物馆: 于2005年年建造完成。

建川博物馆

建川博物馆庭院雕塑

建川博物馆建筑细部

建川博物馆内景(之一)

建川博物馆内景(之二)

南岳衡山抗战胜利坊(湖南)

自北段甬道回视南岳忠烈祠院落(湖南)

华北烈士陵园—纪念碑（石家庄）

华北烈士陵园—白求恩纪念像及白求恩墓（石家庄）

附录

附录1：抗日战争期间重大历史事件与重要建筑事件对照表[1]

[1] 囿于编撰时间有限，此对照表仅是依据《中华民国史》等文献和建筑文化考察组实地考察所成初稿，尚有待补充和修订。——编者注

时间	历史事件	建筑事件	备注
1931年9月	九一八事变。9月18日，日军偷袭沈阳城，攻占北大营	东北军沈阳北大营、沈阳旧城墙等新旧建筑被毁或严重受损	日本从此开始了对东北三省长达14年的奴役
1931年11月	江桥战役。马占山将军率部在哈尔滨附近泰来县抵抗来犯日军，史称“抗战第一枪”	嫩江铁桥被毁	
1932年1—3月	1、一二八淞沪抗战。1月28日，日军在上海制造“一二八”事变。中国第19路军奋起抵抗，一二八淞沪抗战爆发。此次会战于3月3日结束。中国官兵死亡4 374人、伤9 830人；上海市民死亡6 080人，伤2 000余人，财产损失16亿元以上；日军伤亡3 091人 2、长城抗战。1月3日至3月9日，日军继续在华扩大事端，向东北、华北各长城关隘推进，第二十九军予以回击，史称“长城抗战”	1、上海闸北街市、商务印书馆等上百处街道、建筑群被毁； 2、山海关、喜峰口、古北口等长城关隘成为中国军队的防御工事	
1934年	12月7日，日本内阁制定《有关对华政策的文件》，策划分离华北、扶植亲日傀儡政府活动	1、由著名雕塑家刘开渠先生创作的杭州第八十八师一二八淞沪抗战阵亡将士纪念碑于是年建造完成，此为我国第一座表现抗日战争的纪念碑； 2、杭州钱塘江大桥动工兴建	
1935年 11月	绥远抗战爆发。傅作义将军率部在济宁、包头一带取得百灵庙大捷，近万名伪军和几十名日本顾问被歼灭	南京灵谷寺内一二八淞沪抗战第十九路军阵亡将士、第五军阵亡将士公墓于11月20日落成，落成，并各立碑纪念	
1937年7月	卢沟桥事变。7月7日，日军在北平卢沟桥回龙庙附近进行挑衅性的军事演习，随后，炮轰宛平城，“七七”卢沟桥事变由此爆发，全国抗日战争从此开始。在随后的战役中，中国守军奋起抵抗，第二十九军官兵伤亡5 000余人，毙伤日军1 000余人，佟麟阁、赵登禹将军先后殉国，天津、北平相继沦陷	宛平龙王庙、城南药王庙、卢沟桥南侧河神庙、西侧大王庙、北侧迴神庙以及宛平城内兴龙寺、观音庵、城隍庙、马神庙、九神庙等数十处古建筑被毁	此为全民抗战之始
1937年8—11月	八一三淞沪抗战。日军于8月13日进攻上海，史称“八一三事变” ，八一三淞沪抗战由此爆发。此次会战历时3个月，以日军占领上海（不含租界）结束。日军投入兵力30余万人、军舰130余艘、飞机500余架、坦克300余辆，伤亡4万余人；中国军队投入兵力70余万人、伤亡20万余人，上海市民生命财产损失无可估量	上海市大量近现代西式建筑、中西合璧式建筑和部分古建筑被毁或损伤严重。典型事例：1、上海市政府、博物馆、图书馆损伤严重；2、龙华寺大殿被彻底摧毁；3、中国官兵八百壮士在四行仓库英勇御敌	八一三淞沪抗战尽管中国方面伤亡惨重，但在装备落后的情况下，予日军以重创，粉碎了日本政府“三个月灭亡中国”的战略图谋
1937年10—12月	1、太原会战。9月13日至11月8日，第二战区阎锡山率部同来犯日军展开太原会战，中国军队伤亡10万余人，毙伤日军近3万人。其中，中共领导的八路军第一一五师以伤亡900人为代价，毙敌1 000余人，取得“平型关大捷” 2、12月，国民政府正是迁都重庆，并开始履行战时首都职责	1、从10月起，云南数十万军民动工兴建滇缅公路； 2、从是年开始，重庆陆续将南岸建筑群等改建、扩建为政治、军事中心建筑群	

（续表）

时间	历史事件	建筑事件	备注
1937年12月	南京保卫战及南京大屠杀。中国军队在南京保卫战中伤亡50 000余人，毙伤日军12 000余人，南京陷落。之后，日军在南京开始了长达6周的血腥屠杀。中国军民（其中绝大部分是平民）被日军枪杀、活埋者达30余万人，大量中国妇女被强奸	1、南京市三分之一的建筑物和财产化为灰烬；包括中山陵、夫子庙等在内的大量文化遗产被践踏、亵渎； 2、为阻止日军进犯，浙江杭州钱塘江大桥于12月23日自毁。此桥为中国近代史上第一座特大铁路公路两用桥于1934年动工兴建，1937年9月26日通车	南京大屠杀是德意日法西斯阵营在第二次世界大战中所制造最大的反人类暴行之一，也是人类文明史上最大的反人类罪行之一
1938年2—6月	徐州会战。第五战区李宗仁司令长官以徐州为中心组织徐州会战，战事涉及周边山东、河南等地。其中，八路军各部在2月初连续破袭同蒲、平汉、正太等铁路和邯(郸)长(治)公路，有效地钳制和打击了日军；中国军队在4月7日取得台儿庄大捷；至6月9日，以河南境内黄河花园口决口，结束了历时4个月的徐州会战。中国军队伤亡10万余人，毙敌3万余人，打破了日军速战速决的企图	自是年起，日本开始了对中国战时首都重庆长达四年的轰炸	花园口决口在阻止日军西进的同时，付出了豫皖苏3省44县遭水灾，300万人流离失所，89万人死亡的惨痛代价
1938年6—10月	武汉会战。中国第五、第九两战区协作组织武汉保卫战。战事波及鄂豫皖赣四省大部，共投入兵力100余万人、飞机200多架、舰艇40余艘；日军投入兵力35万、飞机500多架、舰艇120余艘。至日军占领武汉三镇，会战结束，大小战役数百次。其间，第九战区薛岳率第七十四军等歼灭日军第一零六师团大部，取得“万家岭大捷”的局部胜利。此次会战共伤亡25万余人，毙敌10余万人，消耗了日军有生力量，抗日战争由此从战略防御阶段转入战略相持阶段	1、7月上旬，滇缅公路畹町至昆明段建成通车。至年底，全线贯通； 2、8月中旬，平西房山云居寺遭日军重型轰炸机轰炸，辽代建筑南塔被彻底毁灭； 3、河北阜平县普佑寺被日军彻底焚毁； 4、10月长沙岳麓山忠烈祠动工兴建； 5、自是年10月起，中国营造学社开始了为期四年的川滇古建筑遗存考察	外界评介滇缅公路贯通：“此次中国政府能于短期内完成如此艰巨工程，此种果敢毅力与精神，实令人钦佩。……这种精神是全世界任何民族所不及的。”
1939年3—5月	南昌会战。第九战区薛岳部以南昌为中心，抗击日军进犯。此为战略相持阶段中日军队的首次交锋，中国军队伤亡4.3万人，毙敌1.5万人	长沙岳麓山忠烈祠于是年2月落成	
1939年4—5月	枣随会战。第五战区李宗仁部组织中国军队经苦战，收复枣阳、随县等地，伤亡2万人，毙敌1.3万人		
1939年9—10月	第一次长沙会战。第九战区薛岳将军指挥第一次长沙会战取得胜利。中国军队伤亡3万余人，毙敌2万余人		
1939年	晋察冀边区军民展开冬季反“扫荡”作战	山西稷山龙泉神庙、五龙宫等珍贵的古代建筑被毁	
1939年11月	桂南会战。国民政府军事委员会部署对日军发动“冬季攻势”。其中杜聿明将军率中国陆军第5军取得“昆仑关大捷”。至次年2月23日，桂南会战结束。中国军队付出较大伤亡代价，收复宾阳、上林、昆仑关等战略要地		
1940年3月	五原大捷。第八战区傅作义部在内蒙古河套地区取得五原大捷		
1940年8—9月	百团大战。中共领导的八路军在山西、河北一带发起百团大战（总兵力105个团），共历时4个月，毙伤日军2万人、伪军5千人，俘虏日军281人，八路军伤亡17 000余人	1、山西沁县北魏、唐、宋建筑遗构36处，如乔村永泰寺，唐代的南景圆通寺、仁胜广济寺，宋代的乌苏大明寺、龙门山柏林寺故县明星寺，金代的北漳延寿寺、北寺上灵感寺、羊庄福兴寺等； 2、9月10日，南岳忠烈祠第一期工程正式破土动工； 3、滇缅公路沿途屡遭日军空袭，多处桥梁被炸毁，均及时修复	南岳忠烈祠是抗战期间修建的最大规模纪念建筑群，至今仍是中国最大的抗战烈士纪念殿堂。其建造过程本身即是中华民族与日本法西斯集团在文化精神和民族意志力层面上的较量

（续表）

时间	历史事件	建筑事件	备注
1941年3—4月	上高会战。第九战区举行的江西上高会战历时26天，我军伤亡20 533人，毙敌12 052人	约与此同时，国民政府陪都建设计划委员会于是年2月成立，开启了战争中的建设序幕。该会在此后三年内完成《陪都建设计划工作纲要》、《战时建设计划大纲》、《战时三年建设计划大纲》、《陪都防空建筑改进意见》、《测量陪都旧城区情况》，并曾数次举办陪都建设设计展览	
1941年5—6月	晋南突围战。日军进犯晋南中条山地区，中国军队在“中条山突围战”中伤亡7万余人，唐淮源军长、寸性奇师长等高级将领阵亡		
1941年9月至1942年1月	第二次长沙会战、第三次长沙会战。中国军队第九战区薛岳司令长官率部连续作战，取得举世瞩目的第二、第三次长沙大捷。中国军队共伤亡7万余人，毙敌近9万人，在日军公然大量使用毒气弹的严峻形势下，粉碎了日军的战略图谋，并首次在伤亡低于敌军人数的情况下达到战略目的。美国总统罗斯福特向薛岳将军授予独立勋章	长沙城仅存中山亭等少数完整的建筑物	
1942年2—7月	中国远征军第一次入缅作战。中国远征军10万余人入缅作战。此行付出伤亡过半、戴安澜将军阵亡的代价，但表明了中美英三国共同抵抗法西斯的决心，为中国赢得了国际声誉		
1942年5—8月	浙赣会战。中国第三战区组织浙赣会战。中国军队伤亡5万余人，毙敌1万7千余人。在战役中和战役结束后，细菌战首恶石井四郎率领日军731部队在衢州等地部署细菌战，造成大面积霍乱、伤寒、鼠疫、炭疽等爆发流行，使数十万平民百姓的生命财产遭受毁灭性打击		
1942年11月	沂蒙山反扫荡。日军以5万兵力，开始大举“扫荡”沂蒙山区抗日根据地	延安中共中央大礼堂于是年年底落成	
1943年5—6月	1、鄂西会战。面对10万来犯日军，第六战区司令长官陈诚组织实施“屏蔽川东，保卫重庆”的鄂西会战，共毙敌1万余人，击毁日军飞机47架，击沉日军舰船23艘，中国军队伤亡41 845人。此役打破了抗战以来的日军空中优势，并有力配合了盟军的太平洋战事 2、太行山反扫荡。日伪军2万余人“扫荡”太行抗日根据地	湖南武冈黄埔二分校中山堂于是年7月落成	黄埔二分校在抗战期间输送毕业生2万余人奔赴前线
1943年7月7日		1、第九战区举行南岳忠烈祠落成揭幕典礼； 2、云南平彝县（今富源县）中山礼堂奠基	
1943年11—12月	常德保卫战。第六、九战区联合组织常德保卫战。战役中，中国军队阵亡4万余人，其中第七十四军五十七师8千余名官兵几乎全部伤亡，被毒气弹所伤者2千余人，使日军付出对等的伤亡；中美空军联合作战，击毁敌机63架，随后轰炸台湾新竹日军机场，炸毁敌机30余架	是年，古城常德仅余完整建筑物5幢	
1943年11月至1944年2月		为保障空中国际通道畅通，四川民众43万人自带口粮和工具，90天内修筑完成了成都等地的六座军用机场。四川成都、新津等地	美国《圣路易邮报》评价四川军用机场建设：“……这是两千年前建造万里长城以来的空前壮举。”

（续表）

时间	历史事件	建筑事件	备注
1944年4—12月	豫中会战、长衡会战、桂柳会战。日军以50余万兵力发动"1号作战"，中国军队组织兵力100余万，相继以"豫中会战"、"长衡会战"、"桂柳会战"等应战，付出损失兵力50余万、沦陷国土20万平方公里的代价，终于抵御住了日本军国主义政府孤注一掷的进犯。战争中，第十军官兵在衡阳坚守孤城47天，书写了战争史上的奇迹	在 "长衡会战"中，千年古城长沙历经四次战火，几成废墟；同为千年古城的衡阳，战后无一完整建筑。至此，湖南长沙、常德、衡阳三城与首都南京等成为二战中受损最严重的文化名城	
1944年4月至1945年1月	中国远征军滇缅大反攻。中国驻印军、中国远征军相继在缅甸猛攻河谷、密支那、八莫，在中国云南境内腾冲、松山、龙陵等地发动反击。1945年 1月28日，中国远征军与中国驻印军、英美盟军在芒友会师，取得滇缅大反攻的全面胜利	1、昆明中山纪念堂奠基。此建筑建成后被命名为抗战胜利堂； 2、梁思成、莫宗江等编撰《中国建筑史》完稿	
1945年1–6月	1、中国军队在正面战场和敌后战场上同时发动全面反攻； 2、豫西鄂北会战。3—5月第五战区与日军5个师团、3个旅团展开豫西鄂北会战。5月21日，第三十六集团军总司令李家钰上将殉国； 3、湘西会战。4–6月，日军以10兵力发动"芷江战略战"，中国第四、第三方面军将士奋战近两个月，以伤亡1万8千余人的代价，毙敌近3万人，取得湘西大捷； 4、4月25日 联合国大会召开。作为发起国，中国与美、英、法、苏等成为联合国安理会常任理事国，世称"五强"	湘西会战结束不久，湖南溆浦龙潭镇开始建造第七十四军五十一师阵亡将士公墓及纪念碑坊	
1945年7–9月	1、8月6日，美军向日本广岛投下第一颗放原子弹； 2、8月15日，日本天皇发表投降诏书； 3、8月21–23日，侵华日军代表今井武夫被指令在湖南芷江机场洽商日军在中国战区投降事宜，向中国军方交出日军在华兵力部署图，并接受中方对侵华日军总司令冈村宁次下达的日军投降备忘录； 4、9月2日，日本代表在东京湾美国"密苏里"号战列舰上签署投降书； 5、9月9日，南京中央军校大礼堂举行中国战区介绍日本国投降签字仪式。至此中国抗日战争暨世界反法西斯战争结束	1、日军在投降前夕炸毁731部队实验室等反人类罪证，并炸毁河北安平圣姑庙等各地文化遗产； 2、芷江机场中国军队指挥机构、南京中央军校大礼堂、北京紫禁城太和殿、广州中山纪念堂、武汉中山公园、台北中山堂、天津法租界公议局、香港总督署等各类地方标志性建筑成为接受日军投降场所	

（殷力欣 辑录）

附录2：抗日战争现存重要史迹建筑及纪念地统计表[1]

[1] 此统计表据《中华民国史》等文献和建筑文化考察组实地考察而成，仅是概要统计的初稿。
——编者注

序号	地点	名称	建筑年代	备注
1	北京	卢沟桥及宛平城	金—清	古代建筑经典。1937年7月7日在此爆发"卢沟桥事变"
2	北京	紫禁城太和殿	明、清	古代建筑经典。1945年10月10日，第十一战区在此接受日军投降
3	北京	顺义县焦庄户地道战遗址	抗战期间	华北敌后抗战军事工事的典范
4	北京	八宝山国民革命军忠烈祠	民国	近代建筑。1946年建
5	北京	长辛店第29军赵登禹将军墓	民国	近代陵墓类纪念建筑
6	北京	房山云居寺	辽—清	古代建筑经典。1938年遭日军轰炸，损毁严重
7	北京	昌平区国民革命军古北口战役阵亡将士公墓	民国	近代纪念性建筑。建造的确切年代不详
8	北京	中国人民抗日战争纪念馆及雕塑园	当代	当代博物馆建筑及纪念建筑
9	上海	吴淞口炮台及宝山县旧城遗址	明、清	古代军事建筑、城垣建筑。1932年、1937年一二八淞沪抗战和八一三淞沪抗战战场遗址
10	上海	宝山区庙行乡一二八路无名英雄纪念墓遗址	民国	近代纪念建筑，1936年一二八事变4周年公祭前落成
11	上海	国民伤兵医院，上海交通大学内	民国	近现代建筑。一二八抗战遗址
12	上海	大韩民国临时政府，马当道	民国	近现代建筑。韩国抗日建国遗迹
13	上海	八一三淞沪抗战遗，四行仓库遗址	民国	近现代建筑。八一三抗战的重要见证
14	上海	罗店红十字纪念碑，宝山区陈伯吹中学校园内	民国	近现代纪念建筑。八一三抗战的重要见证
15	上海	罗店抗战殉难烈士纪念碑	民国	近现代纪念建筑
16	上海	浦东，第74师抗战名将张灵甫将军墓	民国	近现代陵墓类纪念建筑
17	上海	浦东，国民革命军整编第10军军长抗战名将方先觉将军墓	民国	近现代陵墓类纪念建筑
18	上海	浦东，国民革命军预备第10师师长抗战烈士孙明瑾将军墓	民国	近现代陵墓类纪念建筑
19	上海	上海淞沪抗战纪念馆	当代	当代博物馆建筑及纪念建筑
20	天津	法租界公议局大楼及广场	民国	近现代西方古典主义建筑经典。1945年10月6日，中国军队在此接受日军投降
21	重庆	陪都抗战建筑群[2]	民国	西式建筑风格。曾为抗战期间政治军事中心，被称为二战期间同盟国阵营的"四大战时首都"。现存各类遗址300余处。
22	重庆	抗战胜利纪功碑	民国	近现代纪念建筑。后改建为"人民解放纪念碑"
23	重庆	北碚，第33集团军张自忠上将墓	民国	近现代陵墓类纪念建筑
24	重庆	大韩民国临时政府	民国	近现代建筑。韩国抗日建国遗迹
25	河北	清苑县冉庄地道战遗址	民国	华北敌后抗战军事工事的典范
26	河北	长城山海关、喜峰口、古北口等长城抗战遗址	明代	古代建筑经典。长城抗战重要遗址
27	河北	石家庄华北烈士陵园	当代	当代陵墓类纪念建筑
28	河北	狼牙山五壮士纪念塔	当代	当代纪念建筑
29	河北	唐县白求恩、柯棣华纪念馆	当代	当代博物馆建筑
30	山西	大同矿区万人坑遗址及纪念馆	民国、当代	遗址为日军暴行罪证；纪念馆为当代重要的抗战纪念性建筑
31	山西	麻田八路军总部旧址	晚清	民居类古代建筑。敌后抗战重要遗址
32	山西	黄崖洞八路军兵工厂旧址	民国	近现代军事建筑遗址
33	山西	阳泉"百团大战"遗址：指挥所、纪念碑	民国、当代	八路军百团大战重要遗址和纪念地
34	山西	灵丘县城西乔沟平型关战役旧址、纪念馆	民国、当代	八路军平型关战斗重要遗址和纪念地
35	山西	忻口会战遗址：指挥所、军备库等	民国	第二战区太原会战重要遗址
36	山西	娘子关抗战遗址	明代	古代建筑经典。太原会战和百团大战重要遗址
37	山西	洪洞，八路军韩略村伏击战阵亡将士公墓	民国	近现代陵墓类纪念建筑
38	山西	五台县南茹村八路军总部旧址	晚清	民居类古代建筑。敌后抗战重要遗址
39	山西	武乡县中共北方局旧址	晚清	民居建筑
40	山西	武乡县王家裕八路军总部旧址	晚清	民居建筑
41	山西	武乡县八路军太行纪念馆	当代	当代博物馆建筑
42	内蒙古	乌拉特中旗乌不浪口驻军遗址及抗日烈士陵园	民国	近现代陵墓类纪念建筑
43	内蒙古	呼和浩特，长城抗战国民革命军阵亡将士公墓、纪念碑	民国	近现代陵墓类纪念建筑
44	辽宁	沈阳北大营遗址	民国	近现代军用建筑。九一八事变重要遗址
45	辽宁	旅顺苏军胜利塔及苏军烈士陵园	当代	苏式纪念建筑
46	辽宁	沈阳九一八历史博物馆	当代	现代博物馆建筑
47	辽宁	旅顺胜利塔及苏军烈士陵园	当代	俄式纪念建筑

[2]] 重庆市涉及抗战的历史建筑，按最新统计，多达325处。囿于本书篇幅，在此从略。
——编者注

（续表）

序号	地点	名称	建筑年代	备注
48	吉林	白山抗日纪念地（杨靖宇将军殉国地、那尔轰会师遗址、城墙砬子会议旧址等）	民国	近现代陵墓类纪念建筑
49	黑龙江	侵华日军东宁要塞遗址	晚清	近现代军用建筑。日军侵略战争重要见证
50	黑龙江	泰来县江桥战役遗址	民国	近现代桥梁建筑。日军侵略战争重要见证
51	黑龙江	日军731部队遗址	民国	近现代军用建筑。日军反人类罪行的重要见证
52	黑龙江	哈尔滨中共满洲省委机关旧址	民国	近现代陵墓类纪念建筑
53	黑龙江	哈尔滨伪满洲国警察厅遗址	民国	西式建筑。现辟为“东北抗日烈士纪念馆”
54	黑龙江	哈尔滨苏军纪念塔	当代	苏式纪念建筑
55	陕西	延安中共中央大礼堂	民国	近现代公共建筑的佳作。敌后抗战重要遗址
56	陕西	延安杨家岭中共中央旧址	民国	遗存多处窑洞，为典型的北方民居，敌后抗战重要遗址。毛泽东在此完成《论持久战》
57	陕西	延安鲁艺旧址	晚清	西式教堂建筑。后辟为鲁迅艺术学院，冼星海在此创作《黄河大合唱》
58	陕西	延安抗日军政大学、后方医院等	民国	近现代建筑。敌后抗战重要遗址
59	陕西	渭南县黄埔9期张希文中校纪念碑	民国	近现代陵墓类纪念建筑
60	青海	西宁抗日阵亡将士纪念亭	民国	近现代纪念建筑
61	山东	枣庄市台儿庄火车站、城西南郊台儿庄大战纪念馆	民国	车站为徐州会战重要的战争遗址，纪念馆为当代重要的抗战纪念建筑之一
62	江苏	南京市江东门侵华日军南京大屠杀遗址及遇难同胞纪念馆	民国、当代	遗址为重要的日军暴行见证；纪念馆为当代最重要的抗战纪念建筑之一
63	江苏	南京灵谷寺淞沪抗战阵亡将士公墓及纪念碑	民国	近现代陵墓类纪念建筑
64	江苏	南京利济巷慰安所旧址	晚清	民居类建筑。日军暴行建筑物
65	江苏	徐州日军水牢	民国	日军暴行建筑物
66	江苏	南京中央军校大礼堂	民国	近现代西式建筑经典。1945年9月9日上午9时，何应钦上将主持“中国战区日军投降签字仪式”
67	江苏	中山陵园墓道、永慕庐、藏经楼、桂林石屋等	民国	1929年落成，为中国固有式建筑代表作之一。抗战期间屡遭炮击，多有损毁
68	江苏	苏州马岗山抗日阵亡将士陵墓	民国	近现代陵墓类纪念建筑
69	江苏	南京整编第74师师长张灵甫将军纪念碑	民国	近现代陵墓类纪念建筑
70	江苏	南京，国民政府军事统计局局长戴笠将军墓	民国	近现代陵墓类纪念建筑
71	安徽	泾县云岭新四军军部旧址	晚清	民居类建筑。新四军抗战纪念地之一
72	安徽	合肥梁园镇邓岗村抗日阵亡将士陵园	民国	近现代陵墓类纪念建筑
73	安徽	潜山，第176师抗日烈士墓园	民国	近现代陵墓类纪念建筑
74	浙江	富阳县宋殿村侵浙日军投降仪式旧址	清末民初	民居类建筑佳作。侵浙日军在此向中国军方投降
75	浙江	镇海戚家山、招宝山、白峰镇海防遗址及阵亡将士纪念碑	明–民国	此为据古代海防工事改造的现代战争防御工事体系，在抗战中发挥过重要作用；附近建有抗战阵亡将士公墓
76	浙江	杭州钱塘江大桥	民国	中国近现代桥梁建筑杰作。八一三淞沪抗战期间建成并自毁，抗战后修复
77	浙江	杭州西溪路国民革命军第八十八师淞沪抗日阵亡将士牌坊	民国	近现代纪念建筑
78	浙江	杭州一二八淞沪战役国军阵亡将士纪念碑	民国	近现代纪念建筑。此碑于1934年落成，是我国第一座为抗日阵亡将士修建的纪念物
79	浙江	萧山第190师570团3营抗日阵亡将士纪念碑	民国	近现代纪念建筑
80	浙江	嘉定娄塘抗战纪念坊	民国	近现代纪念建筑
81	浙江	开化新编第29师师长吕公良将军墓	民国	近现代陵墓类纪念建筑
82	江西	上高会战遗址及烈士陵园	民国	近现代陵墓类纪念建筑
83	江西	庐山近现代建筑群、“庐山保卫战”遗址等	民国	近现代西式建筑群、战争遗址。1937年卢沟桥事变后，蒋介石在此发表抗战动员讲话
84	江西	南昌中央银行	民国	1945年9月14日，第九战区薛岳上将之代表鲁道源中将在此接受日军投降
85	台湾	台北中山堂	民国	945年10月25日上午，陈仪上将代表台湾战区接受日军投降
86	台湾	台北圆山忠烈祠	当代	上世纪60年代所建纪念堂性质建筑，为台湾地区最主要的抗战先烈祭奠场所
87	台湾	台中忠烈祠	当代	待查
88	台湾	澎湖县忠烈祠	当代	待查
89	台湾	台北，国军历史博物馆	当代	待查

（续表）

序号	地点	名称	建筑年代	备注
90	河南	漯河，第一战区受降会场	民国	民居建筑。1945年9月22日胡宗南上将代表第一战区接受日军受降会场
91	河南	商城县第八十四军忠烈祠	民国	近现代陵墓类纪念建筑
92	河南	清丰抗战烈士祠	民国	近现代陵墓类纪念建筑
93	河南	卫河县烈士陵园	民国	近现代陵墓类纪念建筑
94	河南	确山县竹沟镇中共中原局旧址	晚清	民居建
95	河南	周口市西华县杜岗会师纪念碑	当代	当代纪念建筑
96	河南	扶沟县吉鸿昌纪念馆	当代	当代纪念建筑
97	湖北	武汉汉口中山公园第六战区受降堂	民国	1945年9月18日，孙蔚如上将代表第六战区在此接受日军投降
98	湖北	老河口市抗日阵亡将士暨死难同胞纪念碑	民国	近现代纪念建筑
99	湖北	大悟县第171师抗战阵亡将士纪念塔	民国	近现代纪念建筑
100	湖北	武安镇第33集团军张自忠上将衣冠茔	民国	近现代陵墓类纪念建筑
101	湖北	国民政府军事委员会旧址位。武汉市蛇山南麓	民国	中西合璧式建筑。1937年12月至1938年10月间，是全国抗战指挥部所在地
102	湖北	武汉市江岸区长春街57号。八路军武汉办事处旧址	民国	近现代纪念建筑
103	湖北	汉口新四军军部旧址。位于湖北省武汉市江岸区胜利街与卢沟桥路交汇处	民国	近现代纪念建筑
104	湖北	襄樊市老河口市。国民政府第五战区李宗仁司令长官部旧址	清末民初	民居类建筑。第五战区重要抗战遗址
105	湖北	武汉市武珞路。表烈祠	民国	近现代纪念建筑
106	湖北	武汉市江岸区。岱家山碉堡群	民国	近现代军用建筑
107	湖北	武汉市张公堤碉堡群		近现代军用建筑
108	湖北	咸宁市通城县麦市镇天岳村，天岳关抗日阵亡将士墓	民国	近现代陵墓类纪念建筑
109	湖南	岳阳岳阳楼	明、清	古代建筑经典。历次湖南抗战的重要见证
110	湖南	长沙天心阁	明、清	古代城垣建筑。见证长沙历次战事。受损严重，近年修复
111	湖南	长沙中山亭	民国	近现代西式建筑经典。“长沙四战一火”的少数幸存物之一
112	湖南	湖南大学图书馆遗址	民国	近现代建筑。毁于战火，近遗址处立有标识
113	湖南	衡山南岳大庙	宋-民初	古代大型庙堂建筑的代表作之一。抗战中受损严重
114	湖南	衡山衡山军事会议旧址及防空洞	民国	民国西式别墅建筑。多次召开军事委员会最高军事会议
115	湖南	衡山圣经学校	民国	民国西式别墅建筑。多次召开军事委员会最高军事会议
116	湖南	衡山南岳忠烈祠及抗战阵亡将士公墓群	民国	此忠烈祠为中国固有式建筑的代表作之一；周边建有20座阵亡将士公墓。1943年建于战争期间，是抗战期间最重要的建筑事件，迄今为国内最大的抗战烈士纪念地
117	湖南	衡阳市陆家新屋	晚清	民居类建筑经典。今建筑残留弹痕，为长衡会战重要遗址
118	湖南	衡阳市石鼓书院遗址	宋-清	原物毁于战火。今重修
119	湖南	浏阳，新编第1军军长抗战名将潘裕昆将军墓	民国	近现代纪念建筑
120	湖南	武冈黄埔第二分校中山堂及李明灏旧居	民国	抗战期间重要的建筑活动和建筑经典
121	湖南	芷江七里桥	明、清	古代桥梁建筑。见证了抗战胜利
122	湖南	芷江机场遗址	民国	抗战期间最重要的建筑活动之一
123	湖南	常德会战防御工事遗址	民国	近现代军用建筑遗存
124	湖南	常德第七十四军阵亡将士公墓	民国	近现代陵墓类纪念建筑
125	湖南	溆浦第七十四军阵亡将士公墓	民国	近现代陵墓类纪念建筑
126	湖南	洞口第七十四军阵亡将士公墓	民国	近现代陵墓类纪念建筑
127	湖南	洞口第十八军阵亡将士公墓纪念坊	民国	近现代陵墓类纪念建筑
128	湖南	大韩民国临时政府	民国	近现代建筑。韩国抗日建国遗迹
129	湖南	衡阳市张家山第10军战阵亡将士公墓	民国	近现代陵墓类纪念建筑。墓已毁，今存保卫战阵地残迹
130	湖南	衡阳抗战纪念城	民国	近现代纪念建筑
131	湖南	芷江受降纪念坊	民国	近现代纪念建筑。1946年2月有特色、有重大历史意义
132	湖南	湖南大学礼堂	民国	中西合璧式建筑。1945年9月15日，第四方面军王耀武中将在此接受日军投降
133	广东	广州中山堂	民国	中国固有式建筑的代表作之一。1931年落成，抗战期间屡遭日军轰炸， 1945年9月16日，张发奎上将代表第二方面军在此接受日军受降
134	广东	广州市番禺区抗日游击第二支队司令部旧址	民国	待查
135	广东	广州市十九路军淞沪抗日阵亡将士陵园	民国	近现代陵墓类纪念建筑
136	广东	广州陆军新编第一军印缅阵亡将士公墓及纪念塔	民国	近现代陵墓类纪念建筑

（续表）

序号	地点	名称	建筑年代	备注
137	广东	广州五十四军赴印缅作战阵亡将士纪念亭（东山区永福路）	民国	近现代陵墓类纪念建筑
138	广东	从化陆军第六十二军第一五七师抗战阵亡将士纪念碑，民国三十二年建于良口镇牛背脊山麓，1987年迁至温泉镇森林公园	民国	近现代陵墓类纪念建筑
139	广西	昆仑关大捷遗址及阵亡将士墓园。邕宁县九塘圩北4公里处。	民国	近现代陵墓类纪念建筑
140	广西	上林抗日纪念亭	民国	近现代纪念建筑
141	广西	柳州，国民革命军陆军第7军阵亡将士纪念塔	民国	近现代纪念建筑
142	广西	南宁，学生军抗日烈士纪念碑	民国	近现代纪念建筑
143	广西	崇左，第188师抗日阵亡将士纪念碑	民国	近现代纪念建筑
144	广西	桂林，第131师抗日烈士墓园和三将军墓	民国	近现代陵墓类纪念建筑
145	广西	桂林，八百壮士墓	民国	近现代陵墓类纪念建筑
146	广西	钦州，第175师抗日烈士墓园	民国	近现代陵墓类纪念建筑
147	广西	龙州，第188师抗战阵亡将士纪念陵墓	民国	近现代陵墓类纪念建筑
148	广西	柳州空军坟场	民国	近现代陵墓类纪念建筑
149	广西	武鸣，腾翔阵亡将士墓	民国	近现代陵墓类纪念建筑
150	广西	宁明，爱店抗日阵亡烈士墓	民国	近现代陵墓类纪念建筑
151	广西	北海，抗日烈士黄阿全墓	民国	近现代陵墓类纪念建筑
152	香港	香港总督部	清	西式建筑经典。盟军在此接受日军投降
153	四川	德阳抗日阵亡将士纪念碑	民国	近现代纪念建筑
154	四川	成都，国民革命军川军抗日阵亡将士纪念碑	民国	近现代纪念建筑
155	四川	广汉抗战阵亡将士纪念碑	民国	近现代纪念建筑
156	四川	高县抗战阵亡将士纪念碑	民国	近现代纪念建筑
157	四川	宜宾李庄镇中央研究院史语所、中国营造学社、同济大学遗址	清	古代寺庙、民居建筑
158	贵州	铜仁抗日阵亡将士纪念碑	民国	近现代纪念建筑
159	贵州	贵阳国民革命军第102师抗日阵亡将士纪念碑	民国	近现代纪念建筑
160	云南	腾冲国殇墓园	民国	近现代陵墓类纪念建筑。是抗战期间营造的大型烈士陵园之一
161	云南	昆明抗战胜利堂	民国	近现代公共建筑。是抗战期间营造的大型公共建筑杰作之一
162	云南	富源县中山礼堂	民国	近现代公共建筑。是抗战期间营造的中型公共建筑佳作
163	云南	滇缅公路及沿线桥梁（开远市小龙潭大铁桥、临沧市青龙桥、腾冲县成德桥、龙陵县惠通桥等）	民国	近现代大型公路建设项目，于1938年建成通车，屡遭日军轰炸，均及时修复。此工程是二战史上的工程奇迹
164	云南	芒市第33师97团抗日烈士纪念塔	民国	近现代陵墓类纪念建筑
165	云南	昆明国立西南联大遗址	民国	近现代民居建筑、纪念建筑
166	云南	昆明麦地村兴国庵中国营造学社遗址	清	古代寺庙建筑

（殷力欣、刘江峰辑录）

编著后记

抢救、修复、保护、研究和传播有价值的抗战纪念建筑文化遗产，是尊重历史且延续文脉的需要，更是彰显遗址所在地域文化魅力之必须。为纪念2010年抗日战争胜利65周年，在国家文物局的支持下，建筑文化考察组于2007年“七七事变”纪念日便启动了以“见证抗战的史迹建筑”、“抗战期间建筑活动及作品”和“抗战胜利后的纪念建筑”为基本类型的一系列的调查与研究。

正式投入《抗日战争建筑》一书的编撰工作则从2009年10月起始。完成这样一个重大课题，无论是一年还是三年，都显然是很紧张的。有赖于国家文物局单霁翔局长具有文化发展战略高度的指导，全国十多个文化、文物部门的大力支持，更依靠《建筑创作》杂志社所组织的由若干全国高校及研究机构组成的全体编撰人员的辛勤劳作，使这项看似不可能完成的工作终于完成了。通过对抗战建筑的实地考察、文献梳理和理论探析，我们希望能向业内外同行展示一种大事件背景下建筑现象及其发展模式，探讨抗战建筑文化遗产的若干文化记忆，并以此纪念抗日战争胜利65周年，使弥足珍贵的“二战”遗产价值得到更广泛的社会认知。

2006－03－29 四川李庄

2007－07－07 抗战雕塑园

一、以建筑现象梳理“二战”记忆

光阴荏苒，世道沧桑。六十五载时光，以和平与发展谋求人类进步，已然成为世界之共识、时代之主流。对于“二战”岁月，或许世人已经开始淡忘。但是，若从人类发展进程的视角去回视历史陈迹，仅以遍布世界的“二战”建筑遗产及纪念物而言，则已构成一部无言的史书、一座以千万血肉之躯筑就的应当被世世代代永远铭记的历史丰碑。

灾难记忆：经“二战”中的纳粹大屠杀，数百万犹太人在欧洲惨遭杀戮，犹太民族失去了三分之一人口，其中波兰350万犹太人仅存活25万人，这是人类历史上第一次用工业方式消灭整个民族的悲剧。时至今日，面对波兰奥茨威辛集中营遗址或战后所建以色列大屠杀纪念馆，每一位来访者无不在心灵震撼下陷入沉默和反思之中。同样的震撼，来自南京大屠杀死难同胞纪念地、大同万人坑遗址、哈尔滨731部队遗址以及所有参战国所遗存的同一性质遗址之中。

2009－07－26 重庆万州抗战阵亡将士纪念碑

抗战记忆：1942年7月17日开始的斯大林格勒战役旷日持久，达200昼夜，苏军仅为控制马马耶夫高地位即有7 000人壮烈殉国。战后，伏尔加河畔保存下一座遍布战争创伤的建筑物，并在当时战争最为激烈的马马耶夫高地建造起卫国战争烈士陵园，以其巨型雕塑“祖国母亲”、长明火、英雄姓名纪念榜作为对人类抗争精神的永恒纪念；同样，在1944年湖南衡阳保卫战中，中国官兵面对十倍于我的强敌，抱杀身成仁之决心，固守孤城47日，其忠其勇，因陆家新屋断壁残垣所历历在目的累累弹痕而名垂不朽。

2009－07－27 重庆八路军办事处旧址

仍待深化的认知过程：在日本广岛和长崎的和平纪念公园分别于2010年8月6日、9日举行第六十五次“原子弹爆炸死难者悼念活动”，美国驻日大使到场，信誓旦旦：决不再使同样的

2009－11－30 云南腾冲国殇园

2009－11－30 云南腾冲飞虎队纪念公园

2009－12－11 长沙忠烈祠

2009－12－12 湖南南岳忠烈祠

2010－02－12 湖南衡阳陆家新屋

2010－03－31 武汉第六战区受受降堂旧址

战争悲剧重演；与此同时，美国舆论界调查结果显示：61%的人认为当年投下原子弹是正确的行动，可见历史功过远未盖棺定论。然而至少有一个不争的事实：原子弹爆炸的受害者不只是日本人。当年，长崎县约有7万朝鲜人，其中2万人同样成为受害者。如今，广岛和平纪念公园立有一座“韩国人原子弹爆炸牺牲者慰灵碑”。

在岁月长河永不歇止的冲刷下，人类历史上许多事件渐渐褪色，但另有一些史诗则伴随时光流逝而显露其本来面目。2005年9月3日，胡锦涛总书记所作《在纪念中国人民抗日战争暨世界反法西斯战争胜利60周年大会讲话》中指出“……中国国民党和中国共产党领导的抗日军队，分别担负着正面战场和敌后战场的作战任务，形成了共同抗日的战略态势……”时至今日，“二战”史研究领域因中国战场的史实探析之进展，逐步突破欧洲中心论的历史陈见：中国战场是“二战”中的东方主战场，在粉碎了日本“北进战略”，支持美国“先欧后亚”等战略方针和战局的把握上，为世界反法西斯战争做出了巨大的牺牲和无可替代的贡献。特别应说明的是，在中国“二战”史研究中，国民党正面战场与共产党敌后战场的关系和作用问题，已逐步得到实事求是、客观公正地描述和评价。

这里我们尤其要提及的是，通过编研与建筑行走，创新了思维，提升了认知。2010年10月中旬在哈尔滨见到黑龙江文物局王珍珍局长时，她介绍说黑龙江不仅有马占山率部在嫩江桥打响中国抗日第一枪，更有艰苦卓绝的血沃关东十四年的抗战历程；同时还形成了左翼抗日文化运动及“东北作家群”，配合了有组织、有纲领、有觉悟的东北抗日联军的斗争。是的，2010年9月3日在南京抗日航空烈士纪念碑的纪念活动获悉：在即将出版的4 294名航空烈士名录中有中国1 466人，美国2 590人，苏联236人，韩国2人，他们在中国人地上联合抗击日军，为中国乃至世界反法西斯战争做出贡献。面对中华民族筑成的抗日血肉长城，我们认为“二战”史研究是在争鸣中前进的，如同有八百年历史的卢沟桥，可以说1937年前这里看的是“卢沟晓月”，而1937年后看到的是抗战遗址，是第二十九军副军长佟麟阁及第一三二师师长赵登禹加上血色注脚的不屈精神，基于此我们更以为记住每一个牺牲者是一种责任，每一次冲锋勇士及每个呐喊者都该写进全民族抗战的不朽史诗中。

二、以抗战建筑文化遗产昭示责任

建筑与战争似乎并不相关。纵观中外，战争总是以建筑物为牺牲品的，但建筑有时确也能经过战火而让社会重塑辉煌和记忆。以“二战”为例，英国伦敦“二战英国空军纪念碑”、法国诺曼底“卡昂和平纪念馆”、美国华盛顿“二战纪念广场”等都以建筑为载体，永久成为全人类共有的建筑文化遗产与财富。而在战争形势最为严峻、人力物力资源最为匮乏之际，中国湖南战场冒着敌人的炮火，为阵亡将士建造起一座国家级烈士公墓及纪念殿堂——南岳忠烈祠，在侵略者的残暴面前，以一种浩博的人文精神捍卫着一个民族的尊严与荣誉。

这种慎终追远的文化传统，在战后得到了一个特殊的继承。约在2005年，被誉为中国民间抗战收藏第一人的樊建川先生，“为了和平、收藏战争”而建筑了建川博物馆建筑聚落。此“建筑聚落”包含“抗战英烈馆”、“川军抗战馆”、“援华美军馆”、“战俘纪念馆”等四个分馆。其中尤以“战俘馆”最具震撼力——它是目前中国乃至世界上专门为战俘建造的博物馆。“战俘馆”设计者程泰宁院士深有感触地说，他本人为之倾注了非常的心血，无论从“战俘”的事件主题，还是建筑创作的文化主题，该项目都填补了抗战史研究的“空白”，打破了历史成见。“壮士广场”群雕中为国捐躯的杨靖宇、张自忠、王铭章、赵一曼、左权、王甲本、狼牙山壮士等烈士们是永垂不朽的抗日英烈，而那些不幸的战俘同样是抗战勇士，同样值得后人尊重。这个抗战博物馆“建筑聚落”留给后人的，是一个民族无尽的悲壮的文化记忆。

2010－03－31 武汉苏军烈士墓

2010－03－31 武汉八路军办事处旧址

上海世博会中国馆设计师何镜堂院士也是南京大屠杀遇难同胞纪念馆扩建工程的主持人。他曾谈到：“1937年南京大屠杀惨案在国际上有深刻影响，对国人更有惨痛教训。针对这沉重主题的纪念馆扩建工程，我们首先需把握寻求和平的主题。因此，建筑设计的关键是创造一个震撼心灵的场所，使人的思想得到升华，最终走向美好的未来。”这里，我们必须面对一个关于侵华日军第731部队遗址的相关话题，即731部队遗址该不该“申遗”。这个遗址已作为全国爱国主义教育基地被国务院在2006年批准为第六批国家级文物保护单位，但它是不是“文化遗产”的争议远未停止。从世界范围看，按1972年联合国教科文组织通过的《保护世界文化和自然遗产公园》的规定，其中第6条已明确文化遗产即“特殊的历史事件对人类的影响”。据此，波兰、日本先后于1976年和1996年将波兰“奥斯维辛迫害犹太人集中营”、“日本广岛原子弹爆炸地——广岛和平公园”申报为“世界文化遗产”。毫无疑问，我国坐落在哈尔滨向南平房区新疆大街25号的“731部队”遗址是同样符合申遗标准的。我们不应该回避作为警示性文化遗产的研究与发掘，而必须直面那些曾是民族灾难和屈辱记忆的历史遗迹，将此警示性文化遗产列入抗战建筑文化遗产的行列之中。

2010－04－03 湖南怀化抗日阵亡烈士陵园

2010－04－03 湖南芷江飞虎队纪念馆

三、“田野新考察”的又一项工作：以事件建筑作理性归纳

如上所述，抗战建筑可分为三类：(1) 抗战史迹建筑，即抗战之前所建，在抗战期间它见证了历史事件的建筑遗存与遗址；(2)抗战期间的建筑活动及其作品，指抗战期间具有较重要历史意义的建筑活动和此期间建成的各类代表性建筑；(3)抗战胜利后的纪念建筑，主要指1945年9月3日以后的纪念性建筑。

以重庆抗战建筑为例：抗战爆发后，随着国民政府迁都，大量金融、外事、文化研究机构以及全国三分之一以上的高校、三分之二以上的军事工业迁至重庆，从而使重庆成为中国抗

2010－04－03 湖南芷江中国战区受降堂

2010－04－03 湖南芷江抗战胜利纪念坊

2010－04－04 湖南武冈中山堂旧址

2010－08－22 左权县麻田左权故居

2010－08－27 平型关大捷纪念馆

2010－08－27 大同市灵丘县抗战烈士陵园

战时期的政治、经济、文化中心，与华盛顿、伦敦、莫斯科一起被列为世界反法西斯“四大”战时首都。因此地建筑多建于抗战之前，故多为“抗战史迹建筑”；以湖南、山西、陕西为例，则既有如天心阁、娘子关这样的“抗战史迹建筑”，也不乏岳麓山忠烈祠、延安中共中央大礼堂这样的抗战期间建筑作品，更有百团大战纪念碑这样的抗战胜利后所建纪念建筑和纪念群。

作为一种感言及联想，我们有如下观点。

其一，在以往的建筑史专著、专论中，抗日战争时期的建筑活动及建筑作品，一般都被认为乏善可陈，因为战争年代在人力物力两方面都很难顾及建筑业。经过这几年的努力，以实地考察为基础，结合文献梳理工作，终于可以以事实为根据，较为客观地说明：抗战期间的建筑活动虽然处于低潮，但远未终止，甚至有数十万民众修建滇缅公路、四川等地战时军用机场等举世瞩目的伟大工程，甚至还产生了南岳忠烈祠、杭州钱塘江大桥、延安中央大礼堂等一批建筑杰作。建筑，作为特定时期社会文化的重要载体，从一个侧面记录下了抗战期间亿万中华儿女团结一心、共同御侮的艰难而光荣的十四年漫长历程——有正面战场的硝烟，有敌后根据地的壁垒，有莘莘学子的万里复学，有海外侨胞的拳拳报国热忱。抗战，不仅仅是铁血搏击，更是文化抗衡、精神抗衡。中国就是在这样全方位抗衡中赢得了抗战胜利，赢得了民族复兴的关键契机。如抗战期间的四川宜宾李庄小镇，它集中了中国营造学社、中央研究院、中央博物院、同济大学等科研机构和高等学府，梁思成、刘敦桢、傅斯年、李济等中国学术精英在此做出了非凡贡献，1.2万名莘莘学子在此完成学业。李庄建筑及其遗址，同样是承载着抗战精神的建筑文化遗产。

其二，时至今日，在国家各方面时刻都在变化的时代，抗战时期所留下的数以百千计的建筑遗存，无疑是值得后人永远珍视的文化遗产。大千世界中，我们必须留住一些亘古不变的信条和准则，即中华民族勤劳勇敢、热爱和平、积极进取的民族精神。这种精神力量，化作抗战忠烈们的热血，浸透在每一处抗战建筑的一砖一瓦之中，最终化作建筑文化遗产馈赠后人，供后人继承。樊建川在谈到“建川博物馆”的效果时说，凡进入抗战博物馆如同在诵读一部抗战史诗，将国际上先进的展览模式引入抗战博物馆，情景性、参与性令观众切身感受到警世钟在心目中激荡。一个人不能没有责任心，一个民族不能失去血性，建川博物馆意在成为增强国民忧患意识的精神食粮。

其三，建筑文化考察组是隶属并主要发起于北京市建筑设计研究院《建筑创作》杂志社、有多家教学科研机构中青年学者加盟的自发性建筑历史与理论研究传播团队。我们奉行建筑服务于社会的宗旨，故已坚持五年之久的考察、研究和著述出版活动，从来不是纯理论性质的，而是强调考察研究工作的社会时效，重视其文化启蒙及传播功能。因此，我们在近年编撰的每一部专著，即使是理论性很强的专著，也都有着社会文化普及的寓意。如在2008年出版的《义县奉国寺》，意在为中国古代建筑经典树碑立传，向世人展示优秀传统文化的永恒魅力；在2009年出版的《中山纪念建筑》，不仅记录下古老的中华文明向现代文明递变的建筑成就，还系统地完成了孙中山先生海内外纪念建筑的集成；这部《抗战纪念建筑》，则希望能使坚忍不拔的抗战精神在当代得到传承，以纵深的学术研究彰显建筑历史所蕴含的文化意义；而在2011年，我们希望以一部《辛亥革命建筑》，引发更多的人从百年中国的历史积淀中获取走向未来的启示。

洗净硝烟，沐浴和平。多次造访卢沟桥，那泛灰的桥面透着古砖石的微凉，在静静的永定河逶迤流动下，感受到淡淡的哀寂。在此，建筑文化考察组一行遥望京城，遥望华北，遥望神州大地，努力寻找着抗日战争为中国城乡留下的建筑印记：北京顺义区歪坨山下有焦庄户地道战遗址；城内东黄城根下有枪击日本军官的非常事件；藏在阜成门内白塔寺塔顶夹缝中的罗德俊手稿，写满了“勿忘国耻”笔笔如血、字字见骨的史实；中共地下党在南三环外马家堡车站制造了“马家堡火车站事故”；香山樱桃沟里的“保卫华北”的石刻及其抗日名将佟麟阁、赵登禹将军墓……都见证了无法抹灭的抗战岁月。2010年9月19日全国公映的影片《喋血孤城》，重现了抗战时期常德保卫战中八千余名中国将士与三万日军激战16昼夜，仅83人生还的悲壮一幕，这正是2010年4月份湘西考察途中令我们几次慨然泣下的历史场景。而2010年8月末的山西抗日建筑考察之旅，穿越太行山峡谷去探访左权县八路军前方总部的旅途，同时是一次心灵发现的旅途：初秋的太行山已略有凉意，处处可见山峦峭拔，断层岩壁，峡谷毗连，流水深澈，我们除感叹山水自然之灵气外，更遥想当年抗日军民震天憾地的战斗场景。

这一切说明，不论党派、不论阶层、不论有名无名，只要是为民族利益牺牲的都是值得我们怀念和崇敬的。它尤其告诫我们，不要做健忘的民族，容易健忘一定是潜伏悲剧的民族。我们编撰并推出《抗战纪念建筑》一书正是为了不做健忘民族，正是为了记忆住伟大而卓绝的抗日战争，或许这才是专业化建筑传媒人的作为之所在。我们愿以《抗战纪念建筑》一书记录和彰显中华民族抗战精神及伟业，向世界昭示用事件建筑去记录“二战”史实的特殊价值。

最后，我们再一次感谢在本书策划、文字整理、装帧设计、资料挖掘、图片统筹等环节中做出贡献的人们；再一次感谢国家文物局单霁翔局长的具体指导序言；感谢全国各地文物部门无私的多方面的支持；感谢天津大学出版社颇具高度对此选题的认同；更感谢建筑文化考察组不断增加的几十位同仁数年如一日不知疲倦的工作以及《建筑创作》杂志社编辑们孜孜以求的奉献。作为本书的策划者，我们由衷地向大家呈上敬意。

2010年已是中国设立“文化遗产日”的5周年，愿《抗战纪念建筑》一书的出版成为当代史学界、建筑界及文博界为中国第五个“文化遗产日”献上的厚礼，更愿“事件建筑”通过抗日战争史实的关联及深度挖掘，也为建筑传播寻到新的方向。在此也代表编撰者们对本书中欠全面乃至偏差之处请求谅解和批评指正。

2010－08－29 阳泉百团大战纪念碑

2010－08－29 阳泉百团大战纪念碑

2010－10－8 山西省武乡县八路军太行纪念馆

金 磊《建筑创作》杂志社主编

殷力欣《建筑创作》杂志社特聘研究员

2010年10月